“十三五”国家重点出版物出版规划项目
现代机械工程系列精品教材
卓越工程师教育培养计划配套教材

机械零部件测绘

宋新萍　郝雯婧　王媛迪　编
崔国华　主审

机 械 工 业 出 版 社

本书是“十三五”国家重点出版物出版规划项目，是“一流本科建设与引领计划”教材建设项目成果教材。全书共八章，主要内容包括零部件测绘基础知识、零部件测绘前的准备工作、零部件拆卸工艺、零部件草图测绘、汽车零部件尺寸标注与技术要求、装配图和零件图的绘制、计算机绘图以及零部件制图测绘实例。本书在内容编排上从工程实际出发，以实际应用为主导，增加了徒手绘图和工程实际应用部分的讲解和训练。全书以零部件测绘的实际顺序编排，图文并茂，通俗易懂。

本书可作为高等院校机械类、近机械类专业机械零部件测绘课程的教材，也可作为职业院校相关专业的教材，还可作为相关工程技术人员的参考读物。

本书配有 PPT 课件，采用本书作为教材的教师可登录 www. cmpedu. com 免费注册下载，或联系编辑（tian. lee9913@ 163. com）索取。

图书在版编目（CIP）数据

机械零部件测绘/宋新萍，郝雯婧，王媛迪编. —北京：机械工业出版社，2020. 12（2025. 1 重印）
“十三五”国家重点出版物出版规划项目　现代机械工程系列精品教材　卓越工程师教育培养计划配套教材
ISBN 978-7-111-66940-1

Ⅰ. ①机…　Ⅱ. ①宋…　②郝…　③王…　Ⅲ. ①机械元件-测绘-高等学校-教材　Ⅳ. ①TH13

中国版本图书馆 CIP 数据核字（2020）第 228395 号

机械工业出版社（北京市百万庄大街 22 号　邮政编码 100037）
策划编辑：宋学敏　责任编辑：宋学敏
责任校对：梁　静　封面设计：张　静
责任印制：郜　敏
中煤（北京）印务有限公司印刷
2025 年 1 月第 1 版第 6 次印刷
184mm×260mm · 15. 25 印张 · 353 千字
标准书号：ISBN 978-7-111-66940-1
定价：44. 00 元

电话服务　　　　　　　　　　网络服务
客服电话：010-88361066　　机　工　官　网：www. cmpbook. com
　　　　　010-88379833　　机　工　官　博：weibo. com/cmp1952
　　　　　010-68326294　　金　书　网：www. golden-book. com
封底无防伪标均为盗版　　机工教育服务网：www. cmpedu. com

前　言

本书是“十三五”国家重点出版物出版规划项目，是“一流本科建设与引领计划”教材建设项目成果教材，在推进实践教学的基础上进行了理论创新，既培养了学生的动脑能力，又培养了学生的动手能力。编者为了满足培养综合素质人才的需要，总结多年来企业的工作经验和零部件测绘的教学经验，在编写过程中坚持学生至上、坚持守正创新、坚持问题导向、坚持系统观念，力求能够理论联系实际，以机械零部件测绘的理论知识为基础，紧密联系工程实际，注重培养学生的工程意识和新时代的世界观和方法论。

工程制图是高等工科院校机械类和近机械类专业的一门重要基础课，机械零部件测绘则是汽车类专业学生对于工程制图的重要实践教学环节。通过零部件测绘实训，学生可以提高绘图能力、空间想象能力和动手能力，巩固工程制图所学知识，为后续相关课程打下坚实的基础。同时也是学生走向社会、综合运用所学知识、独立解决工程实际问题的重要起点。

目前在机械零部件测绘实践教学环节中比较成熟的教材较少，大多数院校使用的教材多为仅供校内使用的实训指导书，因此，编写一部能够适应新时期实训教学需要的教材便成为一项紧迫的任务。为了满足培养综合素质人才的需求，编者在总结多年来零部件测绘的教学经验的基础上编写了本书。在编写过程中，编者力图使本书具有以下特点：

(1) 内容全面，涵盖面广。本书按测绘实训的实际顺序编写，力图使内容能够满足目前机械类和近机械类专业开展实训教学的需求。

(2) 理论联系实际。本书以培养学生的动手能力、实践能力、空间想象能力、绘图能力及综合运用知识的能力为宗旨，紧密联系工程实际，采用大量的工程实例，注重培养学生的工程意识。

(3) 适应学生的实际水平。在本书编写过程中，充分考虑了各校零部件测绘实训教学安排的实际，将后续开设的材料力学、机械原理和机械设计等课程中所使用的概念和术语进行了处理，以便于教师的教学和学生阅读。

(4) 融入了计算机绘图部分。本书第七章通过实例介绍利用计算机绘图技术进行机械零部件测绘的方法和步骤，介绍了现代测绘技术和方法，可供计算机绘图实训教学参考。

本书由上海工程技术大学宋新萍、上海汇众汽车制造有限公司郝雯婧和韩国蔚山大学王媛迪编写，崔国华教授主审。崔教授对全书进行了细致的审阅；上海交运质量总监李燕对本书的编写大纲、实例选用等提出了十分宝贵的建议和非常中肯的修改意见，编者在此表示衷心感谢！

鉴于编者的水平所限，书中错漏之处在所难免，恳请广大读者批评指正。

编　者

目录

第一章

零部件测绘基础知识

测绘是详细了解产品的工作原理、功能结构以及实现维修、仿制或反求工程等的一项重要工作。对于一名工程技术人员来说，测绘技术是一项重要的基本技能。测绘技术是工程图学教育发展的基础，同时也是工程图学人才培养的基础。

一、测绘技术是工程制图的延续

1. 工程制图历史的演变

语言、文字和图形是人们进行交流的主要方式，而在工程界，为准确表达一个物体的形状，主要用到的工具就是图形。在工程技术中为了正确表示出机器、设备的形状、大小、规格和材料等内容，通常将物体按一定的投影方法和技术规定表达在图纸上，这种根据正投影原理、标准或有关规定表示工程对象，并有必要的技术说明的图就称工程图样。

工程图样是人们用来表达设计对象的工具，生产者依据图样了解设计要求并组织、制造产品；因此，**工程图样常被称为工程界的技术语言。**

自加斯帕尔·蒙日创立画法几何以来，多面正投影图在工程设计中被广泛采用。随着科学技术的发展，特别是计算机图形学的产生，使蒙日的画法几何学有了质的变化和发展。到目前为止，国内外工程制图界都认为一个正投影图不能唯一地确定物体的空间形状和大小。国内诸多工程制图教材中对此概念描述为："用一个投影图一般不能表达物体整体的大小和形状"。正因为如此，人们历来将由多面正投影图想象物体的空间形状看作对空间想象能力的培养。然而，一个正投影图不能唯一地确定物体的空间形状和大小的描述是不严谨的，通过一个正轴测投影图就可以反求物体的形状和大小，而一个正轴测投影图就是一个单面正投影图。长期以来，虽然正轴测投影图具有良好的直观性，但是因为其绘制不便，所以被当作参考图形而处于从属地位。人们不得不通过多面正投影图去想象物体的空间形状，这种强制性的思维训练反而会阻碍人的空间思维和想象力。这是因为人本身就处于三维空间，看到的和触摸到的都是三维物体，头脑中存储的也是三维形象，因此只有将头脑中进行的三维思考用三维的形式加以表达才有利于培养空间思维能力。正轴测投影图具有立体感，是将三维思考用三维形式加以表达的中间桥梁。

在画法几何部分，主要介绍的是空间点、线、面的三面投影规律，而组合体投影则是画法几何部分的升华。

2. 工程制图未来的发展

未来工程图学人才的培养，即机械工程师的培养，第一层次是在学习实践中构建图形表达、图形思维与力学计算平台，从而形成机械设计基础；这一层次的内容主要包括手工草图、仪器绘图、计算机绘图以及力学计算能力的综合培养，本层次注重形象思维方式的

融合，兼顾工程意识启蒙。第二层次是以在设计中应用基础知识和突出工程意识为原则，以设计为线索设计工程项目。

工程制图涵括画法几何、组合体投影等。工程图样是表达和交流技术思想的重要工具，其理论性、系统性较强，是工程技术部门一种重要的技术文件。

测绘技术是工程制图的实际运用，有助于机械工程师第一层次学习中绘制工程图样的实践能力的培养。

二、零部件测绘技术

1. 零部件测绘的定义

零部件测绘就是对现有的机器或部件进行拆卸与分析，并选择合适的表达方案，绘制出全部非标准零件的草图和装配示意图；然后对零件的尺寸及工艺结构进行测量，对测得的尺寸和数据进行圆整与标准化，确定零件的材料和技术要求；最后根据零件草图绘制出装配图和零件工作图的整个过程。

零件和部件是两个不同的概念。**零件**是机器上不可再拆分的最小构成单位，是机械制造过程中的基本单元，其制造过程不需要装配工序；**部件**是整部机器或为实现机器的某一功能由若干装配在一起的零件组成。在不致引起误解的前提下，本书不对部件、机器或设备做严格区分。

借助测量工具或仪器对机械零件进行测量和分析，确定表达方案、绘制零件草图并整理出零件工作图的过程，称为**零件测绘**。**部件测绘**是对部件进行拆卸与分析，绘制出部件的装配示意图，并对其所属零件进行测绘，确定部件装配图的表达方案，最终整理出部件的装配图及其所属零件的零件图的过程。在工程上，零部件测绘在设计、仿制和机械设备的维修、装配等方面都起着重要的作用。

2. 零部件测绘基本应用

零部件测绘基本应用于以下几个方面：

（1）修复零件与改造已有设备　在维修机器或设备时，如果其某一零部件损坏，在无备件与图样的情况下，就需要对损坏的零部件进行测绘，画出图样以满足该零部件再加工的需要；有时为了发挥已有设备的潜力而对已有设备进行改造，也需要在对部分零部件进行测绘后，再进行结构上的改进并配制新的零部件或机构，以改变机器设备的性能，提高机器设备的效率。

（2）设计新产品　设计新机械产品时，有一种方法是对已有实物产品进行测绘，通过对测绘对象的工程机械制图零部件测绘作原理、结构特点、零部件加工工艺及安装维护等方面的分析，取人之长、补己之短，从而设计出比同类产品性能更优的新产品。

（3）仿制产品　对于一些引进的新机械或设备（无专利保护），如果其性能良好并具有一定的推广应用价值，却缺少技术资料和图样，通常可通过测绘机器设备的所有零部件，获得生产这种新机械或设备的有关技术资料，以便组织生产。这种仿制的优点是速度快，经济成本低。

（4）机械制图零部件测绘教学　零部件测绘是各类工科院校，尤其是应用型本科院校机械制图教学中一个十分重要的实践性教学环节。其目的是加强学生实践技能的训练，

培养学生的工程意识和创新能力；同时也全面锻炼学生综合运用机械制图课程内容的能力，可有效锻炼和培养学生的动手能力、理论运用于实践的能力以及团结协作的精神。

三、零部件测绘技术是机械工程师的必备能力之一

零部件测绘在现有机器设备的改造、维修及技术引进、技术革新等方面有着重要的意义，是工程制图的实际运用，也是工程技术人员应掌握的基本技能。

无论是机械产品的设计，还是机械设备的维护，都需要零部件测绘能力。因为在设计工作中设计者不可能完全靠想象设计出一台新的机器，因此很多部件或零件都是在借鉴其他设备的基础上进行变化或重新组合的。这些原有的零部件不可能都有现成的图样，需要设计者自己绘制。设计人员在出差、观看展览或上街购物等活动中看到某个物体，认为对设计工作有帮助，需要能够立即画出草图并估测其尺寸，这些也都需要具有徒手绘图和估测尺寸的能力。

设备维修时，经常要对机器设备进行拆卸，检修结束后又要装配复原。在检修过程中，磨损或损坏的零件需要更换，而加工这些待更换的零件就需要对原零件进行测绘。

零部件测绘技术有一定的规律和技巧，需要先绘制零件草图，由于条件的限制，测绘者不可能一边测量，一边在图纸上直接画出视图，必须先画出草图，而后再进行测量。零件草图的绘制要求徒手进行，然后再在标准图纸上画出零件的工作图，徒手画草图需要满足一些不同于常规作图的特殊要求并具备一些特殊技能。

机械零部件测绘技术是培养机械工程师基础能力的有效途径。

第二章 零部件测绘前的准备工作

零部件测绘在设计、仿制和机械设备的修配等方面非常重要。在零部件测绘前，除了要做好组织准备、制度准备外，还要做好必要的技术准备。

一、零部件测绘的操作规则

零部件测绘是一项过程相对复杂，理论与实践结合紧密，使用的设备、工具及相关测绘用品较多的工作，在测绘工作前必须制定严格的操作规则，以保证测绘作业的安全性、规范性和完整性。零部件测绘的操作规则通常包括以下几个方面：

（1）安全方面的规则 安全方面的规则主要有人身安全、设备安全和防火防盗三个方面的内容。

人身安全的内容包括：使用电气设备时应检验设备的额定电压，按设备的操作规程正确使用电器；使用转动设备时，应注意着装要求，长发的女同学应将头发放在帽子内，操作者应穿紧袖上装，启动设备时应观察有无妨碍和危险；使用夹紧工具时应防止夹伤，使用起吊设备时应注意起吊设备下方人员的安全等。

设备安全主要是要求学生按照设备的操作规程正确使用工具和设备，贵重和精密的仪器设备应轻拿轻放，避免造成工具与设备的损坏等。

防火防盗要求学生在室内无人时注意关窗锁门，以防物品丢失；在使用除锈剂、油料等易燃品时，应避免污染和引起火灾。

（2）作业规范方面的规则 作业规范方面的规则主要指物品摆放有序，不同物品应放在不同的功能区，同一功能区的物品应整齐排列，工具设备使用完毕应放回原位等。

（3）清洁卫生方面的规则 清洁卫生方面的规则包括室内卫生清洁规则和物品清洁规则。卫生清洁规则包括卫生清扫值日制度，禁止将食物、饮料及其他可能造成图纸污损、零件锈蚀和妨碍测绘作业的物品带入测绘室内。

二、零部件测绘的组织准备

零部件测绘的组织准备即人员的安排组织工作。人员安排要根据测绘对象的复杂程度、工作量大小和参加人员的多少而定。学生零部件测绘大都是以班级为单位进行的。计划安排时，通常将学生分成几个测绘小组，各小组成员在全面了解测绘对象，以及重点了解本组所要测绘的零部件的作用以及与其他零部件之间的联系之后，讨论实施测绘方案，并对本组内的人员进行再次分工，团队合作，分工明确，完成全部的测绘工作。

三、零部件测绘场所和测绘工具准备

零部件测绘的测绘场所应满足便于操作、利于管理和相对安全的要求，选择安静、宽敞、光线较好且相对封闭的场所。

在测绘场所内部，应根据测绘的需要划分成若干个功能区：被测件存放区、资料区、工具区及绘图区等。

如果同一地点有多个测绘小组，可根据实际情况划分公共区和小组工作区。将共用的资料、工具及其他公共物品存放在公共区内，小组专用物品放在小组工作区内，而每个小组内也应划分为被测件存放区、绘图区等不同的工作区域。

在实际测绘前，应准备足够的工具，按测绘工具的用途分类，至少包括以下六大类测绘工具：

1）拆卸工具类：如扳手、螺钉旋具、钳子等。

2）测量量具类：如游标卡尺、钢直尺、千分尺及表面粗糙度的量具、量仪等。

3）绘图用具类：如草图纸（一般为方格纸）、画工程图的图纸、绘图工具等。

4）记录工具类：拆卸记录表、工作进程表、数码照相机、摄像机等。

5）保管存放类：如储放柜、存放架、多规格的塑料箱等。

6）其他工具类：如起吊设备、加热设备、清洗液、防腐蚀用品等。

四、零部件测绘的资料准备

零部件测绘资料的准备是零部件测绘前的必要准备环节。**在测绘前，要准备的测绘必备资料**包括：有关机械设计和制图的国家标准、相关的参考书籍，有关被测零部件的资料、手册等。

针对被测对象的资料包括：被测部件的原始资料，如产品说明书、零部件的铭牌、产品样本、维修记录等；有关零部件的拆卸、测量、制图等方面的资料，如有关零部件的拆卸与装配方法的资料、有关零件的测量和公差确定方法的资料、机械零件设计手册、机械制图手册、机械维修手册、相关工具书籍等。在零部件测绘中，首先要了解被测绘部件的工作原理，对部件中存在的各种关系具有全面的认识，进而正确地选择配合，确定公差等级，选取材料。

1. 测绘对象的原始资料

测绘对象的原始资料是针对某一具体产品而由生产厂商提供的资料。通过这类资料可以了解到被测绘零部件的名称，组成该产品各部分的名称，产品的型号、性能、使用方法等。这类资料主要有以下几种形式：

(1) 零部件铭牌　零部件铭牌是应该首先考虑收集的资料。零部件铭牌是固定在产品上的牌匾形标志，一般标明生产厂商、产品名称、规格型号、出厂日期以及主要技术参数等。尽管零部件铭牌提供的内容比较简单，但从中可以了解到该产品的出处，缩小了资料收集的范围。

(2) 产品合格证书　产品合格证书也是应该优先考虑收集的资料。产品的合格证书是提供给某一具体设备的出厂证明，主要标有该产品的生产厂商、产品型号、主要技术指标、生产日期以及该设备的出厂编号等。

(3) 产品说明书 产品说明书对测绘来说是最有帮助的原始资料之一，应该重点收集。产品说明书也称为使用说明书、用户手册等，一般包括产品名称、型号、性能、规格以及使用方法等。产品说明书一般都附有插图和产品的主要尺寸，有的还附有备件一览表。

(4) 产品配件表 产品配件表（或称易损件表）是生产厂商为提高设备完好率、便于统一管理和计划供应配件而编制的，主要介绍机器设备易损配件的性能数据、型号和规格，附有配件型号、规格、生产厂家、材料、质量、价格以及装配示意图等，是非常重要的原始资料。

(5) 维修手册 维修手册是由生产厂商提供给产品使用者的用户维修资料，维修手册提供主要技术参数、使用注意事项、调整方法等内容，一般都附有详细的原理图、结构拆卸图和零部件装配图。维修手册对于详细了解产品各零部件的技术参数是非常重要的。

(6) 产品样本 产品样本是供销售部门使用的宣传材料，内容不如产品说明书详细，多表述产品的用途、性能和特点，通常提供外形照片、结构简图及型号、规格、主要性能参数等内容。产品样本不是针对某一台具体的机器设备，而是针对某一类产品而编写的资料。当查不到被测零部件的产品说明书时，产品样本也具有一定的参考价值。

(7) 产品性能标签 产品性能标签是近年来出现的产品证书，相当于产品的身份证。产品性能标签比较详细地描述了产品的外貌、名称、型号、各项性能指标以及使用要求等内容。

(8) 产品年鉴 产品年鉴是按年份排列汇集、介绍某一种或某一类产品的情况及统计资料的参考书，具有连续性、技术发展性的特点，通常由企业或行业协会编写。通过产品年鉴可以了解到产品的发展概况、新旧两种产品之间的互换与改进关系等方面的信息。

(9) 产品广告 产品广告是介绍产品规格性能的一种宣传材料，通常有外观照片、立体图等。

(10) 被测绘零部件的使用和维修记录 被测绘零部件的使用和维修记录是由使用者提供的历史文献。通过这些记录，可以了解到该产品的维修率、易损件和易松动部分等方面的信息。

2. 有关零部件拆卸、测量、制图等方面的资料

这类资料通常不针对某个具体产品，但它是测绘中必不可少的常规基本资料。这类资料主要包括以下几种：

1）有关零部件的拆卸与装配方法的资料。

2）有关零件尺寸的测量和公差确定方法的资料。

3）有关制图及校核的资料。

4）有关零部件技术标准的资料。

5）齿轮、螺纹、花键和弹簧等典型零件的测绘经验资料。

6）标准件的有关资料。

7）与测绘对象相近的同类产品的有关资料。

8）机械零件设计手册、机械制图手册、机械维修手册等工具书籍。

3. 资料收集的途径和原则

(1) 资料收集的途径 资料收集往往需要占用大量的时间，花费大量的精力。掌握正确的收集程序和方法，了解资料收集的途径，会大大提高工作效率。

1）查阅档案。查阅档案是最简单的资料收集方法。对于大型企业，档案管理比较规范，可以通过查阅档案的方法来获得有关资料。

2）向生产厂商索取。如果使用者没有保存被测绘零部件的原始资料，可以通过产品的铭牌找到生产厂商的相关信息，向生产厂商索取。

3）计算机网络查询。随着计算机网络的发展，可以通过网络查找和收集被测绘对象的资料与信息，这种方法适用于较新的设备。

4）使用者口述。产品使用者最了解该产品的使用方法和性能，当书面资料难以收集时，向使用者了解产品情况是最可行的资料收集渠道。

(2) 资料收集的原则 资料收集应遵从“由粗到细”的原则。所谓由粗到细是指要先收集有关产品宏观方面的信息，如产品的种类、名称、生产厂商及其联系电话、生产日期、规格型号等一般信息；然后再收集关于该产品的结构、组成零件等细节信息。

由粗到细的原则可以确定资料收集的方向，保证在收集细节资料信息时少走弯路。比如，在缺少原始资料时，非常有必要可通过了解产品的名称查找到该类产品的用途、功能、使用方法及注意事项等方面的信息。

由粗到细的原则可以保证在收集资料时少犯错误甚至不犯错误。机电类产品中的零件有很多相似之处，但对于不同的产品相同零件的作用是不同的。如果不了解产品的类型和用途，仅凭主观判断来猜测零件的作用，就容易犯错误。

由粗到细的原则可以提高资料收集的效率。这个原则实际上缩小了资料收集的范围，在收集宏观信息之后再收集微观资料，会更有针对性和方向性，进而提高了资料收集的效率。

五、部件分析

为了做好测绘工作，在测绘前，首先要对被测绘部件进行基本的了解和初步的分析。

部件分析主要是通过观察实物、查阅有关资料及调查研究来了解部件的名称、用途、性能、工作原理、结构特点以及零件之间的装配关系、拆装方法等方面的内容。

部件分析包括工作原理分析和部件结构分析两个方面，其目的是了解被测部件的性能、零件间的装配关系、大致的配合性质及活动零件的极限位置。

1. 部件工作原理分析

(1) 部件所在机构分析 部件工作原理分析的首要任务是通过确认部件在生产中的作用，了解其类型和精密程度，进而确定该部件在制造上的技术要求。如用在汽车上的齿轮变速器和用在农用机械上的齿轮变速器便有不同的技术要求，两者技术要求的不同体现在制造精度上，用于汽车上的变速器制造精度要高于用于农机上的变速器。

(2) 部件工作方式分析 部件工作原理分析还要分析部件的工作方式。下面以滑动轴承为例来说明工作方式分析的方法。如图 2-1 所示的滑动轴承是将两片轴瓦紧箍在转动轴上，轴瓦与轴座之间有滑道，轴转动时带动轴瓦在滑道内做回转运动，该轴承还要起支承作用。

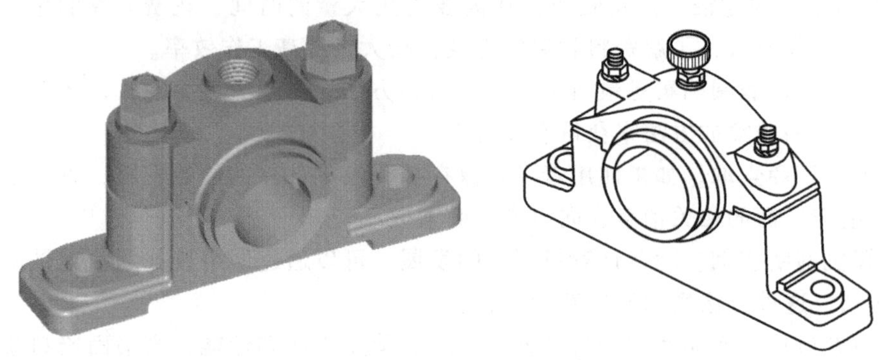

图 2-1 滑动轴承装配示意图

(3) 确认关键零件 关键零件是部件中起关键作用的零件，多具有较高的加工精度要求。确认关键零件是测绘中的一项重要工作。

如图 2-1 所示的滑动轴承，根据对滑动轴承的工作方式分析可知，轴瓦与轴需要紧密配合，不能有相对运动，因此轴瓦是关键零件。轴瓦在轴承座上应能灵活滑动，两者之间的配合是间隙配合，滑道的形状和位置应有较高的精度，以减小摩擦，因此上盖与底座也是关键零件。

2. 部件结构分析

部件结构分析是分析部件内各个零件的相互关系及其结构方式，它是测绘中制订拆卸和装配部件方案的依据。

如图 2-1 所示的滑动轴承由多种零件组装而成，其中，螺栓、螺母是标准件。为了便于安装轴，轴瓦做成上、下两片可分离的结构。上、下轴瓦分别装在轴承座与轴承盖之间，轴瓦两端的凸缘侧面分别与轴承座和轴承盖两边的端面配合，约束轴瓦，使之不能侧向移动。轴承座与轴承盖之间做成阶梯形止口配合，是为了防止轴承座与轴承盖之间发生横向错动。轴瓦固定套的作用是防止轴瓦与轴之间发生转动。轴承座与轴承盖用螺栓和螺母连接起来，而采用方头螺栓是为了在拧紧螺母时，螺栓不会随着一起转动。为了防止松动，每个螺栓上用两个螺母紧固。

六、绘制装配示意图

装配示意图是用线条和符号来表示装配体中零件间的装配关系和工作方式的一种工程简图。它主要表明部件中各零件的相对位置、装配连接关系和运转情况，以确保绘制装配图和重新装配工作的顺利进行。装配示意图是绘制装配工程图的重要参考资料。

1. 装配示意图的常用符号

绘制装配示意图所使用的符号目前还没有统一的规定。在工程实践中，工程技术人员创造了一些常用零件的符号，其中一些符号得到了广泛运用，已有约定俗成的趋势。装配示意图的常用符号见附表 M-5，供大家测绘时参考。

2. 装配示意图的两种常见画法

装配示意图的画法也没有统一的规定。通常，图上各零件的结构形状和装配关系，可用较少的线条形象地表示，简单的甚至可以只用单线条来表示。目前，较为常见的有“单线+符号”和“轮廓+符号”两种画法。

（1）用“单线+符号”画法绘制装配示意图　“单线+符号”画法是将结构件用线条来表示，将装配体中的标准件和常用件用符号来表示的一种装配示意图画法。用这种画法绘制装配示意图时，两零件间的接触面应按非接触面的画法来绘制。

图 2-2 所示为管路中球阀的装配图及装配示意图。如图 2-2c 所示，零件 9 和零件 14，零件 10、11 和 12 之间都是接触表面，在图中要用两条线来表示。图中，所有的非标准件都是用单线来表示的。

a)

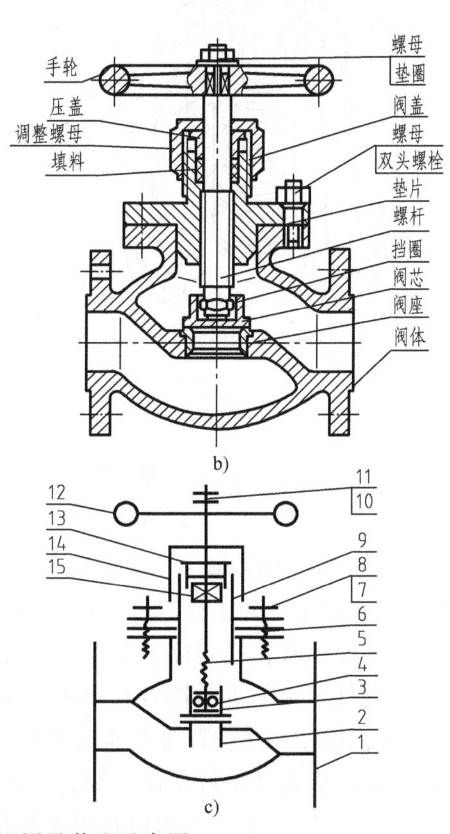

图 2-2　管路中球阀的装配图及装配示意图

a）球阀　b）装配图　c）装配示意图

（2）用“轮廓+符号”画法绘制装配示意图　装配示意图的“轮廓+符号”画法是画出部件中一些较大零件的轮廓，其他较小的零件用单线或符号来表示。

图 2-3 所示为螺旋千斤顶的轴测图、装配图和装配示意图。如图 2-3c 所示，千斤顶外壳、顶盖的画法采用了轮廓画法。

由于装配示意图是一种工程简图，画法没有统一的规定，因此在绘制装配示意图时，应将构成装配体的所有零件在图上以文字的方式明确标注出来。标注时可以直接在图上注写文字，并用引线指向零件；也可以将零件编号，然后统一注写在明细栏中。

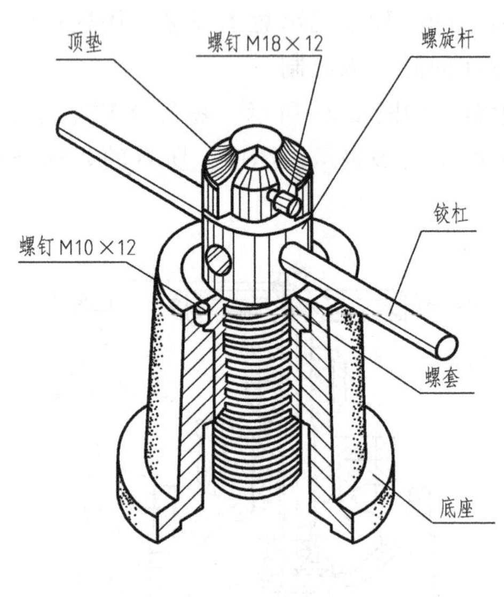

a)

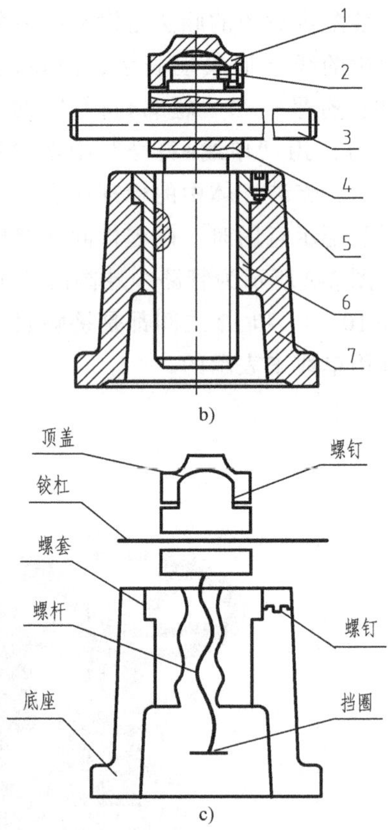

图 2-3 螺旋千斤顶的轴测图、装配图和装配示意图

a）轴测图 b）装配图 c）装配示意图

3. 画装配示意图的基本规则

装配示意图是一种工程简图，画法的基本规则有以下几点：

1）将装配体看作透明体，既要画出外部轮廓，又要画出外部及内部零件间的关系。

2）各零件只用简单的符号和线条画出粗略的轮廓，对轴、杆、螺钉等一般用单独的粗线条表示，但涉及工作原理的重要结构则应表示清楚。

3）两接触面之间最好留出空隙，以便区别不同的零件。在保证不致发生误解的前提下也可以不留空隙。零件中的通孔可按剖面形状画成开口，以便更清楚地表达通路关系。

4）装配示意图一般只画一个视图，主要表达零件间的相互位置及工作原理。根据需要也可以画成两个或多个视图。

5）装配示意图上的零件编号一般按从外到内的次序编号，在图中的明细栏内注明零件名称及件数，不同位置的同一种零件仍编同一个号码。装配示意图上的零件编号不强制按一定的顺序排列。画装配图时，序号可另行编排。

第三章

零部件拆卸工艺

拆卸零部件是测绘工作的前提。只有严格按照合理的**拆卸工艺**对零部件进行拆卸，才能对零件进行测绘，才能彻底弄清被测绘零部件的工作原理、连接关系和结构形状，从而绘制好装配图。

第一节　零部件拆卸的原则和程序

零部件拆卸的目的是弄清零部件的装配关系，准确方便地测量每个零件的尺寸、公差，测定零件的表面粗糙度，确定相应的技术要求等。零部件的拆卸是一项技术性较强的工作，**必须按照一定的原则和程序进行**。

一、零部件的拆卸原则

拆卸零部件之前，首先应分析被测绘对象的连接特点和装配关系，选择正确的拆卸方法和拆卸步骤；然后准备所需的拆卸工具，进行拆卸操作。零部件拆卸必须遵守以下原则。

1. 恢复原样原则

恢复原样原则，要求被测绘零部件在拆卸后能够被恢复到拆卸前的状态，除了要保证原部件的完整性、密封性和准确度外，还要保证在使用性能上与原部件相同。**恢复原样原则是贯穿整个拆卸过程的基本原则**，在拆卸之前就应考虑再装配后要与原部件完全一致性。

2. 不拆卸原则

不拆卸原则有两个方面的含义：一是在满足测绘需要的前提下，能不拆卸的就不拆卸；二是对于拆开后不易装配或不易调整复位的零件尽量不要拆卸。按照这一原则，遇到下列情况时尽量不要拆卸。

1）过盈配合的部分，如衬套、销钉，壳体上的螺柱、螺套、丝套等。

2）需要经过调整才能满足使用需要的部分，如刻度盘、游标尺等。

3）配合精度要求较高，重新装配困难或可能损坏原有精度的部分。

4）结构复杂、拆卸后难以重新装配的部分。

3. 无损原则

无损原则有两方面的含义：一是指在零部件拆卸时，不要用重力敲击，对于已经锈蚀的零部件，应先用除锈剂、松动剂等去除锈蚀的影响，再进行拆卸，以免对零部件造成损伤，这一原则对于精密和重要的零部件有着特别重要的意义；二是指在测绘过程中应保证零部件无锈无损，保管时应注意防锈蚀、防腐蚀、防碰撞等。

4. 后装先拆原则

拆卸是与装配相反的过程。拆卸时，应先拆卸最后装配的部分，后拆卸最先装配的部分。对于复杂的部件，通常分为几个不同的装配单元，对于具有这样装配单元的部件应先把每一个单元看作一个零件，将该单元整体拆下后，再拆卸单元内的各个零件。

上述原则是零部件拆卸过程中的基本原则，对于特殊的零部件或机器还有一些特殊的原则和要求，因此在拆卸前应查阅有关手册或相关资料。

为了满足上述原则，当遇到不可拆的组件或内部结构复杂的部件时，切忌强行拆卸，可以采用 X 射线透视或其他方法进行测绘。

二、零部件拆卸工艺方案的确定

零部件的拆卸具有很强的技巧性，在零部件测绘中应按照规定的拆卸工艺程序进行操作，以免造成失误和损失，有助于养成有序工作的良好习惯。

1. 分析零部件的连接方式

拆卸也就是拆开部件的各个连接。在实际拆卸之前，必须清楚地了解部件的连接方式，确认哪些是可拆的，哪些是不可拆的。从能否被拆卸的角度，部件的连接方式可划分为以下三种形式。

（1）不可拆连接　不可拆连接是指永久性连接的各个部分。属于不可拆连接的有焊接、铆接、过盈较大的配合等。在测绘中，这类连接是不可以拆卸的。

（2）半可拆连接　属于半可拆连接的有过盈量较小的配合、具有过盈的过渡配合等。这类连接属于不经常拆卸的连接。在生产中，只有在中修或大修时才允许拆卸。在测绘中，半可拆连接除非特别必要，一般不拆卸。

（3）可拆连接　可拆连接包括各种活动的连接，如间隙配合和具有间隙的过渡配合，也包括零件之间虽然无相对运动，但是用可以拆卸的螺纹、键、销等连接的部分。可拆卸连接仅仅是指允许拆卸，并不是指一定需要拆卸。是否需要拆卸，应根据测绘的实际需要确定。

2. 确定合理的拆卸工艺步骤

零部件的拆卸一般是按由表及里、由外向内的顺序拆卸，即按照装配的逆过程进行拆卸。根据被拆卸零部件的不同，拆卸步骤也不尽相同。

（1）根据被测零部件的构造及工作原理确定合理的拆卸顺序　对于不熟悉的零部件，拆卸前应仔细观察分析其内部的结构特点，力求看懂记牢，并采用拍照、绘图等方法记录。对零部件内部的、不拆卸则无法搞清楚的部分可小心地边拆卸边记录，或者查阅相关参考资料后再确定拆卸方案。

（2）拆卸工艺方法要正确　在拆卸过程中，必须确定合适的拆卸方法。如果拆卸方法不当，往往容易造成零件损坏或变形，严重时可能导致零件报废。在制订拆卸方案时，应仔细揣摩零部件的装配方法，切勿选择硬撬硬扭的方法，以免损坏零件。

（3）注意相互配合零件的拆卸　装配在一起的零件间一般都有一定的配合，由于相互配合的松紧度和配合性质不同，在拆卸过程中往往需要用钳工锤冲击。冲击时必须对受

击部位采取必要的保护措施，如将铜棒、木棒、木板等放在零件的受击表面再用钳工锤冲击。

(4) 拆卸工艺方案的调整 拆卸工艺方案确定后并非是不可更改的。在实际拆卸过程中，随着拆卸过程的不断展开，可能会遇到一些方案中没有预料到的新问题，要根据新出现的情况及时修改拆卸方案，使拆卸方案更为合理。

第二节 拆卸前的准备工作

拆卸工艺方案确定之后，还需要做一些必要的准备工作，才能正式开始拆卸工作。这些准备工作的基本要求是细致、全面，这些必要的准备工作是后续工作顺利完成的基本保证。

一、对零件编号和标记

装配示意图画好后，要对图上所有零件进行编号。同时，要准备好带有号码的胶贴，待零部件拆开后，将每个零件的标号粘贴在对应的零件上。拆除的零件应按拆卸顺序将每个零件分组摆好。图 3-1 所示为机用虎钳零部件的摆放和编号。

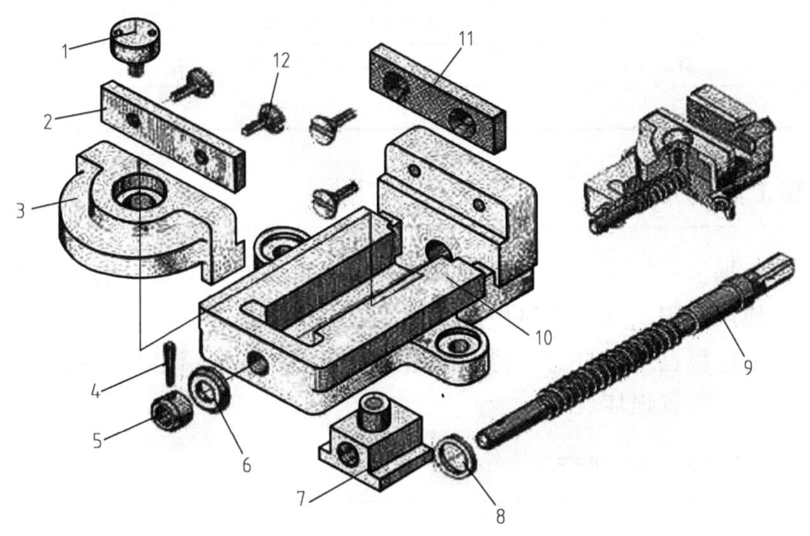

图 3-1 机用虎钳零部件的摆放和编号

1、12—螺钉 2、11—钳口板 3—活动钳身 4—圆柱销 5—环
6—垫圈 7—螺母 8—垫圈 9—螺杆 10—固定钳座

需要说明的是，如果被拆部件的结构比较复杂，在拆卸前不能画出完整的装配示意图时，也需要准备好标记，允许边拆卸边画图，边画图边编号。

二、拆卸记录准备

拆卸时应做好详细的记录，需要事先准备好记录表和记录本，每一个拆卸步骤都应逐条记录，并详细记录拆卸过程中遇到的问题及装配时应注意的事项。

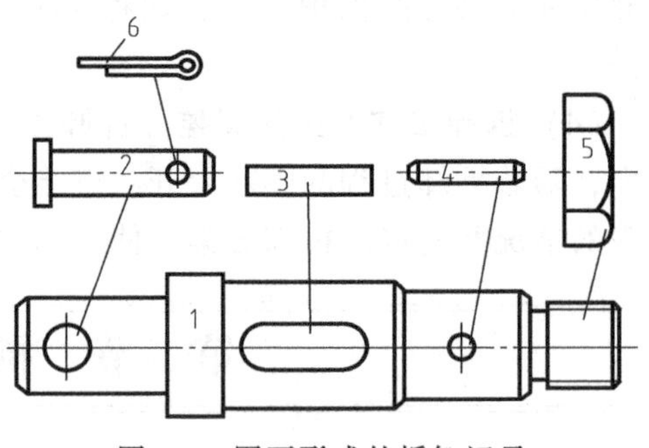

图 3-2 图画形式的拆卸记录

图 3-2 所示为图画形式的拆卸记录，但这一记录只记下了各个零件之间的相对位置关系，对于轴系零部件的拆卸顺序和位置没有记录拆卸过程中遇到的问题和测绘、装配时应注意的问题。

对于复杂的组件，最好准备照相机在拆卸前拍下整机外形，包括管道、电缆、其他附件的安装连接情况及各零部件的形状结构。对于在装配中有啮合位置、调整位置的零部件，应先进行测量和鉴定，做出标记并详细记录。有条件时可以用摄像机来记录整个拆卸过程。××轴拆卸记录见表 3-1。

表 3-1 ××轴拆卸记录

时间：　　年　　月　　日　　　　操作：　　　　　　记录：

步骤次序	拆卸内容	遇到的问题及注意事项	备注
1	拆除螺母 5	已锈蚀，使用松动剂后顺利卸下	
2	拆除开口销 6	销钉老化，回弯时钉脚断掉，应重配	
3	拆除零件 2	磨损较大，已失效，应重配	
⋮	⋮	⋮	⋮

三、拆卸工具的准备

拆卸工具应根据被拆卸零部件的特点来准备，选用的拆卸工具一定要与被拆卸零件相适应，必要时应使用专用工具，不得使用不合适的工具替代。

工具的准备还应根据工具自身的特点和用途来选择。不能用量具、钳子、扳手等工具代替钳工锤，以免将工具损坏。

四、零件存放预案的制订

拆下的零部件必须有次序、有规则地放置，不可乱扔乱放。在拆卸作业开始前就应制订零件存放预案，并准备好相应的存放工具。

1. 常用零件存放工具

（1）格架 通常为木制或金属制，多用来存放较大的零件，如机壳等。

（2）箱盘 用一些小的箱子或盘子来盛放较小的零件。

（3）线绳 用于将同类较小的垫圈、环形零件串在一起。

2. 零件的保护

零件的保护也是零件存放预案中的重要内容，对零件保护要注意以下几个方面：

1）制造困难和价格较高、精度较高的零件，应选择较软的材料做支承，特别要注意

保护好重要表面。

2）润滑装置或冷却装置要先进行清洗，然后将其管口封好，以免侵入杂物。

3）含石墨量较多的零件（如石墨轴承等）要特别注意轻拿轻放，保管时要防止撞击和变形。

4）带有螺纹的零件，特别是一些工作时受热的螺纹零件，应涂抹润滑油加以保护。

5）电缆、绝缘垫、防漏垫等要防止与润滑油等接触，以免沾污或发生化学变化而失效。

6）滚珠、键、销等小零件要单独存放在小的器皿中，以防丢失。

7）紧固件（如螺栓、螺钉、螺母和垫圈等）数量较多、规格接近时，很容易混淆和丢失，最好将它们串在一起或装回原处，也可以把相同的小零件全部拴在一起，或单独放置在器皿内集中保管。

3. 报废件的管理

报废件有两种情况：一种是一经拆卸就报废的零件，另一种是因失效而报废的零件。对这两种零件应采取不同的方法进行处理。

一经拆卸就报废的零件，应在拆卸前就预先进行测绘并做好记录，记录内容应包括外形、尺寸、材料等。拆除后应单独存放，不能与其他零件混淆，并应清楚标记“报废”字样。

因失效而报废的零件，一般不需要预先测绘，但也应单独存放，不要与其他零件混淆。

五、被拆卸零部件的预处理

有一些零部件在拆卸前要进行预处理。预处理措施主要有：

1）对固定使用的机器设备，要拆除地脚螺栓。

2）预先拆下并保护好电气设备。

3）放掉机器中的油。

4）对被拆设备采取必要的防潮措施。

5）如果被拆设备较脏，应该先对其进行除灰、去垢处理。

六、零部件拆卸中的安全措施

零部件拆卸中应采取的安全措施主要有以下几点：

1）有电源的首先要切断电源，防止发生触电事故。

2）拆卸较沉重的零部件时，若使用起重设备，应注意起吊、运行安全。放下时要用木块垫平，以防零件倾倒。

3）如果在拆卸过程中进行敲打、搬动等，要谨慎小心，避免发生事故。

第三节　常用拆卸工具及其使用方法

拆卸零部件时，为了不损坏零件、不影响装配精度，应在了解装配体结构的基础上选择适当的拆卸工具。

常用的拆卸工具有扳手类、螺钉旋具类、手钳类和拉拔器、铜冲、铜棒、钳工锤等。

一、扳手类

扳手的种类较多，常用的有活扳手、呆扳手、梅花扳手、内六角扳手、套筒扳手以及管子钳等。

1. 活扳手

活扳手（GB/T 4440—2008）的外形如图 3-3 所示。活扳手的规格以总长度×最大开口宽度表示，例如，100×13 表示总长度为 100mm，最大开口宽度为 13mm。

活扳手在使用时通过转动螺杆来调整活舌，用开口卡住螺母、螺栓等，转动手柄即可旋紧或旋松零件。活扳手具有在可调范围内紧固或拆卸任意大小转动零件的优点，但同时也具有工作效率低、工作时容易松动、不易卡紧的缺点。

2. 呆扳手和梅花扳手

(1) 呆扳手 呆扳手（GB/T 4388—2008）可分为单头呆扳手和双头呆扳手两种，其外形如图 3-4 所示。

图 3-3 活扳手的外形

图 3-4 呆扳手的外形

单头呆扳手的规格以开口宽度（mm）表示，如 8、10、12、14、17、19 等；双头呆扳手的规格以两头开口宽度（mm）表示，如 8×10、12×14、17×19 等。呆扳手用于紧固或拆卸固定规格的四角、六角和具有平行面的螺杆、螺母。

呆扳手的开口宽度为固定值，使用时不需调整，具有工作效率高的优点。缺点是每把扳手只适用于一种或两种规格的螺杆、螺母，工作时常常需要成套携带，并且由于只有两个接触表面，容易造成被拆卸件的机械损伤。

(2) 梅花扳手 梅花扳手（GB/T 4388—2008）分为单头梅花扳手和双头梅花扳手两种，并按颈部形状分为矮颈型、高颈型、直颈型和弯颈型。双头梅花扳手的外形如图 3-5 所示。

单头梅花扳手的规格以适用的六角头对边宽度（mm）来表示，如 8、10、12、14、

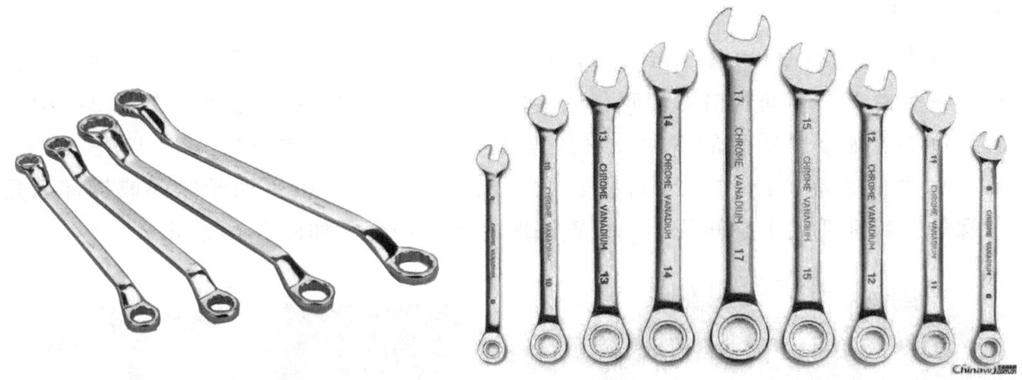

图 3-5　双头梅花扳手的外形

17、19 等；双头梅花扳手的规格以两头适用的六角头对边宽度表示，如 8×10、10×11、17×19 等。

梅花扳手专用于紧固或拆卸六角头螺杆、螺母，如图 3-6 所示。

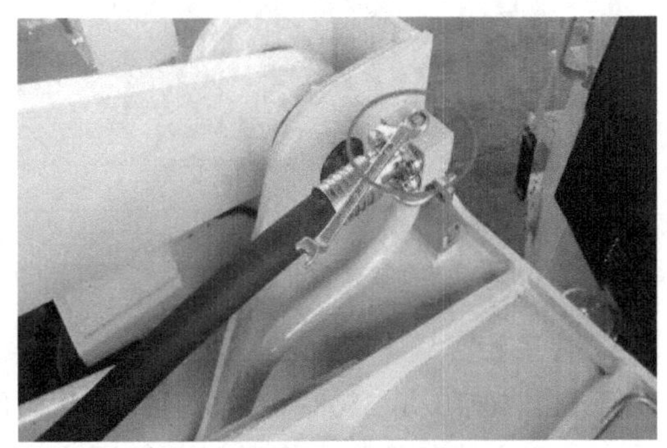

图 3-6　梅花扳手的使用

梅花扳手在使用时因开口宽度为固定值不需要调整，因此与活扳手相比具有较高的工作效率，与前两类扳手相比占用空间较小，是使用较多的一种扳手。因梅花扳手有六个工作面，克服了前两种扳手接触面小、容易造成被拆卸件机械损伤的缺点，但也有需要成套准备的缺点。

3. 内六角扳手

内六角扳手（GB/T 5356—2008）的外形如图 3-7 所示。

内六角扳手的规格以适用的六角孔对边宽度（mm）表示，如 2.5、4、5、6、8、10 等。内六角扳手专门用于装拆标准内六角圆柱头螺钉，其使用方法如图 3-8 所示。

图 3-7　内六角扳手的外形

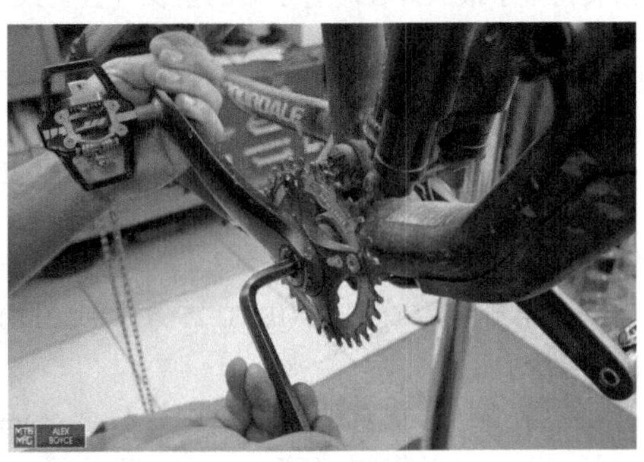

图 3-8　内六角扳手的使用方法

4. 套筒扳手

套筒扳手（GB/T 3390.1—2013、GB/T 3390.5—2013）由套筒、连接件和传动附件等组成，一般由多个不同规格的套筒和连接件、传动附件组成扳手套装，如图 3-9 所示。

套筒扳手的规格以适用的六角孔对边宽度（mm）表示，如 10、11、12 等。每套内的件数有 9 件、13 件、17 件、24 件、28 件、32 件等。套筒扳手用于紧固或拆卸六角头螺栓、螺母，特别适用于空间狭小、位置深凹的工作场合，如图 3-10 所示。

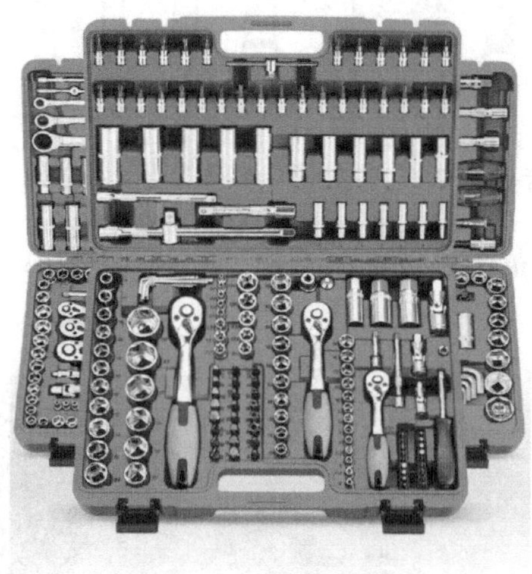

图 3-9　套筒扳手套盒

图 3-10　十字套筒扳手的使用

5. 管子钳

管子钳（QB/T 2508—2016）的外形如图 3-11 所示。尽管这种工具称为管子钳，但因为它主要用于紧固或拆卸金属管和其他圆柱形零件，故仍属于扳手类工具。

管子钳一般用来夹持和旋转钢管类工件，如用管子钳钳住管子使它转动，以完成连接。管子钳规格是指夹持管子最大外径时管子钳的全长（公称尺寸）。

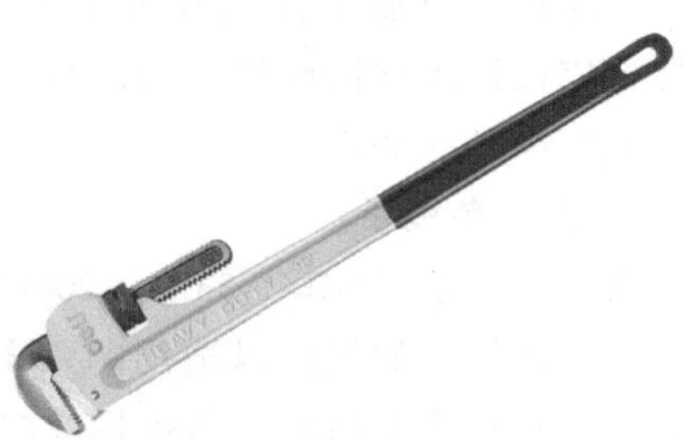

图 3-11　管子钳的外形

二、螺钉旋具类

常见的螺钉旋具按工作端形状不同可分为一字形、十字形及内六角花形螺钉旋具。

1. 一字形螺钉旋具

一字形螺钉旋具（QB/T 2564.2—2012）的外形如图 3-12 所示。

一字形螺钉旋具的规格用旋杆长度（mm）×工作端口厚（mm）×工作端口宽（mm）来表示，如 50×0.4、75×2.5、100×0.6×4 等。

图 3-12　一字形螺钉旋具的外形

一字形螺钉旋具专用于紧固或拆卸各种标准的一字槽螺钉。

2. 十字形螺钉旋具

十字形螺钉旋具（QB/T 2564. 5—2012）的外形如图 3-13 所示。

十字形螺钉旋具的规格以旋杆槽号表示，如 0、1、2、3、4 等。十字形螺钉旋具专用于紧固或拆卸各种标准的十字槽螺钉。

3. 内六角花形螺钉旋具

内六角花形螺钉旋具（GB/T 5358—1998）专用于旋拧内六角螺钉，其外形如图 3-14 所示。

内六角花形螺钉旋具的标记由产品名称、代号、旋杆、长度、有无磁性和标准号组成。例如，内六角花形螺钉旋具 T10×75H，字母 H 表示带有磁性。

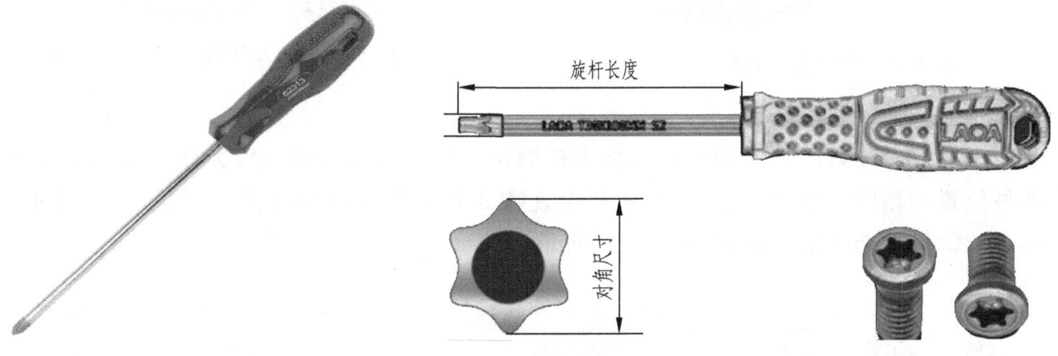

图 3-13　十字形螺钉旋具的外形

图 3-14　内六角花形螺钉旋具的外形

三、手钳类

手钳类工具专用于夹持、切断、扭曲金属丝或细小零件，手钳类工具的规格均以钳名+钳长（mm）表示，如尖嘴钳 125，表示全长为 125mm 的尖嘴钳。

1. 尖嘴钳

尖嘴钳（QB/T 2440. 1—2007）的外形如图 3-15 所示。尖嘴钳的用途是在狭小工作空间夹持小零件或扭曲细金属丝，带刃尖嘴钳还可以切断金属丝，主要用于仪表、电信器材、电器的安装及拆卸。

2. 扁嘴钳

扁嘴钳（QB/T 2440. 2—2007）按钳嘴形式可分为长嘴和短嘴两种，如图 3-16 所示。扁嘴钳主要用于弯曲金属薄片和细金属丝，拔装销子、弹簧等小零件。

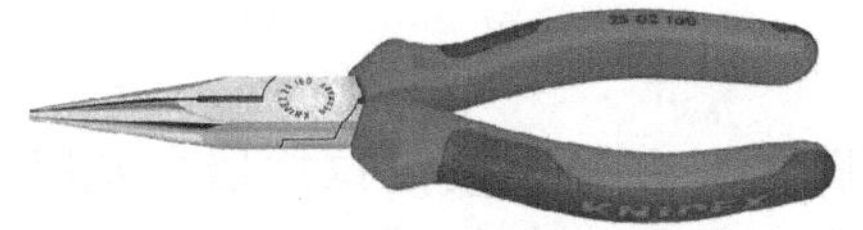

图 3-15　尖嘴钳的外形

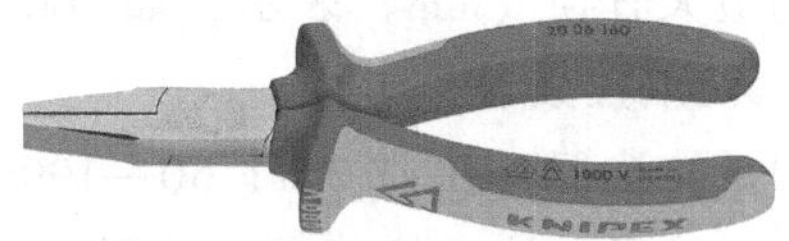

图 3-16　扁嘴钳的外形

3. 弯嘴钳

弯嘴钳（QB/T 2440.3—2007）的外形如图 3-17 所示。弯嘴钳主要用于在狭窄或凹陷的工作空间中夹持零件。

4. 钢丝钳

钢丝钳（QB/T 2442.1—2007）又称为夹扭剪切两用钳，其外形如图 3-18 所示。钢丝钳主要用于夹持或弯折金属薄片、细圆柱以及剪切细金属丝，带绝缘柄的钢丝钳还可在带电条件下使用。

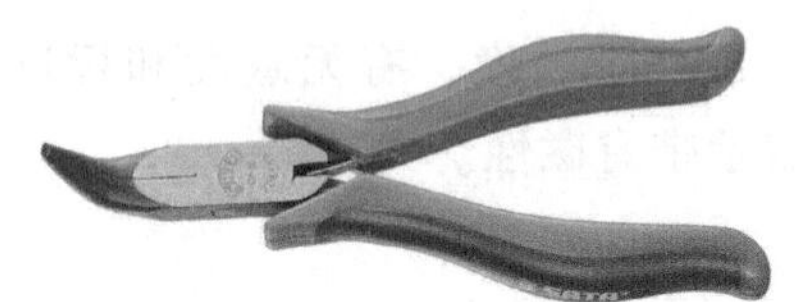

图 3-17　弯嘴钳的外形

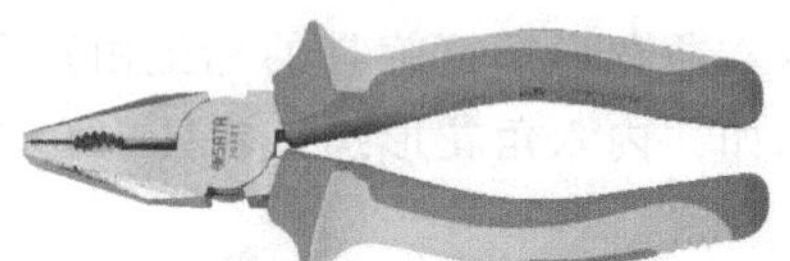

图 3-18　钢丝钳的外形

5. 卡簧钳

卡簧钳（JB/T 3411.47—1999）也称为挡圈钳，分轴用和孔用两种类型。为了适应安装在各种位置的挡圈，这两种卡簧钳又分为直嘴式和弯嘴式两种结构，如图 3-19 所示。专门用于装拆弹性挡圈的卡簧钳如图 3-20 所示。

图 3-19　卡簧钳

图 3-20　用于装拆弹性挡圈的卡簧钳

四、拉拔器

拉拔器是拆卸轴或轴上零件的专用工具，分为三爪拉拔器和两爪拉拔器两种。

1. 三爪拉拔器

三爪拉拔器（JB/T 3411.51—1999）的外形如图 3-21 所示。三爪拉拔器用于轴系零件的拆卸，如轮、盘、轴承等，其使用方法如图 3-22 所示。三爪拉拔器的规格用可拉拔零件的最大直径（mm）表示，如 160、300 等。

2. 两爪拉拔器

两爪拉拔器（JB/T 3411.50—1999）的外形如图 3-23 所示。两爪拉拔器主要用来拆卸轴上的轴承、轮盘等，也可以用来拆卸非圆形零件，其使用方法如图 3-24 所示。两爪拉拔器的规格用爪臂长（mm）表示，如 160、250、380 等。

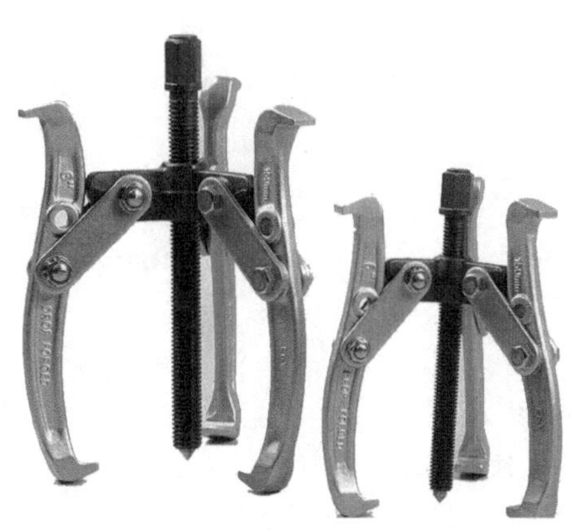

图 3-21　三爪拉拔器的外形

图 3-22　三爪拉拔器的使用

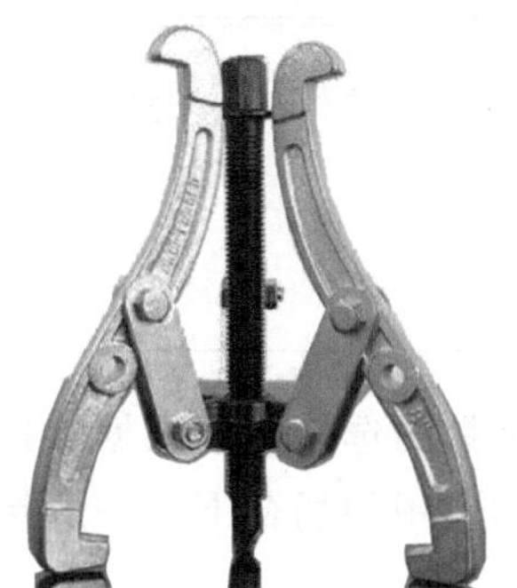

图 3-23　两爪拉拔器的外形

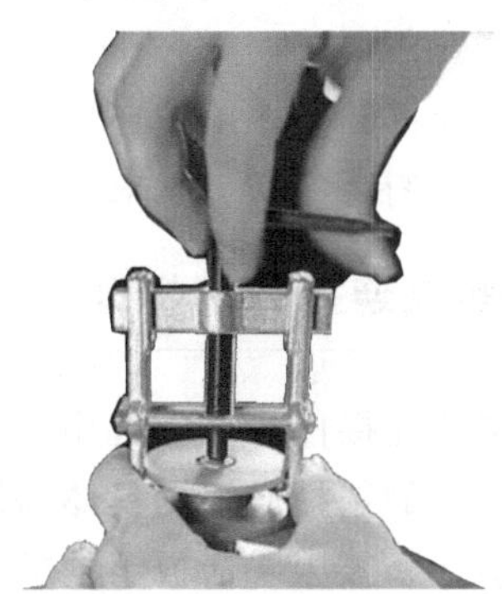

图 3-24　两爪拉拔器的使用

五、其他拆卸工具

除了上述介绍的拆卸工具之外，常用的拆卸工具还有铜冲、铜棒和钳工锤。

铜冲和铜棒的外形如图 3-25 所示，专用于拆卸孔内的零件，如销钉等。

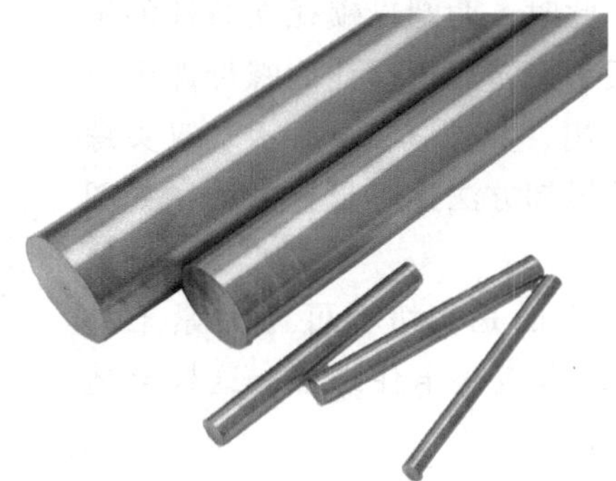

图 3-25　铜冲、铜棒的外形

钳工锤（木锤、橡胶锤、铁锤等）如图 3-26 所示。钳工锤可作为一般锤具使用。

a) b) c)

图 3-26 钳工锤外形

a）木锤 b）橡胶锤 c）铁锤

第四节 常见零部件的拆卸方法

零部件的拆卸是一项技巧性强、要求较高的工作，在拆卸过程中应遵守一定的规则和方法。本节介绍一些常见零部件的拆卸方法。

一、螺纹连接件的拆卸

拆卸螺纹连接件时，应选用扳手和螺钉旋具。螺钉旋具的选择主要根据被拆卸螺钉的特点，而扳手的选择应根据具体情况而定。在多种扳手均适用的场合下，一般按梅花扳手或套筒扳手—呆扳手—活扳手的顺序来选择。

在拆卸作业时，应注意连接件的旋转方向，均匀施力。不确定旋转方向时，可进行试拆，待螺纹松动后，其旋转方向已明确，再逐步旋出。拆卸时不要用力过猛，以免造成零件损坏。

1. 双头螺柱的拆卸

双头螺柱通常用并紧双螺母法来拆卸。并紧双螺母法是把两个与双头螺柱相同规格的螺母拧在双头螺柱的中部，并将两个螺母相对拧紧。此时，两螺母锁死在螺柱的螺纹中，用扳手旋转靠近螺孔的螺母即可将双头螺柱拧出，如图 3-27a 所示。双头螺柱的另一种拆卸方法是螺母拧紧法，如图 3-27b 所示。

需要注意的是，切不可用夹紧工具（如钢丝钳）等直接卡住螺柱，这样会造成螺牙损伤。

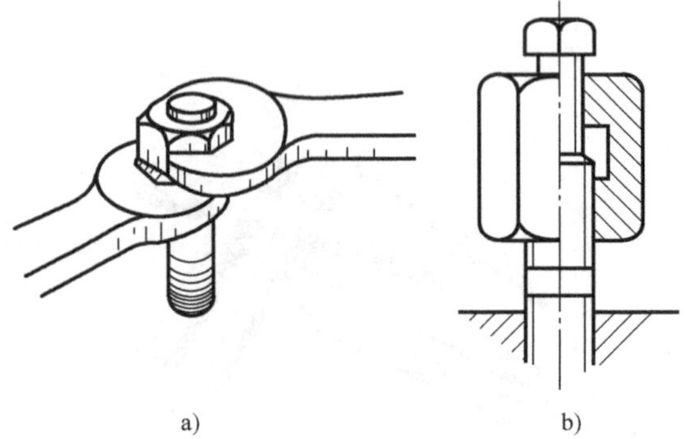

a) b)

图 3-27 双头螺柱拆卸图示

a）双螺母拆装法 b）螺母拧紧法

2. 锈蚀螺母、螺钉的拆卸

如果零部件长期没有保养或拆卸，螺母会锈蚀在螺杆上，螺钉也会锈蚀在机件上，如果锈蚀，需根据锈蚀的程度采用相应的方

法来拆卸。对于锈蚀较轻的情况，可先用钳工锤敲击螺母或螺钉，使其受振动而松动，然后用扳手交替拧紧和拧松，反复几次后即可将其卸下；若锈蚀时间较长，可用煤油浸泡20~30min或更长的时间，辅以适当的敲击振动，使锈层松散后便可拧转和拆卸；锈结严重的部位，可用火焰对其加热，通过热膨胀和冷收缩的作用使其松动。

松动剂是专门用于缓解锈蚀情况下拆卸螺纹件的化工产品，将其喷涂在待拆螺纹上，经过20min左右即可将被拆件卸下。

如果锈蚀的螺母不能采用上述方法拆卸，也可使用破坏性方法进行拆卸。拆卸时在螺母的一侧钻一小孔（注意不要钻伤螺杆），如图3-28所示，然后采用锯或錾的方法，将锈蚀的螺母拆除。

3. 折断螺钉的拆卸

在拆卸过程中，有时会将螺钉折断。为了取出折断的螺钉，可在折断螺钉上钻孔，然后用丝锥攻出相反方向的螺纹，再拧进一个螺钉，将断螺钉取出。也可以在断螺钉上加焊一个螺母，然后将其拧出，如图3-29所示。

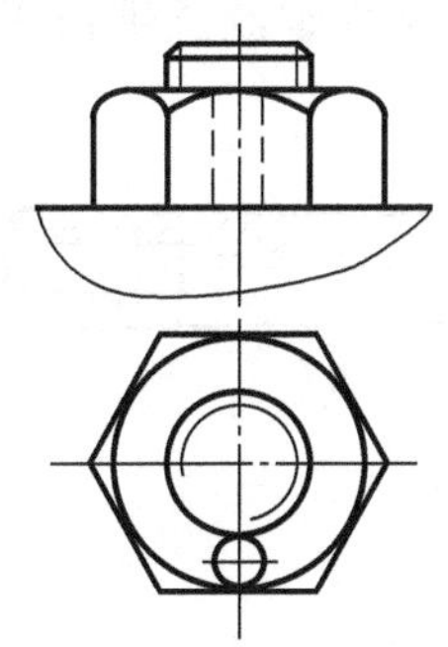

图3-28　钻孔法拆卸锈蚀螺母

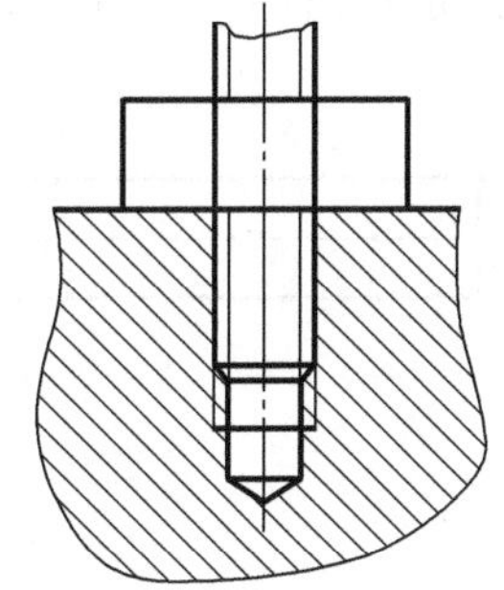

图3-29　折断螺钉的拆卸

4. 多螺栓紧固件的拆卸

多螺栓紧固的大多是盘盖类零件，这类零件一般材料较软、厚度不大、容易变形。在拆卸这类零件时，螺栓或螺母必须按一定顺序拆卸，以使被拆紧固件的内应力均匀变化，防止零件因变形而失去精度。具体的方法是，按对角交叉的顺序分别将每个螺母一次只拧出1~2圈，分几次将全部螺母旋出。

二、销的拆卸

销也是常用的连接件且种类较多。由于销是安装在销孔内的，需要根据销孔的不同类型来选择不同的拆卸方法。

1. 通孔中销的拆卸

如果销安装在通孔中，拆卸时可在机件下面放置带孔的垫铁，或将机件放在V形支承槽或槽铁支承上面，用钳工锤和略小于销径的铜棒敲击销的一端（圆锥销为小端），即可将销拆出，如图3-30所示。如果销和零件配合的过盈量较大，手工不易拆出时，可借助压力机来拆除。对于定位销，在拆去被定位的零件以后，销往往会留在主要零件上，这时可用销钳或尖嘴钳将其拔出。

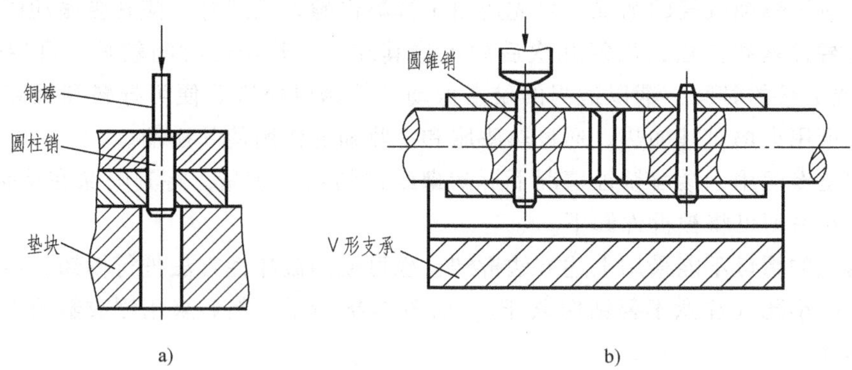

图 3-30　通孔中销的拆卸示意图

a）拆圆柱销　b）拆圆锥销

2. 内螺纹销的拆卸

内螺纹销是在销的一端有内螺纹的销，有内螺纹圆柱销和内螺纹圆锥销两种类型，如图 3-31 所示。

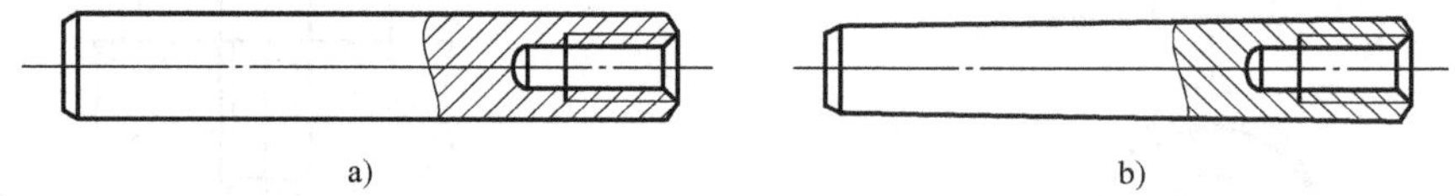

图 3-31　内螺纹销

a）内螺纹圆柱销　b）内螺纹圆锥销

拆卸内螺纹销时，可使用特制拔销器将销拔出。如图 3-32 所示，当拔销器 3 部分的螺纹旋入销的内螺纹时，用 2 部分冲击 1 部分即可将销取出。

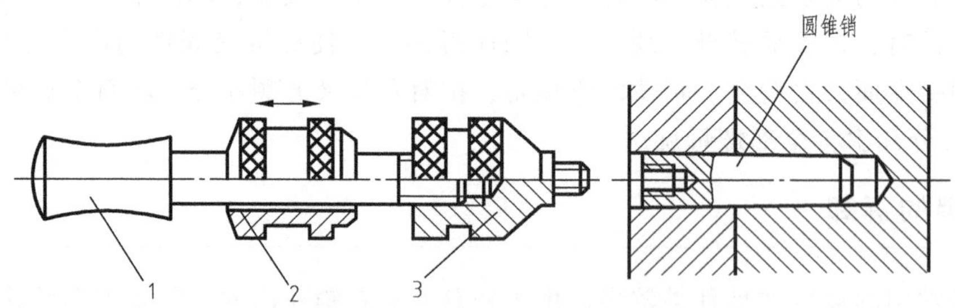

图 3-32　用拔销器拆卸内螺纹销示意图

若无专用工具，可先在销的内螺孔中装上六角头螺栓或带有凸边的螺杆，再用木锤、铜冲冲击将销拆下，如图 3-33 所示。

3. 不通孔中销的拆卸

对于不通孔中无内螺纹的销，可在销的头部钻孔攻出内螺纹，再用拆除内螺纹销的办法拆卸。

4. 螺尾销的拆卸

螺尾销是在销的一端有一径向尺寸小于销直径的螺纹结构。螺尾销有螺尾圆柱销和螺尾圆锥销两种类型，如图 3-34 所示。

拆卸时，先在螺尾拧上一个螺母，随着螺母被拧紧，即可将销卸出，如图 3-35 所示。

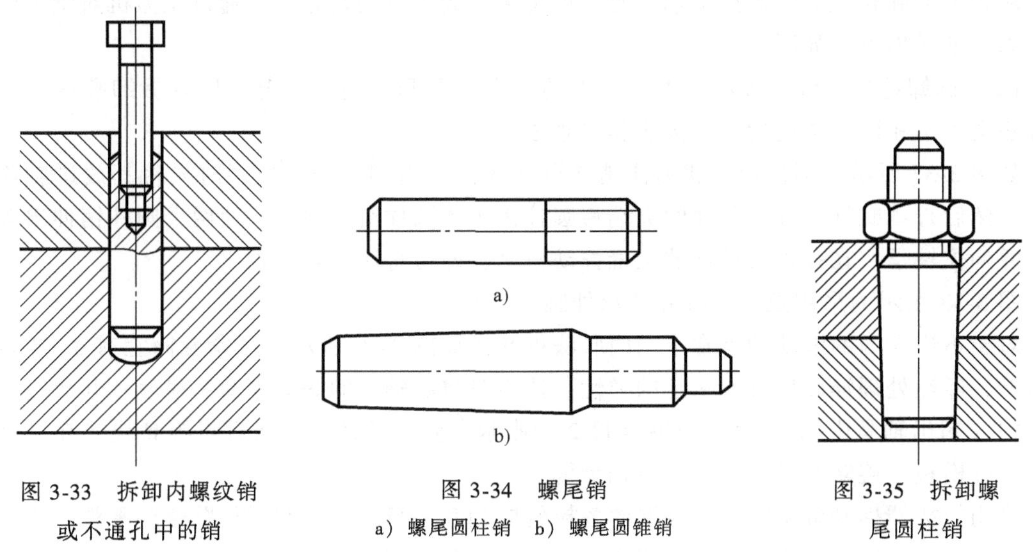

图 3-33　拆卸内螺纹销或不通孔中的销

图 3-34　螺尾销
a）螺尾圆柱销　b）螺尾圆锥销

图 3-35　拆卸螺尾圆柱销

三、盘盖类零件的拆卸

盘盖类零件一般是由键或定位销定位的。如果由销定位，应先拆下定位销，再拆卸所有的连接螺母或螺钉。当盘盖因长期不拆卸而粘连在机体上难以拆除时，可用木锤沿盘盖四周反复敲击，使盘盖与机体分离，然后再进行拆卸。

位于盘盖与机体之间的垫圈，若无损伤，则可继续使用；若有损伤，则需更换新垫圈。

四、轴系及轴上零件的拆卸

轴系的拆卸要视轴承与轴、轴承与机体的配合情况而定。拆卸前要认真了解轴和轴承的安装顺序，然后按照安装的相反顺序进行拆卸。拆卸时可用压力机压出或用钳工锤和铜棒配合敲击轴端进行。敲击时切忌用力过猛，以防损坏零件。如果轴承与机体配合较松，则可将轴系连同轴承一同拆掉；反之，则应先将轴系与轴承分离，然后再将轴承从机体中拆出。

1. 滚动轴承的拆卸

滚动轴承属于精度较高的零件，拆卸时必须掌握正确的拆卸方法，并采取一定的保护措施，使轴承保持完好。当过盈量不大时，注意一定不要过分用力，可用钳工锤配合套筒轻轻敲击轴承内、外圈，然后慢慢拆出；如果过盈量较大，切不可用钳工锤敲击，而应采用专用工具来拆卸。

（1）拆卸轴上的滚动轴承　从轴上拆卸滚动轴承，常使用拉拔器进行拆卸。用拉拔器拆除轴承时，首先通过手柄转动螺杆，使螺杆下部顶紧轴端；然后慢慢扳转手柄杆，旋入顶杆，即可将滚动轴承从轴上拉出。为了减小顶杆端部和轴端部的摩擦，可在顶杆端部与轴头端部中心孔之间放入一个合适的钢球。

从轴上拆卸较大直径的滚动轴承时，可将轴系放在专用装置上，通过压力机对轴端施加压力将轴承拆下，如图 3-36 所示。

（2）拆卸孔内的滚动轴承　由于工件的孔有通孔和不通孔之分，所以拆卸孔内轴承的方法也不尽相同。常用的有拉拔法和内胀法。

如图 3-37 所示，圆柱销 1 和圆柱销 2 可从孔内伸出和退回，使用时先将其放进轴承孔内，然后拧动螺杆，螺杆前面的尖端将圆柱销 1 和圆柱销 2 顶出，使两个圆柱销伸出轴承外并钩住轴承，在孔外放横杆的位置拧动螺母，即可将滚动轴承拉出。

图 3-38 所示为采用拉拔法拆卸轴承外圈。

对于不通孔内的滚动轴承常采用内胀法拆卸，如图 3-39 所示。胀紧套筒上有 3、4 条开口槽，经热处理淬硬后具有一定的弹性。使用时将心轴上的胀紧套筒和衬套一起放进轴承孔内（超出轴承内侧端面），旋转螺母 2 使胀紧套筒胀紧轴承，然后将等高块垫在工件上并放好横板，旋转螺母 1 时即可将轴承拆下。

使用拉拔器拆卸轴承时，拉拔器的各拉钩应相互平行，钩子和零件贴合要平整。必要时可在螺杆和轴端间、零件和拉钩间垫入垫块，避免损坏零件。

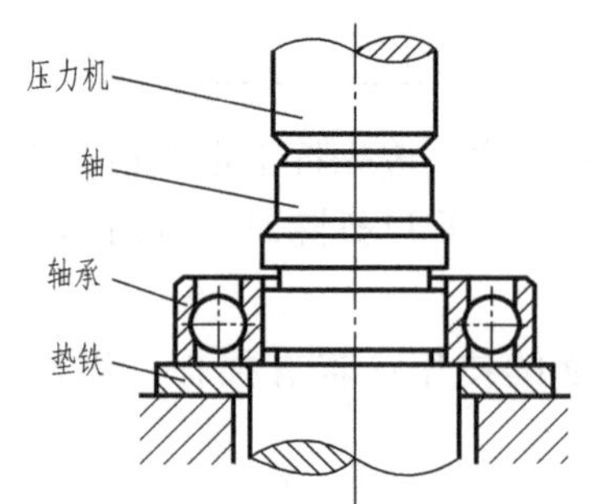

图 3-36　用压力机拆卸较大直径的轴承

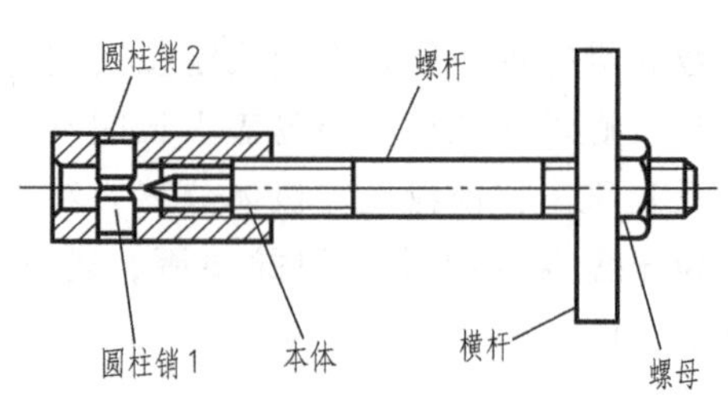

图 3-37　拉拔孔内轴承的工具

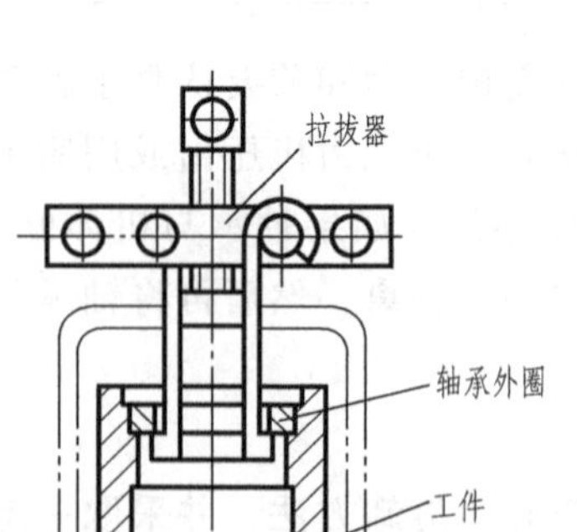

图 3-38　拉拔法拆卸轴承外圈示意图

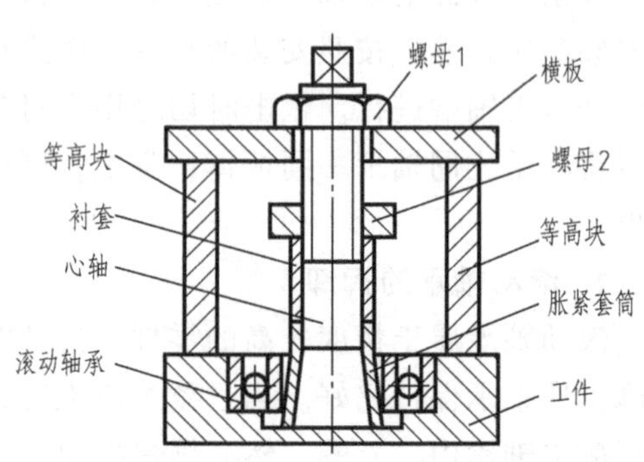

图 3-39　内胀法拆卸不通孔内滚动轴承示意图

2. 其他轴系零件的拆卸

轴系零件除了滚动轴承之外，还有轴套和各种轮、盘、密封圈、联轴摇等，其拆卸方法与滚动轴承相似。当这些零件与轴配合较松时，一般用钳工锤和铜棒即可拆卸；较紧时需借助拉拔器或压力机拆卸；轴上或机体内的挡圈需借助专用挡圈钳拆卸。

五、键的拆卸

平键、半圆键可直接用手钳拆卸，或使用锤子和鏨子从键的两端或侧面进行敲击而将键拆下，如图 3-40 所示。用铜条冲子对着键较薄的一端向外冲击即可卸下楔键。配合较紧或不宜用冲子拆卸的楔键，可用拔键钩或起键器进行拆卸。将起键器套在楔键头部，用螺钉将其与楔键固定压紧，利用撞块冲击螺杆凸缘部分，或用钳工锤敲打撞块，即可将楔键从槽内拉出，如图 3-41 所示。

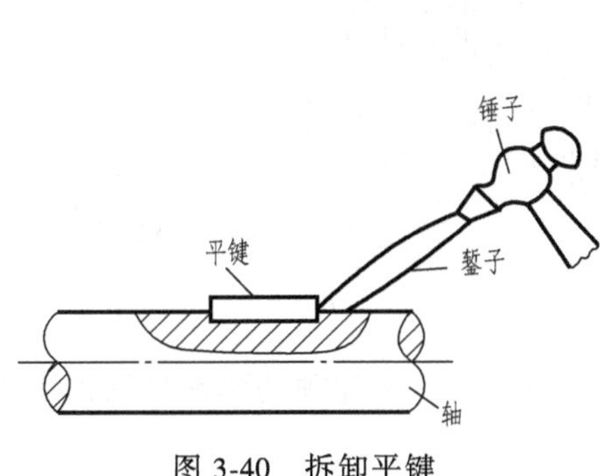

图 3-40　拆卸平键

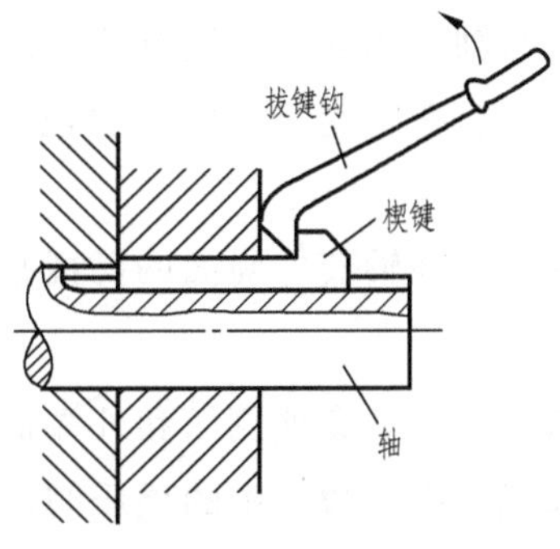

图 3-41　拔键钩拆卸楔键

六、过渡、过盈配合零件的拆卸

过渡、过盈配合零件的拆卸需根据其过盈量的大小而采取不同的方法。当过盈量较小时，可用拉拔器将零件拉出，或用木锤、铜冲敲打将零件拆下；当过盈量较大时，可采用图 3-42 所示的压力机拆卸起键器拆卸楔键，或用加温和冷却法进行拆卸。

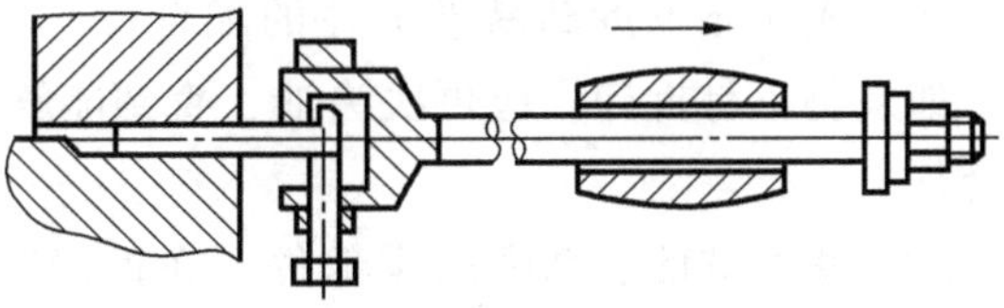

图 3-42　压力机拆卸起键器拆卸楔键示意图

拆卸过盈配合零件时应注意以下问题：

1）被拆卸零件受力要均匀，所受力的合力应位于其轴心线上。

2）被拆卸零件受力部位应恰当。如用拉拔器拉拔时，拉爪应钩在零件不重要的部位。一般不得用铁锤直接敲击零件，必要时可用硬木或铜棒作为冲头，沿整个零件周边敲打，切不可用力猛敲一个部位。当敲不动时应停止敲击，待查明原因后再采取适当的处理方法。

拆卸过渡、过盈配合的零件时，有时可以采用加温拆卸。加温拆卸有油淋、油浸和感应加热三种方法。油淋、油浸法是先把相配合的两零件中轴的配合部位用石棉紧密包裹隔热，然后用80~100℃热油浇淋或将有孔零件放在热油中浸泡，使有孔零件受热膨胀，即可将两零件分离。加温拆卸时，也可采用冰块局部冷却未被加热的零件，这样更便于拆卸。

感应加热法应用电磁感应原理，在轴承内圈产生感应电流，使其发热膨胀，从而在配合处产生间隙，达到易于拆卸的目的。由于感应加热迅速、均匀、清洁无污染，加热质量高，并保证轴承不受损伤，这种先进的拆卸方法，正逐步取代烘烤、油煮等方法。感应加温时，加热温度不宜过高，以稍加用力就能将零件分离为准。加热电流应加在有孔零件上。用感应加热法拆卸零件时，必须在断电后才能取出被加热部件。

轴套感应加热拆卸方法，如图3-43所示，包括以下步骤：

步骤一：轴套轴线水平卧式倒放，在轴套的外端部通过至少两个螺杆固定顶板，顶板与轴套端部之间设有顶压间隙。

步骤二：在轴套外周面先后包裹保温层和防滑层。

步骤三：在轴套外周面的防滑层外侧缠绕加热线缆。

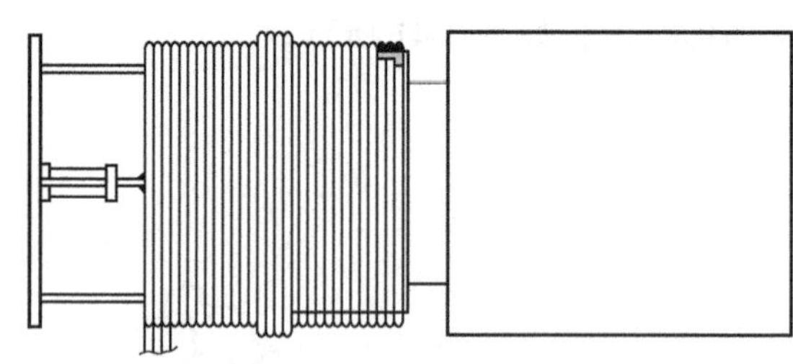
图3-43　感应加热法拆卸示意图

步骤四：在轴套外侧面和外端面分别连接热电偶。

步骤五：在步骤一中的顶压间隙中设置液压千斤顶，液压千斤顶的两端分别顶压轴端和顶板。

步骤六：对加热线缆通电并对轴套进行感应加热，液压千斤顶的加载力随轴套着温度的升高缓慢施加，最终令轴套与轴脱离。

七、特殊零件的拆卸

在干燥状态下拆卸易被卡住的配合件，应先涂渗一些润滑油，过几分钟后再进行拆卸。如果仍不易拆卸，应再次涂油，直到能够顺利拆卸为止，这种拆卸方法也适用于过盈配合件。

对某些特殊的、精密的零部件，在拆卸时更要小心操作，待油充分渗透后再进行拆卸，切不可急于操作而损伤零部件。

第五节　零部件的清洗

在零部件测绘中，对拆下来的零部件要进行清洗，以去除油腻、积炭、水垢和铁锈等，保证测绘的精度；同时，通过清洗也可以发现零部件的缺陷和磨损情况。

零部件的清洗方法对清洗质量有很大的影响，不同材料、不同精度的零部件，应采用不同的清洗方法。

一、零部件清洗的工艺要求

零部件有不同的清洗方法，也有不同的清洗剂。为了不破坏零件的使用性能，提高清洗质量和清洗效率，在清洗时应注意以下几个方面。

1. 清洗程度要有针对性

对不同的零部件有不同的清洗程度要求。一般地说，配合零件要高于非配合零件；间隙配合零件高于过渡和过盈配合零件；精密配合零件高于一般配合零件；对需要喷、镀、黏结的零件表面，清洗要干净、彻底。清洗时应根据上述要求，选择合适的清洗方法和清洗剂。

2. 避免零部件的碰撞和划伤

零件在清洗过程中，应遵循轻拿轻放、排列有序的原则，尽量不要叠放。同时要注意在手工清洗活塞、喷油器、气缸等零件的积炭时，要使用专门的清洗工具，对传递运动的配合件，清洗顺序不可乱。

3. 注意避免清洗剂对零件的腐蚀

轴承孔、光洁表面、齿轮以及散热器等零件，在受到潮气或清洗过程中受到腐蚀性溶剂的作用时，会产生斑痕或被腐蚀，因此对这类零件的清洗要合理选择清洗剂。清洗过的零件，应该用压缩空气吹干，并采取措施预防腐蚀和氧化对零件的影响。

4. 确保清洗操作的安全

在清洗中要注意采取有效措施防止火灾或毒害、腐蚀人体的事故发生。使用过的清洗剂要按有关规定处理，不可直接倒入下水道，避免腐蚀下水管路和污染环境。

5. 合理选择清洗方法和清洗材料

选择清洗方法和清洗剂的原则是，在保证清洗质量和效率的前提下，要兼顾设备造价和材料成本，考虑并兼顾适用性和经济性。

二、零部件清洗的基本方法

按照不同的分类，零部件清洗的方法分为很多种。按照清洗的操作方式，分为手工清洗和机器清洗；按照清洗剂对被洗件的作用方式，分为高压喷射清洗、浸泡清洗、涂刷清洗等。每种清洗方法都有自己的特点，在操作中可根据实际情况进行选择。

1. 手工清洗

对于要用刮刀、手锯片或刷子等工具来清除污垢的零件，多用手工清洗。例如，清洗活塞、气门、气门导管、缸口、喷油器以及燃烧室等零部件，由于上面有积炭、油漆、结胶或密封材料等，目前尚无更好的清洗工具，因而多用手工清洗。在手工清洗过程中，可视需要利用清洗剂在清洗箱槽或清洗盆中进行。手工清洗时要特别注意保护好皮肤，以免受到清洗剂的侵害，操作中也要注意避免清洗剂溅出。

2. 高压喷射清洗

高压喷射清洗是利用射流式高压喷射器提供的常温或加热的高压清洗溶液对零件进行清洗。这种方法多用于体积较大的零部件，如气缸体、气缸盖和变速器壳体等。

3. 冷浸泡清洗

冷浸泡清洗是将需要清洗的零件放置在网状筐中或用钢丝悬吊，置于盛有冷浸清洗剂的清洗箱中，上下运动几次即可完成清洗。冷浸泡清洗能有效地清除胶质、油漆、积炭、油泥和其他沉淀物对零件的附着，特别适用于化油器等零件的清洗。

4. 热溶液浸泡清洗

将清洗剂置于蒸煮池中，加热至80~90℃，再将零件放入浸泡。这种方法对清洗零件上的油漆、油泥及铁锈、沉积物等有特效，而且简单经济。如果可利用旋转式清洗机对零件进行热喷洗，效果更佳。

5. 蒸汽清洗

将清洗剂由水泵泵入加热盘管，盘管中的水被火焰喷射器加热至150℃左右，并经增压后由清洗轮的喷嘴喷射到零件上，在喷射摩擦力的作用下除掉零件上的脏物。

6. 超声波清洗

超声波是一种交变声压，当它在液体中振动传播时，能使液体介质形成疏密变化，产生超声空化效应。当超声波达到一定的频率和强度时，会不断地形成足够数量的空腔，然后不断闭合，在无数个点上形成数百兆帕的爆炸力和冲击波，这种冲击波对油污、积炭有极大的剥离作用，加上清洗液的热力和化学作用，可获得良好的清洗效果。使用超声波清洗时，应根据零部件的大小选择不同型号的超声波清洗机，并严格按照使用说明进行操作。

三、零件清洗时应注意的问题

零件清洗应按组进行，清洗后应立即放回原处，避免混淆和丢失。

为了提高清洗质量，节省资金，可将清洗剂分成两缸，第一缸做第一次清洗，第二缸做第二次清洗；当第一缸清洗剂用脏后，可将第二缸清洗剂改为第一缸用。清洗时，可逐一将待洗金属件先浸泡15min，然后用合适的方法清洗。这种方法只适用于体积较小且不易被清洗剂腐蚀的零件。

有螺纹的零件应注意不要互相过度碰撞，以免损伤螺纹。较小的螺钉应放在细钢丝网中清洗，防止丢失。

零件清洗后，应无积炭、结胶、锈斑、油垢和泥迹，零件上的油、水道畅通无阻。

零件按要求拆洗后，经过合适的干燥处理后，必须放在指定区域的测绘工作台上，便于后续的测绘工作。

第四章

零部件草图测绘

零件拆卸、清洗、干燥处理后，进入草图测绘环节。测绘草图是徒手绘制的工程图样，与尺规作图相比，有其特殊的规律，草图测绘是工程师的一项基本技能。

第一节　零件草图绘制概述

零件测绘草图是绘制装配工程图、零件工程图的原始资料和主要依据。测绘草图不是潦草绘图，除线宽和比例不做严格要求外，草图上的线型、尺寸标注、字体、标题栏等均需按照国家标准的规定绘制。

一、零件草图的构成与绘制要求

零件测绘草图不同于尺规作图画出的零件工程图，有其自身的规律和特点，在绘制过程中有一些特殊的要求，学习掌握这些特点和要求，就能画出合格的测绘草图。

1. 零件草图的构成与特点

零件草图也称为徒手图，是不借助于绘图工具，以目测来估计图形与实物的比例，并按一定的画法要求徒手绘制的图样。

零件草图一般是在测绘现场徒手绘制的零件图，与尺规绘出的零件工程图的区别在于目测比例和徒手绘制。由于零件草图的尺寸需要凭借肉眼来判断，在图纸上的尺寸与实际尺寸之间不可能保持严格的比例关系。因此，零件草图只要求图上尺寸与被测零件的实际尺寸大体上保持某一比例即可。但在同一张图样中，图形各部分间的比例关系虽然不做严格要求，但是也应大体符合实物各部分之间的比例。

由于零件草图是徒手绘制的，一般不严格区分线宽，但线型仍要按国家标准的要求来选择。例如，用实线表示可见轮廓，用虚线表示不可见轮廓，用点画线表示对称等。零件草图除对线型和尺寸比例不做严格要求外，其他要求与零件工作图的要求完全一致。在内容上也由一组视图、完整的尺寸标注、技术要求和标题栏四个部分组成。在零部件测绘过程中，对零件草图的基本要求是图形正确、表达清晰、尺寸完整、图面整洁、字体工整、技术要求符合规范。

2. 零件草图绘制时应注意的问题

零件草图是绘制零件工作图的基本依据，在绘制过程中，要注意掌握一些基本要求。

(1) 零件测绘的优先顺序　部件解体后，应该对其所有非标准零件逐一测绘。由于零件间相互关联，零件的尺寸标注要相互参照，因此就出现了零件测绘的优先顺序问题，一般应按基础件→重要零件→相关度高的零件→一般零件的顺序进行测绘。

基础件一般都比较复杂，与其他零件相关的尺寸较多，部件也常以基础件为核心进行装配，故应优先测绘。通过对基础件的测绘，还可以发现尺寸中的矛盾，从而提高其他零件的测绘效率。

一些重要的轴类零件，如柴油机上的曲轴、凸轮轴、机床的主轴等，因其在部件中的作用重要，其他零件也都是以保证这些重要零件正常工作为前提来进行设计的，所以应优先安排测绘。

(2) 仔细分析，忠于实样 画测绘草图时必须严格忠于实样，不得随意更改，更不能仅凭主观猜测。特别是对零件构造上的工艺特征，不得进行更改。在实际测绘中，常会遇到一些难以理解或认为有更优方案的结构，在这种情况下，仍然要以忠于原样为原则，不允许有任何更改。确实需要更改的，可做好记录，在零件工作图绘制阶段再进行更改。

图 4-1 所示为传动减速箱循环油路，为了使两条油路互相连通，需加工一个垂直工艺孔，这个孔在最终产品上需要堵住，并涂漆保护。但若将其测绘成图 4-2 所示的图样，则减速器装配后就不能正常工作。图 4-1 所示的工艺孔在最终产品中用螺钉将其堵住后封漆。

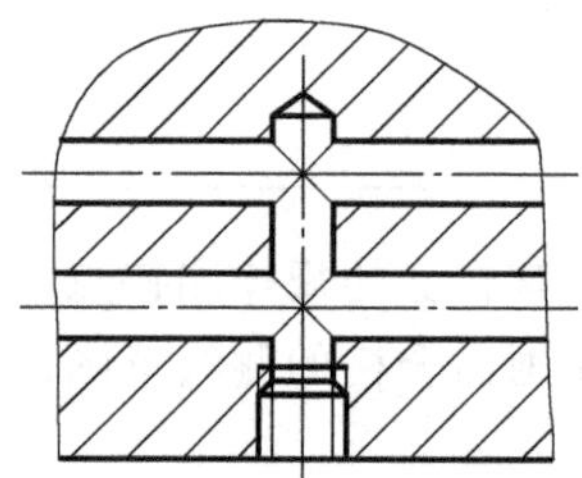

图 4-1 传动减速箱循环油路的正确画法

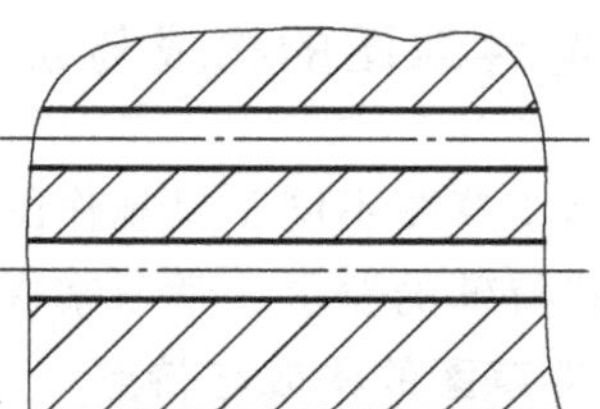

图 4-2 循环油路的错误画法

在测绘中最容易忽略的是零件上的一些细小结构，如孔、轴端倒角、转角处的小圆角、沟槽、退刀槽、凸台和凹坑、不通孔前端的锥角等。对这些结构应特别小心检查，以防遗漏。

(3) 测绘时应随时做好记录 绘制零件草图时，应当配备专门的工作记录本；在动手测绘时，应特别注意记好工作摘要。例如，记录实测中暂时还很难确定的问题、发现的疑点、某些没有理解清楚的设计结构、必要的验证资料以及各种问题的处理过程、意见等，这些工作摘要将是后续各阶段的重要参考资料。

(4) 绘制草图时，对一些连接处要给予充分的关注 例如压力容器的螺栓连接，为了保证连接的紧密性和工作的可靠性，其螺母的预紧力、螺母和垫圈的厚度、扳手口尺寸等都会影响结合面的密封性。再如标准件要注意匹配性、成套性，切不可用大垫圈配小螺母。

二、零件草图绘制的步骤

零件草图的绘制过程与尺规作图的过程大体相同，也包括分析零件、选择表达方案、画零件图、画尺寸线、测量并标注尺寸数字、注写技术要求和零件材料、校核零件图等步骤。

1. 了解和分析测绘对象

首先应了解零件的名称、用途、材料及它在部件中的位置和作用，然后对该零件进行结构分析和制造方法分析。

(1) 零件结构与表达方法分析 判明一个零件是何种结构是确定视图表达方案的前提，不同的零件结构应采用不同的表达方案。这里所说的结构是从零件图的表达特点上来区分的。一般将零件结构分为轴杆类、盘盖类、叉架类和箱体类。

(2) 零件结构在部件中的作用分析 零件在机器或部件中的作用决定了零件各表面在机器或部件中的重要程度，也决定了零件各个尺寸的重要程度及零件与其他零件间所采用的配合方式和要求。

(3) 零件结构与加工工艺分析 绘制零件图是为了进行加工，这就要求在绘制零件图时必须考虑加工的精确度和工艺要求，应尽可能地减小加工误差。因此，在绘制零件草图前，必须考虑到加工工艺的要求并以此来标注图中的各个尺寸。

(4) 零件的磨损程度分析 判明零件的现有尺寸是否是出厂时的尺寸，有无磨损。对于出现磨损的情况，应在测量尺寸时予以考虑，并参照与之相配合的其他零件和有关文献资料进行矫正。

2. 确定视图表达方案

视图表达方案的选取，一般是根据尽量显示零件形状特征的原则，按零件的加工位置或工作位置确定主视图；按零件的内、外结构特点选用必要的其他基本视图和剖视图、断面图、局部放大图等表达方法来表达。如轴、套、盘、盖等回转体类零件，通常以加工位置或将轴线水平放置作为主视图来表达零件的主体结构，必要时配合局部剖视图或其他辅助视图来表达局部的结构形状。

3. 目测零件尺寸与绘制零件草图

草图绘制前要把零件形状看熟，在头脑中形成一个完整的零件全貌。这样，才能在绘图时既可保证绘图的准确性，又可提高绘图效率。不要看一点画一点，这样的工作方法效率较低。绘制零件草图时，不能先测量再绘图，而是先绘制全部图形，再统一进行测量。因此，在绘制零件草图时，就需要对零件尺寸进行目测。

下面以绘制球阀上阀盖（见图 4-3）的零件草图为例，说明目测的方法和绘制零件轮廓的步骤。

1）视图选定后，要按图样大小确定视图位置。草图应按比例绘制，以视图清晰、便于标注为准。如图 4-4 所示，以阀盖轴孔轴线水平方向放置作为主视图，用主视图、左视图两个基本视图来表达。在布置视图时，应尽量考虑到零件的最大尺寸，尽可能准确地确定视图的比例。

2）在图样上定出各视图的位置，画出主视图、左视图的对称中心线和作图基准线。

3）由粗到细、由主体到局部、由外到内逐步完成各视图的底稿。

4）目测零件轮廓各部分的尺寸，详细地画出零件的结构形状。

5）确定被测绘零件的尺寸基准。按正确、完整、清晰的要求，尽可能合理地标注零件的尺寸，画出全部尺寸界线、尺寸线和箭头。画完后要进行校对，检查是否有遗漏和不合理的地方。经仔细校核后，按规定线型将图线加深（包括画剖面符号）。

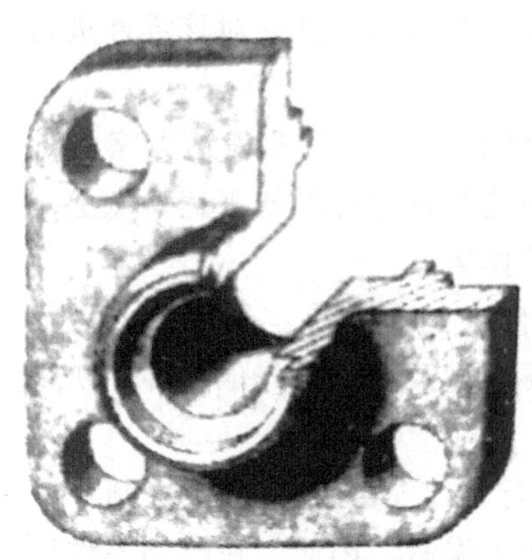
图 4-3　阀盖零件的轴测剖视图

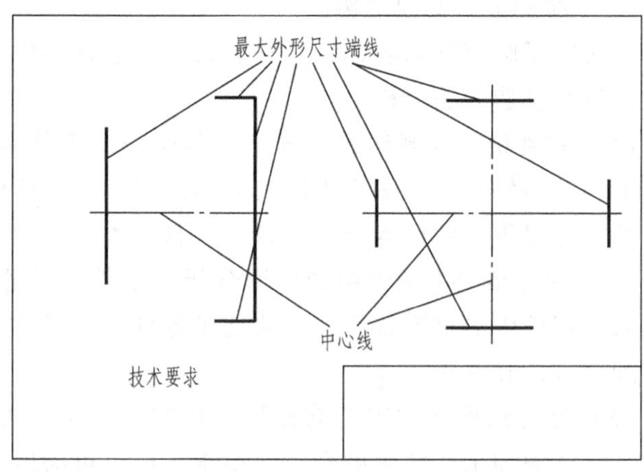

图 4-4　零件草图在图样上的定位

草图绘制阶段至此完成，但图上还缺少尺寸数字及公差，这一部分内容的标注需要在测量之后再行添加。

第二节　徒手绘图基础

绘制草图的基本要求是准确，准确包括两个方面：①能够真实地反映零件的特征；②各线段之间的比例与零件相对应部分的比例应基本一致。徒手绘制草图不能借助于任何绘图工具，要满足准确的基本要求，就必须掌握一定的方法和技巧。

一、图形的徒手画法

徒手绘图时，可在方格纸上进行，应尽量使图形中的直线与分格线重合，这样不但容易画好图线，而且便于控制图形大小和图形间的相互关系。在画各种图线时，宜采取手腕悬空、小指轻触纸面的姿势，也可随时将图样转动到适当的角度，以便画图。

1. 直线的画法

画直线时，眼睛要注意线段的终点，保证线条平直、方向准确。对于 30°、45°、60°等特殊角度的直线，可根据其近似正切值 3/5、1、5/3 作为直角三角形的斜边画出，如图 4-5 所示。

2. 圆和圆弧的画法

画小圆时，可按圆的半径先在对称中心线上截取四点，然后分四段逐步连接成圆，如图 4-6a 所示。当圆的直径较大时，除在中心线上截取四点外，还可以通过圆心画两条与水平线成 45°的斜线，再在斜线上取四点，将圆分八段画出，如图 4-6b 所示。

图 4-7 所示为画圆角的方法：首先目测并在角平分线上选取圆心位置，使它与角两边的距离等于圆角的半径；其次过圆心向两边引垂线定出圆弧的起点和终点，并在角平分线上也定出一个圆周点；最后徒手作圆弧，把这三点连接起来。

3. 椭圆的画法

已知长短轴作椭圆的画法如图 4-8 所示。先画出椭圆的长、短轴，过长、短轴端点作

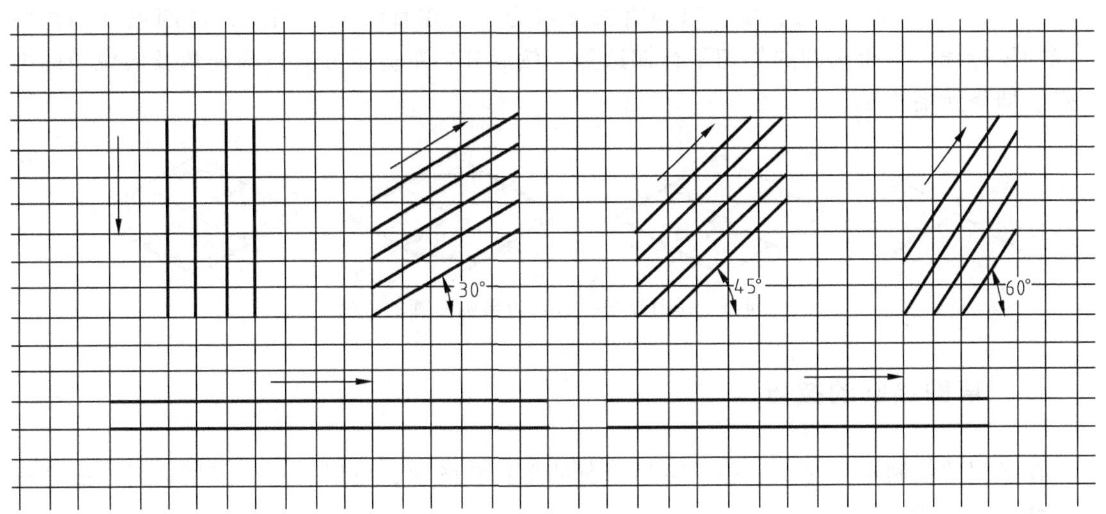

图 4-5　直线的画法

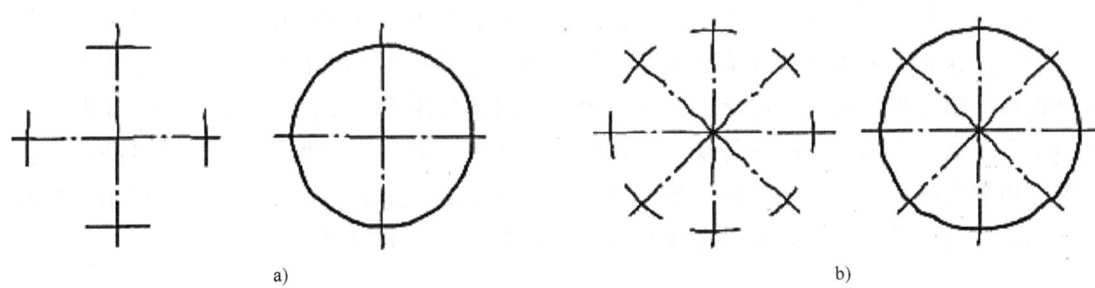

图 4-6　圆的画法

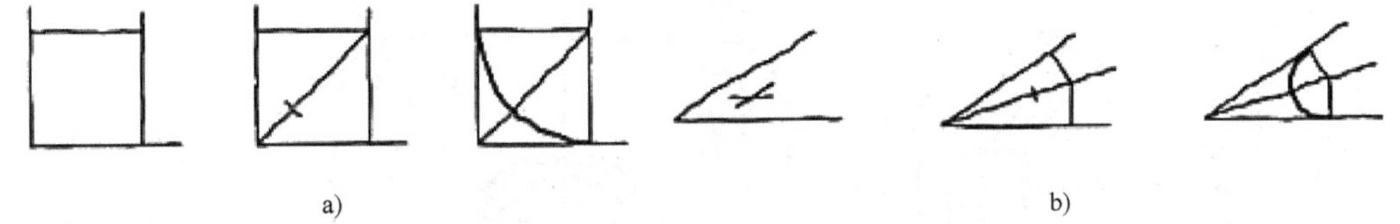

图 4-7　画圆角的方法
a）画 90°角圆弧　b）画任意角圆弧

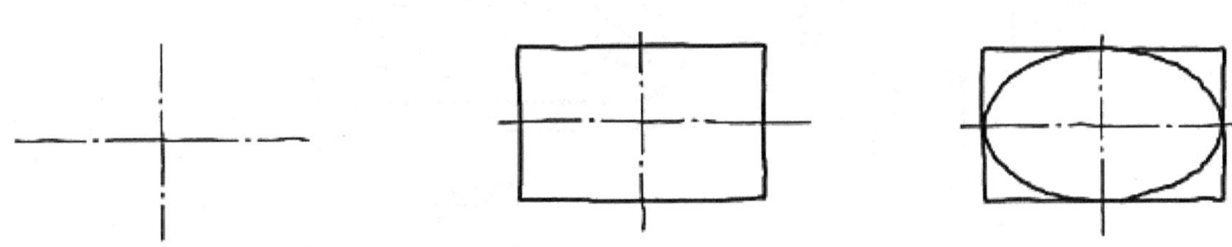

图 4-8　已知长短轴作椭圆的画法

平行线，得到一个矩形，然后再徒手画出与矩形相切的椭圆。

利用外切平行四边形画椭圆的方法如图 4-9 所示。作两相交直线（直线与水平线的倾角均为 30°)，以圆半径为长度，以两直线交点为圆心在直线上取四点，过四点分别作两直线的平行线，即得椭圆的外切平行四边形；然后分别用徒手方法作两钝角及两锐角的内切弧，即得所需椭圆。

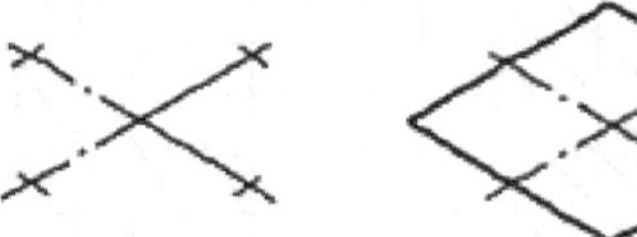
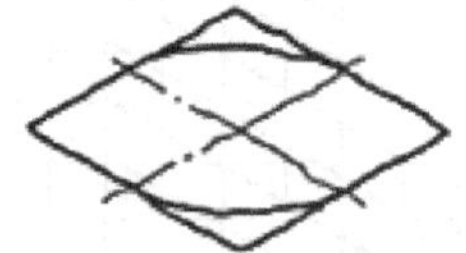
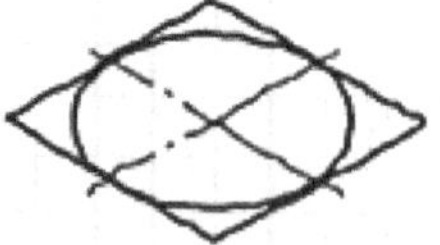

图 4-9　利用外切平行四边形画椭圆的方法

二、草图绘制的技巧

在草图的绘制中，对于一些不容易绘制的形状和图形，可以利用一些辅助的方法和特殊的技巧来完成。

1. 长直线的绘制

短直线一般可直接画出，但较长的直线，如图框边线、对称中心线等，初学者不容易画成直线，这时可采用两种办法来解决。第一种是将草图纸折叠出折痕，然后用铅笔描绘这个折痕。第二种是用桌子边缘、工作台边缘、图样边缘等已知直线作为参照，在图样上画出平行于这些已知直线的平行线。用这种办法画平行线时，可像拿筷子那样持两支笔，一支笔用来画线，另一支笔沿另一条已知平行直线运动。如果没有两支笔，也可用手指沿一已知的直线运动。徒手绘制图框线和对称线的效果如图 4-10 所示。

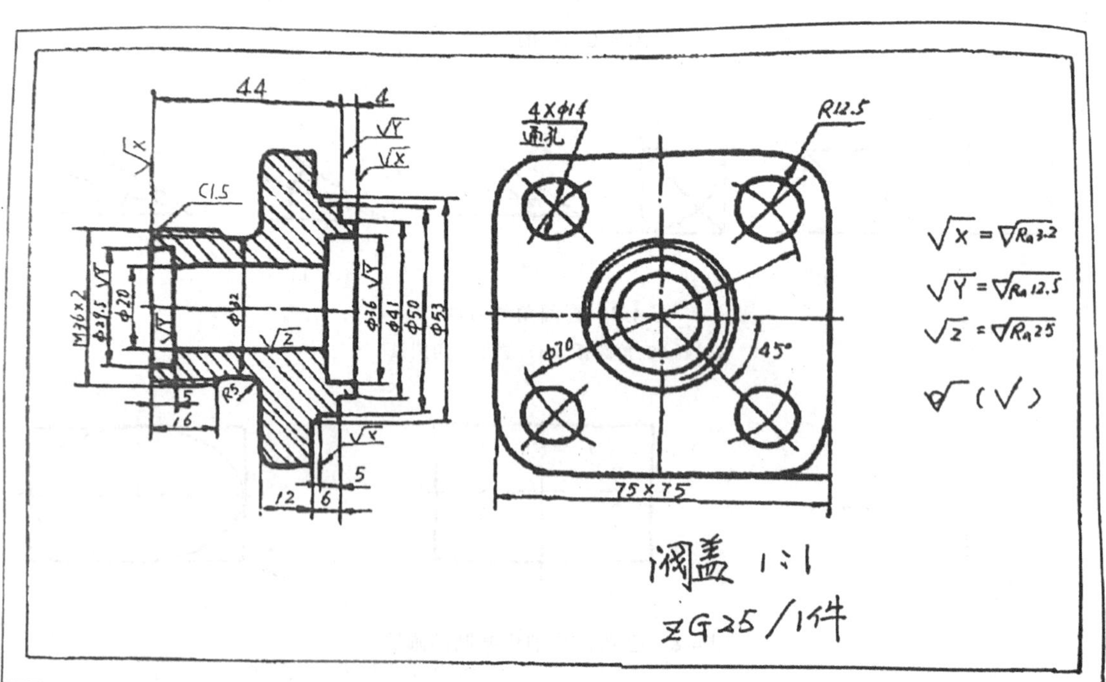

图 4-10　徒手绘制图框线和对称线的效果

2. 复杂轮廓的画法

(1) 用勾描法绘制轮廓　当复杂平面的轮廓能接触到纸面时，可将该平面直接放在图纸上，用铅笔沿轮廓画线，如图 4-11 所示。

(2) 用拓印法绘制轮廓　拓印法是将较小的零件（小于绘图纸）在绘图纸上压出一个印痕，然后用铅笔描出零件的轮廓，如图 4-12 所示。

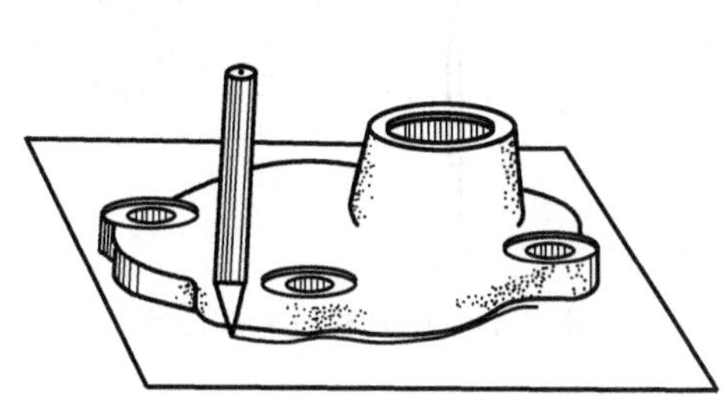

图 4-11　勾描法画零件的轮廓

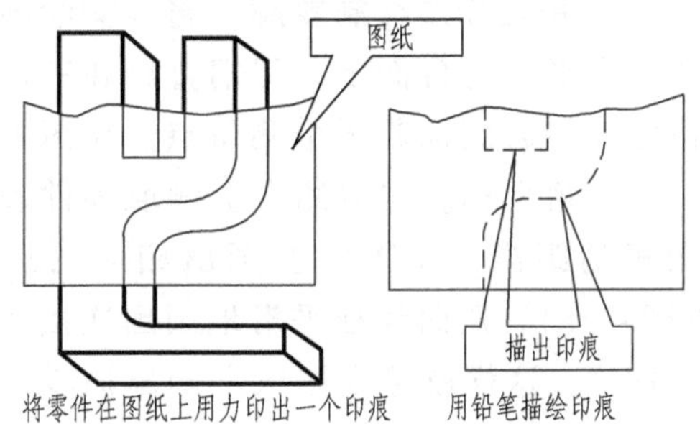

图 4-12　拓印法画零件的轮廓

这种方法虽然简便，但受以下两个条件的限制：一是零件不能大于绘图纸；二是视图的比例应选为 1∶1。绘图时，应先估计零件图在图纸上的位置，然后再进行压痕。

拓印法绘图的过程顺序与正常绘图时的顺序不同。正常绘图时，需要先画出对称线再画轮廓线；而拓印时，是先将零件的轮廓印到图纸上画出零件的轮廓线后再画对称线。

当零件上的被测绘平面受其他结构限制不能接触纸面时，可另选一张纸，在有结构阻挡处将纸挖去一块即可印出曲线轮廓，如图 4-13 所示，最后再将印迹描到图纸上。

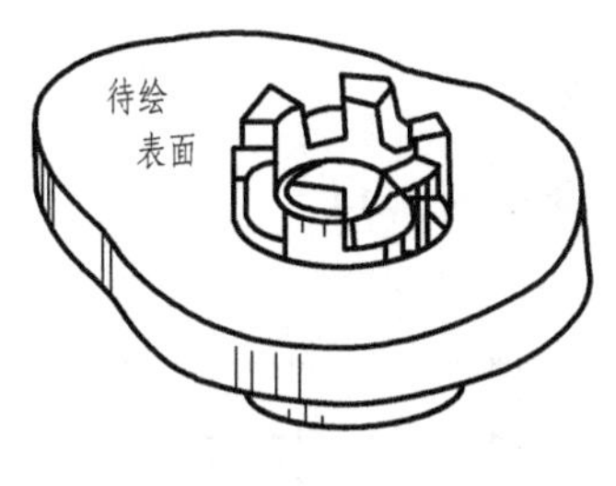

a)

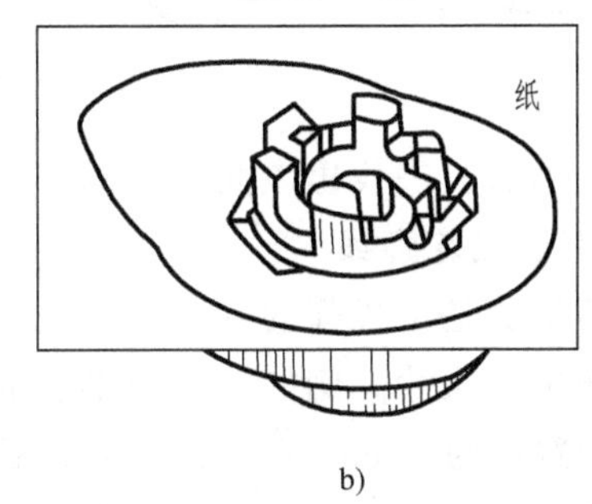

b)

图 4-13　拓印法的应用

a）待绘零件　b）将图纸破坏使待绘表面与纸接触

(3) 用铅丝法绘制轮廓　取一段铅丝，利用铅丝较柔软的特性，将其沿被测零件的轮廓表面压折成形；然后将铅丝小心取下，放在图纸上，用铅笔描绘出铅丝的形状。所描绘出的曲线就是零件表面的曲线（见图 4-14）。

用铅丝法画轮廓曲线，需要找到该曲线的圆心。通过观察可知，该曲线应由两个圆弧连接而成，可以在两段圆弧上各取三点（图 4-14 所示的 A、B、C 和 E、M、K），并以相邻两点为圆心画弧，过两对弧线的交点作直线，两直线的交点即为曲线的圆心 O_1 和 O_2，圆心到曲线的距离为两圆的半径 R_1、R_2。

用铅丝法画轮廓线是一种非常简便的方法，但在实际运用中需要注意的是，由于铅丝较柔软、容易变形，在取下铅丝时必须非常小心，稍有不慎，铅丝就可能变形，使图形的精度降低。所以，在能用其他方法解决问题时，尽量不用铅丝法。若必须使用铅丝法，应选取较硬的铅丝。

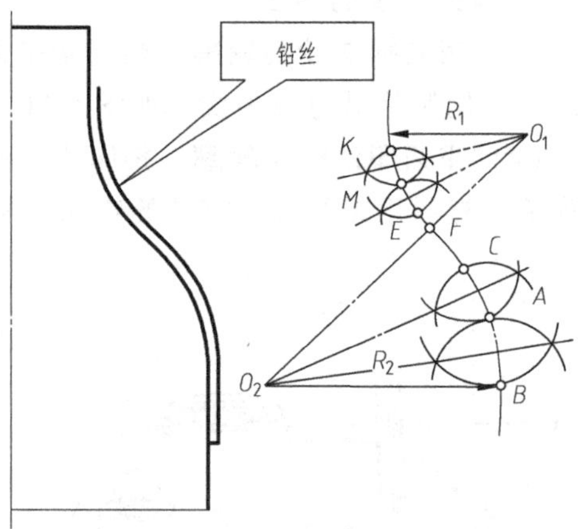

图 4-14 铅丝法画轮廓曲线

(4) 用坐标法绘制轮廓 将被测绘零件放置在一个平整的台面上，用钢直尺和三角板在被测零件的表面选若干个测量点。在图纸上画出一个直角坐标。在被测点上测取零件表面到三角板的距离，在图纸上画出相应的点坐标（见图 4-15），用曲线板平滑地画出连接各坐标点的曲线，这样就可在图纸上画出该零件的表面轮廓曲线了。

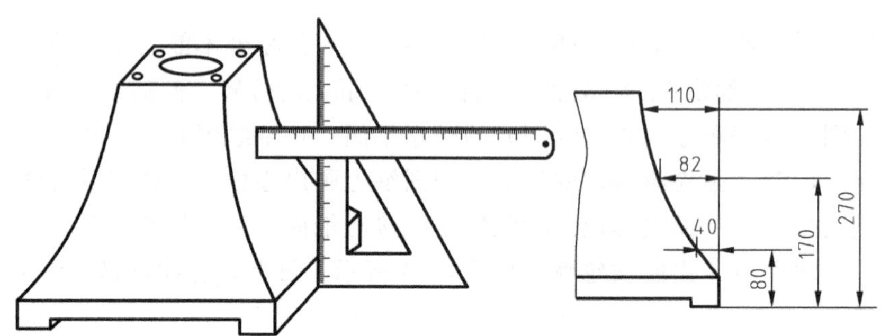

图 4-15 坐标法画轮廓曲线

曲线绘出后，需找出该曲线的圆心。找圆心的方法参见图 4-14。

3. 比例法画轮廓线

尺寸的估测是工程师的基本功之一，平时应注意经常练习目测常用尺寸。例如，办公桌上的玻璃厚度约为 5mm，手指宽约为 10mm，人手一拃长度（拇指与中指展开后的最大距离）约为 200mm 等，对类似这样的尺寸在日常应该有一个基本的掌握，用这些尺寸为依据，可以估测测绘的零件。

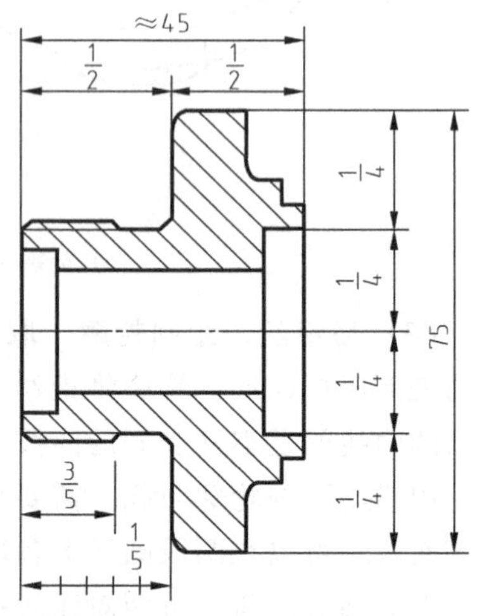

图 4-16 比例法画零件轮廓线

对于较大的尺寸可以借助其他已知物体的长度来进行估测。如正方形地面瓷砖的边长多为 600mm 或 800mm，而每块瓷砖的具体长度可以用手来估测。对于较大的零件，如果放在铺有地砖的房间内，则可借助于占用地砖的数量来进行估测。

比例法是在确定最大外轮廓的基础上，按零件的细部与其他部分的比例画出的。图 4-16 所示是用比例法

画出的阀盖零件草图。首先确定被测绘零件的最大外形尺寸。如图 4-16 所示的阀盖，估测其最大外形尺寸为 45mm×75mm，先在图纸上画出通孔的中心线和最大外形尺寸端线，然后再对该零件各个细节部分的长度用比例估测画出。

比例法是在画出零件外形最大尺寸的基础上，通过估测零件各线段相对于外形的比例来确定各线段在图上的长度。常用的方法有二分法、三分法和五分法，即将某一被测零件分为二等份、三等份或五等份。

在图 4-16 中，估计阀门盖的总长度为 45mm，而阀盖的盖肩处在总长度一半的位置，可取总长的 1/2 作为盖肩的轮廓线。类似地，分别估计各点相对于某线段的比例，就可以大致地画出零件的轮廓。图 4-16 所示只给出了部分轮廓的比例，其他部分可依照同样的办法画出。注意，在实际绘制的过程中，并不需要像图 4-16 中所示标出各线段的比例数值。

第三节　零件的表达方法

工程图样的绘制要遵循简便、经济的原则。具体地说，就是在工程制图中能用一个视图来表示的，就不要画多个视图，即简便、经济。根据零件的结构不同，选取的视图数也不同，表达的方法也不同。

在工程制图的视角下，为了以最简洁的方式表达机器零件，可以把机器零件大致分成以下四类：

1）轴杆类零件，如轴、杆等零件。

2）盘盖类零件，如手轮、带轮、齿轮、端盖、阀盖、衬套等零件。

3）叉架类零件，如拨叉、支架、连杆等零件。

4）箱体类零件，如阀体、泵体、齿轮减速器箱体、液压缸体等零件。

同一类零件都有相似的表达方式，当把一个具体的零件归入某一类零件时，选择表达方案的问题就相对简单了。

一、轴杆类零件

轴类零件按结构型式的不同分为光轴、阶梯轴、花键轴、空心轴、曲轴以及凸轮轴等；杆类零件的结构特点是零件的主要表面为同轴度较高的内外旋转表面，易变形，长度一般大于直径。下面以轴类零件为例说明该类零件的表达特点。

1. 结构分析

如图 4-17 所示，轴类零件是回转零件，通常由外圆柱面、圆锥面、内孔、螺纹和阶梯端面等组成，一般还有花键、键槽、径向孔或沟槽等结构。

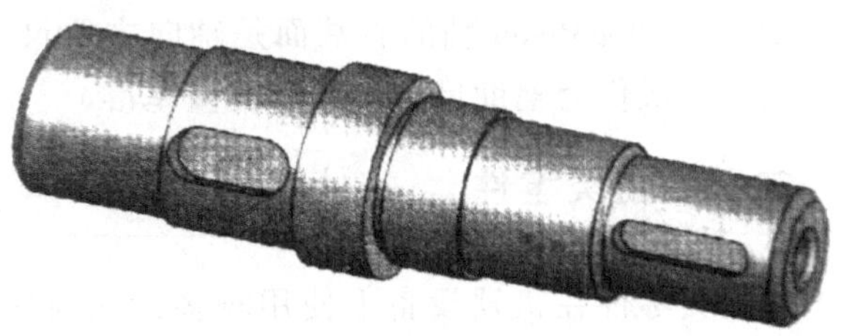

图 4-17　轴的立体图

2. 视图选择

轴类零件主要是在车床和磨床上

加工的，装夹时它们按轴线水平放置。因此，此类零件常按装夹位置放置来画主视图。

由于轴类零件都是由圆柱同轴叠加而成的，故可只用一个主视图来表达轴的主体结构，用断面图、局部剖视图、局部放大图等辅助视图来表达轴上键槽、孔、退刀槽等局部结构。

如图 4-18 所示的轴零件图，采用一个基本视图加上一系列尺寸，就能表达轴的主要形状及大小；对于轴上的键槽，采用移出断面图表达，既表示了它们的形状，又便于标注尺寸。轴上的其他局部结构（如砂轮越程槽等）采用局部放大图表达，中心孔采用局部剖视图表达。

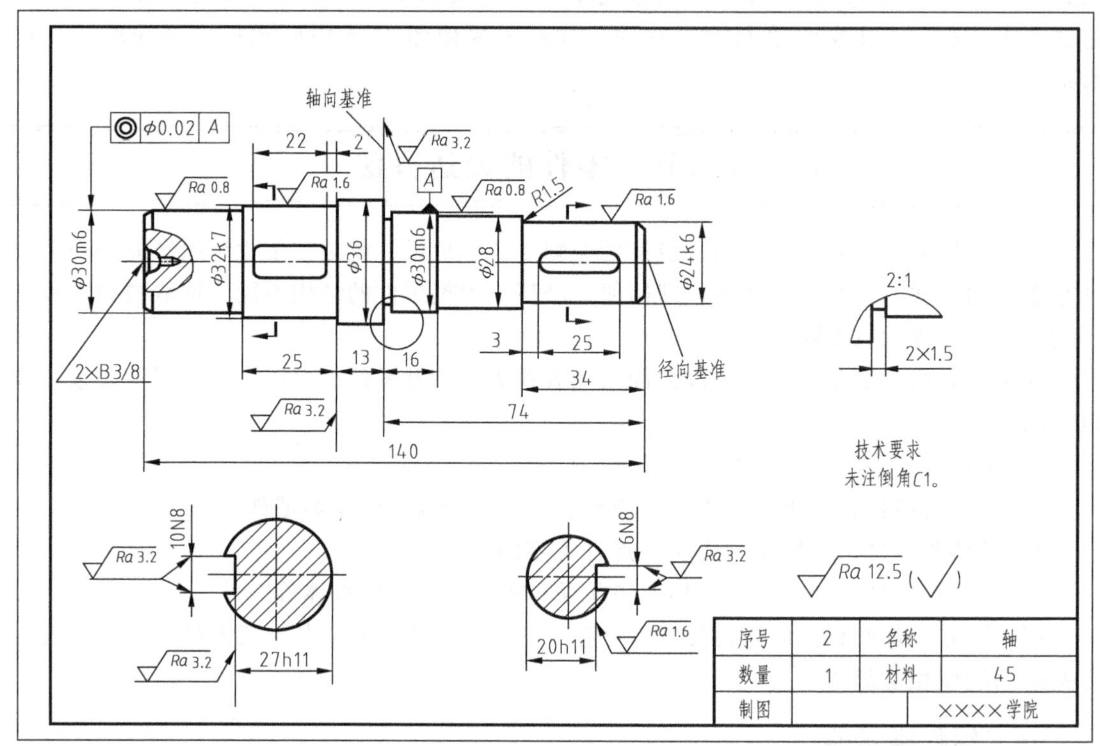

图 4-18 轴零件图

3. 尺寸标注

轴类零件的尺寸分为径向尺寸和轴向尺寸。径向尺寸表示轴上各回转体的直径，它以水平放置的轴线作为径向尺寸基准，如 ϕ30m6、ϕ32k7 的尺寸基准。重要的安装端面（如轴肩），如 ϕ36mm 轴的右端面是轴向主要尺寸基准，由此注出“16”“74”等尺寸。轴的两端一般作为辅助尺寸基准（测量基准）。

二、盘盖类零件

盘盖类零件在机器设备上使用较多，如齿轮、蜗轮、带轮、链轮及手轮、端盖、透盖、法兰盘等，都属于盘盖类零件。按使用要求的不同，盘盖上常有螺孔、销孔、键槽、弹簧挡圈及加油孔、油沟、退刀槽、砂轮越程槽、倒角等结构。

1. 结构分析

以图 4-19 所示的泵盖为例，盘盖类零件的主体结构为同一个轴线的多个圆柱或圆柱孔腔，其径向尺寸明显大于轴向尺寸，且有与其他零件相结合的较大端面，部分零件由于安装位置的限制和结构需要，常有将某一圆柱切去一部分的不完整结构。

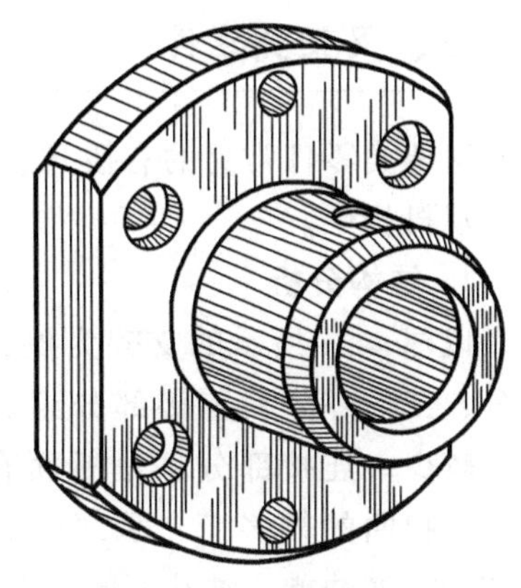

图 4-19　泵盖的立体图

2. 视图选择

盘盖类零件的主视图仍按零件的加工位置选择，即把轴线放成水平位置。盘盖类零件一般采用两个基本视图来表达，主视图常用剖视图表示孔、槽等结构形状，左视图表示零件的外形轮廓和各组成部分，如孔、肋、轮辐等沿径向的相对分布位置。如图 4-19 所示泵盖的内部结构，用左视图表示泵盖的外形和安装孔的分布情况。

3. 尺寸标注

盘盖类零件在标注尺寸时，通常选用通过轴孔的轴线作为径向尺寸基准，由此注出 ϕ42H7、ϕ55H7 等尺寸。长度方向的尺寸基准，常选用重要的安装端面或定位端面，如图 4-20 所示的泵盖选用右端面作为长度方向的尺寸基准，由此注出“3”“8”等尺寸。

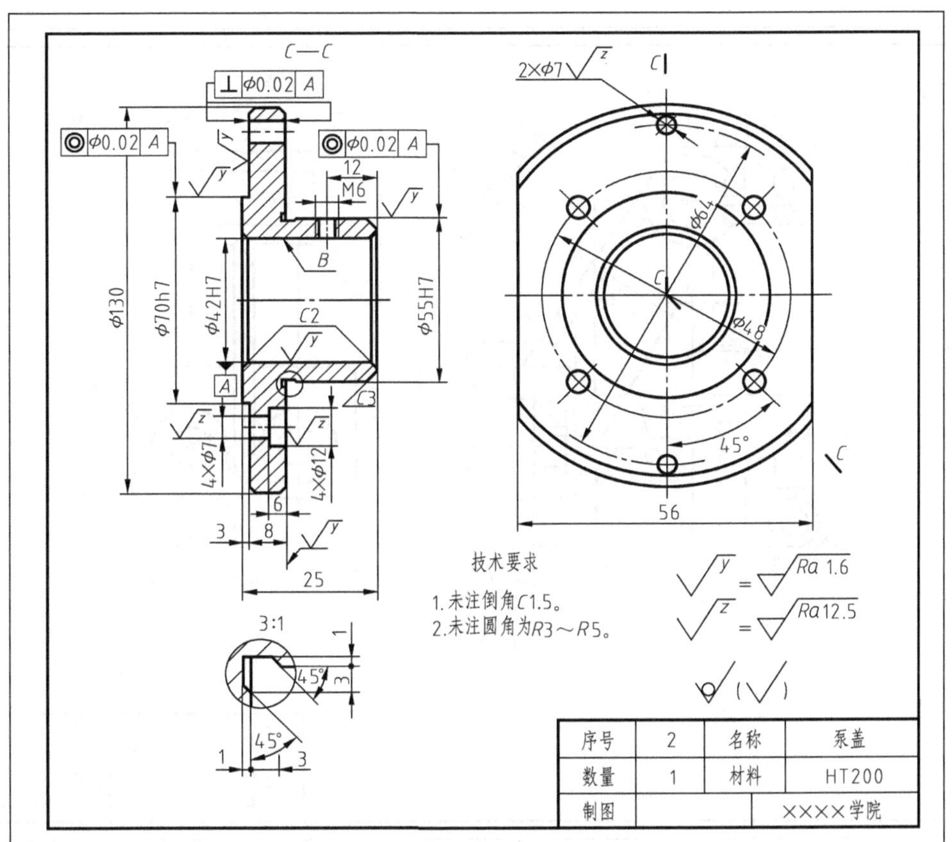

图 4-20　泵盖零件图

三、叉架类零件

叉架类零件常见的有拨叉、连杆、杠杆、摇臂和支架等，常用在变速机构、操纵机构和支承机构中。

1. 结构分析

以图 4-21 所示的支架为例，叉架类零件一般由安装部分、工作部分和连接部分组成，多为铸件或锻件，加工面较少。连接部分多是断面有变化的肋板结构，形状弯曲、扭曲的较多。支承部分和工作部分也有较多的细小结构，如油槽、油孔、螺孔等。

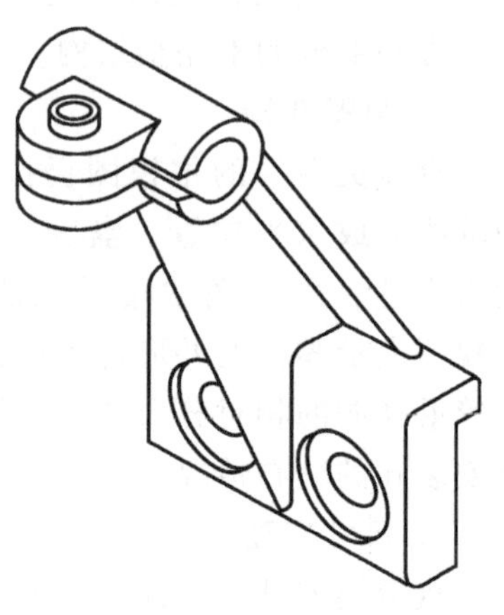

图 4-21　支架立体图

2. 视图选择

由于叉架类零件的结构形状较为复杂，各加工面往往在不同的机床上加工，因此零件图一般按工作位置放置。若工作位置处于倾斜状态时，可将其放正，再选择最能反映其形状特征的投射方向作为主视图。由于叉架类零件倾斜扭曲结构较多，除了基本视图外，还常选择斜视图、局部视图、局部剖视图、断面图等表达方法，如图 4-22 所示。

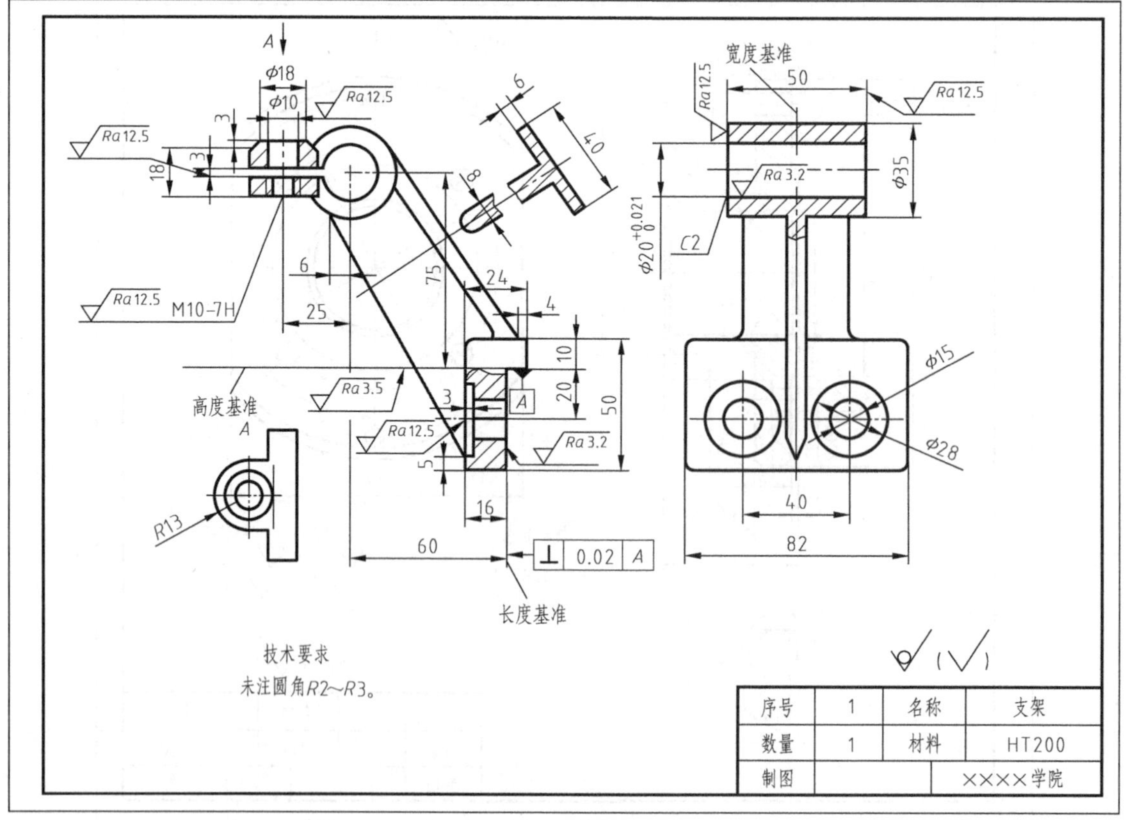

图 4-22　支架零件图

3. 尺寸标注

叉架类零件标注尺寸时，通常选用安装面或零件的对称面作为主要尺寸基准。如图 4-22 所示的支架选用右端面、下端面作为长度方向和高度方向的尺寸基准，分别注出尺寸“60”“75”，上部轴承的轴线作为 $\phi 20^{+0.021}_{0}$mm、$\phi 35$mm 的径向尺寸基准；零件的对称面作为宽度方向的尺寸基准，分别注出“40”“82”，如图 4-22 所示。

四、箱体类零件

箱体类零件是连接、支承和包容其他零部件的机器零件，一般为机器或部件的外壳，如各种变速器箱体、齿轮泵泵体等。

1. 结构分析

箱体类零件的结构形状较为复杂，一般为铸件，其加工位置较多。箱体类零件通常需要三个或三个以上的视图（基本视图、剖视图）表示其内、外部结构形状。

2. 视图选择

如图 4-23 所示的泵体，其零件图如图 4-24 所示，主视图采用全剖视图，以表达泵体泵腔的主要结构特点；左视图采用局部剖视图，表达泵体上与单向阀体相接的两个螺孔，它们分别位于泵体的前面和后面，是泵体的进、出油口。

图 4-23　泵体

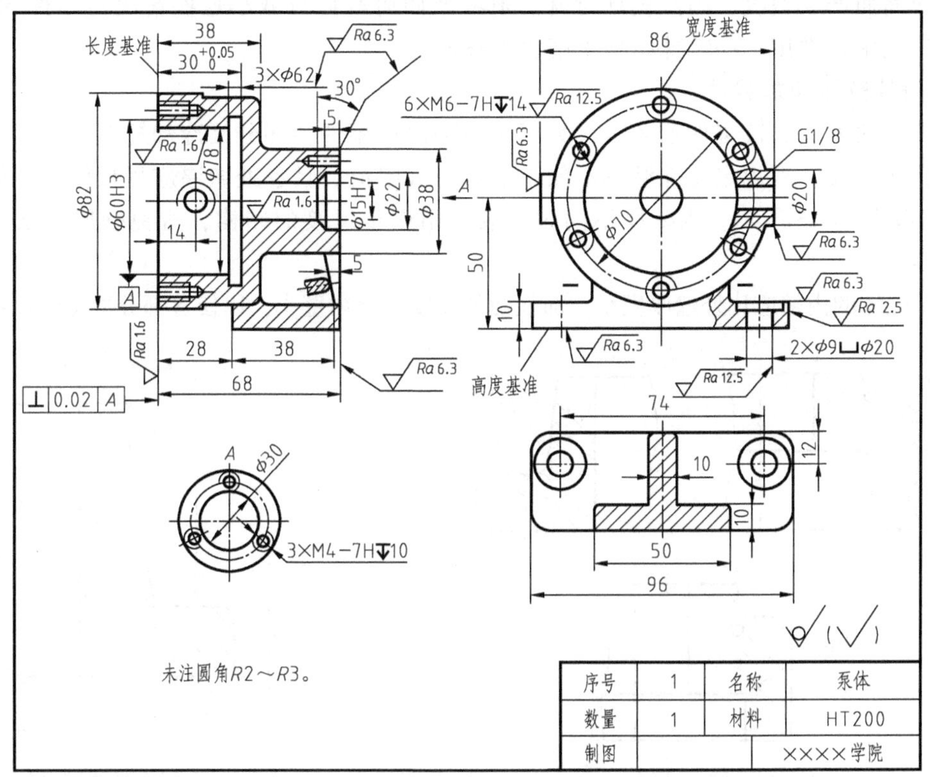

图 4-24　泵体零件图

3. 尺寸标注

在标注箱体类零件尺寸时，确定各部位的定位尺寸非常重要，它关系到装配质量的高低，因此首先要选择好基准面，一般以安装表面、主要孔的轴线和主要端面作为尺寸基准。当各部位的定位尺寸确定后，其定形尺寸才能确定。

如图 4-24 所示，以泵体的左端面作为长度方向尺寸基准，注出尺寸 $30^{+0.05}_{0}$、“28”；选用箱体的前、后对称面作为宽度方向尺寸基准，注出尺寸“74”“96”；选用泵体底座的底面作为高度方向尺寸基准，注出尺寸“50”“10”等。确定好各部位的定位尺寸后，逐个标注定形尺寸。

第四节　零件特殊结构的绘制

零件除需满足功能要求外，其结构形状还应满足加工、测量、装配等制造过程所必需的一系列工艺要求，这是确定零件局部结构的依据。在进行测绘时，必须考虑零件结构的工艺性特点。工艺结构可以根据国家标准的规定，结合具体情况确定。

一、铸造工艺结构的测绘

铸造是将金属材料熔成液态浇入预先制好的模具中，待冷却后形成固体形状的一种制造方法。由于材料在浇铸过程中会混入气体而形成空洞，在从液态向固态转变的过程中会因热胀冷缩而产生裂纹，因此设计时就必须考虑如何避免或减小这些情况对零件的影响。在工程实践中，常用一些特殊结构来解决上述问题。

1. 铸件壁厚和加强肋

用铸造的方法制造零件毛坯时，为了避免浇注后零件各部分因冷却速度不同而产生残缺、缩孔或裂纹，需规定铸件壁厚不能小于某个极限值，且各处壁厚应尽量保持相同或均匀过渡，如图 4-25 所示。当壁厚不同时，应采用逐步过渡的结构，避免壁厚突变，如图 4-26 所示。

铸造壳体的内壁应比外壁厚度小，加强肋的厚度应比内壁小，以使各部分冷却速度相近。

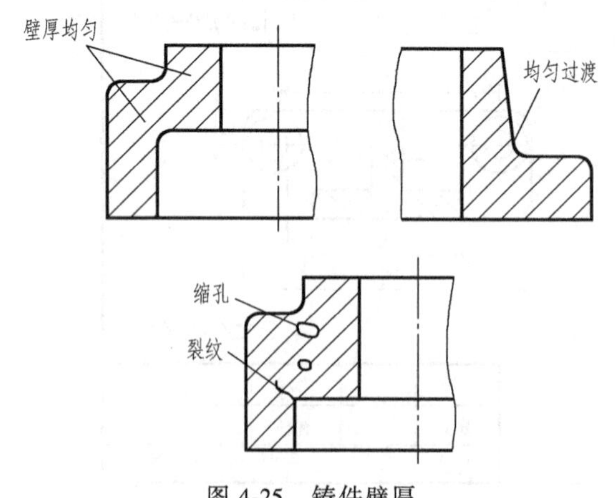

图 4-25　铸件壁厚

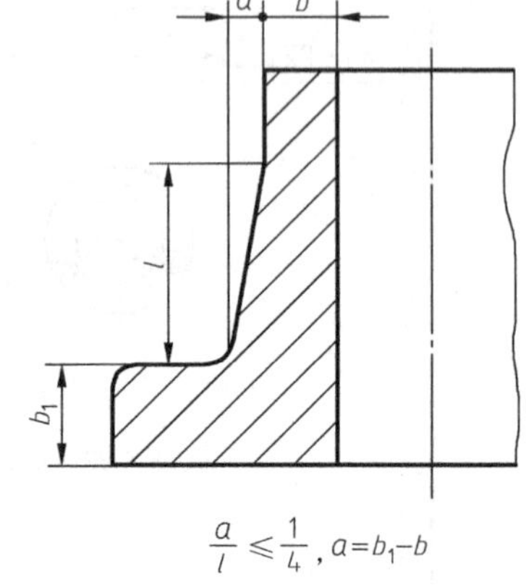

图 4-26　铸造壳体壁厚的过渡

一般而言，壳体零件通常采用合理设置隔板和加强肋的方法来保证其具有足够的刚度和强度，这样既有效又符合经济性原则。

加强肋各表面一般都不经过机械加工，在其各表面的相交处常有小圆角光滑过渡，因此会产生比较复杂的过渡线等，测绘时要特别留意。

2. 铸造内圆角

为了防止浇注铁水时冲坏砂型尖角产生砂孔，避免应力集中产生裂纹，铸件两面相交处均应做出过渡圆角，如图 4-27 所示。铸造内圆角半径通常为 $R=3\sim5$mm，具体数值见表 4-1。

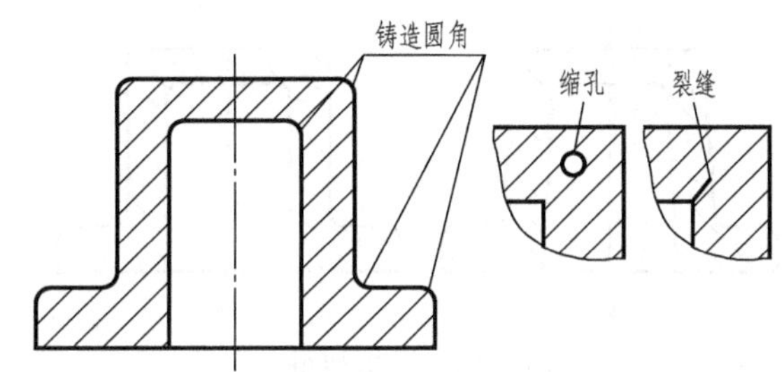

图 4-27　铸造圆角

表 4-1　常用铸造内圆角半径 R 值

$\frac{a+b}{2}$	内圆角 α											
	<50°		51°~75°		76°~105°		106°~135°		136°~165°		>165°	
	钢	铁	钢	铁	钢	铁	钢	铁	钢	铁	钢	铁
≤8	4	4	4	4	6	4	8	6	16	10	20	16
9~12	4	4	4	4	6	6	10	8	16	12	25	20
13~16	4	4	6	4	8	6	12	10	20	16	30	25
17~20	6	4	8	6	10	8	16	12	25	20	40	30
21~27	6	6	10	8	12	10	20	16	30	25	50	40

在壳体零件图上，非加工面的铸造圆角均应画出；铸件表面经过机械加工后，就不应再画圆角。

标注铸造圆角的尺寸时，除个别圆角的半径直接在图样上注出外，也可在技术要求中集中标注。例如，在技术要求中注写“未注铸造圆角均为 $R5$”，或者“未注铸造圆角均为 $R3\sim R5$”。常用铸造内圆角半径 R 值选取见表 4-1。

3. 起模斜度

为了便于将木模从砂型中取出，在铸件内、外壁上沿着起模方向做出一定的斜度，这个斜度称为起模斜度。零件上的起模斜度大小各异，一般取为 0°30′~3°。起模斜度的实测数据参照实物并根据铸造工艺的有关标准而定。

如图 4-28 所示，在铸件内、外壁上沿着起模方向设计 1∶20 的斜度，可在零件图上画出，也可在技术要求中用文字说明。

当起模斜度较小时，在壳体零件图上可不画出、不标注。当起模斜度较大时，应按几何形体画出，并加以标注，如图 4-29 所示。

起模斜度一般标注在技术要求中，用度数表示，如“起模斜度为 1°~3°”，也可以直接标注在零件图上，此时通常用斜度锥度的符号形式加以标注。

上述结构是铸造零件所必需的结构。在测绘中，这样的结构如因被测零件的磨损或老

化而变形，必须按原设计予以纠正。

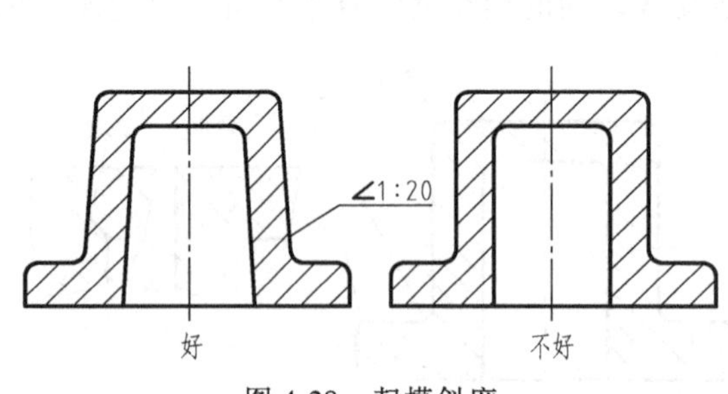

图 4-28　起模斜度

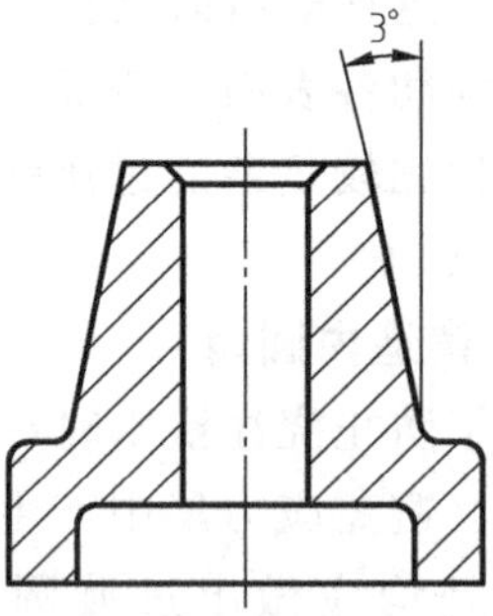

图 4-29　起模斜度的画法与标注

二、机械加工工艺结构的绘制

零件大多要经过机械加工，在加工中，由于工具和加工工艺的限制，必须设计成某些特殊的结构，这些结构称为机械加工工艺结构，这些结构的绘制必须遵从国家标准的规定。

1. 倒角（GB/T 6403.4—2008）

为了便于操作和装配，常在零件端部或孔口处加工出倒角。常见的倒角为 45°，也有 30°和 60°的倒角，其尺寸标注如图 4-30 所示。图样中倒角尺寸全部相同或某一尺寸占多数时，可在技术要求中注明。如果倒角为 45°可用 *C* 表示，后面注写去掉的倒角边长。如 *C*2，*C* 表示 45°倒角，2 表示边长为 2mm。零件中具体的倒角值可根据 GB/T 6403.4—2008 来选择。

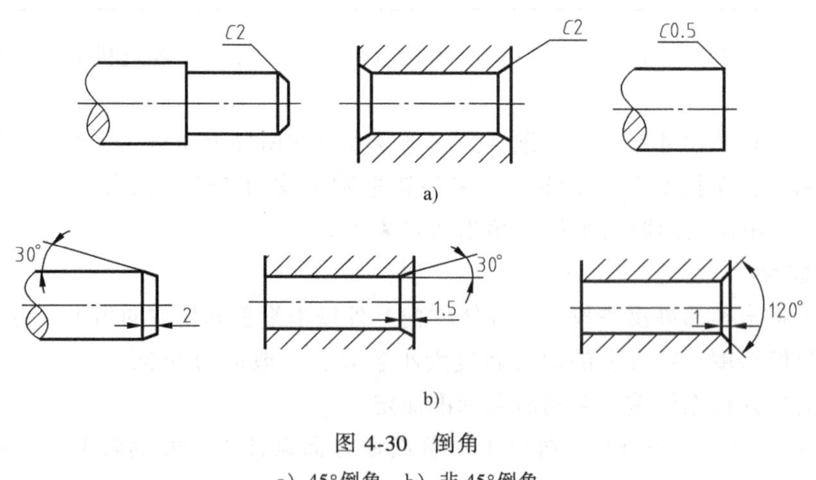

图 4-30　倒角

a）45°倒角　b）非 45°倒角

2. 圆角（GB/T 6403.4—2008）

为了避免阶梯轴轴肩根部或阶梯孔孔肩处因产生应力集中而断裂，通常在这两处都以圆角过渡，其画法和标注如图 4-31 所示。

3. 钻孔结构

零件上不同型式和不同用途的孔，常用钻头加工而成。为了防止钻头歪斜或折断，钻

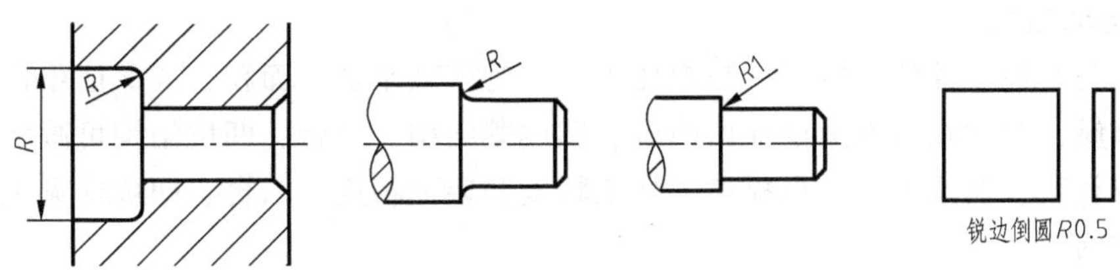

图 4-31　圆角

孔端面应与钻头垂直。因此，斜孔、曲面上的孔应制成与钻头垂直的凸台或凹坑，如图 4-32a 所示。用钻削法加工的不通孔，在孔的底部会有 120°的锥角，钻孔深度指的只是圆柱部分的深度，不包括锥角深度。在钻阶梯孔时，其过渡处也存在 120°的锥角，大孔的深度也不包括锥角深度，如图 4-32b 所示。

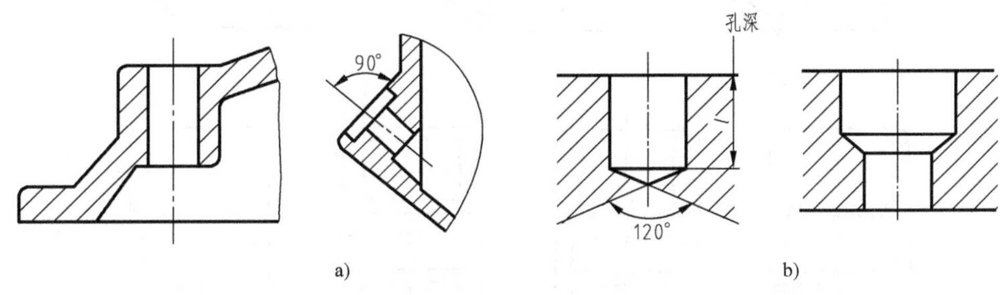

图 4-32　钻孔工艺结构

4. 退刀槽及砂轮越程槽

在对零件进行切削加工时，为了便于退出刀具，保证装配时相关零件接触紧密，在被加工表面台阶处应预先加工出退刀槽或砂轮越程槽。车削外螺纹的退刀槽的尺寸一般可按“槽宽×直径”或“槽宽×槽深”的格式标注，如图 4-33a 所示。磨削外圆或磨削内圆及端面时的砂轮越程槽尺寸标注如图 4-33b、c 所示。

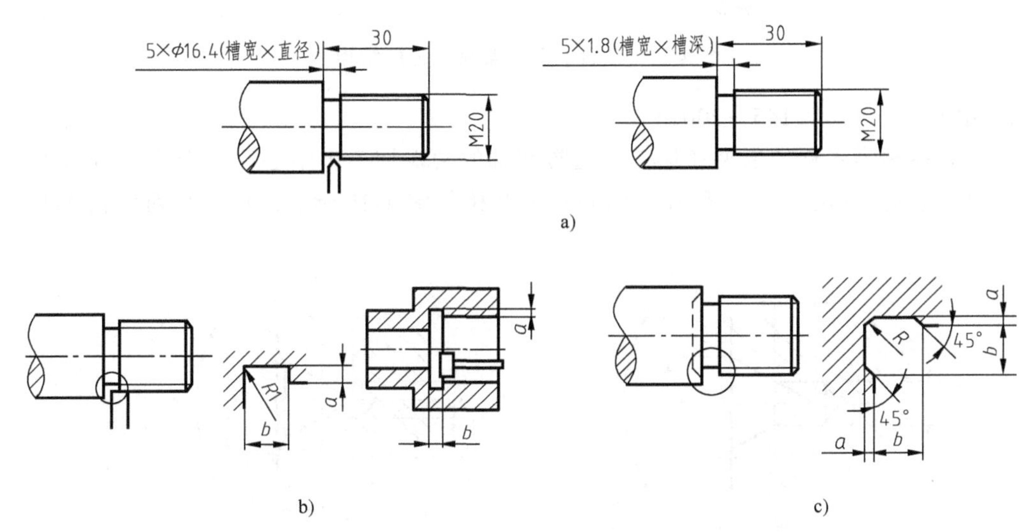

图 4-33　退刀槽和越程槽

a）退刀槽　b）磨削内、外圆越程槽　c）磨削外圆及端面越程槽

5. **凸台和凹坑**

零件上与其他零件的接触面一般都要加工。为了减小加工面积，并保证零件表面之间有良好的接触，常常在铸件上设计出凸台、凹坑等结构。凸台、凹坑结构可减轻零件的重量，可节省材料、缩减工时，也提高了加工精度和装配精度。凸台、凹坑常见工艺的结构如图 4-34 所示。

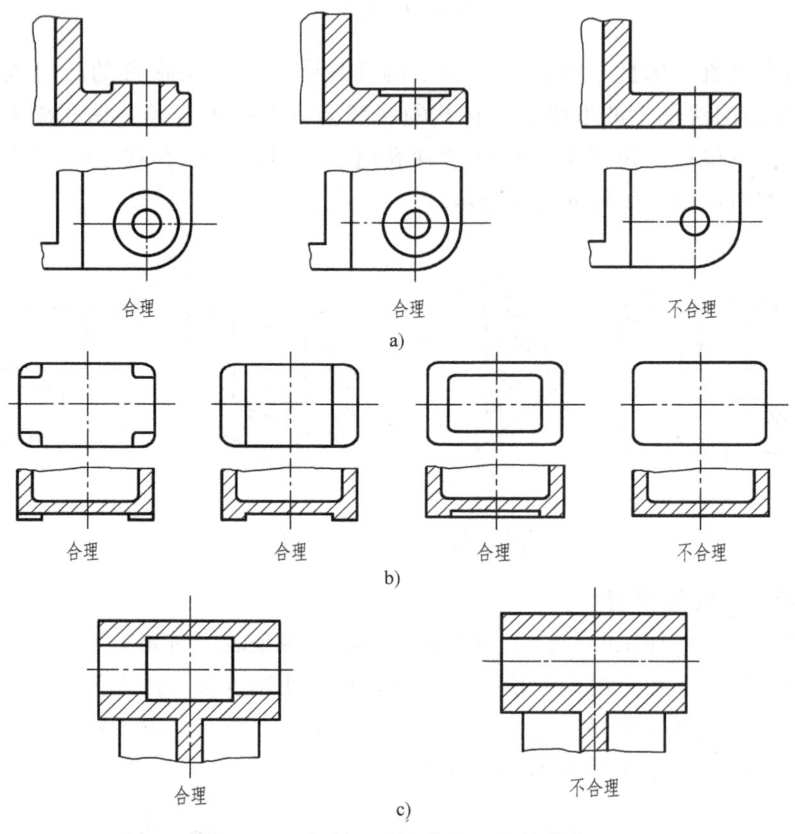

图 4-34　凸台、凹坑常见工艺的结构

6. **中心孔**（GB/T 145—2001）

为了方便轴类零件的装夹和加工，通常在轴的两端加工出中心孔。中心孔有 A 型、B 型、C 型、R 型，其中，A 型和 B 型中心孔的结构如图 4-35 所示，尺寸系列见表 4-2。

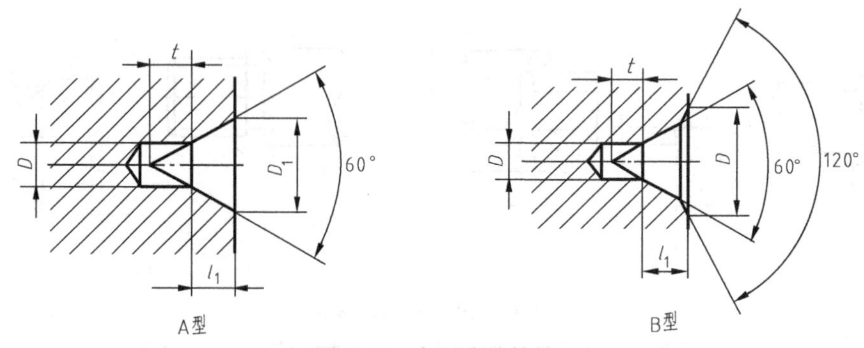

图 4-35　中心孔的结构

表 4-2 中心孔尺寸系列 （单位：mm）

D	A 型	1.00	1.60	2.00	2.50	3.15	4.00	6.30	10.00
	B 型								
D_1	A 型	2.12	3.35	4.25	5.30	6.70	8.50	13.20	21.20
	B 型	3.15	5.00	6.30	8.00	10.00	12.50	18.00	28.00
l_1	A 型	0.97	1.52	1.95	2.42	3.07	3.90	5.98	9.70
	B 型	1.27	1.99	2.54	3.20	4.03	5.05	7.36	11.6
t	A 型	0.9	1.4	1.8	2.2	2.8	3.5	5.5	8.7
	B 型								

三、其他常见结构的绘制

箱体零件的结构形状是根据其在部件中的作用及加工工艺性的要求而确定的。箱体零件上有各式各样的局部结构，如凸缘、凸台、凹坑、圆角、斜度、锥度、油孔、螺孔、沟槽以及鼓包等，测绘比较烦琐，但又必不可少。测绘中必须了解这些结构的工艺特点及要求，正确测绘。

1. 箱（壳）体零件上凸缘的绘制

壳体零件上有各种各样的凸缘，凸缘通常可分为内形和外形两部分，内形包括全部型孔和连接孔，外形则围绕内形而定。其主要特点是：大多数凸缘基本都设计成直线段和圆弧，且与其他零件有形体对应关系。图 4-36 所示为凸缘的常见结构型式。

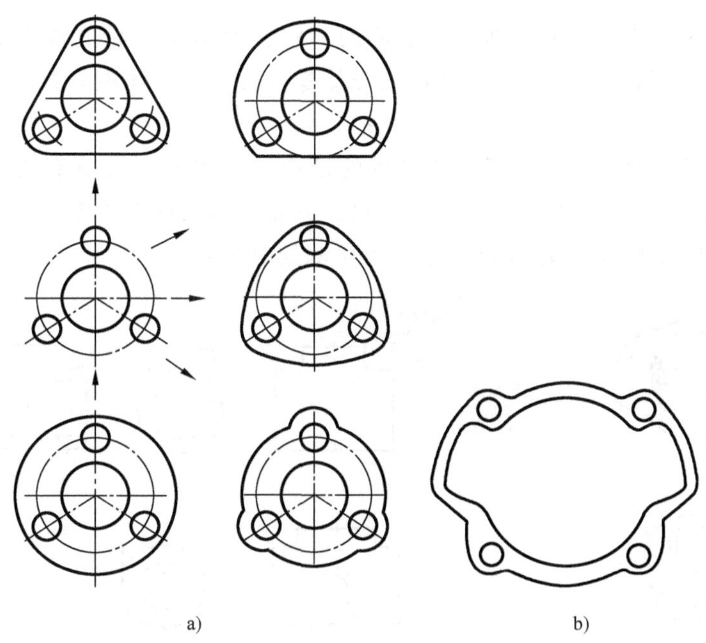

图 4-36 凸缘的常见结构型式

(1) 凸缘的工艺特点 凸缘结构具有以下工艺特点：

1）由于凸缘的平面与其他零件相连接，故需进行机械加工。

2）在铸造壳体上均设有铸造圆角，可使凸缘的轮廓形状光滑过渡。

3）为了便于加工，往往将能够连成一体的单独凸缘连在一起，形成整体式凸缘。

（2）凸缘的形状分析 凸缘的连接表面为平面。通过对凸缘形状的分析，将其轮廓分解为若干条直线和若干段圆弧，然后应用几何知识确定其尺寸的大小和位置；对于直线段，要确定其长度；对于圆弧，则要确定其半径和圆心所在的位置。通常情况下，测绘时只要确定了内形连接孔和型孔的中心位置，圆弧的相对位置便可随之确定。

（3）凸缘的测绘 在实际测绘中，由于凸缘部分常常处于同一平面上，故可采用拓印法或铅丝法来绘制。同时，由于壳体上的凸缘形状通常与其他零件的形状有着对应关系，因此也可以用凸缘部分所对应的零件来代替凸缘部分进行测绘，如图4-37所示。尤其在机修测绘中，由于壳体在使用过程中可能产生变形、破裂等失效形式，为了保证测绘的准确性和测绘方便，经常采用这种方法。

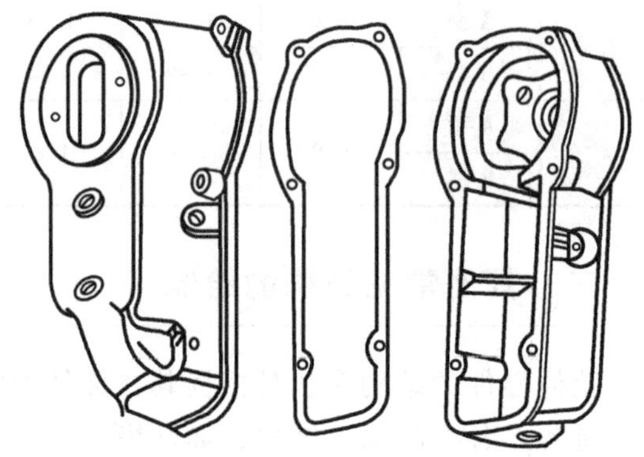

图4-37　对应法测绘凸缘

2. 箱（壳）体零件上的圆角及过渡线的测绘

由于铸造和锻造壳体上的两表面相交处都有圆角光滑过渡，因而零件表面之间的交线消失。为了便于识图，国家标准中规定按没有圆角时交线的位置，示意性地画出这条线，这条线即为过渡线。

（1）过渡线的表达 壳体上两相交表面的形状、大小及相对位置确定后，过渡线的形状、大小也就完全确定了。因此，在测绘壳体零件时，过渡线不需要测量，也不需要标注尺寸。

（2）常见过渡线的画法 由于壳体零件的结构形状和尺寸大小不同，过渡线的画法也不同。测绘时，可参阅国家标准或相关资料。下面介绍几种壳体零件上常见的过渡线和相贯线的画法，如图4-38和图4-39所示，可供测绘时参考。

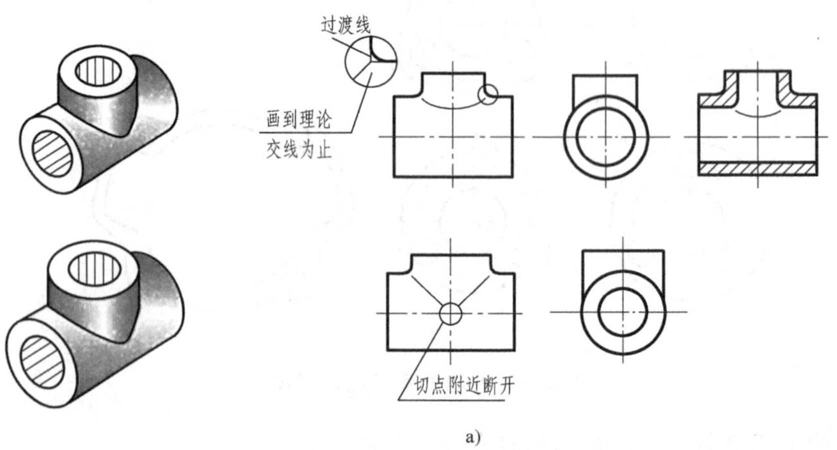

图4-38　壳体上常见的几种过渡线

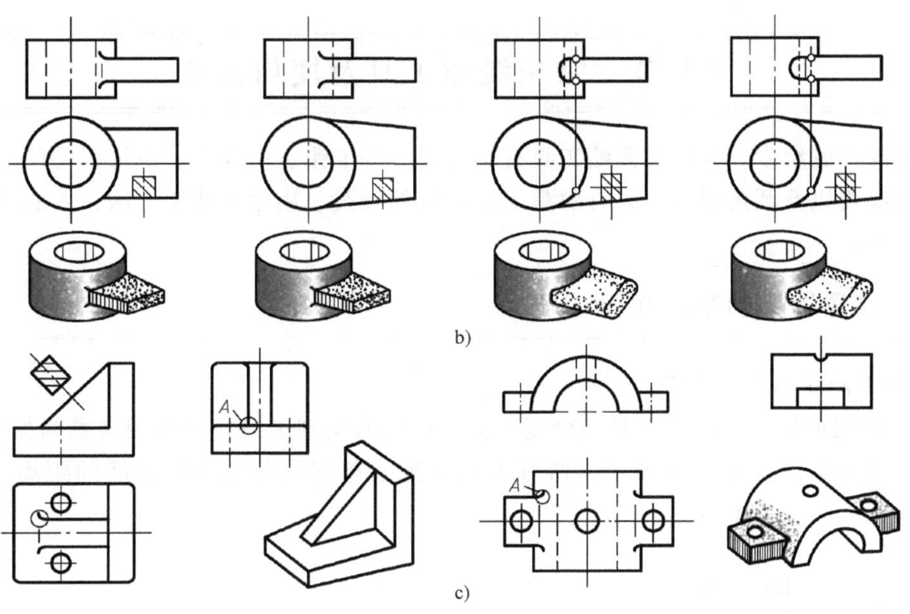

图 4-38　壳体上常见的几种过渡线（续）

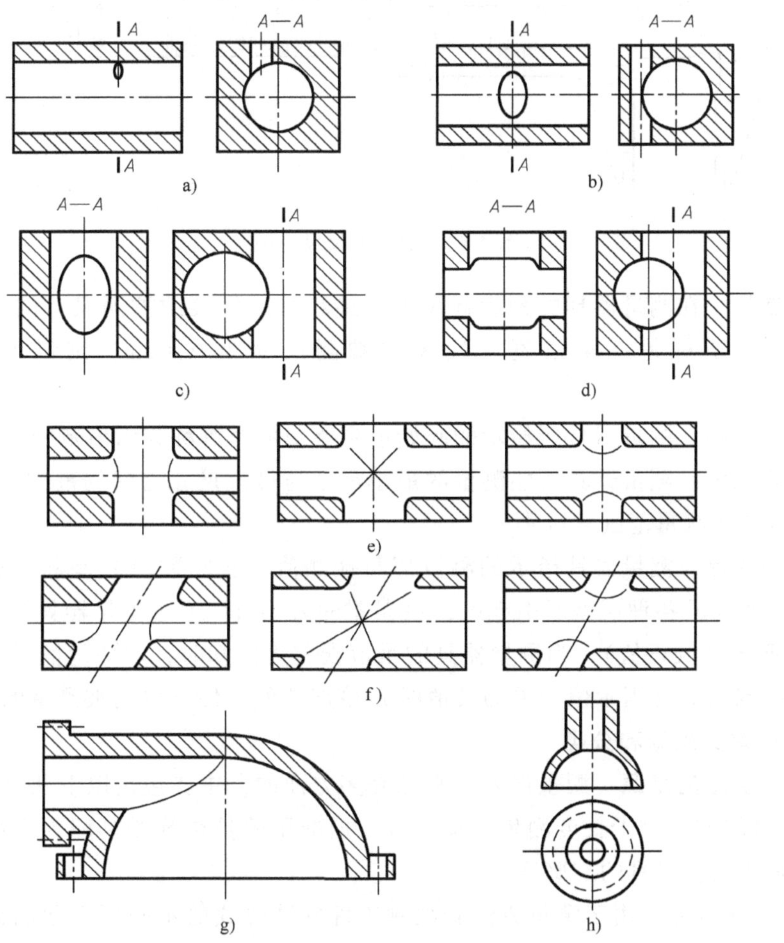

图 4-39　壳体上常见的几种内相贯线

第五节　常用测量工具及使用方法

在零部件测绘中，常用的测绘工具有钢直尺、外卡钳、内卡钳、塞尺、游标卡尺、千分尺、螺纹规以及圆角规等。只有熟悉上述量具的种类、用途和使用方法，才能很好地完成测量任务。

一、测量器具的基本知识

1. 测量器具的常用术语

(1) 标尺间距　在测量器具的刻度尺上，相邻两条刻度线之间的距离称为标尺间距，也称为标尺间隔，如图 4-40 所示，游标卡尺尺身上相邻两条刻度线之间的距离为 1mm，则尺身的标尺间距为 1mm。

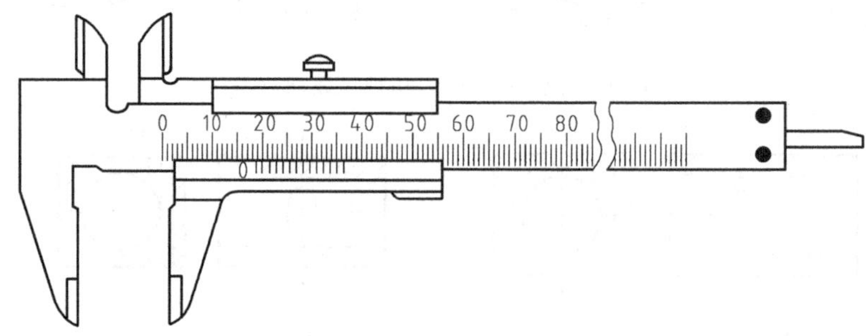

图 4-40　游标卡尺尺身图

(2) 分度值　在测量器具的刻度标尺上，最小格所代表的被测尺寸的数值称为分度值。游标卡尺的游标每一小格刻度代表的被测尺寸为 0.1mm，则该卡尺的分度值为 0.1mm。

(3) 示值范围　测量器具所指示的起始值到终值的范围称为示值范围。

(4) 测量范围　测量器具所能测量的最小尺寸与最大尺寸之间的范围称为测量范围。应注意示值范围与测量范围的区别。

(5) 示值误差　测量器具指示的测量值与被测值的实际数值之差称为示值误差。它是由测量器具本身的各种误差所引起的，该误差的大小可以通过测量器具的检定来得到。

(6) 修正值（校正值）　当测量器具的示值误差为已知时，用测量值减去（当示值误差为正值时）或加上（当示值误差为负值时）该误差值，便可得到被测量的实际值。

2. 测量误差的来源和分类

(1) 测量误差的来源　测量误差的来源是多方面的，主要包括以下几点：

1）标准件误差。对于长度测量器具而言，校准用的量块等器具即为标准件，它们自身的误差将影响被校量具的准确度。

2）测量方法误差。由于测量方法和被测工件安装方式的不同所引起的误差，或者因量具或被测工件的位置不正确而产生的误差，称为测量方法误差。为了减小因定位而造成

的测量方法误差，在测量过程中**应遵守基准面统一的原则**。

3）测量器具误差。造成测量器具误差的因素较多，主要有测量器具的工作原理、结构、制造和调整的水平、测量时操作人员的调整与操作技术水平等。在接触测量时，测量力的大小也会造成一定的误差。因此，一方面要保持一定的测量力，使测量时所施加的测量力尽可能相等；另一方面要求事先校对“0”位。

4）环境条件引起的误差。测量时的环境条件，如环境温度、湿度、大气压力、空气的清洁度以及振动等因素引起的测量误差即为环境条件引起的误差。在一般测量中，温度变化引起的误差占主要部分。

5）测量人员引起的误差。测量人员引起的误差主要受责任心、技术水平、熟练程度的影响，其次是受操作人员眼睛的调节能力、分辨能力、操作习惯等影响。

(2) 测量误差的分类　测量误差主要有系统误差、随机误差、粗大误差三种。

1）系统误差。系统误差又称为规律误差，是在一定的测量条件下，对同一个被测量尺寸进行多次重复测量时，误差值的大小和符号（正值或负值）保持不变，或者在条件变化时，按一定规律变化的误差。系统误差可以通过试验分析或计算确定，若能在测量结果中进行相应的修正，则可以减小或消除该误差。

2）随机误差。随机误差又称为偶然误差，是在相同的测量条件下，对同一个被测量尺寸进行多次重复测量时，误差值的大小和符号会发生变化，但没有一定变化规律的误差。随机误差不能通过试验分析或计算确定，也不能用修正的方法消除，只能用增加重复测量次数的方法来减小它对测量结果的影响。

3）粗大误差。粗大误差又称为寄生误差，或疏忽误差，是指测量结果发生明显歪曲的一些误差。产生此误差的原因往往是主观因素，包括使用有缺陷的量具，操作时粗心大意，读数、记录、计算的错误等，只要发现有粗大误差存在，就应该将此测量数值废弃不用。

二、钢直尺、内、外卡钳及塞尺

1. 钢直尺

钢直尺是最简单的长度量具，它的长度有150mm、300mm、500mm和1000mm四种规格。图4-41所示为常用的150mm钢直尺。

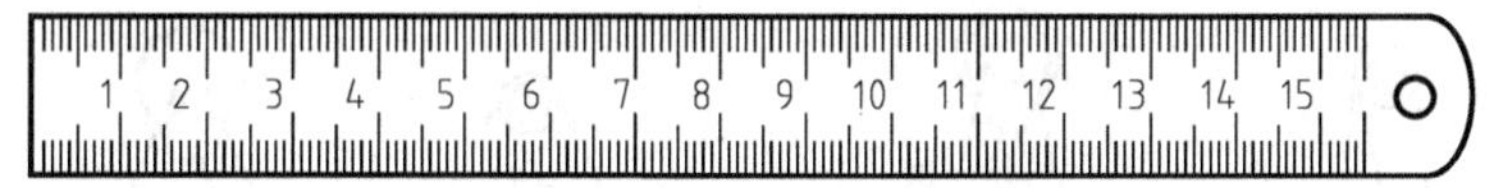

图4-41　常用的150mm钢直尺

钢直尺用于测量零件的线性尺寸，如图4-42所示。钢直尺的测量结果不太准确，这是由于钢直尺的刻线间距为1mm，而刻线本身的宽度就有0.1~0.2mm，所以测量时读数误差比较大，只能读出毫米数，即最小读数值为1mm，而比1mm小的数值只能估计。

如果用钢直尺直接测量零件的直径尺寸（轴径或孔径），测量精度更低。这是由于除了钢直尺本身的读数误差比较大以外，测量时也无法保证将钢直尺正好放在零件直径的正确测量位置，所以，零件直径尺寸的测量一般不直接使用钢直尺。

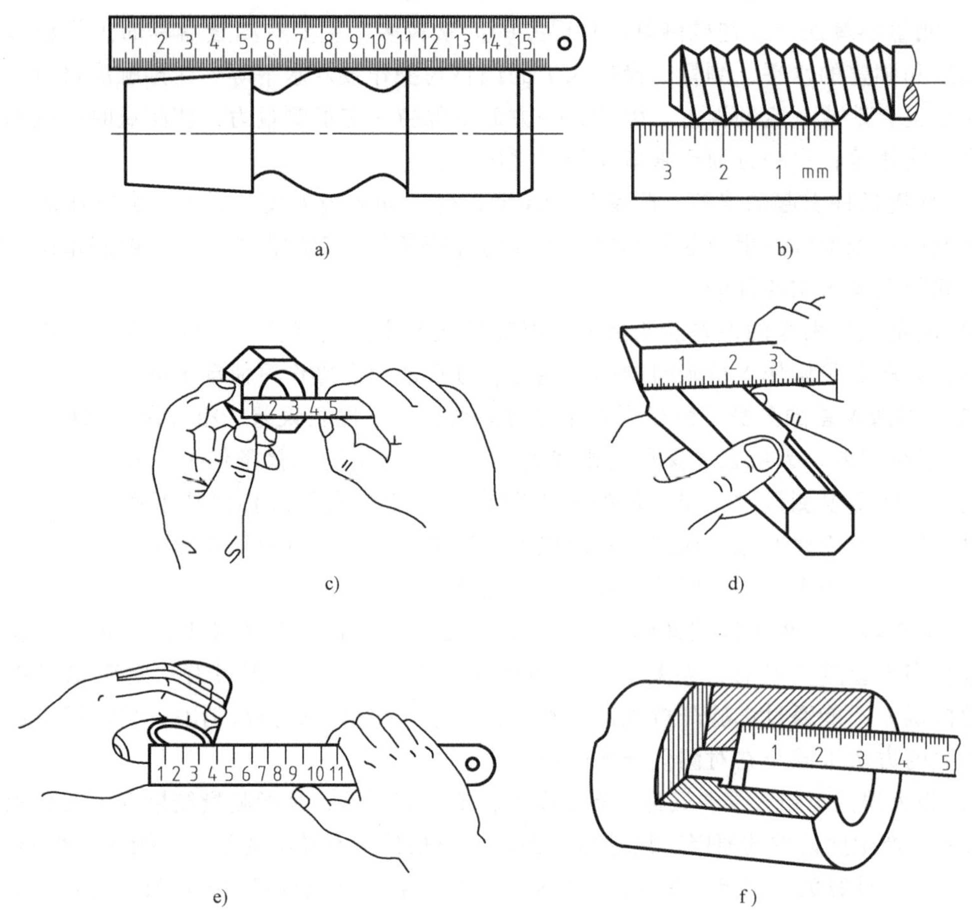

图 4-42 钢直尺的使用方法

a）量长度 b）量螺距 c）量宽度 d）量内孔 e）量直径 f）量深度

2. 内、外卡钳

常见的两种内、外卡钳如图 4-43 所示。内、外卡钳是最简单的比较量具。内卡钳用

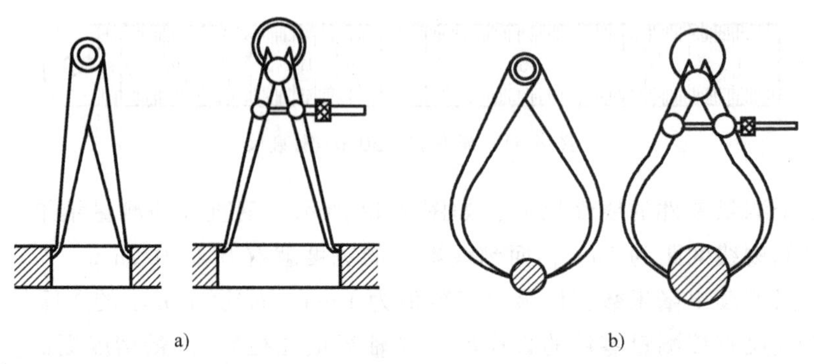

图 4-43 常见的两种内、外卡钳

a）内卡钳 b）外卡钳

来测量内径和凹槽的长度，外卡钳用来测量外径和平面的长度。它们本身都不能直接读出测量结果，而是把测量得到的长度尺寸（直径也属于长度尺寸）放在钢直尺上进行读数。

(1) 卡钳开度的调节　钳门形状对卡钳测量的精确性影响很大，应经常对其进行修整。在测量前首先要检查钳口的形状，图 4-44 所示为卡钳钳口形状对比。调节卡钳的开度时，先将卡钳调整到和工件尺寸相近的开度，然后轻敲卡钳的外侧来减小卡钳的开度，或轻敲卡钳内侧来增大卡钳的开度，如图 4-45 所示。但是不能直接敲击卡钳的钳口，这会导致钳口损伤，进而引起测量误差。

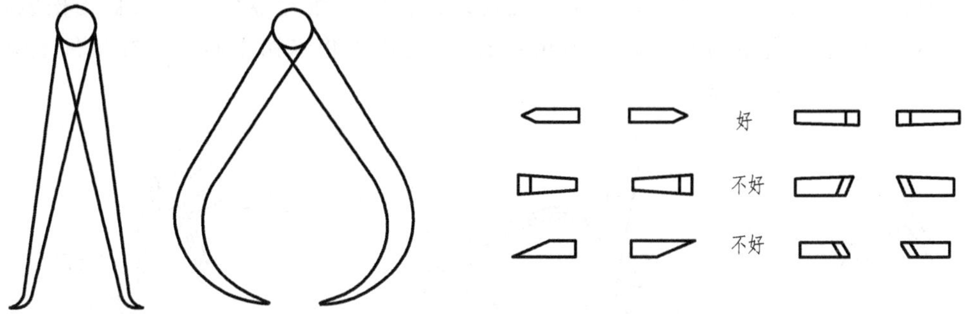

好

不好

不好

图 4-44　卡钳钳口形状对比

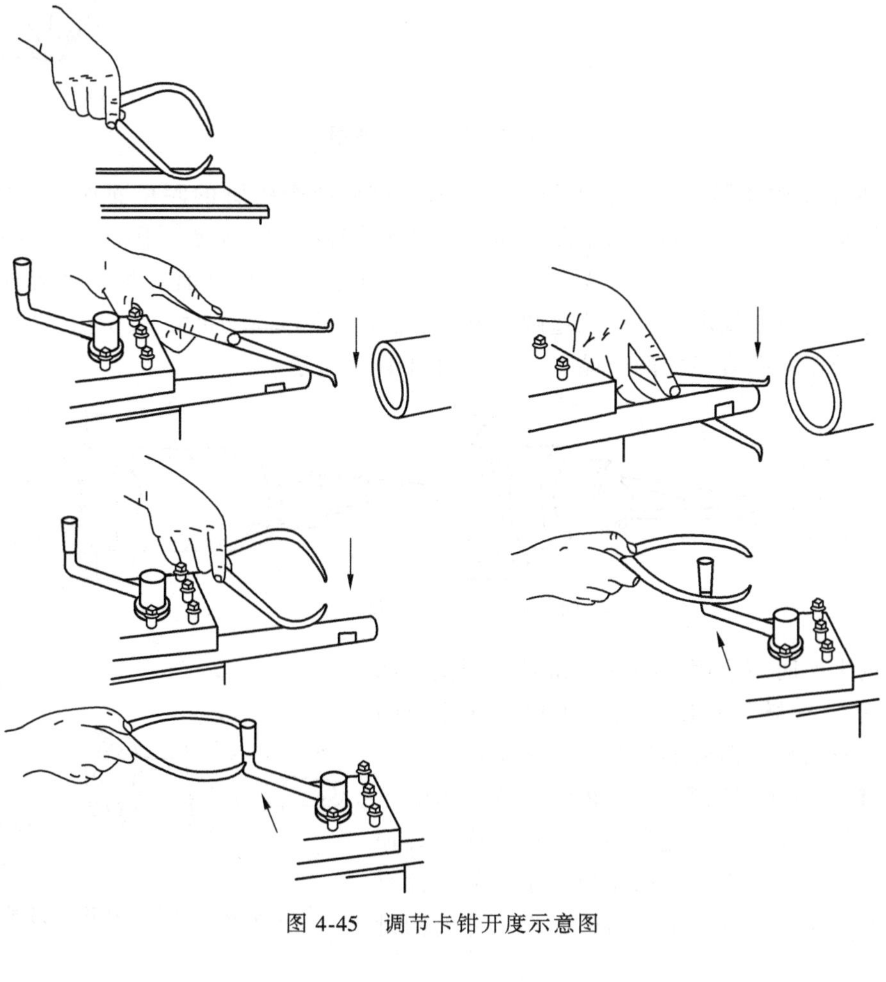

图 4-45　调节卡钳开度示意图

（2）外卡钳的使用 用外卡钳测量长度尺寸后，在钢直尺上读取尺寸数值时，其中一个钳脚的测量面应靠在钢直尺的端面上，另一个钳脚的测量面对准所需尺寸刻度线，且两个测量面的连线应与钢直尺平行，人的视线要垂直于钢直尺。

用外卡钳测量外径尺寸，应使两个测量面的连线垂直于零件的轴线。靠外卡钳的自重滑过零件外圆时，在测绘中手的感觉应该是外卡钳与零件外圆正好是点接触，此时外卡钳两个测量面之间的距离就是被测零件的外径。当卡钳滑过外圆时，若手没有接触感，则说明外卡钳比零件外径尺寸大；而依靠外卡钳的自重不能滑过零件外圆时，则说明外卡钳比零件外径尺寸小。因此，用外卡钳测量外径就是比较外卡钳与零件外圆接触的松紧程度，以卡钳的自重能刚好滑下为好，如图4-46b所示，切不可将卡钳歪斜地放在工件上进行测量，这样会加大测量的误差。

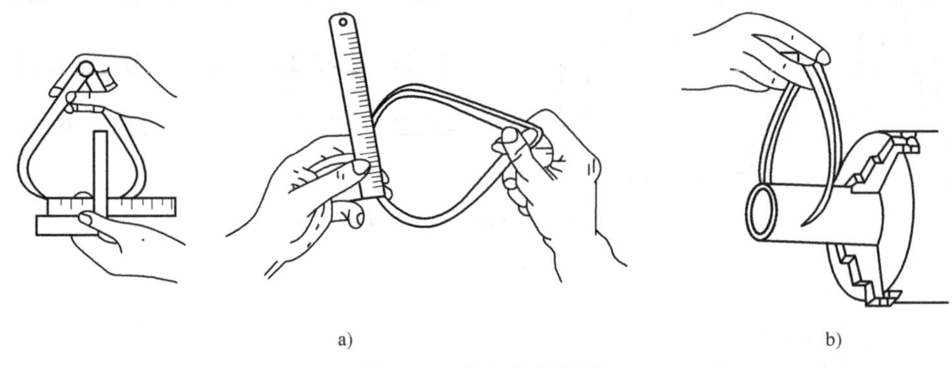

图4-46 外卡钳的使用

（3）内卡钳的使用 用内卡钳测量内径时，应使两个钳脚的测量面连线正好垂直相交于内孔的轴线上，即钳脚的两个测量面应是内孔直径的两个端点。因此，测量时应将一个钳脚测量面停留在孔壁上作为支点，另一个钳脚由孔口略往里面一些并逐渐向外试探，同时沿孔壁圆周方向摆动，当沿孔壁圆周方向能摆动的距离最小时，表示内卡钳钳脚的两个测量面已处于内孔直径的两个端点上了，如图4-47所示。

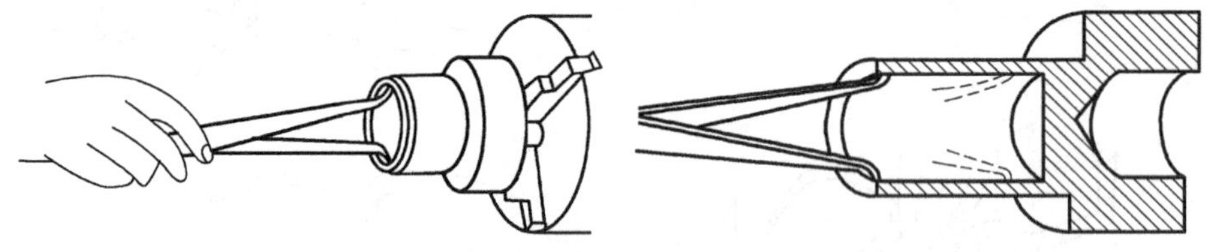

图4-47 内卡钳测量示例

使用内卡钳时不能用手握住卡钳进行测量，如图4-48所示，这样不易比较内卡钳在零件孔内的松紧程度，且易使卡钳变形而产生测量误差。

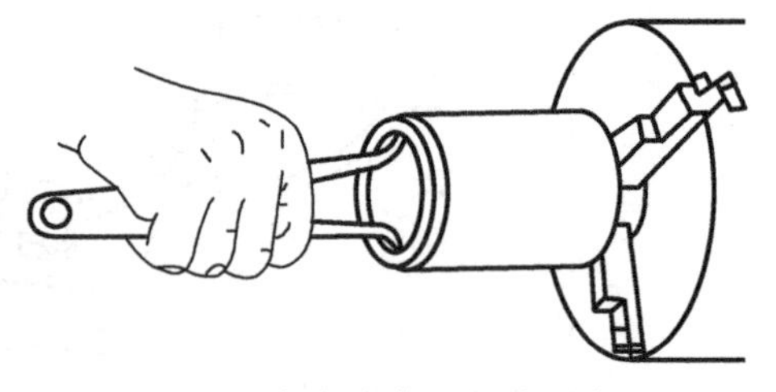

图4-48 内卡钳使用的错误方法

（4）卡钳的适用范围 卡钳是一种简单的工具，它具有结构简单、制造方便、价格低廉、维护和使用方便等特点，广泛应用于要求不高的零件尺寸的测量和检验，尤其对于锻铸件毛坯尺寸的测量

和检验，卡钳是最合适的测量工具。

卡钳虽然结构简单，但是若熟练掌握使用要领，也可获得较高的测量精度。如用外卡钳比较两根轴的直径大小时，即使轴径只相差 0.01mm，有经验的老师傅也能分辨得出来。

3. 塞尺

塞尺又称为厚薄规或间隙片，其主要用来检验机床紧固面与紧固面、活塞与气缸、活塞环槽与活塞环、十字头滑板与导板、齿轮啮合间隙等两个结合面之间的间隙大小。

塞尺是由许多层厚薄不等的薄钢片组成的，一般称为“把”，每把塞尺有 13、14、17、20、21 片不等，如图 4-49 所示。考虑到较薄的尺片容易损坏，厚度在 0.05mm 以下的尺片每档为两片。每把塞尺中的各个尺片均具有两个平行的测量平面，且都有厚度标记供组合使用，塞尺厚度及组装顺序见表 4-3。

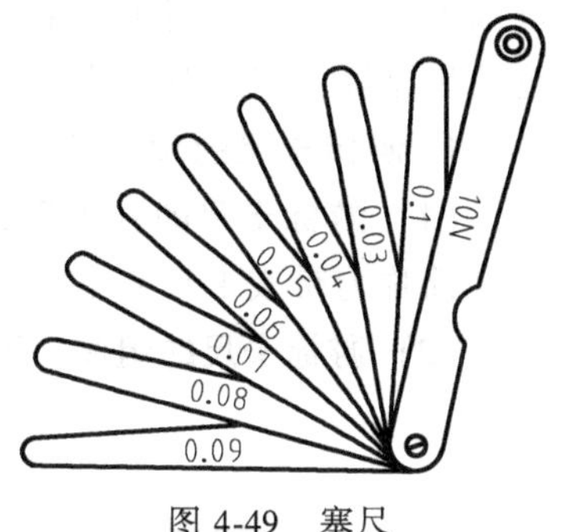

图 4-49　塞尺

表 4-3　塞尺厚度及组装顺序

A 型	B 型	塞尺片长度/mm	片数	塞尺的厚度及组装顺序
组别标记				
75A13 100A13 150A13 200A13 300A13	75B13 100B13 150B13 200B13 300B13	75 100 150 200 300	13	0.02，0.02，0.03，0.03，0.04，0.04，0.05，0.05，0.06，0.07，0.08，0.09，0.10
75A14 100A14 150A14 200A14 300A14	75B14 100B14 150B14 200B14 300B14	75 100 150 200 300	14	1.00，0.05，0.06，0.07，0.08，0.09，0.10，0.15，0.20，0.25，0.30，0.40，0.50，0.75
75A17 100A17 150A17 200A17 300A17	75B17 100B17 150B17 200B17 300B17	75 100 150 200 300	17	0.50，0.02，0.03，0.04，0.05，0.06，0.07，0.08，0.09，0.10，0.15，0.20，0.25，0.30，0.35，0.40，0.45

测量时，根据结合面间隙的大小，将一片或数片尺片重合在一起塞进间隙内。例如用一片 0.03mm 的尺片能插入间隙，而一片 0.04mm 的尺片不能插入，这说明间隙在 0.03～0.04mm 范围内。由此可见塞尺也是一种界限量规。

使用塞尺时应注意用力适当、方向合适，不可强行将较厚的塞尺塞入较小的间隙中，以免塞尺弯曲甚至折断。根据结合面间隙情况选用塞尺的片数越少越好。

塞尺片很薄，精度也较高，必须注意不能用塞尺测量温度较高的工件。应该特别注意塞尺片的日常保护，每次使用后，应用干净的棉布等把尺片擦干净，不要把尺片放置在有油污，特别是有腐蚀性化学物质的地方。如发现尺片局部有锈蚀应立即清除，腐蚀较严重

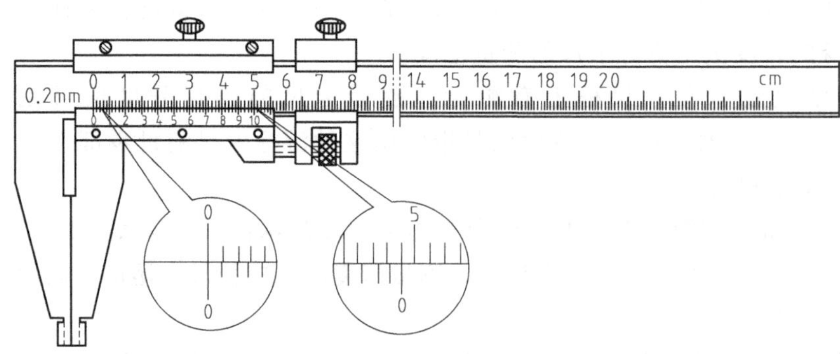

图 4-51 游标卡尺校对“0”位

差，如图 4-52a、b 所示。

测量外尺寸（特别是外径尺寸）时，应先将两个外量爪之间的距离调整至大于被测尺寸，待推入被测部位后再轻轻推尺框，使两个量爪面接触到测量面，如图 4-52c 所示。

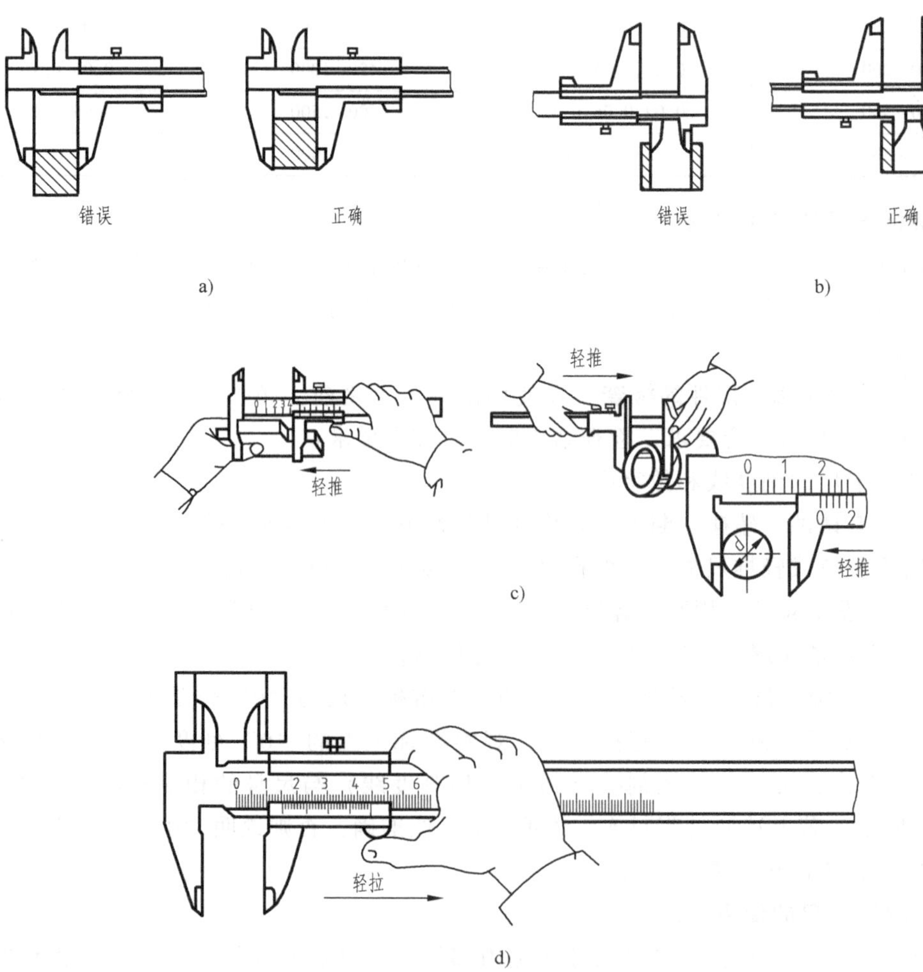

图 4-52 游标卡尺的使用方法

测量内尺寸（特别是内径尺寸）时，应先将两个内量爪之间的距离调整至小于被测尺寸，待推入被测部位后再轻轻拉尺框，使两个内量爪面接触到测量面，如图 4-52d 所示。

2）当测量零件的外部尺寸时，游标卡尺两测量面的连线应垂直于被测量表面，不能歪斜。测量必要时可以轻轻摇动游标卡尺，使其放在垂直位置，如图 4-53a 所示。否则，量爪若在图 4-53b 所示的错误位置上，将使得测量结果比实际尺寸大。测量时绝不可把游标卡尺的两个量爪调节到接近甚至小于被测尺寸的位置，再强制卡到零件上，这样做会使量爪变形、测量面过早磨损，进而使游标卡尺失去应有的精度。

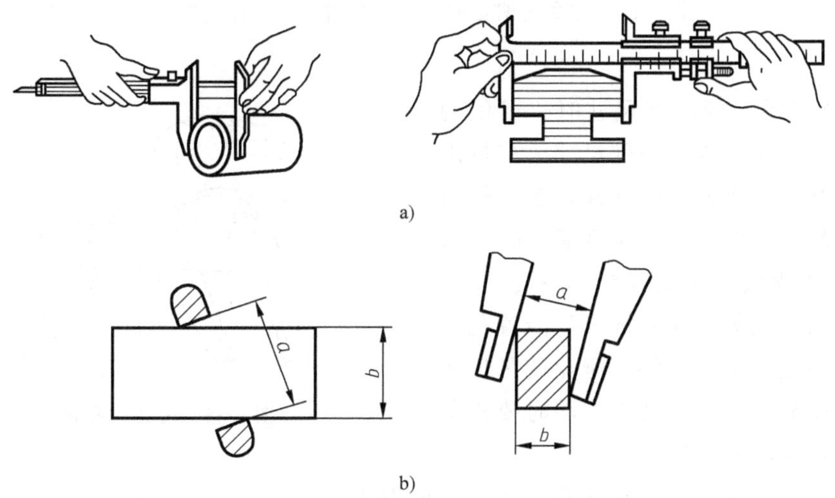

a)

b)

图 4-53　测量外部尺寸时正确与错误的位置

a）正确　b）错误

3）测量沟槽时，应当用量爪的平面测量刃进行测量，尽量避免用端部测量刃和刀口形量爪测量外尺寸。

测量沟槽宽度时，也必须要放正游标卡尺的位置。测量时应使游标卡尺两测量刃的连线垂直于沟槽，不能歪斜，如图 4-54a 所示。否则，量爪若在图 4-54b 所示的错误位置上，会使测量结果不准确。

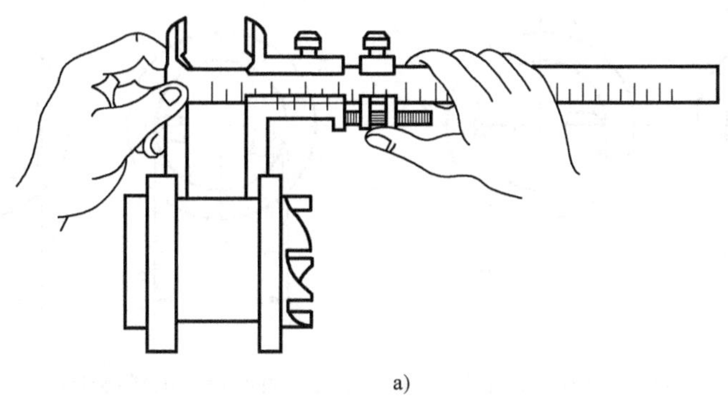

a)

图 4-54　测量沟槽宽度时正确与错误的位置

a）正确

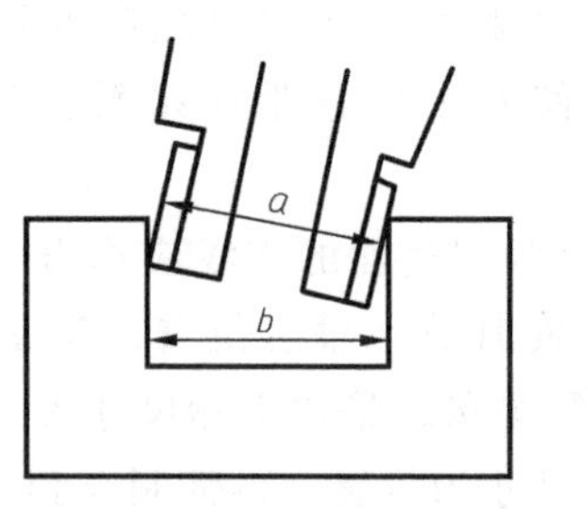

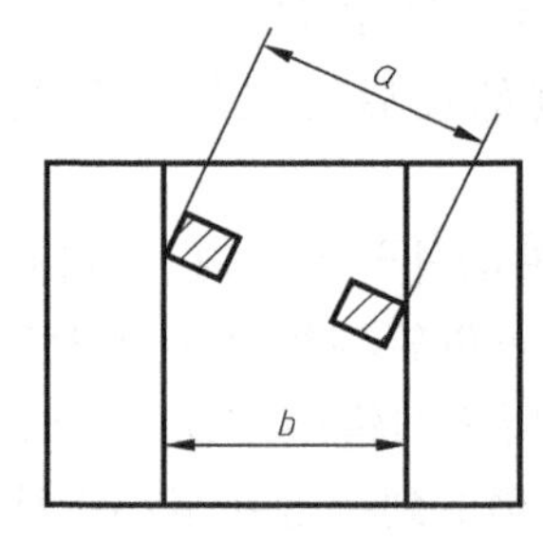

b)

图 4-54　测量沟槽宽度时正确与错误的位置（续）

b）错误

4）当测量零件的内部尺寸时，要使两量爪分开的距离小于被测内部尺寸，待量爪进入零件内孔后，再慢慢张开并轻触零件内表面，然后用紧固螺钉固定尺框后，轻轻取出游标卡尺的读数。如图 4-55 所示，取出量爪时，用力要均匀，使游标卡尺沿着孔的中心线方向滑出，不可歪斜，避免使量爪扭伤、变形或受到不必要的磨损，同时要避免尺框移动，影响测量精度。

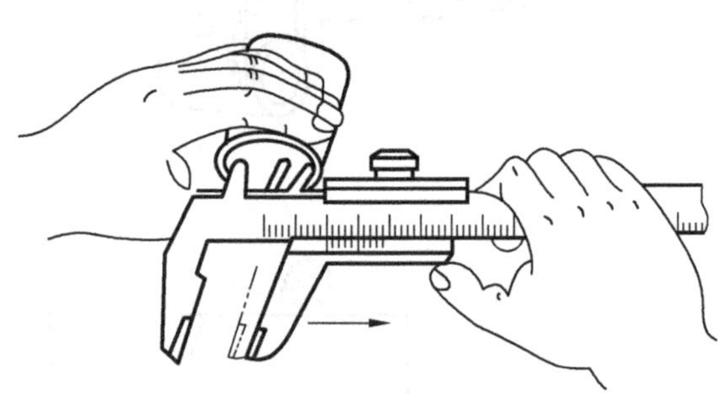

图 4-55　内孔的测量方法

游标卡尺两测量刃应在孔的直径上，不能偏歪，图 4-56 所示为带有刀口形量爪和带有圆柱面形量爪的游标卡尺在测量内孔时正确与错误的位置。当量爪在错误位置时，其测量结果将比实际孔径 d 要小。

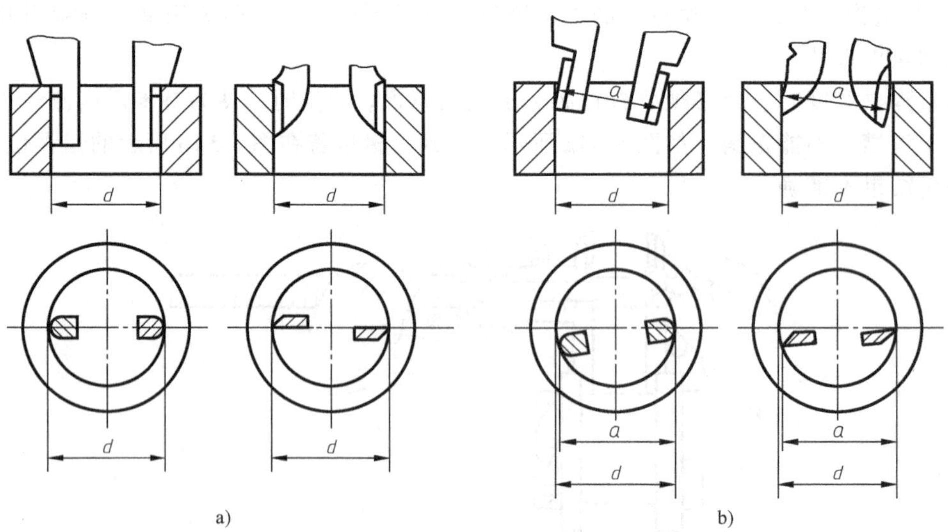

图 4-56　带有刀口形量爪和带有圆柱面形量爪的游标卡尺在测量内孔时正确与错误的位置

a）正确　b）错误

5）用游标卡尺测量零件尺寸时，不允许过分施加压力，所用压力应使两个量爪刚好接触零件表面。如果测量压力过大，量爪不仅会发生弯曲或磨损，还会产生弹性变形使测量的尺寸不准确，其外部尺寸小于实际尺寸，内部尺寸大于实际尺寸。

在读数时，应手持游标卡尺保持水平并朝着光亮的方向，视线应尽可能与游标卡尺的刻线表面垂直，以免由于视线的歪斜造成读数误差。

6）为了获得正确的测量结果，可以多测量几次，即在零件同一截面上的不同方向进行测量。对于较长的零件，则应在全长的各个部位进行测量，力求获得一个比较正确的测量结果。

3. 读格式游标卡尺的读数原理和读数方法

读格式游标卡尺的读数部分由尺身和游标两部分组成。当活动量爪与固定量爪贴合时，游标上的“0”刻线（简称为游标零线）对准尺身上的“0”刻线，此时量爪间的距离为“0”。当尺框向右移动到某一位置时，固定量爪与活动量爪之间的距离就是零件的测量尺寸。此时零件尺寸的整数部分，可在游标零线左边的尺身刻线上读出，而比 1mm 小的小数部分可借助游标读数部分来读出。下面介绍三种游标卡尺的读数原理和读数方法。

（1）游标分度值为 0.1mm 的游标卡尺　如图 4-57a 所示，尺身刻线间距（每格）为 1mm，当游标零线与尺身零线对准（两爪合并）时，游标上的第 1 道 0 刻线正好指向尺身上的 9mm 处，而游标上的其他刻线都不会与尺身上任何一条刻线对准。

游标每格间距 = 9mm/10 = 0.9mm

尺身每格间距与游标每格间距之差 = 1mm-0.9mm = 0.1mm

0.1mm 即为此游标卡尺上游标所读出的最小数值。当游标向右移动 0.1mm 时，游标零线后的第 1 根刻线与尺身刻线对准；当游标向右移动 0.2mm 时，则游标零线后的第 2 根刻线与尺身刻线对准，以此类推。若游标向右移动 0.5mm，如图 4-57b 所示，则游标上的第 5 根刻线与尺身刻线对准。由此可知，游标向右移动不足 1mm 的距离时，数值虽不能直接从尺身读出，但可以由当游标的某一根刻线与尺身刻线对准时，该游标刻线的次序数与读数值的乘积为其小数值。例如，图 4-57b 所示的尺寸即为 5×0.1mm = 0.5mm。另有一种读数值为 0.1mm 的游标卡尺，见表 4-5 中图 a 所示。这种游标卡尺是将游标上的 10 格对准尺身的 19mm，则游标每格间距 = 19mm/10 = 1.9mm，使尺身 2 格与游标 1 格之差 = 2mm-1.9mm = 0.1mm。这种增大游标间距的方法，其读数原理并未改变，但游标刻线清晰，更便于读数。

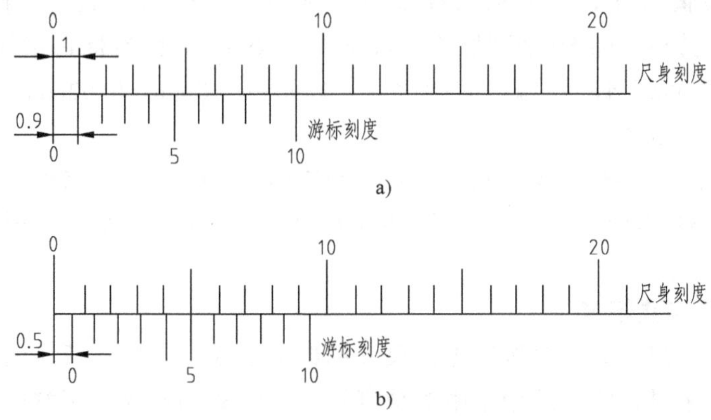

图 4-57　游标读数原理图

在游标卡尺上读数时，首先要看游标零线的左边，读出尺身上尺寸的整数；其次是找出游标上第几根刻线与尺身刻线对准，该游标刻线的次序数乘以其游标分度值，读出尺寸的小数，整数和小数相加的总值就是被测零件尺寸的数值。

在表 4-5 图 b 中，游标零线在 2～3mm 范围内，其左边的尺身刻线是 2mm，所以被测尺寸的整数部分是 2mm。再观察游标刻线，这时游标上的第 3 根刻线与尺身刻线对准。所以，被测尺寸的小数部分为 3×0. 1mm＝0. 3mm，被测尺寸即 2mm+0. 3mm＝2. 3mm。

（2）游标分度值为 0. 05mm 的游标卡尺　见表 4-5 图 c 所示，尺身每小格为 1mm，当两量爪合并时，游标上的 20 格刚好等于尺身的 39mm，则游标每格间距＝39mm/20＝1. 95mm。尺身 2 格间距与游标 1 格间距之差＝2mm－1. 95mm＝0. 05mm，0. 05mm 即为此种游标卡尺的最小读数值。同理，也可用游标上的 20 格刚好等于尺身上的 19mm，其读数原理不变。

在表 4-5 图 d 中，游标零线在 32～33mm 范围内，游标上的第 11 格刻线与尺身刻线对准。所以，被测尺寸的整数部分为 32mm，小数部分为 11×0. 05mm＝0. 55mm，则被测尺寸为 32mm+0. 55mm＝32. 55mm。

表 4-5　游标卡尺零位与相应读数示例

游标零位	读数举例
a) 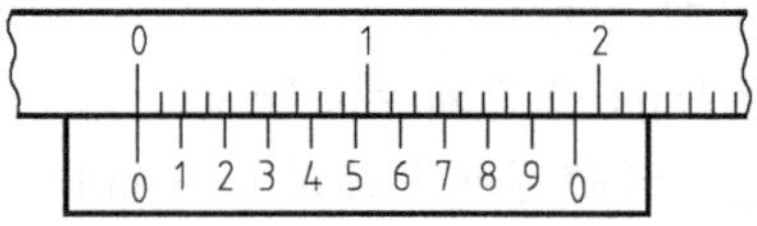	b) 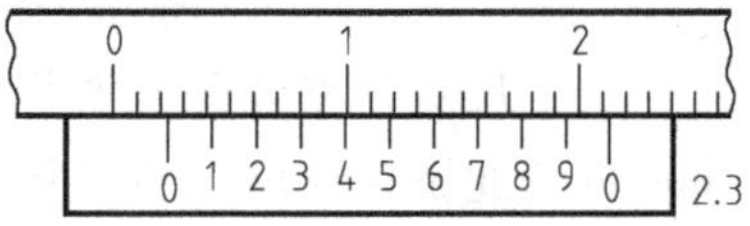 2.3
c) 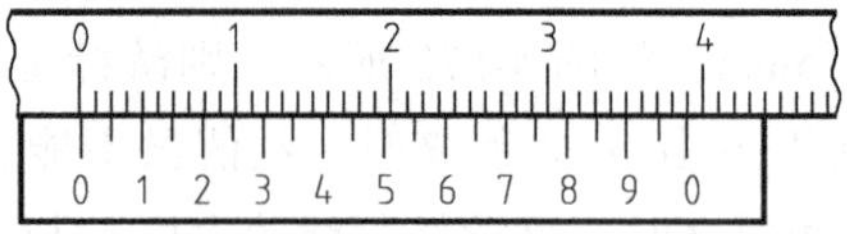	d)  32.55
e) 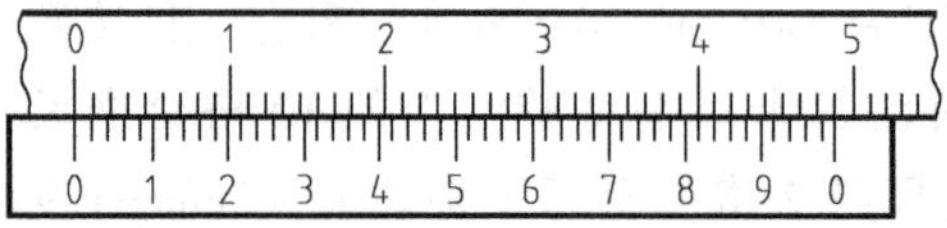	f) 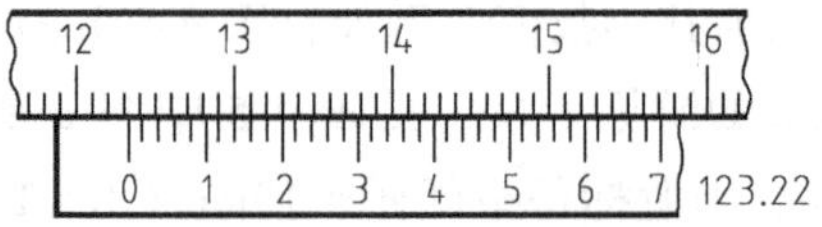 123.22

（3）游标分度值为 0. 02mm 的游标卡尺　见表 4-5 图 e 所示，尺身每小格为 1mm，当两量爪合并时，游标上的 50 格刚好等于尺身上的 49mm，则游标每格间距＝49mm/50＝0. 98mm。尺身每格间距与游标每格间距之差＝1mm－0. 98mm＝0. 02mm，0. 02mm 即为此种游标卡尺的最小读数值。

见表 4-5 图 f 所示，游标零线在 123～124mm 范围内，游标上的 11 格刻线与尺身刻线对准。所以，被测尺寸的整数部分为 123mm，小数部分为 11×0. 02mm＝0. 22mm，被测尺寸为 123mm+0. 22mm＝123. 22mm。

4. 游标卡尺的测量精度

测量或检验零件尺寸时，要按照零件尺寸的精度要求，选用相适应的量具。游标卡尺是一种中等精度的量具，它只适用于中等精度尺寸的测量和检验。用游标卡尺测量精度要求不高的锻铸件毛坯或精度要求很高的零件尺寸，都是不合适的。前者容易损坏量具，后

者测量精度达不到要求。任何量具都有一定的示值误差，游标卡尺的示值误差见表 4-6。

游标卡尺的示值误差是由游标卡尺本身的制造精度决定的，与使用得正确与否无关。例如，用分度值为 0.02mm 的 0~125mm 的游标卡尺（示值误差为±0.02mm），测量 50mm 的轴时，若游标卡尺上的读数为 50.00mm，则实际直径可能是 50.02mm，也可能是 49.98mm。这不是使用方法的问题，而是游标卡尺本身制造精度所允许产生的误差。因此，若该轴的直径尺寸是 IT5 级精度的基准轴，则轴的制造公差为 0.025mm，而游标卡尺本身就有着±0.02mm 的示值误差，选用这样的量具测量，显然无法保证轴径的精度要求。

表 4-6 游标卡尺的示值误差 （单位：mm）

游标分度值	示值总误差
0.02	±0.02
0.05	±0.05
0.10	±0.10

如果受条件限制（如受测量位置限制）无法使用其他精密量具，必须用游标卡尺测量精密的零件尺寸时，可以用游标卡尺先测量与被测尺寸相当的量规，消除游标卡尺的示值误差（即用量规校对游标卡尺）。若要测量上述 50mm 的轴，需先测量 50mm 的量规，看游标卡尺上的读数是否为 50mm。如果不是，则与测量值 50mm 的差值就是游标卡尺的实际示值误差，测量零件时应把此误差作为修正值。例如，测量 50mm 量规时，游标卡尺上的读数为 49.98mm，即游标卡尺的读数比实际尺寸小 0.02mm，则测量轴径时，应在游标卡尺的读数上加上 0.02mm，得到轴的实际直径尺寸；若测量 50mm 量规时的读数是 50.01mm，则在测量轴径时，应在读数上减去 0.01mm 才是轴的实际直径尺寸。另外游标卡尺测量时的松紧程度（即测量压力的大小）和读数误差（即看准是哪一根刻线对准）对测量精度影响也很大。使用游标卡尺测量精度要求较高的尺寸时，最好采用与测量相等尺寸的量规相比较的方法。

四、螺旋测微量具

应用螺旋测微原理制成的量具，称为螺旋测微量具。其测量精度比游标卡尺高，并且比较灵活，多用于加工精度要求较高的场合。常用的螺旋测微量具有低精度（读数值为 0.01mm）千分尺和高精度（读数值为 0.001mm）千分尺两种。目前，企业广泛使用的是读数值为 0.01mm 的千分尺。

千分尺的种类很多，机械加工车间常用的有外径千分尺、内径千分尺、深度千分尺、螺纹千分尺、公法线千分尺等，分别测量或检验零件的外径、内径、深度、厚度以及螺纹的中径、齿轮的公法线长度等。

1. 外径千分尺的结构

各种千分尺的结构大同小异，常使用的外径千分尺是用来测量或检验零件的外径、凸肩厚度及板厚、壁厚等。其中，测量孔壁厚度的千分尺，其量面呈球弧形。千分尺由尺架、测微头、测力装置和制动器等组成。图 4-58 所示为测量范围为 0~25mm 的外径千分尺，尺架的一端装有固定测砧，另一端装有测微头。固定测砧和测微螺杆的测量面上都镶有硬质合金，可以延长测量面的使用寿命。尺架的两侧面覆盖着绝热板。使用千分尺时，手持绝热板部位可防止人体的热量影响千分尺的测量精度。

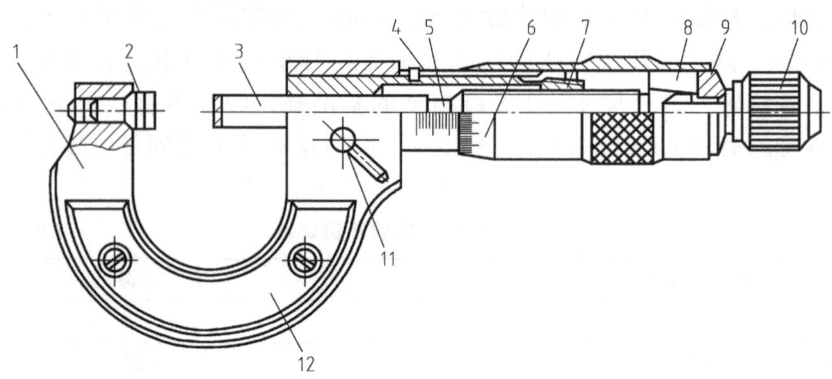

图 4-58　测量范围为 0~25mm 的外径千分尺

1—尺架　2—固定测砧　3—测微螺杆　4—螺纹轴套　5—固定刻度套筒　6—微分筒　7—调节螺母　8—接头　9—垫片　10—测力装置　11—锁紧螺钉　12—绝热板

(1) 千分尺测微头的结构　图 4-58 中的 3~9 是千分尺的测微头部分。带有刻度的固定刻度套筒用螺钉固定在螺纹轴套上，而螺纹轴套又与尺架紧密结合成一体。在固定刻度套筒的外面有一个带刻度的活动微分筒，它用锥孔通过接头的外圆锥面再与测微螺杆相连。测微螺杆的一端是测量杆，并与螺纹轴套上的内孔定心间隙配合；中间是精度很高的外螺纹，与螺纹轴套上的内螺纹精密配合，可使测微螺杆自如旋转而其间隙极小；测微螺杆另一端的外圆锥与内圆锥接头的内圆锥相配，并通过顶端的内螺纹与测力装置连接。当测力装置的外螺纹旋紧在测微螺杆的内螺纹上时，测力装置就通过垫片紧压接头，而接头上开有轴向槽，具有一定的胀缩弹性，能沿着测微螺杆上的外圆锥胀大，从而使微分筒与测微螺杆和测力装置结合成一体。当旋转测力装置时，带动测微螺杆和微分筒一起旋转，并沿着精密螺纹的螺旋线方向运动，使千分尺两个测量面之间的距离发生变化。

(2) 千分尺的测量范围　千分尺测微螺杆的移动量为 25mm，所以千分尺的测量范围一般为 25mm。为了使千分尺能测量更大范围的长度尺寸，满足工业生产的需要，可将千分尺的尺架做成各种尺寸，形成不同测量范围的千分尺。常用千分尺测量范围的尺寸分段为：0~25，25~50，50~75，75~100，100~125，125~150，150~175，175~200，200~225，225~250，250~275，275~300，300~325，325~350，350~375，375~400，400~425，425~450，450~475，475~500，500~600，600~700，700~800，800~900，900~1000。

测量上限大于 300mm 的千分尺，也可把固定测砧做成可调式或可换的测砧，从而使此千分尺的测量范围为 100mm。测量上限大于 1000mm 的千分尺，也可将测量范围制成 500mm。常用的测量范围最大的千分尺为 2500~3000mm。

2. 千分尺的使用方法

千分尺使用得是否正确，对保持精密量具的精度和保证产品质量的影响很大，因此必

须重视量具的正确使用，精益求精，务必得到正确的测量结果，确保测量质量。

使用千分尺测量零件尺寸时，必须注意以下几点：

1）使用前，应把千分尺的两个测砧面擦干净，转动测力装置，使两测砧面接触，接触面上应无间隙和漏光现象，同时微分筒和固定套筒要对准零位。

2）转动测力装置时，微分筒应能自由灵活地沿着固定套筒活动，且没有任何卡涩和不灵活的现象。如微分筒活动不灵活，应及时送报检修。

3）测量前，应把零件的被测量表面擦干净，以免有脏物存在影响测量精度。绝对不允许用千分尺测量带有研磨剂的表面，以免损伤测量面的精度；也不允许用千分尺测量表面粗糙的零件，这样易使测砧面过早磨损。

4）用千分尺测量零件时，应手握测力装置的转帽转动测微螺杆，使测砧表面保持标准的测量压力，即听到“嘎嘎”的声音，表示压力合适，此时可开始读数。注意避免因测量压力不等而产生测量误差。绝对不允许用力旋转微分筒增加测量压力，使测微螺杆过分压紧零件表面，这样会使精密螺纹因受力过大而发生变形，损坏千分尺的测量精度。

5）使用千分尺测量零件时，要使测微螺杆与零件被测量的尺寸方向一致。如测量外径时，测微螺杆要与零件的轴线垂直，不能歪斜。测量时，可在旋转测力装置的同时，轻轻晃动尺架，使测砧面与零件表面接触良好，如图 4-59 所示。

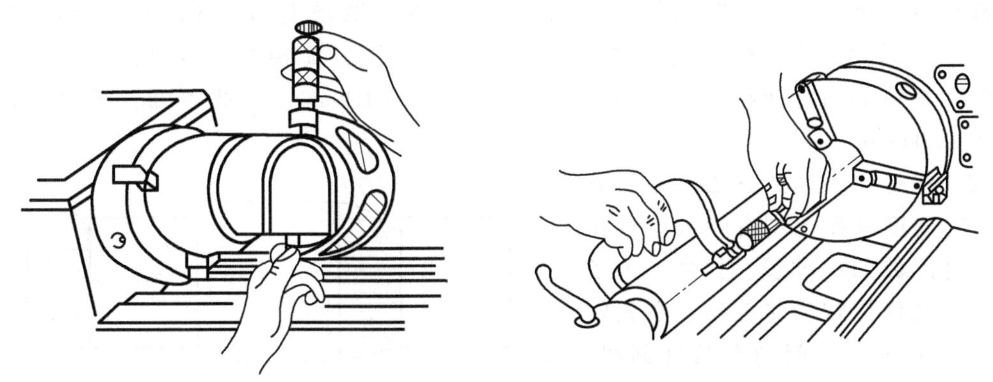

图 4-59　在车床上使用外径千分尺的方法

6）用千分尺测量零件时，最好在零件上进行读数。如果必须将千分尺取下读数，应用制动器锁紧测微螺杆后，再轻轻滑出零件进行读数。把千分尺当卡规使用是错误的，这样做不但易使测砧面过早磨损，甚至会使测微螺杆或尺架发生变形而失去精度。

7）为了获得正确的测量结果，可在同一位置上进行两次测量。尤其是测量圆柱形零件时，应在同一圆周的不同方向多次测量，检查零件外圆是否有圆度误差；再在全长的各个部位进行测量，检查零件外圆是否有圆柱度误差等。

8）不要测量超常温的工件，以免产生读数误差。要严格避免图 4-60 所示的使用外径千分尺的错误方法：用千分尺测量旋转运动中的工件，很容易使千分尺磨损，而且测量结果也不准确；贪图快一点得出读数而握着微分筒挥转等，这样操作测量如同碰撞一样，会破坏千分尺的内部结构。

3. 千分尺的工作原理和读数方法

(1) 千分尺的工作原理 外径千分尺的工作原理就是应用螺旋读数机构，包括一对精密的螺纹——测微螺杆与螺纹轴套（见图 4-58 中的 3、4）和一对读数套筒——固定刻度套筒与微分筒（见图 4-58 中的 5、6）。

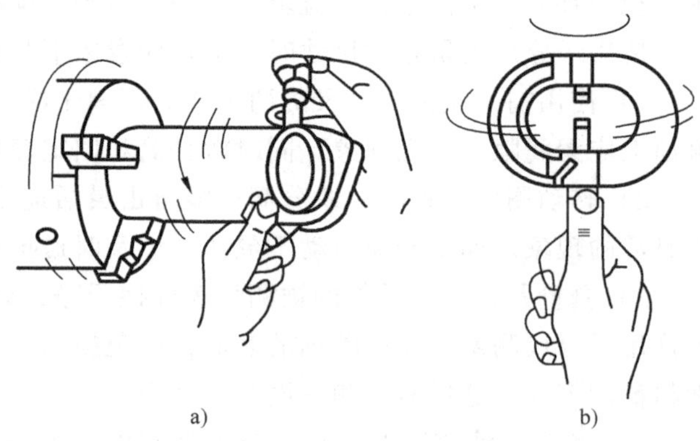

图 4-60 千分尺的错误使用方法

a）用千分尺测量旋转运动中的工件 b）握着微分筒挥转

用千分尺测量零件的尺寸，就是将被测零件置于千分尺的两个测量面之间，所以两测砧面之间的距离就是零件的测量尺寸。当测微螺杆在螺纹轴套中旋转时，由于螺旋线的作用测量螺杆轴向移动，使两测砧面之间的距离发生变化。若测微螺杆按顺时针的方向旋转一周，两测砧面之间的距离就缩小一个螺距；同理，若按逆时针方向旋转一周，则两测砧面的距离就增大一个螺距。常用千分尺测微螺杆的螺距为 0.5mm；当测微螺杆顺时针旋转一周时，两测砧面之间的距离缩小 0.5mm；当测微螺杆顺时针旋转不到一周时，缩小的距离就小于一个螺距，它的具体数值可从与测微螺杆结成一体的微分筒圆周刻度上读出。微分筒的圆周上刻有 50 个等分线，当微分筒转动一周时，测微螺杆就推进或后退 0.5mm，微分筒转过它本身圆周刻度的一小格时，两测砧面之间移动的距离为 0.5mm/50 = 0.01mm。由此可知，千分尺的读数值为 0.01mm。

(2) 千分尺的读数方法 在千分尺的固定刻度套筒上刻有轴向中线作为微分筒读数的基准线。另外，为了计算测微螺杆旋转的整数转，在固定刻度套筒中线的两侧刻有两排刻线，刻线间距均为 1mm，上下两排相互错开 0.5mm。千分尺的具体读数方法可分为以下三步：

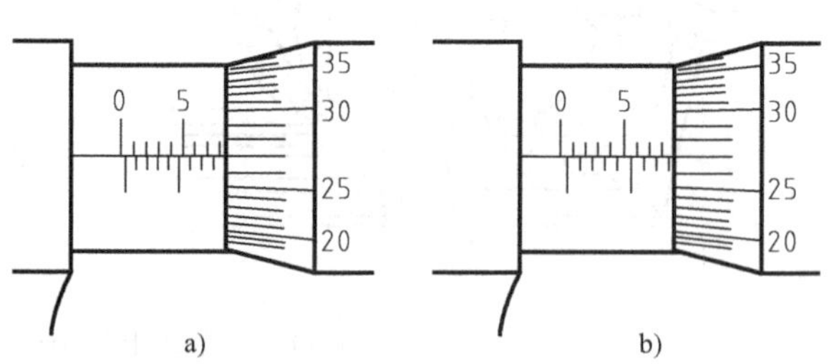

a) b)

图 4-61 千分尺的读数

1）先读整数。读出固定刻度套筒上露出的刻线尺寸，一定要注意不能遗漏应读出的 0.5mm 刻线值。

2）再读小数。读出微分筒上的尺寸，要看清微分筒圆周上哪一格与固定刻度套筒的中线基准对齐，再将格数乘以 0.01mm 即得微分筒上的尺寸。

3）将上面两个数相加，即为千分尺上测得的尺寸。

如图 4-61a 所示，在固定刻度套筒上读出的尺寸为 8mm，微分筒上读出的尺寸为 27（格）×0.01mm = 0.27mm，将两数相加得被测零件的尺寸为 8.27mm；如图 4-61b 所示，在固定刻度套筒上读出的尺寸为 8.5mm，微分筒上读出的尺寸为 27（格）×0.01mm = 0.27mm，将两数相加得被测零件的尺寸为 8.77mm。

【例 4-1】　读出下列千分尺的读数，如图 4-62 所示。

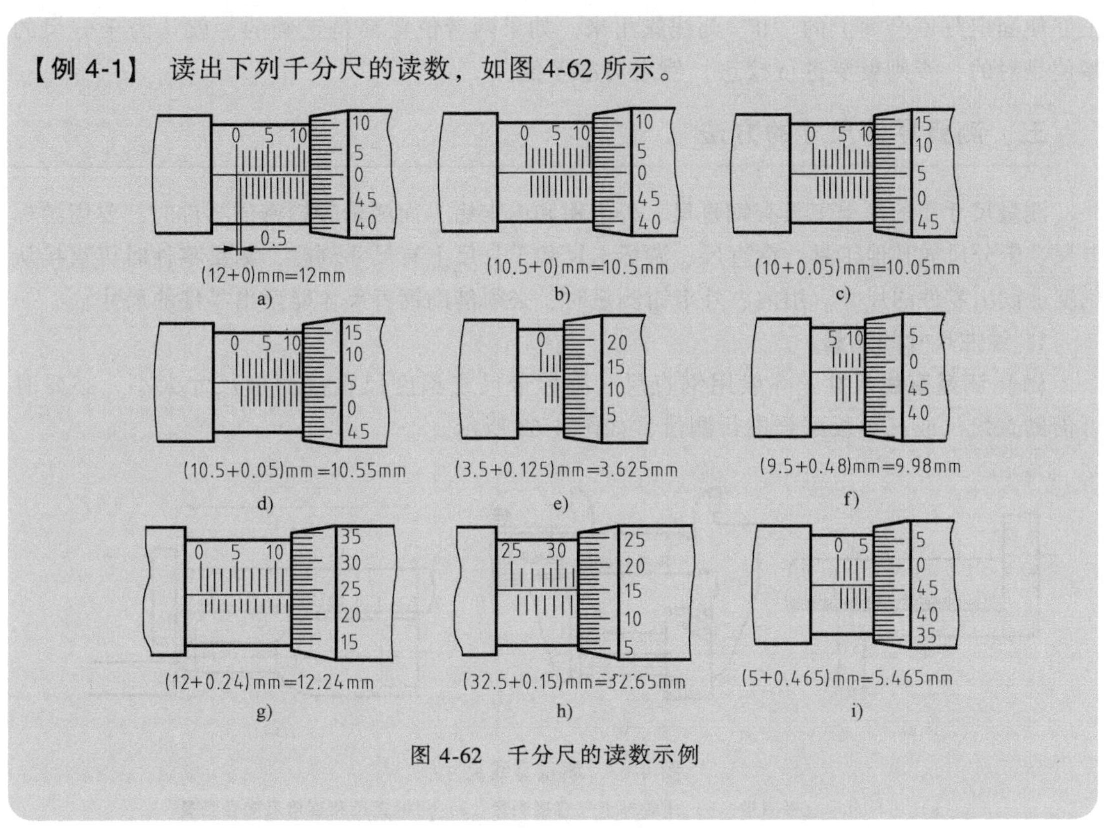

a)　b)　c)　d)　e)　f)　g)　h)　i)

图 4-62　千分尺的读数示例

4. 千分尺的精度及零位的校对

(1) 千分尺的精度　千分尺是一种应用范围广泛的精密量具，按其制造精度可分为 0 级和 1 级两种，0 级精度较高，1 级次之。千分尺的制造精度主要由其示值误差和测砧面的平面平行度公差的大小决定，小尺寸千分尺的精度要求见表 4-7。从千分尺的精度要求可知，用千分尺测量 IT6~IT10 级精度的零件尺寸较为合适。

表 4-7　小尺寸千分尺的精度要求　（单位：mm）

测量上限	示值误差		两测量面平行度	
	0 级	1 级	0 级	1 级
15;25	±0.002	±0.004	0.001	0.002
50	±0.002	±0.004	0.0012	0.0025
75;100	±0.002	±0.004	0.0015	0.003

千分尺在使用过程中，磨损和使用不当会使千分尺的示值误差超差，所以应定期进行检查，进行必要的拆洗或调整，以便保持千分尺的测量精度。

(2) 千分尺零位的校对　千分尺如果使用不当，零位就会变动，从而使测量结果不正确，造成测量精度不准。所以，在使用千分尺的过程中应校对千分尺的零位。所谓“校对千分尺的零位”，就是把千分尺的两个测砧面擦干净，转动测微螺杆使它们贴合在一起，检查微分筒圆周上的“0”刻线是否对准固定刻度套筒的中线，微分筒的端面是否正好使固定刻度套筒上的“0”刻线露出来。如果两者位置都是正确的，就认为千分尺的零位是对的，否则就要进行校正，使之对准零位。

五、测量零件尺寸的方法

测量尺寸用的简单工具有钢直尺、外卡钳和内卡钳，而测量较精密的零件时，要用游标卡尺、千分尺或其他工具。钢直尺、游标卡尺和千分尺上有尺寸刻度，测量零件时可直接从刻度上读出零件的尺寸。用内、外卡钳测量时，必须借助钢直尺才能读出零件的尺寸。

1. 线性尺寸的测量

(1) 测量直线尺寸 一般用钢直尺、游标卡尺或深度尺直接测量尺寸大小，必要时可借助直角尺或三角板配合进行测量，如图 4-63 所示。

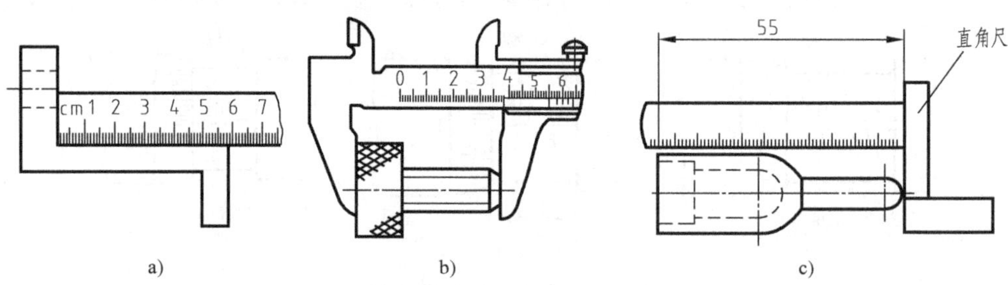

图 4-63 测量直线尺寸

a）用钢直尺直接测量 b）用游标卡尺直接测量 c）用钢直尺和直角尺配合测量

(2) 测量直径尺寸 通常用内、外卡钳或游标卡尺直接测量直径尺寸，必要时也可使用内、外径千分尺。测量时应使两测量点的连线与回转面的轴线垂直相交，以保证测量精度，如图 4-64 所示。

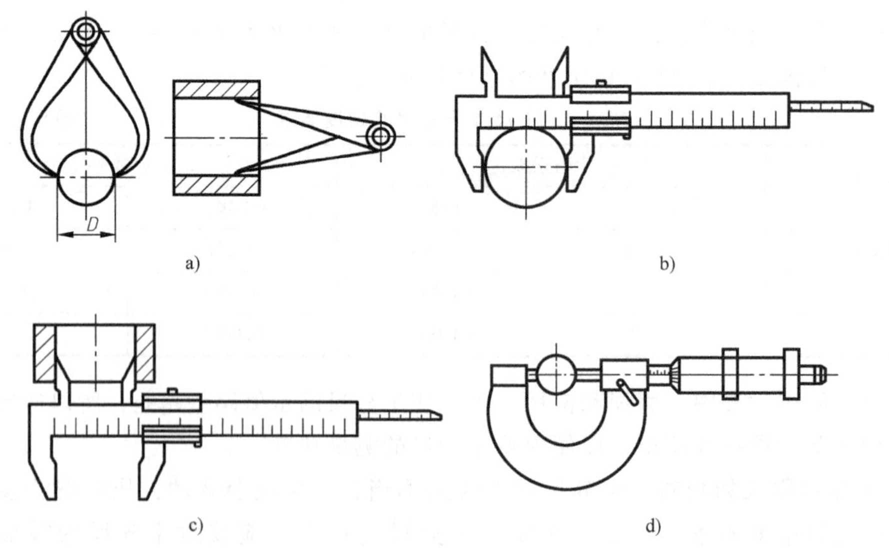

图 4-64 直径尺寸的测量

a）内、外卡钳测直径 b）、c）游标卡尺测直径 d）外径千分尺测直径

在测量阶梯孔的直径时，会遇到外孔小、内孔大的情况，用游标卡尺无法测量大内孔的直径，这时，可用内卡钳测量，如图 4-65a 所示，也可用特殊量具（内外同值卡尺）进行测量，如图 4-65b 所示。

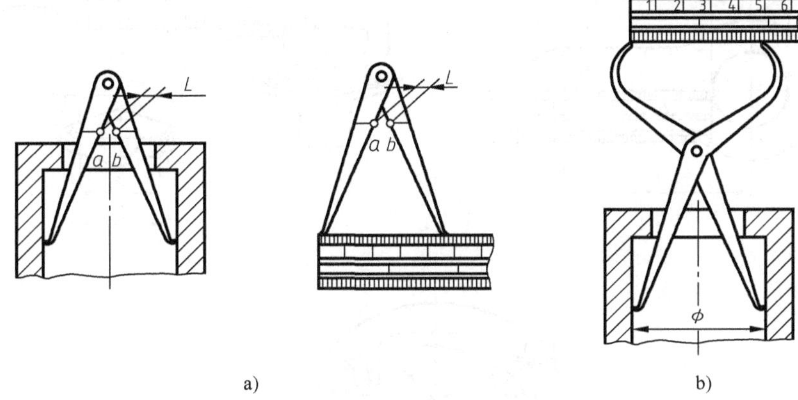

图 4-65　测量孔的内径

a）用内卡钳测量　b）用内外同值卡尺测量

（3）测量壁厚　一般可用钢直尺测量壁厚，如图 4-66a 所示。若孔径较小时，可用带测量深度的游标卡尺测量，如图 4-66b 所示；有时也会遇到用钢直尺或游标卡尺都无法直接测量的壁厚，这时则需用卡钳与钢直尺配合进行测量。

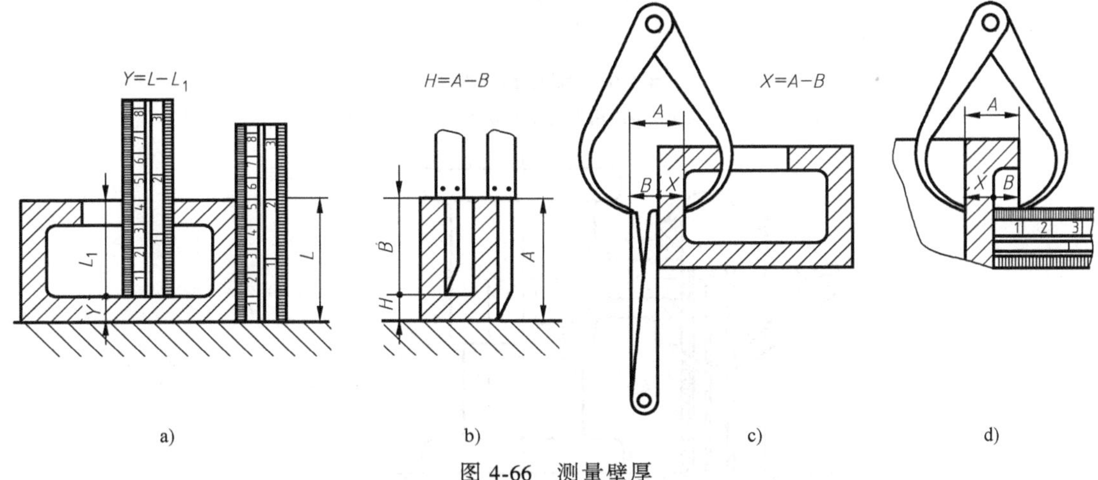

图 4-66　测量壁厚

a）用钢直尺测量　b）用游标卡尺测量　c）用卡钳测量　d）用卡钳与钢直尺测量

（4）测量孔间距　可利用钢直尺、游标卡尺或卡钳测量孔间距，如图 4-67 所示。

（5）测量中心高　一般可用钢直尺、卡钳或游标卡尺测量中心高，如图 4-68 所示。

2. 非线性尺寸的测量

（1）测量圆角　检查圆弧半径尺寸是否合格的量规称为半径样板或圆角规。半径样板有检查凸形圆弧和凹形圆弧两种。半径样板成套地组成一组，根据半径范围，常用的有三套，每组由凹形和凸形样板各 16 片组成，最小的为 1mm，每隔 0.5mm 增加一档，到 20mm 为止，然后每隔 1mm 增加一档，到 25mm 为止，具体尺寸见表 4-8。每片样板都是用 0.5mm 厚的不锈钢板制成，如图 4-69 所示。

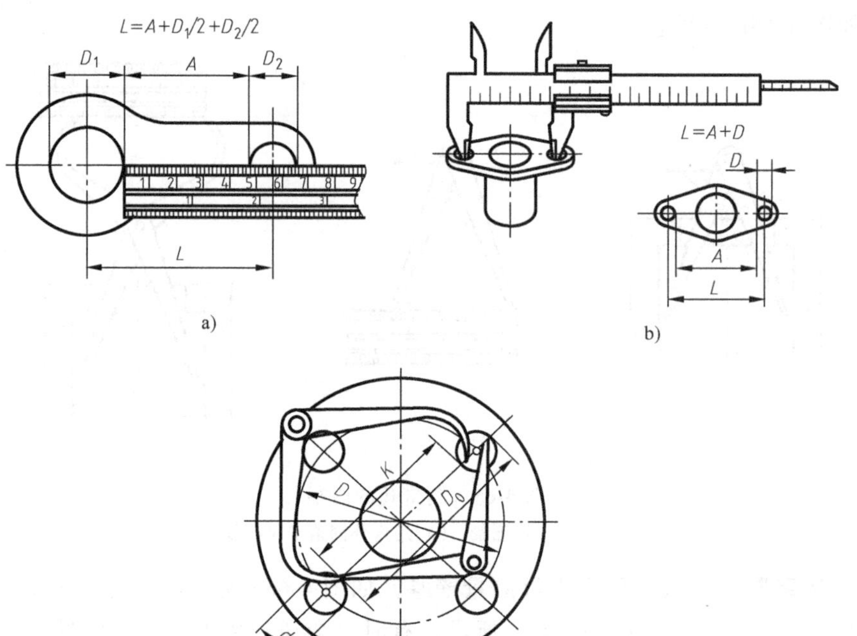

图 4-67　测量孔间距

a）用钢直尺测量　b）用游标卡尺测量　c）用卡钳测量

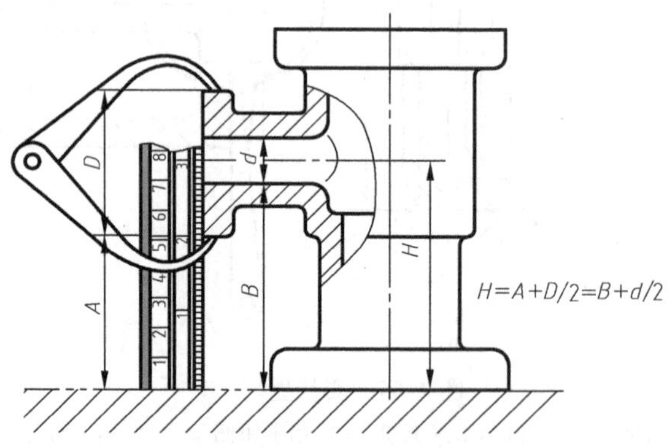

图 4-68　测量中心高

表 4-8　成套半径样板的尺寸　（单位：mm）

样板组 半径范围	样板半径尺寸															
1~6.5	1	1.25	1.5	1.75	2	2.25	2.5	2.75	3	3.5	4	4.5	5	5.5	6	6.5
7~14.5	7	7.5	8	8.5	9	9.5	10	10.5	11	11.5	12	12.5	13	13.5	14	14.5
15~25	15	15.5	16	16.5	17	17.5	18	18.5	19	19.5	20	21	22	23	24	25

用半径样板检查圆角时，先选择与圆角半径相同的样板，将其紧靠被测圆角，要求样板平面与被测圆弧垂直，即样板平面的延伸面通过被测圆弧的圆心；然后用透光法查校样板与被测圆弧的接触情况，完全不透光为合格，如果透光，则说明被检圆角的弧度不合要求，如图 4-70 所示。

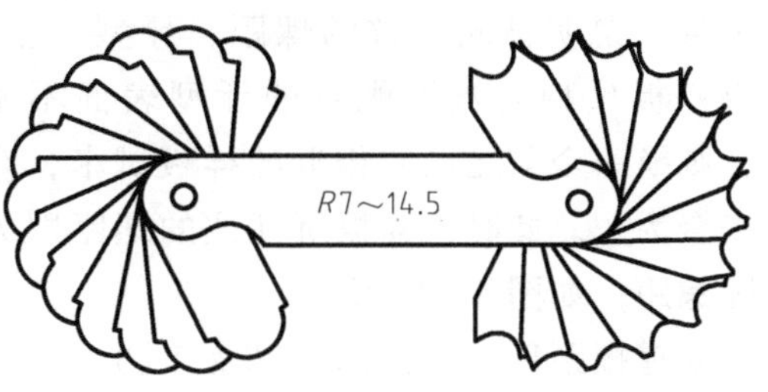

图 4-69　半径样板

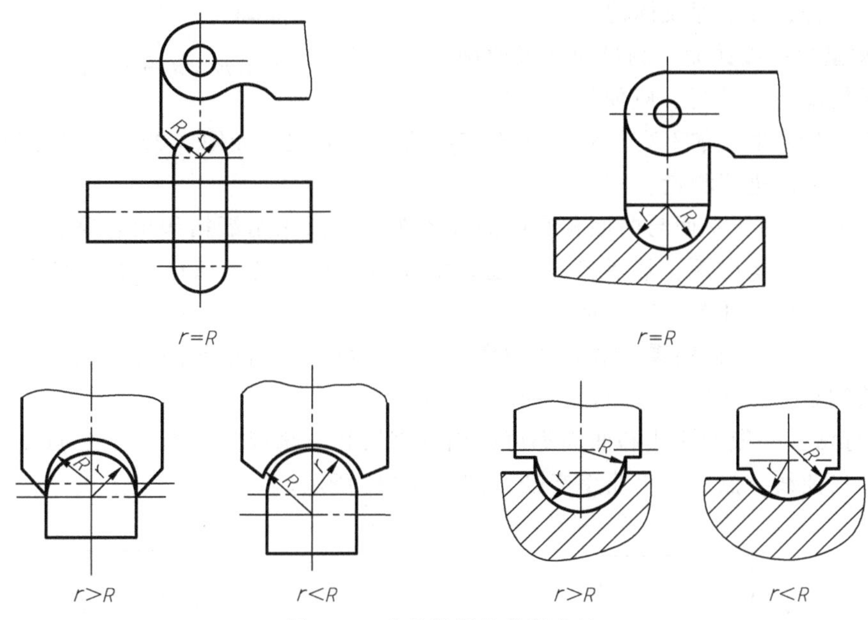

图 4-70　半径样板的使用方法

若要测量出圆角的未知半径，则选用近似的样板与被测圆弧相靠，完全吻合时，该片样板的数值即为圆角半径的大小，如图 4-71 所示。

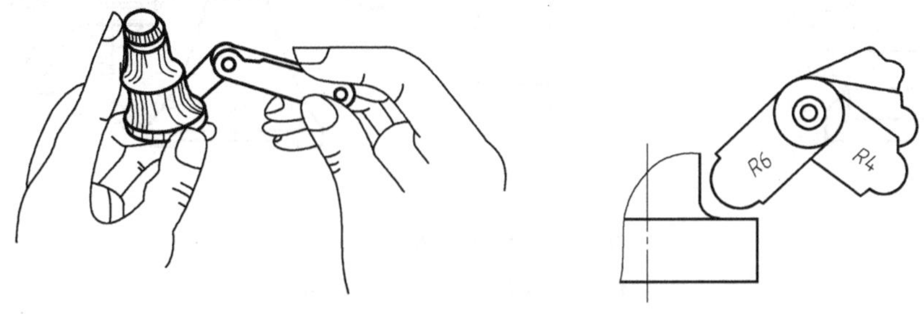

图 4-71　测量圆角

(2) 测量螺纹　检查低精度螺纹工件的螺距、牙型时，可采用螺纹样板。螺纹样板也是成套供应的，即由多种标准螺纹牙型样板组成，在每一个样板上标注着各自的螺距，每片样板均采用 0.5mm 厚的不锈钢板制成。

首先，目测螺纹的线数和旋向。

然后，目测螺纹的螺距，选一片螺纹样板在被测螺纹上试卡，如果完全吻合，没有透

光现象，说明被测螺纹的螺距、牙型合格；如果样板牙型与被测螺纹的牙型表面不密合，则换一个与之尺寸相近的样板试卡，直到密合为止。此时，样板所标注的螺距即为实际螺距，如图 4-72 所示。

知道螺距后，用游标卡尺直接测出螺纹的大径和长度。最后查对标准手册，核对牙型、螺距和大径，确定螺纹标记。

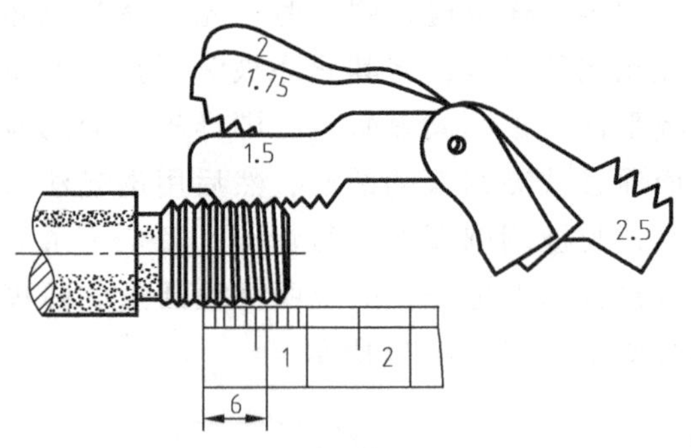

图 4-72　螺距的测量

(3) 测量曲线或曲面　测量曲线或曲面时，若测量精度要求较高，应使用专用的测量仪器；若测量精度要求不高，对一些不容易测量的部位，如图 4-72 所示的圆角的测量还可采用以下方法进行测量：

1）拓印法。对于平面与曲面相交的曲线轮廓，可以先用纸拓印出轮廓，得到真实的曲线形状后，用铅笔描深，然后判定该曲线的曲线轮廓，确定切点，找到各段圆弧的中心，再测出半径值，如图 4-73a 所示。

2）铅丝法。测量回转零件的素线曲率半径时，可以先用铅丝贴合其曲面弯成素线形状，再描绘到纸上，然后进行测量，如图 4-73b 所示。

3）坐标法。一般的曲线和曲面都可以用钢直尺和三角板定出曲面上各点的坐标，进而在纸上画出曲线，然后测出曲率半径，如图 4-73c 所示。

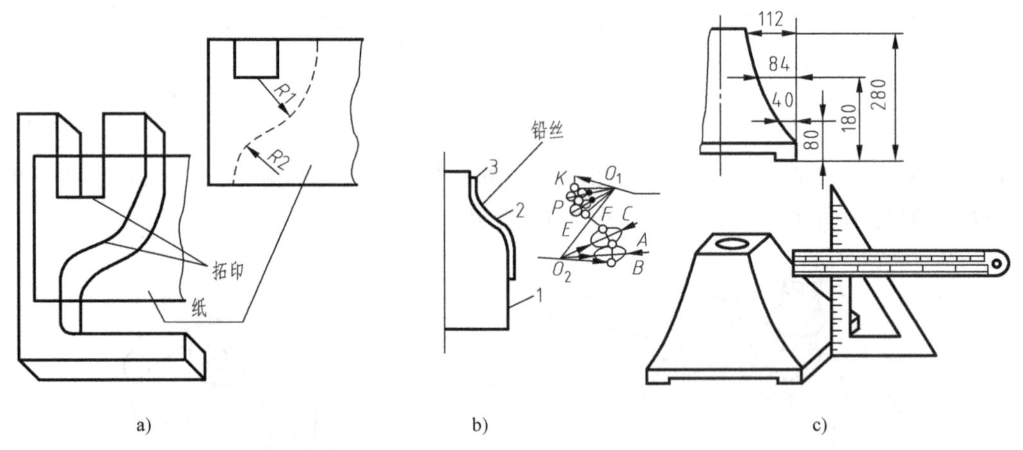

图 4-73　测量曲线和曲面
a）拓印法　b）铅丝法　c）坐标法

(4) 直齿圆柱齿轮参数的测量

1）齿轮基本参数的测量。标准齿轮啮合角 $\alpha=20°$，无须测量；齿轮的齿数 z 可以根据实物通过目测计数出来；齿顶圆直径 d_a 必须测量。齿数为奇数或偶数时，齿顶圆的测量方法不同。若齿数为偶数，可直接用钢直尺或游标卡尺量出，如图 4-74a 所示；若齿数为奇数，由于齿顶对齿槽，所以无法直接测量，带孔齿轮可按图 4-74b 所示的方法测出 D 和 H，然后由 $d_a=D+2H$ 计算出齿顶圆直径 d_a。齿轮模数 $m=d_a/(z+2)$，计算出的模数应

与标准齿轮模数进行对比，取相同或最接近的模数值，计算其他参数。

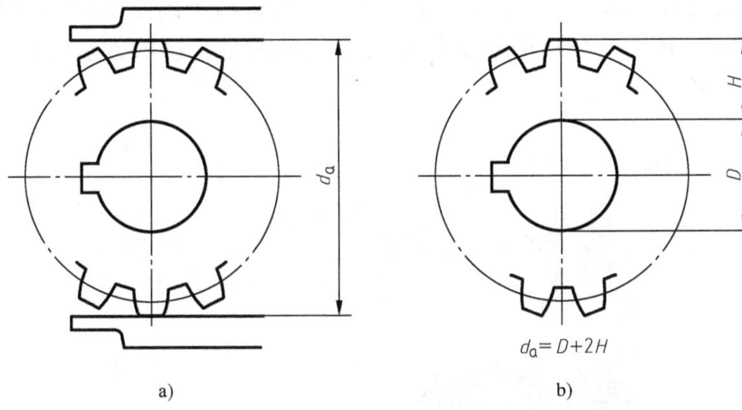

图 4-74　测量齿顶圆

a）偶数齿　b）奇数齿

2）齿轮齿厚的测量。齿轮齿厚的测量需用到齿厚游标卡尺，其结构如图 4-75 所示，水平尺身上有游标尺框，分别与微调装置相连，高度定位尺用于定位，量爪用于测量齿厚。齿厚游标卡尺以测量模数 m 的范围（mm）表示，如 1～16，1～25，5～32，10～50；其分度值为 0.02mm。测量时，在垂直尺身上调整出分度圆的弦齿高，并用游标框上的螺钉锁紧，将高度定位尺紧贴被测齿轮的齿顶，保持齿厚游标尺与被测齿轮轴线垂直，移动水平游标卡尺框到量爪接近轮齿侧面时，拧紧微调装置上的紧固螺钉，旋转微调装置，使两个量爪轻轻接触轮齿侧面，然后从水平游标卡尺上读出齿厚数值，如图 4-76 所示。齿厚游标卡尺的测量精度不高，因为测量时以齿顶圆定位，所以齿顶圆误差和径向圆跳动误差会影响测量结果。

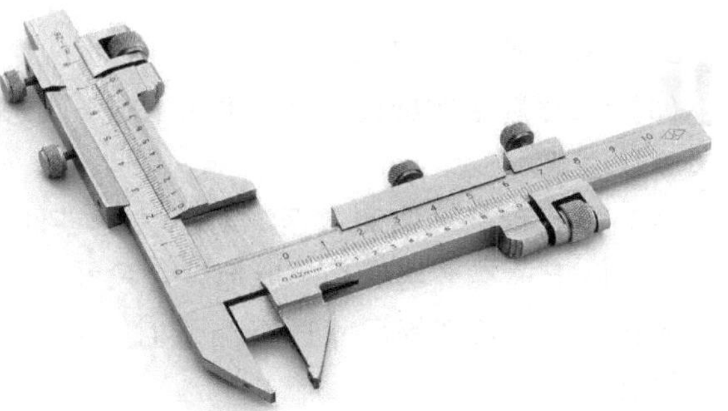

图 4-75　齿厚游标卡尺外形图示

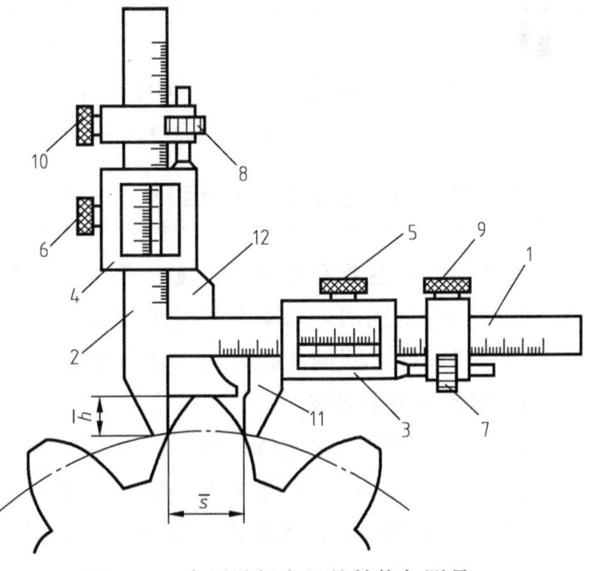

图 4-76　齿厚游标卡尺的结构与测量

1—水平尺身　2—高度尺身　3—水平游标尺框　4—高度游标尺框

5、6、9、10—螺钉　7、8—微调装置　11、12—量爪

3）齿轮公法线的测量。公法线千分尺主要用于测量模数 $m\geqslant1$mm 的渐开线外啮合齿轮的公法线长度。其结构与外径千分尺相似，唯一不同的是其量砧为圆盘形，如图 4-77 所示。公法线千

分尺的测量范围为 0～25mm、25～50mm、50～75mm、750～100mm、100～125mm、125～150mm；其分度值为 0.01mm。测量时，按要求的方法将两个圆盘的中部与被测齿轮分度圆附近的齿面轻轻接触，千分尺的示值就是公法线的长度，读数方法与外径千分尺完全相同。

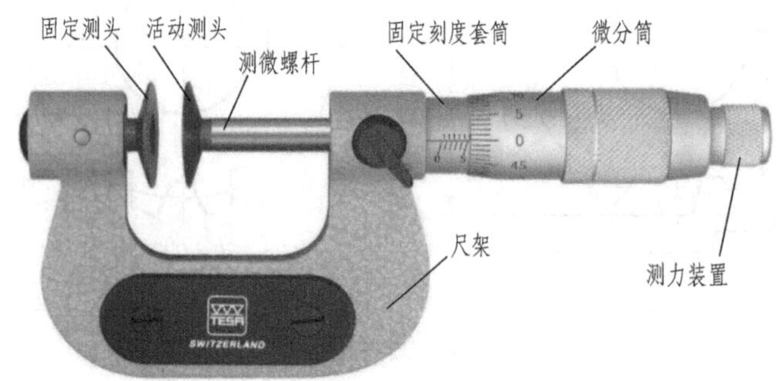

图 4-77 公法线千分尺的构造

3. 尺寸测量的注意事项

(1) 尺寸数字的标注 在零件草图上标注的所有尺寸数字，一律标注实际测量确定的尺寸数值。

(2) 要正确处理实测数据 对于关键零件的尺寸和各零件的重要尺寸，应反复测量多次，然后记录其平均值。一般地，总尺寸应直接测量，不能由中间尺寸计算而得。在对较大的孔、轴、长度等尺寸进行测量时，必须考虑其几何形状误差的影响，应多测几个点，然后取平均值。

(3) 零件测绘状态 测量时，应确保零件的自由状态，避免由于装夹、量具接触压力等造成零件变形而引起的测量误差。对组合前后形状有变化的零件，应掌握其变化前后的差异。

(4) 配合面的测量 两个零件有配合或在连接处其形状结构可能一样，但在测量时也必须各自测量、分别记录，然后相互检查确定尺寸。

六、零部件测量工具的选用

零件的测量主要有零件的长度、角度、表面粗糙度、几何形状精度以及相互位置精度等，这些内容是选用计量器具的主要依据。在实际选择测量工具时，还要考虑到测量对象、测量零部件之间的配合要求、测量精度等因素。

1. 零件尺寸的测量

测绘过程包括尺寸测量和绘图两项基本内容。零件尺寸测量的准确与否将直接影响仿制产品的质量，特别是某些关键零件的重要尺寸更是如此。

(1) 尺寸测量的基本要求 尺寸测量的基本要求是在测量前要做到心中有数，在测量中要仔细认真。

1）做到心中有数。在测绘过程中，对零件的每个尺寸都要进行测量。如何测，用什么工具测，哪些几何误差需要测、哪些不需要测，都必须在实际测量之前就做到心中

有数。

一般情况下，关键件、基础件、大零件的尺寸，一些非关键件的某些重要尺寸，如齿轮、花键、螺纹和弹簧等的主要几何参数，最好选择测量精度较高的测量工具进行测量。

零件的非功能尺寸（即在图样上不需注出公差的尺寸）一般用普通量具测到小数点后一位即可，而零件的功能尺寸（包括性能尺寸、配合尺寸、装配定位等）及几何误差最好测到小数点后三位，如果测不到小数点后三位，至少也应测到小数点后两位。

2）测量要仔细认真。测量工作要特别仔细认真，不能马虎。应坚持做到“测得准、记得细、写得清”。

若要测得准，就应在测量前确定测量方法，检验并校对量具，必要时还要设计一些专用的测量工具。

记得细，是指在测量过程中，要详细记录原始数据，不仅要记录测量读数，还要记录测量方法、测量用具和零件装配方法。对于非直接测量得到的尺寸，还应绘出测量简图，指明测量基准、换算方法并记下计算公式。

写得清，是指要在测量草图或专用记录本上，将上述各项内容，特别是测量数据写得清清楚楚、准确无误。

（2）尺寸测量中的注意事项

1）关键零件的尺寸和零件的重要尺寸应反复测量若干次，直到数据稳定可靠为止，然后记录其平均值或各次测得值。整体尺寸应直接测量，不能由几个尺寸叠加获得。

2）零件草图上一律标注实测数据。对于复杂的零件，为了便于检查测量尺寸的准确性，可由不同基面组成封闭的尺寸。同时，草图上各个投影尺寸也允许有重复。

3）对复杂零件（如叶片等）必须采用边测量、边画放大图的方法，以便及时发现问题。对配合面、型面应随时考证数据的正确性。

4）要正确处理实测数据。在测量较大的孔、轴、长度等尺寸时，必须考虑其几何形状误差的影响，应多测几个点，取其平均数。对于测点差异明显的，还应记下其最大、最小值，但必须分清这种差异是全面性的还是局部性的。如圆柱面在很短的一段圆周出现凹凸现象、圆柱面端头的微小锥度等只能视为局部差异。

5）测量数据的整理。对测量数据要及时整理，特别是间接测得的尺寸数据，更应及时进行整理，并将换算结果记录在草图上。对重要尺寸的测量数据，在整理过程中如有疑问或发现矛盾和遗漏，应立即进行重测或补测。

6）测量时，应确保零件处于自由状态，防止由于装夹、量具接触压力等造成零件变形而引起测量误差。对组合前后形状有变化的零件，应分别测量其前后的差异值。

7）在测量过程中，要特别注意防止小零件丢失。在测量暂停和测量结束时，要注意零件的防锈等保管工作。

8）两零件在配合或连接处，其形状结构可能完全一样，但在测量时也必须各自测量、分别记录，然后相互检验确定其尺寸，绝不能只用一处的测量值来代替。

9）在测绘过程中，应特别注意原始数据的记录和草图的整理，以便积累资料建立技术档案。

10）尺寸的测量一般应按基础件→重要零件→相关度高的零件→一般零件的顺序进

行，以便发现尺寸中的矛盾，提高测量的效率。

2. 确定测量工具

测量的准确程度与测量工具的精确程度密切相关，但并不是选择精确度高的量具就一定好。量具的选择应该与零件上该尺寸的要求相适应，以满足精度要求为准。所以，应该在弄清草图上待测尺寸精度要求的基础上选择合适的测量工具。

表 4-9 列出了千分表、千分尺及游标卡尺的合理使用范围，可供选择量具时参考。

表 4-9 千分表、千分尺及游标卡尺的合理使用范围

量具名称	分度值/mm	量具精度	被测绘零部件的公差等级(IT)											
			5	6	7	8	9	10	11	12	13	14	15	16
千分表	0.001		√	√	√									
	0.005		√	√	√	√								
	0.01	0 级		√	√	√								
		1 级		√	√	√	√							
		2 级			√	√	√	√						
千分尺	0.01	0 级		√	√	√								
		1 级			√	√	√	√						
		2 级					√	√	√					
游标卡尺	0.02								√	√	√	√	√	√
	0.05									√	√	√	√	√
	0.1													√

1）一般精度要求的长度尺寸可直接用钢直尺、外卡钳测量，对于精度要求较高的长度尺寸可根据精度要求的不同选择游标卡尺或千分尺量取，如图 4-78 所示。

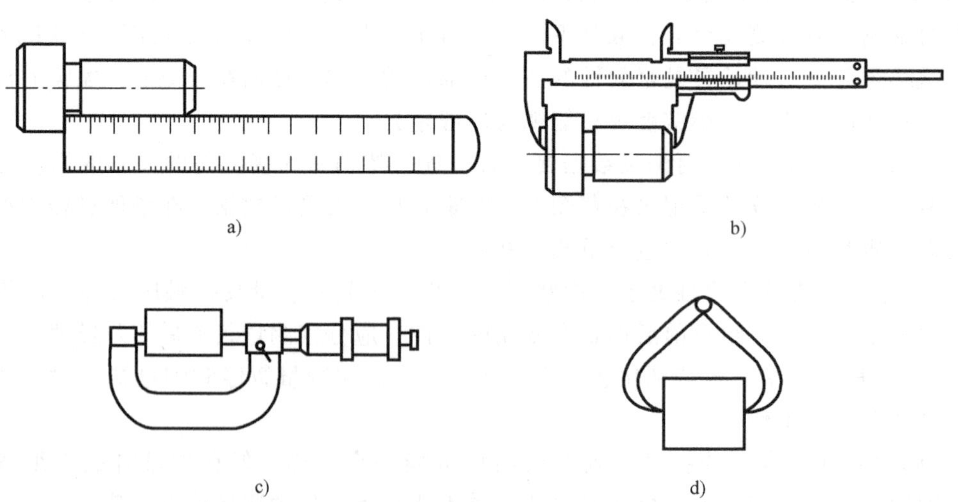

图 4-78 长度尺寸的测量

a）钢直尺测长度 b）游标卡尺测长度 c）千分尺测长度 d）卡钳测长度

2）直径尺寸常用游标卡尺进行测量，而精密零件的内、外径需用千分尺来测量，如

图 4-79 所示。

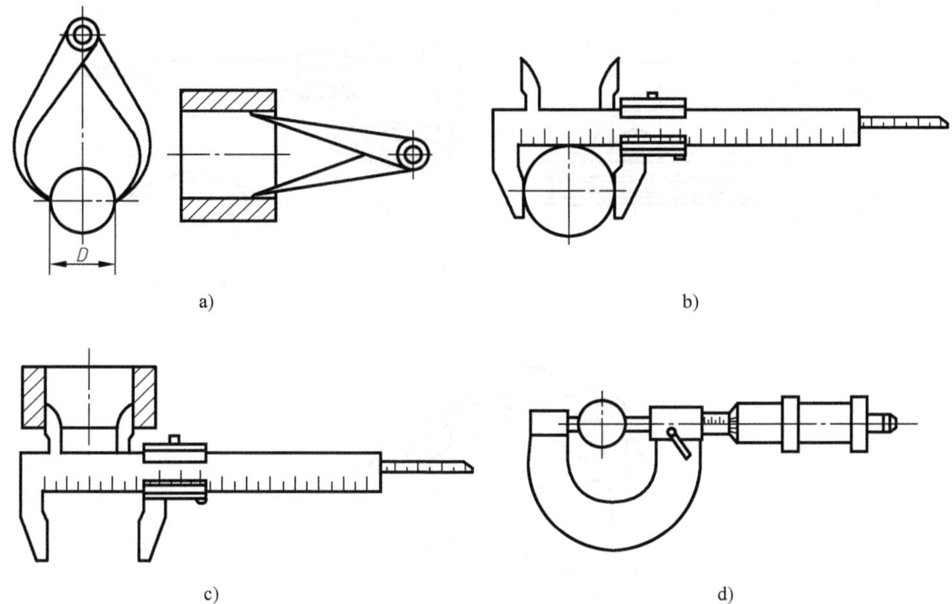

图 4-79　直径尺寸测量

a）内外卡钳测直径　b）、c）游标卡尺测直径　d）外径千分尺测直径

3）半径尺寸常用半径样板直接测量。此外还有一些间接测量半径的方法，图 4-80 给出了两种求半径的方法。

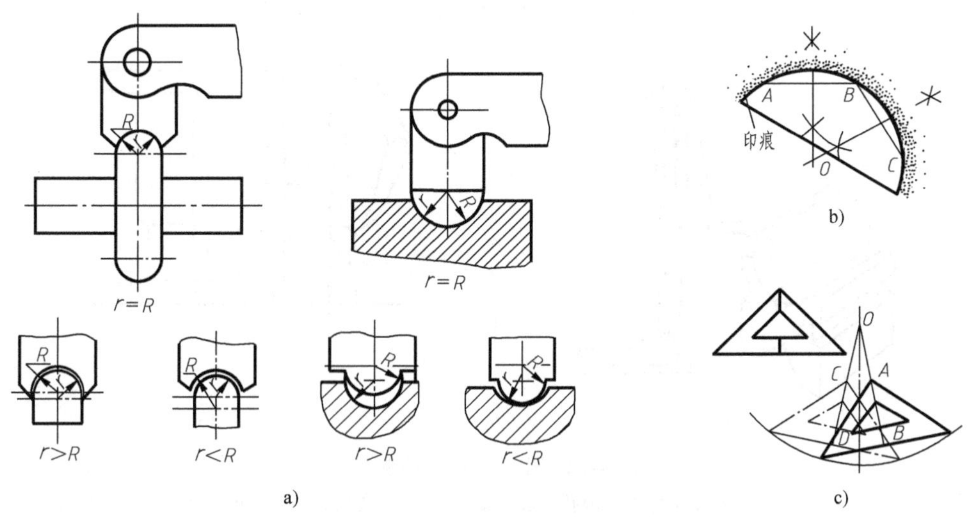

图 4-80　半径尺寸的测量

a）半径样板测半径　b）作图法求半径　c）45°三角板定圆心

4）两孔中心距可用游标卡尺、卡钳或钢直尺来测量，如图 4-81 所示。

5）孔中心高度可用高度游标卡尺测量，还可以用游标卡尺、钢直尺、卡钳等测出一些相关数据，然后用几何运算方法求出，如图 4-82 所示。

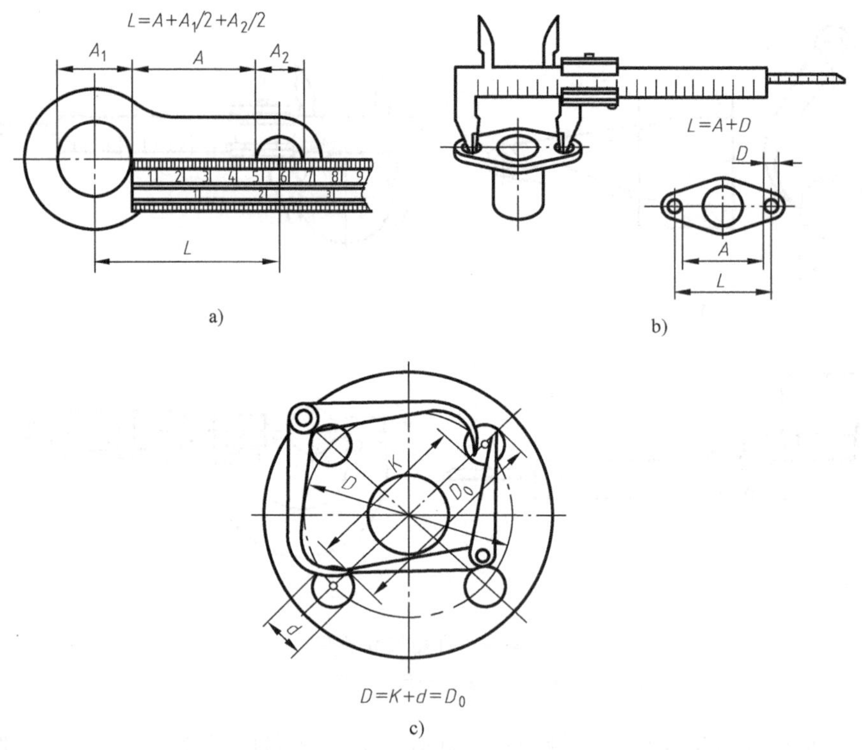

图 4-81　两孔中心距的测量

a）用钢直尺测量　b）用游标卡尺测量　c）用卡钳测量

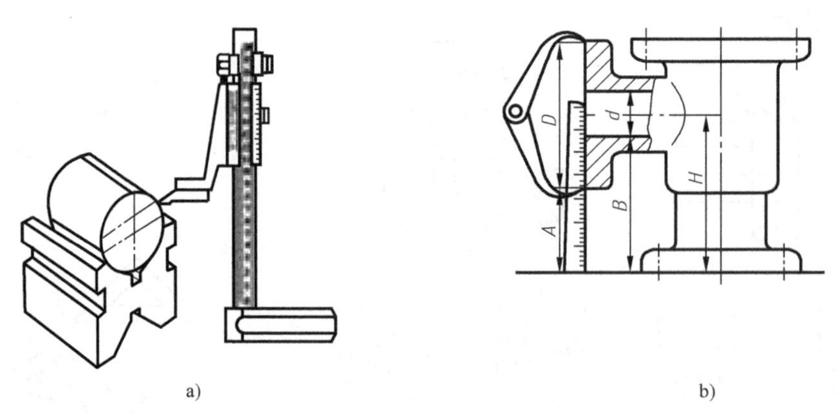

图 4-82　孔中心高度的测量

a）高度游标卡尺测孔中心高度　b）综合法测孔中心高度

6）孔的深度可以用钢直尺、游标卡尺、深度游标卡尺或深度千分尺来测量，如图 4-83 所示。

7）壁厚可用钢直尺直接测量或用钢直尺和外卡钳、游标卡尺和量块结合进行测量，如图 4-84 所示。

8）螺纹可使用螺纹量规和螺纹样板来测量。如果没有螺纹量规、螺纹样板或者不能

用螺纹量规和螺纹样板进行测量时，可用游标卡尺测量大径，再用薄纸压痕法测量其螺距。

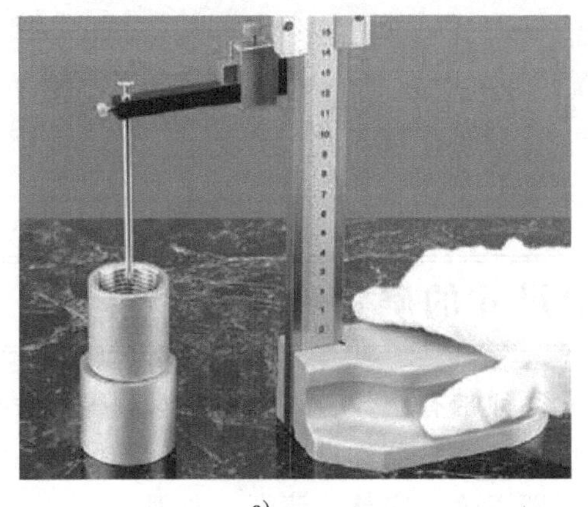

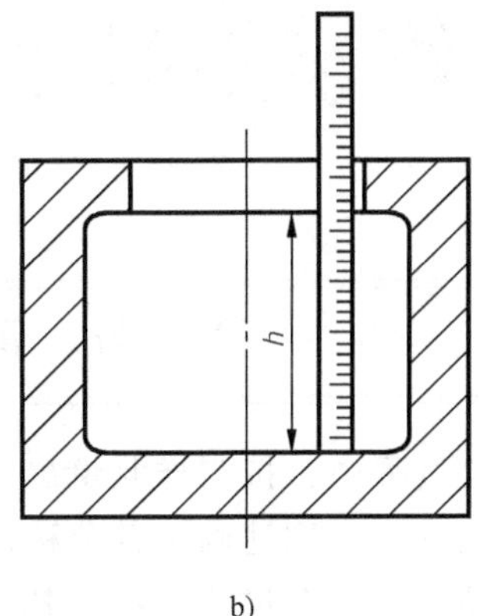

a) b)

图 4-83 深度的测量

a）深度游标卡尺测深度 b）钢直尺测深度

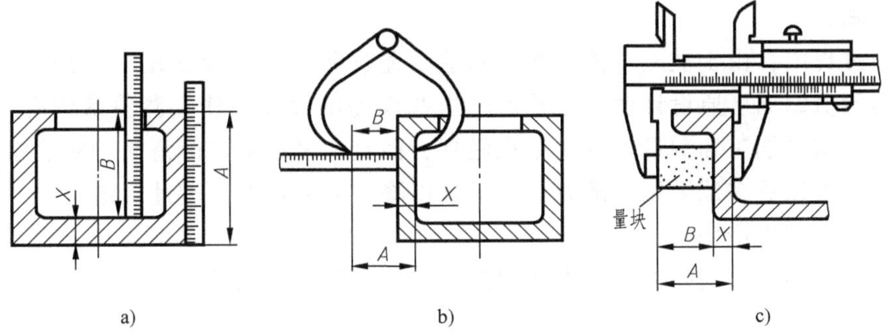

a) b) c)

图 4-84 厚度的测量

a）钢直尺测厚度 b）外卡钳测厚度 c）游标卡尺和量块结合测厚度

9）对于曲线和曲面，如果有精准测量的要求时，必须用专门的测量仪进行测量，如使用三坐标测量仪测量；如果测绘要求精度不高时，可采用拓印法、铅丝法、直角坐标法将被测曲线画到纸上，然后再进行测量。

第五章

汽车零部件尺寸标注与技术要求

第一节　测绘中尺寸的确定与标注

在测绘过程中，按实样测量出来的尺寸往往带有小数，这就需要对测得的数据进行圆整和规范处理，合理地确定其公称尺寸及尺寸公差。公称尺寸及尺寸公差标注在零件图上时，还需满足零件图尺寸标注的基本要求，即正确、完整、清晰、合理。

一、测绘中的尺寸圆整

在测绘过程中，对实测数据进行分析、推断，合理地确定其公称尺寸和尺寸公差的过程称为**尺寸圆整**。

在测绘过程中，由于被测零件存在着制造误差、测量误差及使用中磨损引起的误差，使测量的实际值偏离了原设计值。正是由于这些误差的存在，使实测值常带有多位小数，这样的数值不但在加工和测量过程中很难做到，而且大多没有实际意义。对这些数据进行尺寸圆整后，可以更多地采用标准刀具和量具以降低制造成本。因此，进行尺寸圆整有利于提高测绘效率和生产率。

目前，**常用的尺寸圆整方法有设计圆整法和测绘圆整法两种**。

1. 设计圆整法

设计圆整法以零件的实测值为基本依据，通过比照同类产品或类似产品来确定被测零件的公称尺寸和尺寸公差，其配合性质及配合制基本是在测量的前提下，通过分析给定。这一方法的处理步骤大体与设计的程序相类似，故也称为**设计圆整法**。

设计圆整法的圆整规律比较简单，它以公称尺寸是否需要保留小数为出发点，根据对一般零件公称尺寸的分析，按零件的具体结构要求和尺寸的重要性来对零件尺寸进行圆整。其**一般原则是：性能尺寸、配合尺寸、定位尺寸在圆整时，允许保留一位小数；个别重要和关键尺寸可以保留两位小数，其他尺寸取整数**。

设计圆整法是根据尺寸的精确程度，将实测尺寸的小数圆整为整数或带有一两位小数的数值，其尾数删除采用“四舍六入五单双”法，即在尾数删除时逢四以下舍、逢六以上进，遇五则按保证偶数的原则决定进与舍。例如，13.77mm 应圆整为 13.8mm（逢 6 以上进 1 位），13.73mm 圆整为 13.7mm（4 以下舍去），但对 13.75mm、13.85mm 两个实测尺寸，当需要保留一位小数时，则都应圆整为 13.8mm（保证圆整后的尺寸为偶数）。

必须指出的是，在删除尾数时，应将某位数以后的整个一组数一次性删除，不得将小数逐位删除。例如，实测尺寸为 41.456mm，当圆整后需保留一位小数时，不得进行逐位

圆整，即 41.456mm→41.46mm→41.5mm，而只能圆整成 41.4mm。

所有尺寸圆整时，都应尽可能使其符合国家标准推荐的尺寸优选系列值。国家标准推荐的尺寸值尾数多为 0、2、5、8 或其他偶数值。

零件实际加工过程中有可能加工到极限尺寸，所以在应用设计圆整方法时，必须把测量和设计计算结合起来，并在确定零件公称尺寸时，同时考虑给出其公差值。

(1) 按国家标准推荐的尺寸数值进行尺寸圆整 当被测零件符合公制计量标准且为标准化设计时，其公差与配合标准一般都符合国家标准。对这类零件的尺寸进行圆整时，应使其符合国家标准（GB/T 2822—2005）推荐的尺寸系列，见表 5-1。优先选用的顺序是 R′10、R′20、R′40 系列。注意，R′40 系列中有些数值没有与之相配合的轴承，所以选用 R′40 系列数值时要特别留意。也就是说，可将全部实测尺寸按 R′10、R′20 及 R′40 系列圆整成整数。对于配合尺寸更应该按照国家标准圆整成整数。

表 5-1 标准尺寸（10~100mm）（摘自 GB/T 2822—2005） （单位：mm）

R			R′			R			R′		
R10	R20	R40	R′10	R′20	R′40	R10	R20	R40	R′10	R′20	R′40
10.0	10.0		10	10			35.5	35.5		36	36
	11.2			11				37.5			38
12.5	12.5	12.5	12	12	12	40.0	40.0	40.0	40	40	40
		13.2			13			42.5			42
	14.0	14.0		14	14		45.0	45.0		45	45
		15.0			15			47.5			48
16.0	16.0	16.0	16	16	16	50.0	50.0	50.0	50	50	50
		17.0			17			53.0			53
	18.0	18.0		18	18		56.0	56.0		56	56
		19.0			19			60.0			60
20.0	20.0	20.0	20	20	20	63.0	63.0	63.0	63	63	63
		21.2			21			67.0			67
	22.4	22.4		22	22		71.0	71.0		71	71
		23.6			24			75.0			75
25.0	25.0	25.0	25	25	25	80.0	80.0	80.0	80	80	80
		26.5			26			85.0			85
	28.0	28.0		28	28		90.0	90.0		90	90
		30.0			30			95.0			95
31.5	31.5	31.5	32	32	32	100.0	100.0	100.0	100	100	100
		33.5			34						

(2) 轴向尺寸及非配合尺寸的圆整 在零件中几乎大多数尺寸都属于这类尺寸。圆整时，可根据尺寸作用的不同，依照下述原则进行数据处理。

1）轴向主要尺寸的圆整。轴向主要尺寸是一种功能性尺寸，如参与轴向装配尺寸链的尺寸。在对这类尺寸进行圆整时，可以根据概率论的基本思想来进行。概率论认为，制造误差是由系统误差与偶然误差造成的，其概率分布应符合正态分布，即零件的实际尺寸应位于零件公差带的中部。当零件的轴向尺寸仅有一个实测值时，可将其视为公差的中值，对它的公称尺寸应按国家标准所给定的尺寸系列圆整成整数。按这种方法进行圆整，所给的公差应在IT9级以内。当该尺寸在尺寸链中属孔类尺寸时，取单向正公差；当该尺寸属轴类尺寸时，取单向负公差；当该尺寸属长度尺寸时，应采用双向公差。

【例 5-1】 某传动轴的轴向尺寸实测值为84.99mm，试将其圆整。

解 查表5-1，可确定该传动轴的公称尺寸为85mm。

查表A-5标准公差数值表，公称尺寸在80~120mm时，公差等级IT9的公差值为0.087mm。

取公差值0.080mm。

将实测值84.99mm视为公差中值，得圆整方案（85±0.04）mm。

2）非功能尺寸的圆整。非功能尺寸包括除功能尺寸以外的所有轴向尺寸和非配合尺寸。通常，这类尺寸在图样上均不直接注出公差，其公差等级在不同的行业也有很大差别。如在机床制造业，尺寸精度可定为IT14级，而在航空业，这类尺寸精度可定为IT18级。

圆整非功能尺寸的基本思路是：圆整后的公称尺寸应符合国家标准所给定的尺寸系列，同时尺寸的实测值在圆整后的尺寸公差范围内，圆整后的尺寸通常取整数。例如，可将121.89mm圆整为122mm，84.07mm圆整为84mm，35.98mm圆整为36mm，7.53mm圆整为7.5mm。对有些尺寸的作用难以确定时，可从加工的经济性和可能性上来考虑，并适当提高精度，如轴颈抛光机端盖的长度尺寸实测值为15.1mm，则可圆整为15±0.12（取IT11级）。

（3）配合尺寸的圆整 圆整配合尺寸时，除合理地确定相互配合的轴与孔的公称尺寸外，还需确定配合性质及其类别，并确定原设计所用的配合制，进而确定尺寸的公差等级。

【例 5-2】 如图5-1所示，飞机上的一个活塞杆Ⅱ段直径与衬套孔配合。用外径千分尺和内径千分尺分别测得活塞杆段直径为ϕ13.483mm，衬套孔的直径为ϕ13.510mm，求孔、轴的公称尺寸，公差与配合。

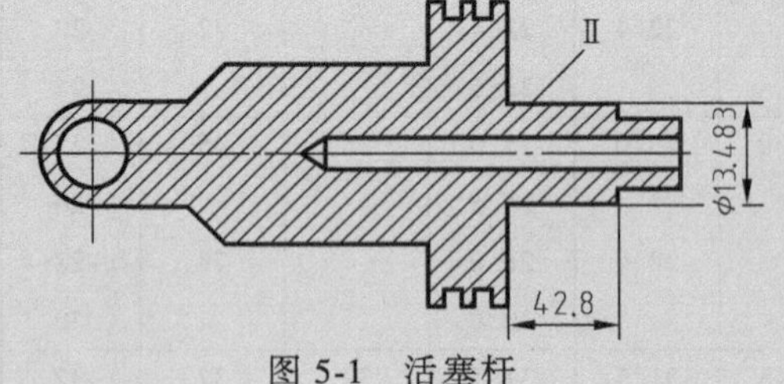

图5-1 活塞杆

解 ①确定公称尺寸。活塞杆和活塞衬套处之间的配合尺寸属于功能尺寸。按照尺寸圆整原则，取孔、轴的公称尺寸为ϕ13.5mm（保留一位小数）。

② 确定配合制。分析活塞杆的作用可知，该活塞杆在工作中要与多个零件相配合，理由是它由多个圆柱同轴组合而成，其各段直径不同。在这种情况下，设计往往是通过改变轴的尺寸来得到不同的配合。所以活塞杆和其他零件的配合采用的是基孔制，即衬套孔为基准孔。

③ 确定公差等级。该活塞杆属于航空产品，根据航空用产品一般加工精度要求较高、Ⅱ段表面粗糙度数值较小及其配合较重要等具体情况，取孔的公差等级为IT7，即孔公差为H7。同时选取与之相配的基准孔具有相同的公差等级。

④ 确定配合性质及配合种类。根据对活塞杆作用的分析可知，Ⅱ段是与活塞衬套相配合的，Ⅱ段的长度为 42.8mm。在工作过程中，活塞杆做往复直线运动，由此可断定Ⅱ段与活塞衬套的配合不可能是过盈配合，只能是间隙配合。

$$\text{实际间隙} = 13.510\text{mm} - 13.483\text{mm} = 0.027\text{mm}$$

根据经验和各种配合的应用范围，先预选其为 g7 间隙配合。此时，活塞和衬套之间的配合形式可写为

$$\phi 13.5\frac{H7}{g7}$$

由公差表（见表 A-1 和表 A-2）中查出

$$\phi 13.5\frac{H7}{g7} = \phi 13.5\frac{H7\begin{pmatrix}+0.018\\0\end{pmatrix}}{g7\begin{pmatrix}-0.006\\-0.024\end{pmatrix}}$$

⑤ 校验。当选用 g7 间隙配合时，活塞杆与活塞衬套之间的最大间隙为 0.042mm，最小间隙为 0.006mm，而实测的间隙 0.027 恰好在最大和最小间隙之间，且靠近中值，活塞杆的实测值 13.483mm 也在规定的公差范围内且接近中值，所以可认为选择 g7 配合是合适的。

设计圆整法对配合尺寸的圆整基本按设计来给定。其公差配合的性质及类别，由测绘者根据设计经验，采用试凑法及对比法，参照实测数据，按照设计的一般程序给出。这种方法具有简便易行的优点，但也有对实际经验依赖较大的缺点，不仅初学者难以把握，还由于其方法粗略，又缺乏对实测值及公差配合标准进行较深入的分析，往往会在仿制过程中出现偏离原设计的情况，使制造出的零件无法与原机零部件互换。

2. 测绘圆整法

测绘圆整法是一种较为科学和可靠的圆整方法。**测绘圆整法**是通过对测绘中所得到的实测数据及对公差配合标准的科学分析，找出实测值与尺寸公差之间的内在联系，并根据它们之间的关系来确定出公称尺寸圆整精确度、公差与配合。由于测绘圆整法是以对实测值的分析为基础的，具有明显的测绘特点，所以习惯上称为测绘圆整法。在实践中，测绘圆整法主要用来圆整配合尺寸。

（1）对实测值的分析　测绘圆整法对实测值的分析有两个基本假设。

假设 1：被测零件为合格零件，并且被测尺寸的实测值一定是原设计给定公差范围内的某一数值，即实测值=公称尺寸±制造误差±测量误差。

由于制造误差与测量误差之和应小于或等于原图规定的公差，所以实测值要么大于或等于零件的下极限尺寸，要么小于或等于上极限尺寸。

假设 2：制造误差及测量误差的概率分布均符合正态分布规律，处于公差中值的概率最大。

假设 2 为处理实测值提供了基本思路。当仅有一个实测值时，可将该实测值作为公差中值。也就是说，将实测的间隙或过盈视为原设计所给间隙或过盈的中值；如果实测值有

多个，可通过计算求其中值。

(2) 分析实测值与公差配合的内在联系 国家标准规定，公差带由标准公差和基本偏差两部分组成。标准公差确定了公差带的大小，基本偏差确定了公差带相对于零线的位置。其主要特点是把公差带大小和公差带位置作为两个独立要素。

在设计时，采用基孔制配合的基准孔的公差带通常选择在零线之上，其上极限偏差 ES 即为基准孔的公差，下极限偏差 EI 为零；基准轴的公差带位置固定在零线下面，其上极限偏差 es 为零，下极限偏差 ei 等于基准轴的公差。在配合件的实测值中，不仅包含公称尺寸、公差，也包含基本偏差。这是因为机器中各种不同性质的配合都是由公差配合标准中规定的 28 个孔和 28 个轴的公差带位置决定的，而每一种公差带位置由基本偏差确定。基本偏差就是用来确定公差带相对于零线位置的上极限偏差或下极限偏差，一般为靠近零线的那个偏差。实测间隙或过盈的大小反映基本偏差的大小。

由此可得出圆整尺寸的基本思路，即相互配合的孔与轴的公称尺寸及公差值应该从实测值中寻找，而配合类别应该从实测的间隙配合或过盈配合中寻找。这就是实测值与公差配合的内在联系，也是**测绘圆整法的基本原则**。

【例 5-3】 用测绘圆整法圆整活塞衬套（孔）与活塞杆Ⅱ段（轴）的公称尺寸、公差及配合。

解 ① 尺寸测量。孔的实测值为 $\phi13.510$mm，轴的实测值为 $\phi13.483$mm。

② 确定配合基制。根据结构分析，配合制应为基孔制。

③ 确定公称尺寸。孔实测尺寸为 $\phi13.510$mm，小数点后第 1 位数为 5，应包含在公称尺寸内，查表 5-2。

表 5-2 公称尺寸的定位

公称尺寸/mm	实测值小数点后的第一位数	公称尺寸应否含小数值
1~80	≥2	应含
>80~250	≥3	应含
>250~500	≥4	应含

为满足不等式

$$\text{孔(轴)公称尺寸} < \text{孔实测尺寸}$$

故该公称尺寸最大值只能取 $\phi13.5$mm。再根据不等式

$$\text{孔实测值} - \text{公称尺寸} \leqslant \frac{1}{2}\text{孔公差(IT11 级)}$$

进行验证，得

$$13.510\text{mm} - 13.5\text{mm} = 0.01\text{mm} < 0.5 \times 0.11\text{mm}$$

故公称尺寸应为 $\phi13.5$mm。

④ 计算公差，确定尺寸的公差等级。确定基准孔公差：

$$\Delta D = (D_{实测} - D_{基本}) \times 2 = (\phi13.510 - \phi13.5) \times 2\text{mm} = 0.02\text{mm}$$

查公差表，IT7 级公差为 0.018，故应选孔公差等级为 IT7，即孔为 H7。选轴的公差等级与孔同级。

⑤ 计算基本偏差，确定配合类别。

计算孔、轴实测值之差，得实测间隙为 0.027mm。

求平均公差，得 0.018mm。

因实测间隙大于平均公差（0.027mm>0.018mm），故属第三种间隙，按表 5-3 计算基本偏差绝对值，得（0.027−0.018）mm＝0.009mm，且该值为轴的负偏差。

表 5-3　间隙配合表（间隙＝孔实测值−轴实测值）

<table>
<tr><td colspan="2" rowspan="2">实测间隙种类</td><td>1</td><td>2</td><td>3</td><td>4</td></tr>
<tr><td>$间隙=\frac{孔公差+轴公差}{2}$</td><td>$间隙<\frac{孔公差+轴公差}{2}$</td><td>$间隙>\frac{孔公差+轴公差}{2}$</td><td>$间隙=\frac{基准件公差}{2}$</td></tr>
<tr><td rowspan="3">轴（基孔制）</td><td>配合代号</td><td>h</td><td>j</td><td>a、b、c、cd、d、e、ef、f、fg、g</td><td>js</td></tr>
<tr><td>基本偏差</td><td>上极限偏差</td><td>下极限偏差</td><td>上极限偏差</td><td rowspan="2">$\pm\frac{轴公差}{2}$</td></tr>
<tr><td>偏差性质</td><td>0</td><td>−</td><td>−</td></tr>
<tr><td colspan="2">孔轴基本偏差的计算</td><td>不必计算</td><td>查公差表</td><td>$基本偏差-间隙=\frac{孔公差+轴公差}{2}$</td><td>查公差表</td></tr>
<tr><td rowspan="3">孔（基轴制）</td><td>配合代号</td><td>H</td><td>J</td><td>A、B、C、CD、D、E、EF、F、FG、G</td><td>JS</td></tr>
<tr><td>基本偏差</td><td>下极限偏差</td><td>上极限偏差</td><td>下极限偏差</td><td rowspan="2">$\pm\frac{孔公差}{2}$</td></tr>
<tr><td>偏差性质</td><td>0</td><td>+</td><td>+</td></tr>
</table>

再查表得，配合上极限偏差为−0.006mm。

⑥ 确定孔、轴的上、下极限偏差。孔为 H7，有 $\phi13.5^{+0.018}_{0}$mm；轴为 g7，则为 $\phi13.5^{-0.006}_{-0.024}$mm。

⑦ 修正和转换。经分析无须修正。

二、标准件和常用件的尺寸确定

为了便于制造与使用，把一些应用广泛、使用量大的零件标准化，这些零件就是标准件和常用件。在测绘中，对于这样一些零件不必像其他零件那样精确测量其全部尺寸及公差，只要测量其主要尺寸，经过查表和计算就可以得到全部数据。

1. 标准件的尺寸确定

常用的标准件包括螺栓、螺钉、螺母、垫圈、挡圈、键以及销等，它们的结构形状、尺寸都已经标准化，并由专门工厂生产。测绘时对标准件不需要绘制草图，只需要将其主要尺寸测量出来，查阅有关设计手册就能确定其规格、代号、标注方法和材料、质量等，然后填入明细栏。

2. 常用件的尺寸确定

常用件仅有其中的部分要素由国家标准规定，因此对常用件中的尺寸还是要进行一些必要的测量和尺寸确定。下面以齿轮和蜗杆为例，说明常用件的尺寸确定方法。

（1）齿轮参数的确定 在齿轮的测绘中，无论被测齿轮传动的啮合原理如何，都是根据测量出来的有关尺寸，按照我国齿轮标准来确定轮齿部分的基本参数，并根据这些参数计算出其他尺寸和参数。

齿轮的型式也有很多种，下面仅以直齿圆柱齿轮的测绘为例予以说明。

1）齿数 z 和齿宽 b。被测齿轮的齿数 z_1 和 z_2 可直接数出，齿宽 b 可用游标卡尺测出。

2）中心距 a。中心距 a 的测量是关键的环节，其测量精度将直接影响齿轮组件的测绘结果，在测量时应力求准确。测量中心距时，可直接测量两齿轮轴和对应的箱体空间的距离，再测出轴和孔的直径，通过换算就可得到中心距。如图 5-2 所示，用游标卡尺测量 A_1 和 A_2，孔径 d_1 和 d_2，则中心距 a 为

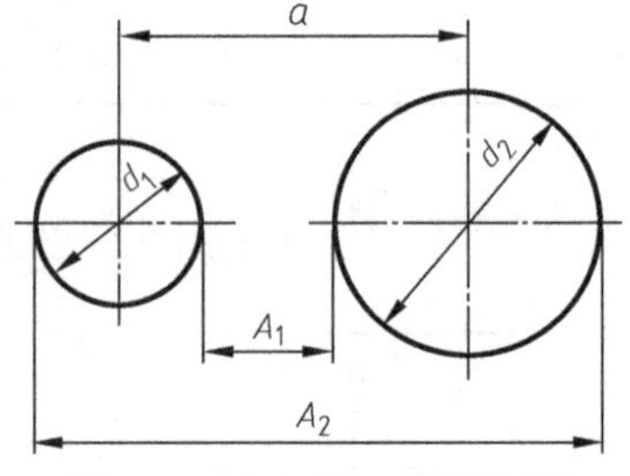

图 5-2　中心距 a 的测量图

$$a=A_1+\frac{d_1+d_2}{2} \text{或} a=A_2-\frac{d_1+d_2}{2}$$

在实际测绘中，对以上尺寸都需要进行反复测量，还要测出轴和箱体孔的圆度、圆柱度及轴线的平行度，它们对换算中心距都有重要影响。测轴径和孔径应分别采用外径千分尺和内径千分尺，测轴和孔间距离可采用游标卡尺。

3）公法线长度 w_k 和基圆齿距 p_b。通过测量公法线长度可基本确定模数和压力角。在测量公法线长度时，要选择适当的跨齿数，一般在相邻齿上多测几组数据，以便进行比较。

直齿圆柱齿轮可用公法线千分尺或游标卡尺测出相邻两齿公法线长度 w_k 和 w_{k+1}（k 为跨齿数），如图 5-3 所示。依据渐开线性质，理论上，卡尺在任何位置测得的公法线长度均相等。但实际测量时，以分度圆附近测得的尺寸精度最高。因此，测量时应尽可能将卡尺置于分度圆附近，避免卡尺接触齿尖或齿根圆角。测量时，若测点偏高，可减少跨齿数 k；反之，要增加跨齿数 k。跨齿数 k 可按公式进行计算或直接查表得出，其计算公式为

图 5-3　公法线长度 w_k 的测量

$$k=z\frac{a}{180°}+0.5$$

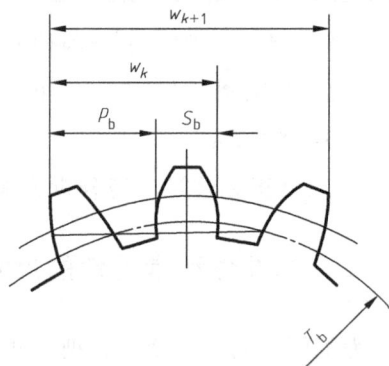

从图 5-3 中可以看出，公法线长度每增加一个跨齿，就增加一个基圆齿距 p_b，即

$$p_b=w_{k+1}-w_k=w_k-s_b$$

其中，s_b 可用齿厚游标卡尺测出，考虑到公法线长度的变动误差，每次测量时，必须在同一位置，即从同一起始位置沿同一方向进行测量。

4）齿顶圆直径 d_a 与齿根圆直径 d_f。用游标卡尺或螺旋千分尺测量齿顶圆直径 d_{a1} 和 d_{a2}，在不同的径向上多测几组数据，取其平均值。当被测齿轮的齿数为奇数时，不能直接测量齿顶圆直径，可先测量图 5-4 中的 D 值，通过计算求得齿顶圆直径 d_a 为

$$d_a = \frac{D}{\cos^2\theta}$$

其中

$$\theta = \arctan\frac{b}{2D}$$

也可通过测量内孔直径 d 和内孔壁到齿顶的距离 H_1 来确定 d_a，通过测量内孔直径 d 与由内孔壁到齿根的距离 H_2 确定 d_f，如图 5-5 所示，则有

$$d_a = d+2H_1, d_f = d+2H_2$$

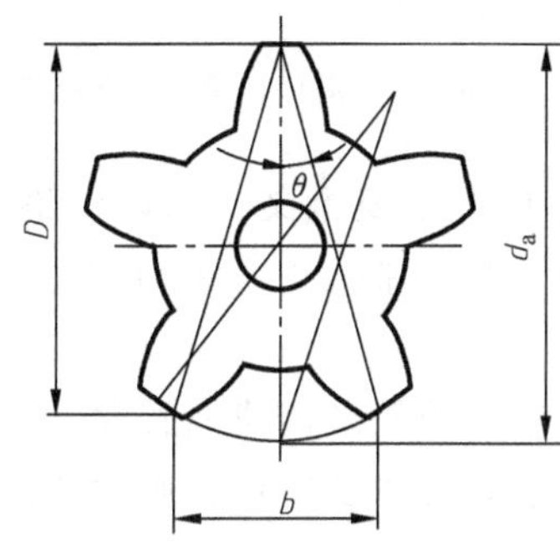

图 5-4 齿顶圆直径 d_a 的测量

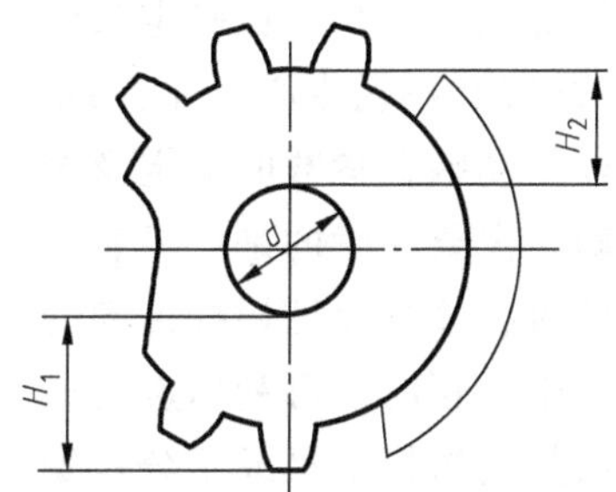

图 5-5 用游标卡尺测量 d_a 和 d_f

5）全齿高。可用深度尺直接测出全齿高度 h，也可以通过测量齿顶和齿根到齿轮内孔的距离换算得到 h，有

$$h = H_1 - H_2$$

6）齿侧间隙及齿顶间隙。为了保证两齿轮能进行正常啮合运行，齿轮间需要有一定的侧隙及顶隙。

理论侧隙为

$$j = (w_{k1} - w'_{k1}) + (w_{k2} - w'_{k2})$$

齿侧间隙的测量应在传动状态下利用塞尺进行。测量时，一个齿轮固定不动，另一个齿轮的侧面与其相邻的齿面相接触，此时的最小间隙即为 j。应注意，在两个齿轮的节圆附近测量，以使测出的数据更为准确。顶隙可同样在齿轮啮合状态下用塞尺测出。

（2）蜗轮、蜗杆参数的确定

1）蜗杆头数 z_1（齿数）、蜗轮齿数 z_2。被测蜗杆头数经过目测，确定 z_1 和 z_2。

2）蜗杆齿顶高及蜗轮喉圆直径 d_{a1}、d_{a2}。可用游标卡尺或千分尺直接测量，用游标卡尺测量蜗轮喉圆直径 d_{a2} 的方法如图 5-6 所示。测量时，可在 3、4 个不同位置上进行，取其中的最大值。当蜗轮齿数为偶数时，齿顶圆直径就是将卡尺的读数减去两

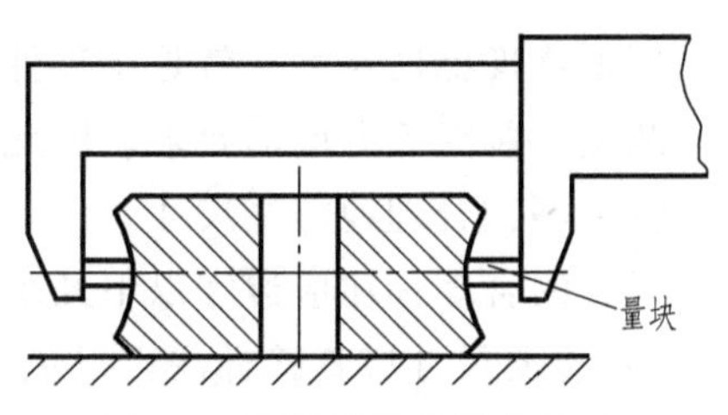

图 5-6 测量蜗轮喉圆直径 d_{a2}

端量块高度之和；当蜗轮的齿数为奇数时，可按圆柱齿轮奇数齿所介绍的方法进行。

3）蜗杆齿高 h_1。蜗杆齿高 h_1 可用游标卡尺的深度尺或其他深度测量工具直接测得，如图 5-7 所示。

4）蜗杆轴向齿距 p'_z。测量蜗杆轴向齿距 p'_z可用钢直尺或游标卡尺在蜗杆的齿顶圆柱上沿轴向直接测量，如图 5-8 所示。为了保证精度，测量时要多跨几个轴向齿距，然后将所测得的数除以跨齿数，所得数值就是蜗杆的轴向齿距。

5）蜗杆齿形角 α。蜗杆齿形角可用角度尺或齿形样板在蜗杆的轴向剖面和法向剖面内测量，将两个剖面的数值都记录下来，在确定参数时作为参考。

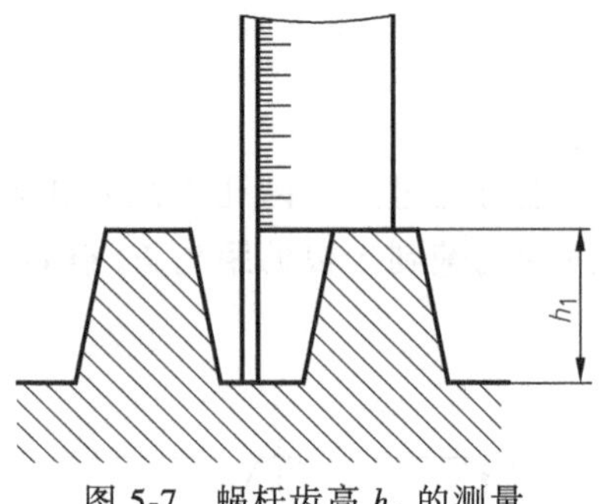

图 5-7 蜗杆齿高 h_1 的测量

6）蜗杆和蜗轮中心距 a'。蜗杆和蜗轮中心距的测量对蜗杆传动啮合参数的确定及校核所定参数的正确性都具有重要意义，应该仔细测量，力求精确。需要注意的是：只有当根据测绘的几何参数所计算出来的中心距与实测的中心距相一致时，才能保证蜗杆传动的正确啮合。

测量中心距时，可利用设备原有的蜗杆和蜗轮轴，清洗后重新装配进行测量。常用的测量方法是用游标卡尺或千分尺测出两轴外侧间的距离 L'，如图 5-9 所示，则中心距为

$$a' = L' - \frac{D'_1 + D'_2}{2}$$

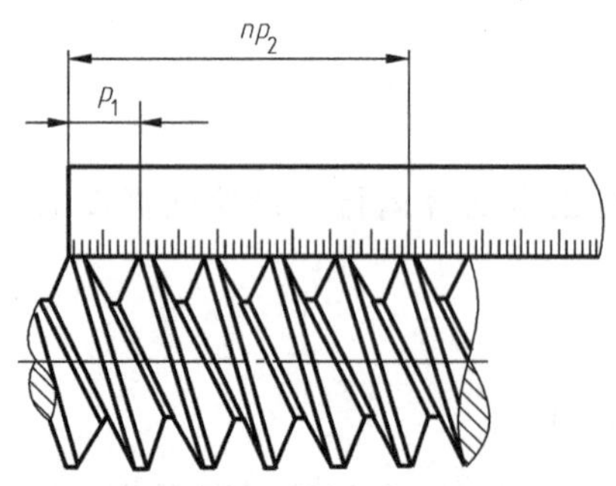

图 5-8 蜗杆轴向齿距的测量

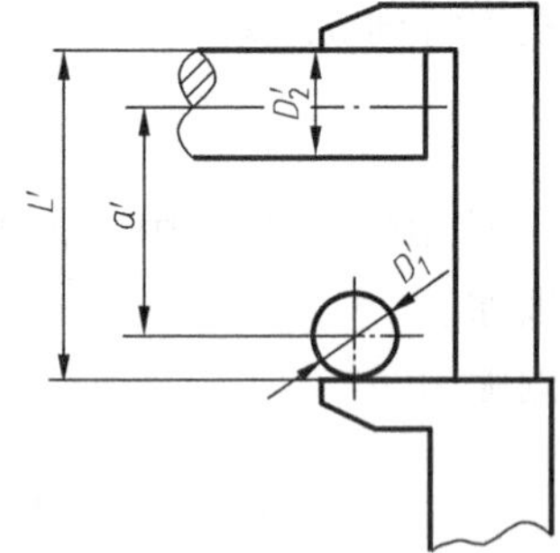

图 5-9 测蜗轮、蜗杆轴外侧间的距离 L'

三、零件图尺寸的合理标注

所谓**合理标注尺寸**，就是指零件图上所标注的尺寸应保证达到设计要求并满足便于加工、测量、装配等方面的要求。因此，对零件草图进行修改时，就必须根据零件的结构、工艺特征等，合理地标注尺寸。

尺寸的合理标注应遵守以下几个原则：

1）重要尺寸应直接标注，以免产生积累误差，并在此基础上确定尺寸的主要基准。

以齿轮泵的端盖（见图 5-10）为例，通过对其工作原理的分析可知，装有两齿轮轴

的孔距尺寸（22.76±0.016）mm 是重要尺寸，这个尺寸就应在图上直接标出，故没有误差。所以，图 5-10 中采用的标注方法是正确的。这种标注方法实际也确定了端盖长度方向尺寸的主要基准是两轴的轴线。

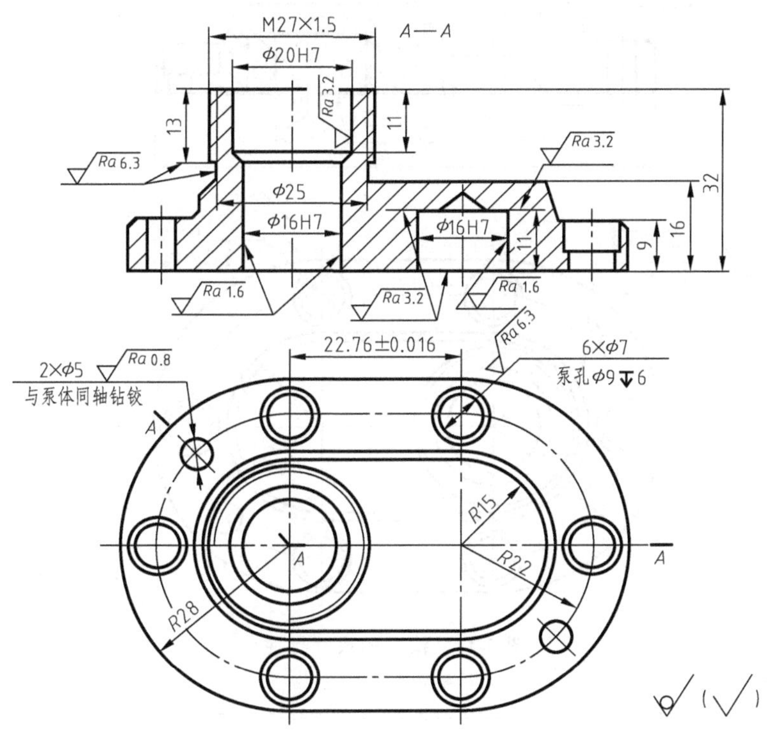

图 5-10 齿轮油泵右端盖的尺寸标注

如果按图 5-11 的方法标注尺寸，两轴间中心线的尺寸“22.76mm”不是直接标注，而是通过其他尺寸经过一些计算得来的，即（78.76−2×28）mm。按照这样的方法进行标注，在实际加工过程中，尺寸“22.76mm”就会产生较大的累积误差。

尺寸标注还应考虑加工工艺的要求，尽量要确保设计基准与工艺基准的统一，减少制造过程中废品的出现。从 *A*—*A* 剖视图来看，端盖厚度方向（图中的高度）的尺寸基准应该是下底面，上端面为辅助基准。图 5-10 中是以上端面作为高度方面的尺寸基准面，在加工过程中，孔 ϕ16H7 只能以下底面为基准进行加工。这个孔深的尺寸就应直接标注，而不能像图 5-11 那样需要经过计算得出。

2）有装配关系的尺寸应协调。有装配关系的尺寸协调包括基准协调、公称尺寸协调和尺寸精度协调。如基准协调是指两个有装配关系的零件，在标注定位尺寸时，所采用的基准应是一致的。

3）具有毛面和加工面的零件，在加工面与毛面之间，同一方向上一般只能有一个尺寸联系，其余为毛面之间或加工面之间的联系。

此外，当零件具有毛面和加工面时，加工尺寸和毛面尺寸最好分开标注。

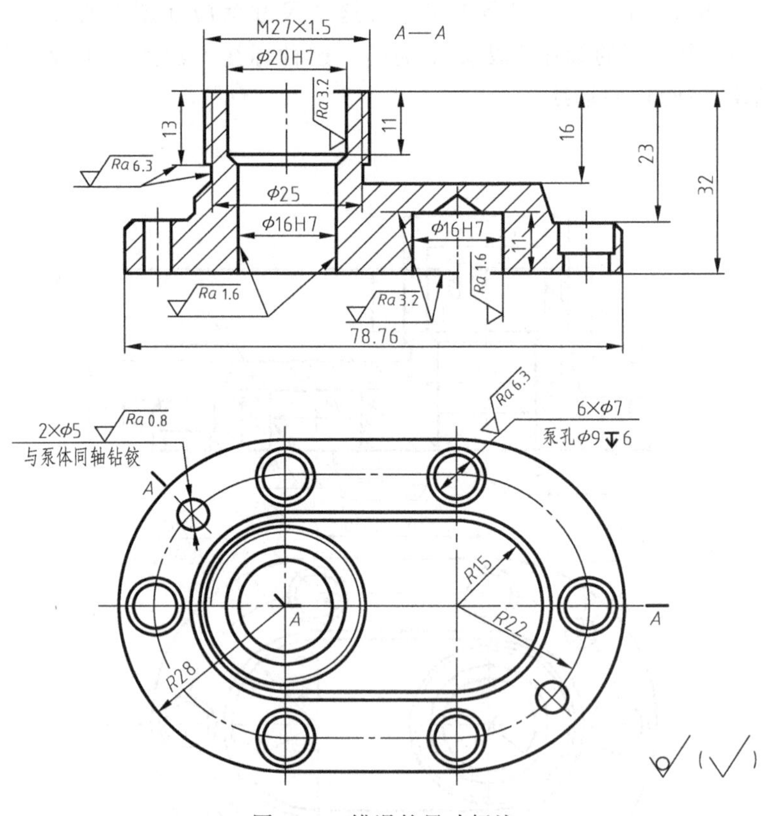

图 5-11　错误的尺寸标注

第二节　轴类零件测量与尺寸标注

轴类零件是组成机器的重要零件类别之一，是测绘中经常碰到的典型零件。下面以图 5-12 所示的阶梯轴为例，说明零部件测量与尺寸标注的过程和方法。

一、分析零件各部分功能

如图 5-12 所示，根据图示分析该阶梯轴零件各部分的功能如下：

1）阶梯轴 Ⅰ 段有键槽与齿轮用键连接，轴径与齿轮轮毂上的孔有配合要求。

2）阶梯轴 Ⅱ 段是为满足加工要求设计的退刀槽。

3）阶梯轴 Ⅲ 段对整个轴起支承作用，属于一般尺寸，有配合要求但精度要求不高。

4）阶梯轴 Ⅳ 段是为了加工螺纹留有的退刀槽。

5）阶梯轴 Ⅴ 段外螺纹与其他内螺纹配合使用。

6）各段轴上的倒角是为了装配方便。

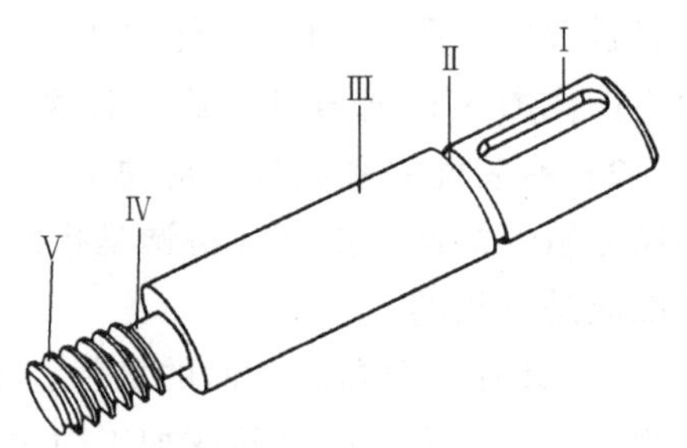

图 5-12　阶梯轴

二、选择合适的测量工具

1）用钢直尺测量各轴段长度、轴总长度、倒角及键的定位尺寸。

2）用游标卡尺测量Ⅰ、Ⅱ、Ⅲ、Ⅳ各段轴径及键槽宽度、深度。

3）用螺纹环规测量Ⅴ段外螺纹。

三、尺寸圆整

1）测得Ⅰ、Ⅱ、Ⅲ、Ⅳ、Ⅴ轴段长度和总长度分别为24.3mm、2.1mm、33.9mm、4.9mm、15.3mm、80.2mm，圆整后的尺寸分别为24mm、2mm、34mm、5mm、15mm、80mm。

2）测得Ⅳ轴段外螺纹为M12。

3）测得Ⅰ、Ⅱ、Ⅲ、Ⅳ各轴段直径分别为ϕ16.06mm、ϕ15.04mm、ϕ17.85mm、ϕ8.96mm；圆整后的尺寸分别为$\phi16h6\begin{pmatrix}0\\-0.011\end{pmatrix}$、$\phi$15mm、$\phi18f7\begin{pmatrix}-0.1\\-0.2\end{pmatrix}$、$\phi$9mm。

4）测得键槽长度、宽度、深度尺寸分别为20.12mm、4.97mm、3.11mm，圆整后的尺寸分别为20mm、$5h7\begin{pmatrix}0\\-0.03\end{pmatrix}$、$3H7\begin{pmatrix}+0.01\\0\end{pmatrix}$。

5）测得倒角、键的定位尺寸分别为1.0mm、2.1mm，圆整后的尺寸分别为1mm、2mm。

四、尺寸标注

将测绘圆整后的尺寸标注在图上，其结果如图5-13所示。

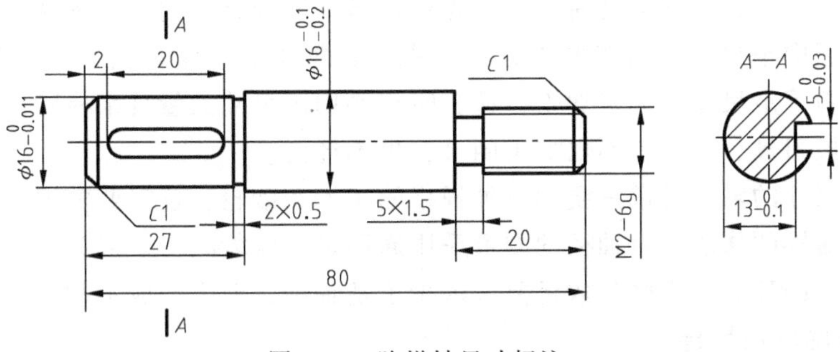

图5-13　阶梯轴尺寸标注

第三节　极限与配合的确定

零件的尺寸公差是由很多方面的因素综合决定的。在通常情况下，确定零件的尺寸公差需要考虑三方面的因素：基准制的选择、公差等级和配合。

一、配合与配合制

配合是表述两个零件间接触紧密程度的术语，通常用来表述孔与轴之间的相互结合关系。

孔与轴之间的配合有三种情况：间隙配合、过盈配合和过渡配合。间隙配合是指孔与轴之间存在一定的空隙，轴在孔中可以灵活转动；过盈配合则相反，轴比孔大，往往需要特殊的方法才能将轴装入孔中，轴不能在孔中自由转动，如轴承的外圈与机座之间的配合及轴承内圈与轴的配合通常是过盈配合；处于两者之间的是过渡配合，或有小的间隙，或有小的过盈。

配合制也称为配合基准制，它是确定在同一种配合下孔与轴何者为先的一种配合制度。在工程上，孔与轴的实际尺寸不可能都做得十分精确，从“加工量最小”的角度考虑，可以孔为基准修改轴，也可以轴为基准修改孔。这就出现了基孔制配合与基轴制配合两种配合制度。

仅从工艺角度看，无论基孔制配合还是基轴制配合都符合“工艺等价”的原则，也就是说两者都仅需要确定一个零件，修改另一个零件。两者均可只修改一个零件就实现相同的配合要求，也就是所谓“同名配合”具有相同的配合性质。例如，$\phi20\frac{H7}{f6}$与$\phi20\frac{F7}{h6}$在配合上是完全等效的。

二、配合基准制的选择

在工程实践中，选择配合制要从工艺、经济、结构、采用标准件等多个方面来考虑，基孔制与基轴制在实际生产中并不能完全等价。因此，在测绘中，必须根据实际情况来选取不同的配合制度。

1. 优先选用基孔制

一般情况下，当选取配合制时，应优先选用基孔制配合，这主要是从工艺和经济性上来考虑的。对于中小尺寸、精度要求较高的孔，在加工时通常需要采用价格较昂贵的钻头、铰刀、拉刀等定尺寸刀具来加工，检验时也要用定尺寸的量具来检验。只要对孔进行修改，就要更换刀具、量具，不仅加工困难，也不经济。

但对不同尺寸的轴，通常只要用一种规格的车刀和砂轮，仅需调整刀具与工件的相对位置即可完成对轴的修改，对轴径的测量采用通用量具就能测得。因此，采用基孔制所需要的刀具和量具的种类、规格和数量要远远少于基轴制，但生产成本却可大大降低。

2. 基轴制的应用场合

尽管基孔制有很多优点，应为首选。在一些特殊情况下，不能排除选择基轴制，应该选择基轴制。

1）通常情况下，机械制造用的冷拔圆钢型材的尺寸公差已经可以达到IT7~IT10级，表面粗糙度值达到$Ra0.8 \sim 3.2\mu m$。如果用来做轴，已经可以满足农机、纺机、仪器中某些轴的使用精度要求。当这种圆钢可以不经加工或极少加工就能满足性能要求时，采用基轴制不仅在技术上合理，在经济上也是划算的。

2）如果在同一公称尺寸的轴上需要装配多个具有不同配合性质的零件，应选用基轴制配合。以图5-14a所示的活塞为例，活塞销与连杆及活塞相互配合。根据要求，活塞销与活塞应为过渡配合，而活塞销与连杆之间有相对运动，应为间隙配合。如果三个零件间

的配合均选基孔制配合，则应为 ϕ30H6/m5、ϕ30H6/h5 和 ϕ30H6/m5。这就必须将轴做成阶梯轴才能满足各部分配合要求，如图 5-14b 所示。但这样的设计既不便于加工，又不利于装配。如果改用基轴制配合，则三段的配合可改为 ϕ30M6/h5、ϕ30H6/h5 和 ϕ30M6/h5，对活塞销来说，只要做成图 5-14c 所示的光轴，就能满足要求，既方便加工，又利于装配。

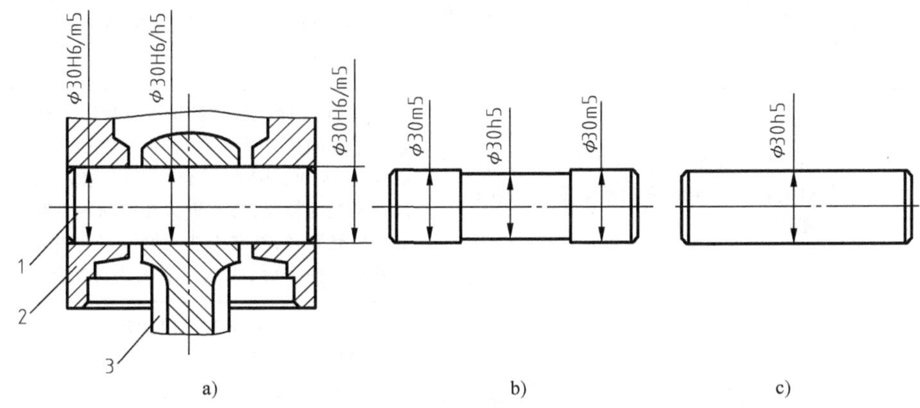

图 5-14 活塞部件装配

a）活塞 b）设计为阶梯轴 c）设计为光轴

1—活塞销 2—活塞 3—连杆

3）当两个相互配合的零件中有一个是标准件时，应以标准件作为基准。标准件通常由专门的工厂批量生产，制造时其配合部分的基准制已确定，使用时，与之配合的轴或孔应服从标准件上既定的基准制。如与键相配合的键槽应为基轴制，与滚动轴承相配合的轴应为基孔制。当选用标准件的基准为基准时，在装配图上只标注非标准件的公差带代号即可。

4）对于特大件与特小件，也应考虑采用基轴制。

三、公差等级的选择

零件加工时的允许偏差由 GB/T 1800 规定，称为尺寸公差或公差。在测绘时，公差等级常用类比法或计算法来确定。

（1）用类比法确定公差等级 **类比法**是指将两个不同的事物相对比的一种科学方法。在机械设计中，类比主要是将待确定公差等级的零件与其他同类产品的类似零件相对比，或将待确定公差等级的零件与本机中基本零件相对比。在设计中，虽然不可能每次都能找到合适的参照对象进行对比，但是测绘的时候可以查阅设计手册，在实际工作中可以通过将待定公差等级的零件与汇总表中的各种应用情况进行对比来确定其公差等级（见表 5-4）。

表 5-4 公差等级的应用

公差等级	应用条件说明	应用举例
IT01	用于特别精密的尺寸传递基准	特别精密的标准量块
IT0	用于特别精密的尺寸传递基准及宇航设备中特别重要的极个别精密配合尺寸	特别精密的标准量块；个别特别重要的精密机件尺寸校验 IT6 级轴用量规的校对量规

（续）

公差等级	应用条件说明	应用举例
IT1	用于精密的尺寸传递基准、高精密测量工具、特别重要的极个别精密配合尺寸	高精密标准量规；校验 IT7～IT9 级轴用量规的校对量规；个别特别重要的精密机件
IT2	用于高精密的测量工具、特别重要的精密配合尺寸	校验 IT6、IT7 级工件用量规的尺寸制造公差，校验 IT8～IT11 级轴用量规的校对量规；个别特别重要的精密机械零件
IT3	用于精密测量工具，小尺寸零件的高精度精密配合及与 4 级滚动轴承配合的轴径和外壳孔径	校验 IT8～IT11 级工件用量规和校验 IT9～IT13 级轴用量规的校对量规；与特别精密的 4 级滚动轴承内环孔（ϕ100mm）相配合的机床主轴、精密机械和高速机械的轴径；与 4 级深沟球轴承外环外径相配合的外壳孔径；航空工业及航海工业中导航仪器上特别精密的个别小尺寸零件的精密配合
IT4	用于精密测量工具、高精度的精密配合和 4 级、5 级滚动轴承配合的轴径和外壳孔径	校验 IT9～IT12 级工件用量规和校验 IT12～IT14 级轴用量规的校对量规；与 4 级轴承孔（>ϕ100mm）及与 5 级轴承孔相配合的机床主轴，精密机械及高速机械的轴径；与 4 级轴承相配的机床外壳孔；柴油机活塞销及活塞销座孔径；高精度（1～4 级）齿轮的基准孔或轴径；航空及航海工业用仪器中特殊精密的孔径
IT5	用于机床、发动机和仪表中特别重要的配合，在配合公差要求很小、形状精度要求很高的条件下，这类公差等级能使配合性质较为稳定，它对加工要求较高，一般机械制造中较少应用	检验 IT11～IT14 级工件用量规和校验 IT14～IT15 级轴用量规的校对量规；与 5 级滚动轴承相配合的机床箱体孔；与 6 级滚动轴承孔相配合的机床主轴，精密机械及高速机械的轴径；机床尾架套筒，高精度分度盘轴径；分度头主轴、精密丝杠基准轴径；高精度镗套的外径；发动机中主轴的外径，活塞销外径与活塞的配合；精密仪器中轴与各种传动件轴承的配合；航空、航海工业用仪表中重要精密孔的配合；5 级精度齿轮的基准孔及 5 级、6 级精度齿轮的基准轴

在零件的加工过程中，公差等级越高，加工要求也越高。所以，公差等级的选择应在满足使用要求的前提下，尽量选择较低的公差等级。在测绘中，可以从以下三个方面综合选择被测绘零件的公差等级：

1）根据待定零件所在部件的精度高低、零件所在部位的重要性、配合表面的粗糙度等级来选取公差等级。若被测绘部件精度要求较高、被测绘部件所在的位置重要、配合表面的粗糙度数值较小，则应选择较高的公差等级；反之，则应选择较低的公差等级。

2）根据各个公差等级的应用范围和各种加工方法所能达到的公差等级进行选取。不同的加工方法可能达到的标准公差等级见表 5-5。

表 5-5　各种加工方法所能达到的公差等级

公差等级	加工方法	应用
IT01～IT2	研磨	用于量块、量仪
IT3、IT4	研磨	用于精密仪表、精密机件的光整加工

（续）

公差等级	加工方法	应用
IT5	研磨、珩磨、精磨精铰、粉末冶金	用于一般精密配合，IT6、IT7在机床和较精密的仪器、仪器制造中应用最广
IT6		
IT7	磨削、拉削、铰孔、精车、精镗、精铣、粉末冶金	
IT8		
IT9	车、镗、铣、刨、插	用于一般要求，主要用于长度尺寸的配合，如键和键槽的配合
IT10		
IT11	粗车、粗镗、粗铣、粗刨、插、钻、冲压、压铸	尺寸不重要的配合，IT12、IT13也用于非配合尺寸
IT12、IT13		
IT14	冲压、压铸	用于非配合尺寸
IT15~IT18	铸造、锻造	

3）考虑孔和轴的工艺等价性。当公称尺寸≤500mm时，公差等级≤IT8的配合，推荐选择轴的公差等级比孔的公差等级高一级；当公称尺寸>500mm或公差等级>IT8的配合，推荐选择孔与轴相同的公差等级。

（2）用计算法确定公差等级 配合件的公差等级也可以根据实测的间隙和过盈量的大小，通过计算来确定。**计算公式如下：**

配合公差=孔公差+轴公差

即

$$T_{配合}=T_{孔}+T_{轴} \tag{5-1}$$

当用实测间隙或过盈量的大小来代替配合公差时，式（5-1）应改写为

$$T_{测量}=T_{孔}+T_{轴} \tag{5-2}$$

应用式（5-1）和式（5-2），查标准公差表便可确定被测件的公差等级。标准公差表在机械设计手册及大多数机械制图教材中都可以找到。

【例5-4】 测得ϕ35mm轴与孔的实际间隙为25μm，试确定轴、孔的公差等级。

解 查附表A-5标准公差数值表，当孔为IT6时，标准公差为16μm；当轴为IT5时，标准公差为11μm，此时孔、轴的配合公差为

$$T_{配合}=T_{孔}+T_{轴}=16\mu m+11\mu m=27\mu m$$

该选择与实测间隙接近，故是正确的选择。

【例5-5】 实测ϕ85mm轴与孔的间隙为100μm，试确定轴、孔的公差等级。

解 查标准公差表，IT7为35μm，IT8为54μm。当孔、轴同为IT8时，其配合公差为

$$T_{配合}=T_{孔}+T_{轴}=54\mu m+54\mu m=108\mu m$$

当孔用IT8、轴用IT7时，其配合公差为

$$T_{配合}=T_{孔}+T_{轴}=54\mu m+35\mu m=89\mu m$$

上述两种选择所得到的孔、轴的配合公差均与实测间隙接近，都可作为最终的选择。

四、配合的选择

在生产实际中，选择配合也常使用类比法。**使用类比法确定零件间的配合有两个前提：**①必须通过分析机器的功用、工作条件及技术要求来确定结合件的工作条件和使用要求；②要掌握各种不同配合的特性和应用范围。

1. 零件的工作条件及使用要求分析

每个零件都有特定的工作条件及使用要求，如工作时相配合两零件间的相对位置状态（主要有运动方向、运动速度、运动精度、停歇时间等）、所承受负荷、润滑条件、温度变化、配合的重要性、装拆条件等。在实际运用时，应综合考虑以下因素来确定配合类型：

1）实测的孔轴配合间隙或过盈大小。

2）被测绘零部件的配合部位在工作过程中对间隙影响的大小。

3）被测绘机器使用时间和配合部位的磨损状态。

4）配合件的工作情况：

① 配合件间有无相对运动：若有相对运动则只能选间隙配合。

② 配合件间精度高低：要求高时需采用过渡配合。

③ 装配情况：如需要经常装拆，则配合间隙要大些，或过盈量要小些。

④ 工作温度：若工作温度和装配温度相差较大时，必须考虑装配的间隙在工作时发生热胀冷缩的变化。

5）考虑配合件是否是批量生产的：在单件小批量生产时，孔往往接近下极限尺寸，轴往往接近上极限尺寸，孔轴配合趋紧，此时间隙应放大一些。

2. 掌握各种配合的特性和应用范围

间隙配合、过盈配合和过渡配合都有不同的特性和应用范围。

1）间隙配合的特性是具有间隙。主要用于结合件有相对运动的配合（包括旋转运动和轴向滑动），也可用于一般的定位配合。

2）过盈配合的特性是结合紧密。主要用于结合件没有相对运动的配合。当过盈不大时，用键联结传递转矩；过盈大时，靠孔、轴结合力传递转矩。前者可以拆卸，后者不可拆卸。

3）过渡配合的特征是可能具有间隙，也可能具有过盈，但所得到的间隙和过盈量一般都比较小，主要用于定位精确并要求拆卸的相对静止的连接。

综合考虑以上因素后，可以通过比对表 5-6 和表 5-7 来选择具体的配合。

表 5-6 各种基本偏差的特点和应用实例

配合	基本偏差	特点和应用实例
间隙配合	a(A) b(B)	可得到特别大的间隙，应用很少。主要用于工作时温度高、热变形大的配合，如发动机中活塞与缸套的配合为 H9/a9
	c(C)	可得到很大的间隙，一般用于工作条件较差（如农业机械）、工作时受力变形大及装配工艺性不好零件的配合，也适用于高温工作的间隙配合，如内燃机排气阀杆与导管的配合为 H8/c7

（续）

配合	基本偏差	特点和应用实例
间隙配合	d(D)	与 IT7～IT11 对应,适用于较松的间隙配合(如滑轮、空转的带轮与轴的配合),大尺寸滑动轴承与轴径的配合(如涡轮机、球磨机等的滑动轴承)。活塞环与活塞槽的配合可用 H9/d9
	e(E)	与 IT6～IT9 对应,具有明显的间隙,用于大跨距及多支点的转轴与轴承的配合,高速、重载的大尺寸轴与轴承的配合,如大型电动机、内燃机的主要轴承处的配合为 H8/e7
	f(F)	多与 IT6～IT8 对应,用于一般转动的配合,受温度影响不大、采用普通润滑油的轴与滑动轴承的配合,如齿轮箱、小电动机、泵的转轴与滑动轴承的配合为 H7/f6
	g(G)	多与 IT5～IT7 对应,形成配合的间隙较小,用于轻载精密装置中的转动配合,插销的定位配合,滑阀、连杆销等处的配合,如钻套孔多用 G
	h(H)	多与 IT4～IT11 对应,广泛用于无相对转动的间隙配合、一般的定位配合。若无温度、变形的影响也可用于精密滑动轴承,如车床尾座孔与顶尖套筒的配合为 H6/h5
过渡配合	js(JS)	多用于 IT4～IT7 具有平均间隙的过渡配合,用于略有过盈的定位配合,如联轴器、齿圈与轮毂的配合,滚动轴承外圈与外壳孔的配合多用 JS7,一般用手或木锤装配
	k(K)	多用于 IT4～IT7 平均间隙接近零的配合,用于定位配合,如滚动轴承的内、外圈分别与轴径、外壳孔的配合,一般用木锤装配
	m(M)	多用于 IT4～IT7 平均过盈较小的配合,用于精密定位的配合,如蜗轮的青铜轮缘与轮毂的配合为 H7/m6
	n(N)	多用于 IT4～IT7 平均过盈较大的配合,很少形成间隙。用于键传递较大转矩的配合,如冲床上齿轮与轴的配合,用锤子或压力机装配
过盈配合	p(P)	用于小过盈配合,与 H6 或 H7 的孔形成过盈配合,而与 H8 的孔形成过渡配合。碳钢和铸铁制零件形成的配合为标准压入配合,如绞车的绳轮与齿圈的配合为 H7/p6,合金钢制零件的配合需要小过盈时可用 p(或 P)
	r(R)	用于传递大转矩或受冲击负荷而需要加键的配合,如蜗轮与轴的配合为 H7/r6。H8/r8 配合在公称尺寸大于 100mm 时,为过渡配合
	s(S)	用于钢和铸铁零件的永久性和半永久性结合,可产生相当大的结合力,如套环压的轴、阀座用 H7/s6 配合
	t(T)	用于钢和铸铁制零件的永久性结合,需用热套法或冷轴法装配,如联轴器与轴的配合为 H7/t6
	u(U)	用于大过盈配合,最大过盈需验算。用热套法进行装配,如火车轮毂与轴的配合为 H6/u5

表 5-7　优先配合选用说明

优先配合		说　明
基孔制	基轴制	
$\frac{H11}{c11}$	$\frac{C11}{h11}$	间隙非常大,用于很松、转动很慢的动配合
$\frac{H9}{d9}$	$\frac{D9}{h9}$	间隙很大的自由转动配合,用于精度要求不高,或有大的温度变化,高转速或大的轴颈压力时
$\frac{H8}{f7}$	$\frac{F8}{h7}$	间隙不大的转动配合,用于中等转速与中等轴颈压力的精确转动,也用于装配较容易的中等定位配合
$\frac{H7}{g6}$	$\frac{G7}{h6}$	间隙很小的滑动配合,用于不希望自由转动,但可自由移动和滑动并精密定位时,也可用于要求明确的定位配合
$\frac{H7}{h6}$ $\frac{H8}{h7}$ $\frac{H9}{h9}$ $\frac{H11}{c11}$	$\frac{H7}{h6}$ $\frac{H8}{h7}$ $\frac{H9}{h9}$ $\frac{H11}{c11}$	均为间隙定位配合,零件可自由装拆,而工作时,一般相对静止不动,最小间隙为零,最大间隙由公差等级决定
$\frac{H7}{k6}$	$\frac{K7}{h6}$	过渡配合,用于精密定位
$\frac{H7}{n6}$	$\frac{N7}{h6}$	过渡配合,用于允许有较大过盈的更精密定位
$\frac{H7}{p6}$	$\frac{P7}{h6}$	过盈定位配合,即小过盈配合,用于定位精度特别重要时,能以最好的定位精度达到部件的刚性及对中性的要求
$\frac{H7}{s6}$	$\frac{S7}{h6}$	中等压入配合,适用于一般钢件,或用于薄壁件的冷缩配合,用于铸铁件可得到最紧的配合
$\frac{H7}{u6}$	$\frac{U7}{h6}$	压入配合,适用于可以承受高压入力的零件,或不宜承受大压入力的冷缩配合

第四节　几何公差的确定

几何公差（旧称为形位公差）是指零件的实际形状和实际位置对理想形状和理想位置的允许变动量。零件的形状和位置误差同样对机器的工作精度、寿命、质量等有直接的影响，特别对于高速、高压、高温、重载等工况下工作的机器影响更大。**几何公差的确定主要包括公差项目、基准要素、公差等级（公差值）的确定等**内容。

一、选择几何公差项目

几何公差项目的确定要考虑零件的几何特征、使用要求和经济性等方面的因素。一般来说，在保证零件功能要求的前提下，应尽量少选几何公差项目，以方便加工和检测，提高经济效益。

1. 零件的几何特征决定几何公差项目

几何公差是针对形状和位置的误差而制订的，零件的几何形状特征是选择被测要素公差项目的基本依据。如圆柱形零件的外圆会出现圆度、圆柱度误差，圆柱的轴线会出现直线度误差，平面零件会出现平面度误差，槽类零件会出现对称度误差，阶梯轴（孔）会出现同轴度误差，凸轮类零件会出现轮廓度误差等。一个平面是不会出现同轴度、圆度等误差的。因此，不同的几何形状具有不同的公差项目。

2. 根据零件的使用要求来选择几何公差项目

同一零件会有多种几何误差，但并非所有的误差都对零件的使用产生影响。因此，要从要求的几何误差对零件在机器中使用性能的影响入手，确定所要控制的几何公差项目。如圆柱形零件当仅需要顺利装配，或保证轴、孔之间在相对运动时磨损最小时，可只选轴线的直线度公差；如果轴、孔之间既有相对运动，又要求密封性能好，为保证在整个配合表面有均匀的小间隙，又要具有良好的圆柱度，就要综合控制圆度和轴线的直线度。再如，减速器上各轴承孔轴线间平行度误差会影响齿廓接触精度和齿侧间隙的均匀性，为了保证齿轮的正确啮合，需要规定其轴线之间的平行度公差。

由于零件种类繁多，功能要求各异，必须充分了解被测零件的功能要求，熟悉零件的加工工艺，才能对零件提出合理、恰当的几何公差项目。

二、确定基准要素

基准要素的选择包括零件上基准部位的选择和基准数量的确定两个方面。

1. 基准部位的选择

选择基准部位时，主要应根据设计和使用要求、零件的结构特征，并**兼顾基准统一的原则**来确定。

1）选用零件在机器中定位的结合面作为基准。如常用箱体的底平面和侧面、盘类零件的轴线、回转零件的支承轴颈或支承孔的轴线等作为基准。

2）基准要素应具有足够的刚度和尺寸，以保证定位要素稳定、可靠。

3）选用加工精度较高的表面作为基准部位。

2. 基准数量的确定

基准的数量应根据公差项目的定向、定位和几何功能要求来确定。定向公差大多只需要一个基准，而定位公差需要一个或多个基准，如平行度、垂直度、同轴度、对称度等，一般只用一个平面或一条轴线作为基准要素；对于位置度，就可能要用到两个或三个基准要素。

三、几何公差值的选择

在几何公差值的选择中，总的要求是在满足零件功能要求的前提下，选取最经济的公差值。

1. 公差值选择的原则

1）根据零件的功能要求，并考虑加工的经济性和零件的结构、刚性等情况，按公差

表中系数确定要素的公差值。

① 在同一要素上给出的形状公差值应小于位置公差值。如要求平行的两个表面，其平面度公差值应小于平行度公差值。

② 圆柱形零件的形状公差值（轴线的直线度除外）一般应小于其尺寸公差值。如圆度、圆柱度公差值小于同级的尺寸公差值的 1/3，可按同级选取，但也可根据零件的功能，在邻近的范围内选取。

③ 平行度公差值应小于其相应的距离公差值。

2）对于下列情况，孔相对于轴；细长轴和孔；距离较大的轴和孔宽度大于 1/2 长度的零件表面；线对线和线对面相对于面对面的平行度、垂直度等，考虑到加工的难易程度和除主参数外其他参数的影响，在满足零件功能的要求下，应降低 1～2 级选用公差值。

3）凡是在有关标准中已对几何公差做出规定的，应执行规定的标准，如与滚动轴承相配合的轴和孔的圆柱度公差、机床导轨的直线度公差、齿轮箱体孔轴线的平行度公差等。

2. 几何公差的等级

国家标准对几何公差的等级做了以下规定：

1）直线度、平面度、平行度、垂直度、倾斜度、同轴度、对称度、圆跳动以及全跳动公差分为 12 级，其中 1 级最高，12 级最低，公差值按顺序递增，见表 5-8～表 5-10。

表 5-8 直线度、平面度的公差值

主参数 L(mm) 图例：

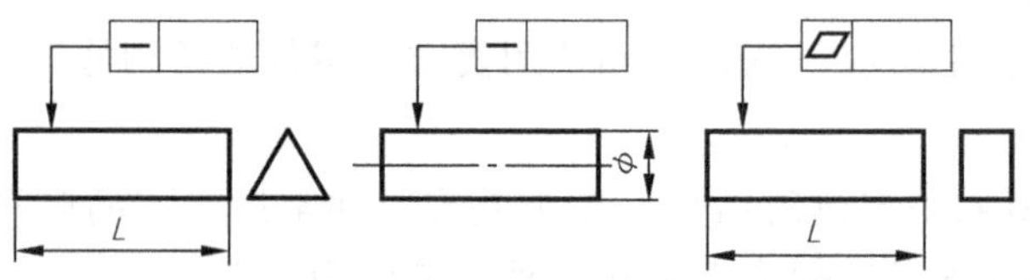

主参数 L/mm	公差等级											
	1	2	3	4	5	6	7	8	9	10	11	12
	公差值/μm											
≤10	0.2	0.4	0.8	1.2	2	3	5	8	12	20	30	60
>10～16	0.25	0.5	1	1.5	2.5	4	6	10	15	25	40	60
>16～25	0.3	0.6	1.2	2	3	5	8	12	20	30	50	100
>25～40	0.4	0.8	1.5	2.5	4	6	10	15	25	40	60	120
>40～63	0.5	1	2	3	5	8	12	20	30	50	80	150
>63～100	0.6	1.2	2.5	4	6	10	15	25	40	60	100	200
>100～160	0.8	1.5	3	5	8	12	20	30	50	80	120	250
>160～250	1	2	4	6	10	15	25	40	60	100	150	300
>250～400	1.2	2.5	5	8	12	20	30	50	80	120	200	400
>400～630	1.5	3	6	10	15	25	40	60	100	150	250	500

（续）

主参数 L/mm	公差等级											
	1	2	3	4	5	6	7	8	9	10	11	12
	公差值/μm											
>630~1000	2	4	8	12	20	30	50	80	120	200	300	600
>1000~1600	2.5	5	10	15	25	40	60	100	150	250	400	800
>1600~2500	3	6	12	20	30	50	80	120	200	300	500	1000
>2500~4000	4	8	15	25	40	60	100	150	250	400	500	1200
>4000~6300	5	10	20	30	50	80	120	200	300	500	800	1500
>6300~10000	6	12	25	40	60	100	150	250	400	600	1000	2000

表 5-9　平行度、垂直度、倾斜度的公差值

主参数 L、d(D)(mm)图例：

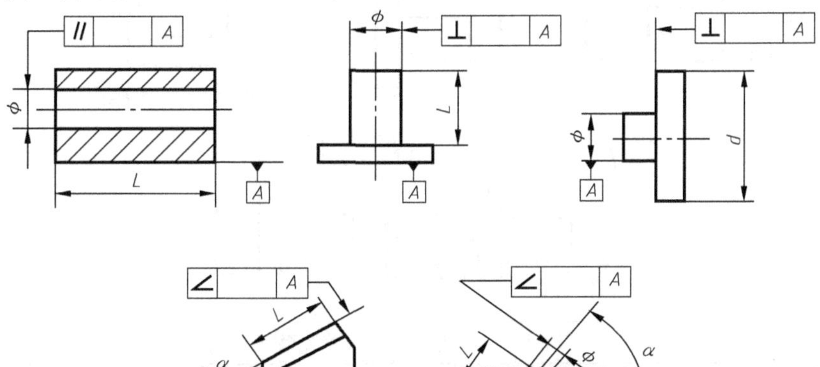

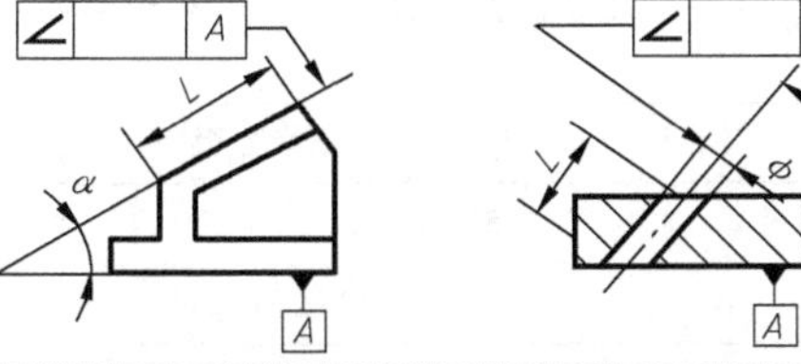

主参数 L、d(D) /mm	公差等级											
	1	2	3	4	5	6	7	8	9	10	11	12
	公差值/μm											
≤10	0.4	0.8	1.5	3	5	8	12	20	30	50	80	120
>10~16	0.5	1	2	4	6	10	15	25	40	60	100	150
>16~25	0.6	1.2	2.5	5	8	12	20	30	50	80	120	200
>25~40	0.8	1.5	3	6	10	15	25	40	60	100	150	250
>40~63	1	2	4	8	12	20	30	50	80	120	200	300
>63~100	1.2	2.5	5	10	15	25	40	60	100	150	250	400
>100~160	1.5	3	6	12	20	30	50	80	120	200	300	500
>160~250	2	4	8	15	25	40	60	100	150	250	400	600
>250~400	2.5	5	10	20	30	50	80	120	200	300	500	800
>400~630	3	6	12	25	40	60	100	150	250	400	600	1000
>630~1000	4	8	15	30	50	80	120	200	300	500	800	1200
>1000~1600	5	10	20	40	60	100	150	250	400	600	1000	1500

（续）

主参数 *L*、*d*(*D*)/mm	公差等级											
	1	2	3	4	5	6	7	8	9	10	11	12
	公差值/μm											
>1600~2500	6	12	25	50	80	120	200	300	500	800	1200	2000
>2500~4000	8	15	30	60	100	150	250	400	600	1000	1500	2500
>4000~6300	10	20	40	80	120	200	300	500	800	1200	2000	3000
>6300~10000	12	25	50	100	150	250	400	600	1000	1500	2500	4000

表 5-10　同轴度、对称度、圆跳动和全跳动的公差值

主参数 *d*(*D*)、*B*、*L*(mm)图例：

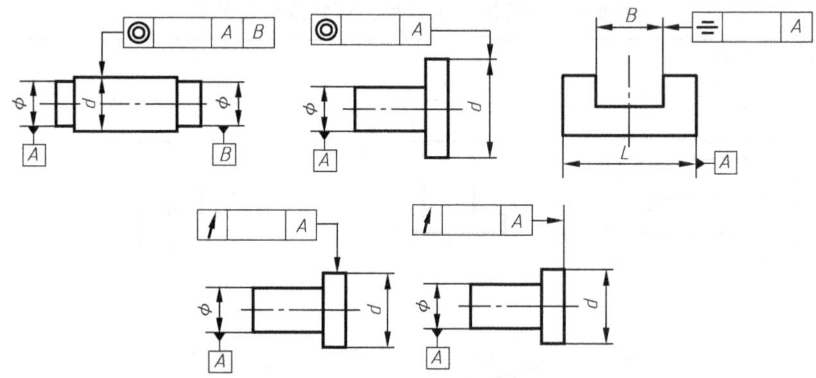

主参数 *d*(*D*)、*B*、*L*/mm	公差等级											
	1	2	3	4	5	6	7	8	9	10	11	12
	公差值/μm											
≤1	0.4	0.6	1.0	1.5	2.5	4	6	10	15	25	40	60
>1~3	0.4	0.6	1.0	1.5	2.5	4	6	10	20	40	60	120
>3~6	0.5	0.8	1.2	2	3	5	8	12	25	50	80	150
>6~10	0.6	1	1.5	2.5	4	6	10	15	30	60	100	200
>10~18	0.8	1.2	2	3	5	8	12	20	40	80	120	250
>18~30	1	1.5	2.5	4	6	10	15	25	50	100	150	300
>30~50	1.2	2	3	5	8	12	20	30	60	120	200	400
>50~120	1.5	2.5	4	6	10	15	25	40	80	150	250	500
>120~250	2	3	5	8	12	20	30	50	100	200	300	600
>250~500	2.5	4	6	10	15	25	40	60	120	250	400	800
>500~800	3	5	8	12	20	30	50	80	150	300	500	1000
>800~1250	4	6	10	15	25	40	60	100	200	400	600	1200
>1250~2000	5	8	12	20	30	50	80	120	250	500	800	1500
>2000~3150	6	10	15	25	40	60	100	150	300	600	1000	2000
>3150~5000	8	12	20	30	50	80	120	200	400	800	1200	2500
>5000~8000	10	15	25	40	60	100	150	250	500	1000	1500	3000
>8000~10000	12	20	30	50	80	120	200	300	600	1200	2000	4000

2）圆度、圆柱度公差从 0~12 共 13 级，公差等级按顺序由高到低，公差值按顺序递增，见表 5-11。

表 5-11　圆度、圆柱度的公差值

主参数 $d(D)$（mm）图例：

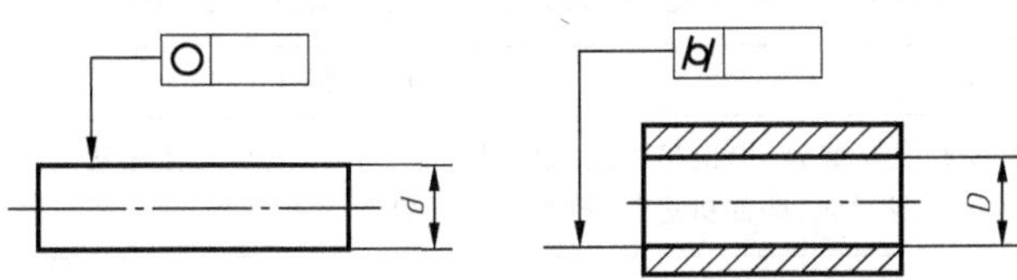

主参数 $d(D)$ /mm	公差等级												
	0	1	2	3	4	5	6	7	8	9	10	11	12
	公差值/μm												
≤3	0.1	0.2	0.3	0.5	0.8	1.2	2	3	4	6	10	14	25
>3~6	0.1	0.2	0.4	0.5	1	1.5	2.5	4	5	8	12	18	30
>6~10	0.12	0.25	0.4	0.6	1	1.5	2.5	4	6	9	15	22	36
>10~18	0.15	0.25	0.5	0.8	1.2	2	3	5	8	11	18	27	43
>18~30	0.2	0.3	0.6	1	1.5	2.5	4	6	9	13	21	33	52
>30~50	0.25	0.4	0.8	1	1.5	2.5	4	7	11	16	25	39	62
>50~80	0.3	0.5	1	1.2	2	3	5	8	13	19	30	46	74
>80~120	0.4	0.6	1	1.5	2.5	4	6	10	15	22	35	54	87
>120~180	0.6	1	1.2	2	3.05	5	8	12	18	25	40	63	100
>180~250	0.8	1.2	1.5	3	4.5	7	10	14	20	29	46	72	115
>250~315	1.0	1.6	2	4	6	8	12	16	23	22	52	81	130
>315~400	1.2	2	3	5	7	9	13	18	25	36	57	89	140
>400~500	1.5	2.5	4	6	8	10	15	20	27	40	63	97	155

对位置度，国家标准只规定了公差值数系，而未规定公差等级，见表 5-12。

表 5-12　位置度系数

1	1.2	1.5	2	2.5	3	4	5	6	8
1×10^n	1.2×10^n	1.5×10^n	2×10^n	2.5×10^n	3×10^n	4×10^n	5×10^n	6×10^n	8×10^n

位置度的公差值一般与被测要素的类型、连接方式等有关，常用于控制螺栓或螺钉连接中孔距的位置，其公差值取决于螺栓与光孔之间的间隙。位置度公差值 T（公差带的直径或宽度）按式（5-3）和式（5-4）计算：

螺栓连接　$$T \leqslant KZ \quad (5\text{-}3)$$

螺钉连接　$$T \leqslant 0.5KZ \quad (5\text{-}4)$$

式中　Z——孔与紧固件之间的间隙，$Z=D_{min}-d_{max}$，其中，D_{min} 为最小孔径（光孔的最小孔径），d_{max} 为最大轴径（螺栓或螺钉的最大直径）；

K——间隙利用系数。

其中，K 推荐值如下：不需要调整的固定连接，$K=1$；需要调整的固定连接，$K=0.6\sim0.8$。按式（5-3）和式（5-4）计算出的公差值，经圆整后应符合国标推荐的位置度系数，见表 5-12。表 5-13～表 5-16 列出了部分几何公差常用等级应用举例。

表 5-13　直线度和平面度公差常用等级应用举例

公差等级	应用举例
5	1 级平板，2 级宽平尺，平面磨床的纵导轨、垂直导轨、立柱导轨及工作台，液压龙门刨床和六角车床床身导轨，柴油机进气、排气阀门导杆
6	普通机床导轨面，如卧式车床、龙门刨床、滚齿机、自动车床等的床身导轨、立柱导轨，柴油机壳体
7	2 级平板，机床主轴箱、摇臂钻床座和工作台，镗床工作台，液压泵盖，减速器壳体结合面
8	机床传动箱体，交换齿轮箱体，车床溜板箱体，柴油机气缸体，连杆分离面，缸盖结合面，汽车发动机缸盖、曲轴箱结合面，液压管件和法兰连接面
9	3 级平板，自动车床床身底面，摩托车轴箱体，汽车变速器壳体，手动机械的支承面

表 5-14　圆度和圆柱度公差常用等级应用举例

公差等级	应用举例
5	一般计量仪器主轴、测杆外圆柱面，陀螺仪轴颈，一般机床主轴轴颈及主轴轴承孔，柴油机、汽油机活塞、活塞销、与 6 级滚动轴承配合的轴颈
6	仪表端盖外圆柱面，一般机床主轴及箱体孔，泵、压缩机的活塞、气缸、汽车发动机凸轮轴，减速器轴颈，高速船用柴油机、拖拉机曲轴主轴颈，与 6 级滚动轴承配合的外壳孔，与 0 级滚动轴承配合的轴颈
7	大功率低速柴油机曲轴轴颈、活塞、活塞销、连杆、气缸，高速柴油机箱体轴承孔，千斤顶或压力液压缸活塞，汽车传动轴，水泵及通用减速器轴颈，与 0 级滚动轴承配合的外壳孔
8	低速发动机，减速器，大功率曲柄轴轴颈，拖拉机气缸体、活塞，印刷机传墨辊，内燃机曲轴，柴油机机体孔、凸轮轴，拖拉机、小型船用柴油机气缸套等
9	空气压缩机缸体，液压传动筒，通用机械杠杆与拉杆用套筒销子，拖拉机活塞环、套筒孔等

表 5-15　平行度和垂直度公差常用等级应用举例

公差等级	面对面平行度应用举例	面对线、线对线平行度应用举例	垂直度应用举例
4,5	普通机床，测量仪器，量具的基准面和工作面，高精度轴承座圈，端盖，挡圈的端面等	机床主轴孔对基准面，重要轴承孔对基准面，主轴箱体重要孔之间，齿轮泵的端面等	普通机床导轨，精密机床重要零件，机床重要支承面，普通机床主轴偏摆，测量仪器，刀具，量具，液压传动轴瓦端面，刀具、量具的工作面和基准面等
6,7,8	一般机床零件的工作面和基准面，一般刀具、量具、夹具等	机床一般轴承孔对基准面，床头箱一般孔之间，主轴花键对定心直径，刀具、量具、模具等	普通精密机床主要基准面和工作面，回转工作台端面，一般导轨，主轴箱体孔、刀架、砂轮架及工作台回转中心，一般轴肩对其轴线等

（续）

公差等级	面对面平行度应用举例	面对线、线对线平行度应用举例	垂直度应用举例
9,10	低精度零件，重型机械滚动轴承端盖等	柴油机和燃气发动机的曲轴孔、轴颈等	花键轴轴肩端面，带式运输机法兰盘等对端面、轴线，手动卷扬机及传动装置中轴承端面，减速器壳体平面等

表 5-16　同轴度、对称度和跳动公差常用等级应用举例

公差等级	应用举例
5,6,7	应用范围较广的公差等级。用于几何精度要求较高、尺寸公差等级为 IT8 及高于 IT8 的零件。5 级常用于机床主轴轴颈、计量仪器的测杆、汽轮机主轴、柱塞油泵转子、高精度滚动轴承外圈及一般精度滚动轴承内圈；6、7 级用于内燃机曲轴、凸轮轴轴颈、齿轮轴、水泵轴、汽车后轮输出轴，电机转子、印刷机传墨辊的轴颈、键槽等
8,9	常用于几何精度要求不高、尺寸公差等级为 IT9～IT11 的零件。8 级用于拖拉机发动机分配轴轴颈、与 9 级精度以下齿轮相配的轴、水泵叶轮、离心泵体、棉花精梳机前后滚子、键槽等；9 级用于内燃机气缸套配合面、自行车中轴等

第五节　表面粗糙度的确定

表面粗糙度是零件表面的微观几何形状误差，它对零件的使用性能和耐用性能有很大的影响。**确定表面粗糙度的方法很多，常用的方法有比较法、仪器测量法、类比法。**比较法和仪器测量法适用于测量没有磨损或磨损极小的零件表面，对于磨损严重的零件表面只能用类比法来确定。

一、比较法确定表面粗糙度

比较法是将被测表面与粗糙度样板进行比较，通过人的视觉、触觉或借助放大镜来判断被测表面粗糙度的一种方法。利用粗糙度样板进行比较时，表面粗糙度样板的材料、形状、加工方法与被测表面应尽可能相同，以减小误差，提高判断的准确性。

用比较法评定表面粗糙度虽然不能精确地得出被测表面粗糙度数值，但由于器具简单、使用方便且能满足一般生产要求，故常用于工程实际之中。

二、仪器测量法确定表面粗糙度

仪器测量法是利用测量仪器来确定被测表面粗糙度的一种方法，这也是确定表面粗糙度最精确的一种方法。

1. 光切显微镜

光切显微镜的外形如图 5-15 所示。光切显微镜可用于测量车、铣、刨及其他类似方法加工的金属外表面，是测量表面粗糙度的专用仪器之一。光切显微镜主要用于测定高度参数 Rz 和 Ra。测量 Rz 的范围一般为 0.8～100μm。

2. 干涉显微镜

干涉显微镜的外形如图 5-16 所示。干涉显微镜主要用于测量表面粗糙度的 *Rz* 和 *Ra* 值，其测量范围通常为 0.05～0.8μm。

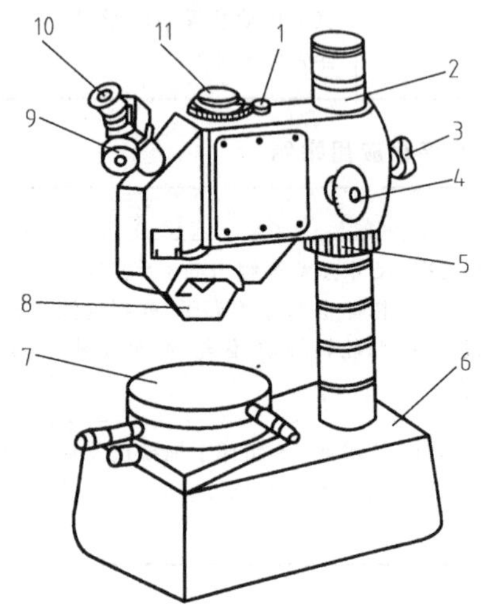

图 5-15 光切显微镜的外形

1—光源 2—立柱 3—锁紧螺钉 4—微调手轮
5—粗调螺母 6—底座 7—工作台 8—物镜钮
9—测微鼓轮 10—目镜 11—照相机插座

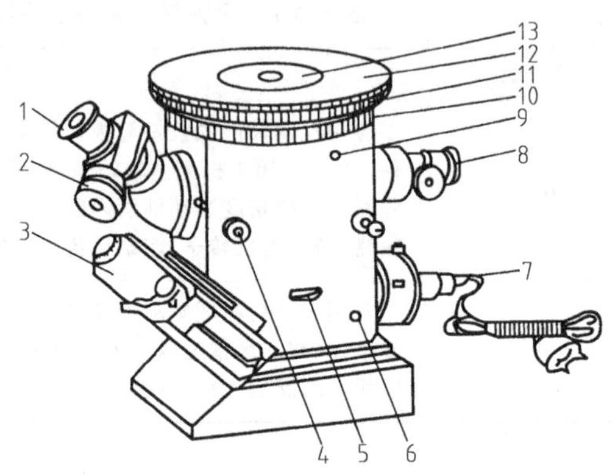

图 5-16 干涉显微镜的外形

1—目镜 2—测微鼓轮 3—照相机 4、5、8、9—手轮
6—手柄 7—光源 10～12—滚花轮 13—工作台

3. 电动轮廓仪

电动轮廓仪是一种接触式测量表面粗糙度的仪器，其测量原理是利用金刚石探针与被测表面相接触，当针尖以一定的速度沿被测表面移动时，被测表面的微观凸凹将使指针在垂直于表面轮廓的方向上下移动，电动轮廓仪将这种上下移动转化为电信号并加以处理，直接指示表面粗糙度 *Ra* 的数值。电动轮廓仪测量 *Ra* 的范围为 0.01～50μm。

三、类比法确定表面粗糙度

用类比法确定粗糙度的一般原则有以下几点：

1）在同一零件上，工作表面的粗糙度值应比非工作表面小。

2）摩擦表面的粗糙度值应比非摩擦表面小，滚动摩擦表面的粗糙度值应比滑动摩擦表面小。

3）运动速度高、单位面积压力大的表面及受交变应力作用的重要表面的粗糙度值都要小。

4）配合性质要求越稳定，其配合表面的粗糙度值应越小；配合性质相同时，零件尺寸越小，表面粗糙度值也应越小；同一精度等级，小尺寸比大尺寸、轴比孔的表面粗糙度值要小。

5）表面粗糙度参数值应与尺寸公差及几何公差相协调。一般来说，尺寸公差和几何公差小。

6）对防腐性、密封性要求高，及有外表美观要求的表面，其表面粗糙度值应较小。

7）凡是有关标准中已对表面粗糙度要求做出规定的，都应按标准规定选取表面粗糙度，如轴承、量规、齿轮等。

在选择参数值时，应仔细观察被测表面的粗糙度情况，认真分析被测表面的作用、加工方法、运动状态等，按照表 5-17 初步选定粗糙度值，再对比表 5-18 做适当调整。

表 5-17　轴和孔的表面粗糙度参数推荐值

<table>
<tr><th colspan="3">应用场合</th><th colspan="6">Ra/μm</th></tr>
<tr><td rowspan="10">经常装拆零件的配合表面（如交换齿轮、滚刀等）</td><td rowspan="2">公差等级</td><td rowspan="2">表面</td><td colspan="6">公称尺寸/mm</td></tr>
<tr><td colspan="3">≤50</td><td colspan="3">50~500</td></tr>
<tr><td rowspan="2">IT5</td><td>轴</td><td colspan="3">≤0.2</td><td colspan="3">≤0.4</td></tr>
<tr><td>孔</td><td colspan="3">≤0.4</td><td colspan="3">≤0.8</td></tr>
<tr><td rowspan="2">IT6</td><td>轴</td><td colspan="3">≤0.4</td><td colspan="3">≤0.8</td></tr>
<tr><td>孔</td><td colspan="3">≤0.8</td><td colspan="3">≤1.6</td></tr>
<tr><td rowspan="2">IT7</td><td>轴</td><td colspan="3" rowspan="2">≤0.8</td><td colspan="3" rowspan="2">≤1.6</td></tr>
<tr><td>孔</td></tr>
<tr><td rowspan="2">IT8</td><td>轴</td><td colspan="3">≤0.8</td><td colspan="3">≤1.6</td></tr>
<tr><td>孔</td><td colspan="3">≤1.6</td><td colspan="3">≤3.2</td></tr>
<tr><td rowspan="10">过盈配合的配合表面：用压力机装配，用热孔法装配</td><td rowspan="2">公差等级</td><td rowspan="2">表面</td><td colspan="6">公称尺寸/mm</td></tr>
<tr><td colspan="2">≤50</td><td colspan="2">>50~120</td><td colspan="2">>120~500</td></tr>
<tr><td rowspan="2">IT5</td><td>轴</td><td colspan="2">≤0.2</td><td colspan="2">≤0.4</td><td colspan="2">≤0.4</td></tr>
<tr><td>孔</td><td colspan="2">≤0.4</td><td colspan="2">≤0.8</td><td colspan="2">≤0.8</td></tr>
<tr><td rowspan="2">IT6~IT7</td><td>轴</td><td colspan="2">≤0.4</td><td colspan="2">≤0.8</td><td colspan="2">≤1.6</td></tr>
<tr><td>孔</td><td colspan="2">≤0.8</td><td colspan="2">≤1.6</td><td colspan="2">≤1.6</td></tr>
<tr><td rowspan="2">IT8</td><td>轴</td><td colspan="2">≤0.8</td><td colspan="2">≤1.6</td><td colspan="2">≤3.2</td></tr>
<tr><td>孔</td><td colspan="2">≤1.6</td><td colspan="2">≤3.2</td><td colspan="2">≤3.2</td></tr>
<tr><td rowspan="2">IT9</td><td>轴</td><td colspan="2">≤1.6</td><td colspan="2">≤3.2</td><td colspan="2">≤3.2</td></tr>
<tr><td>孔</td><td colspan="2">≤3.2</td><td colspan="2">≤3.2</td><td colspan="2">≤3.2</td></tr>
<tr><td rowspan="6">滚动轴承的配合表面</td><td rowspan="2">公差等级</td><td rowspan="2">表面</td><td colspan="6">公称尺寸/mm</td></tr>
<tr><td colspan="2">≤50</td><td colspan="2">>50~120</td><td colspan="2">>120~150</td></tr>
<tr><td rowspan="2">IT6~IT9</td><td>轴</td><td colspan="6">≤0.8</td></tr>
<tr><td>孔</td><td colspan="6">≤1.6</td></tr>
<tr><td rowspan="2">IT10~IT12</td><td>轴</td><td colspan="6">≤3.2</td></tr>
<tr><td>孔</td><td colspan="6">≤3.2</td></tr>
<tr><td rowspan="4">精密定心零件的配合表面</td><td rowspan="2">公差等级</td><td rowspan="2">表面</td><td colspan="6">径向圆跳动公差/μm</td></tr>
<tr><td>2.5</td><td>4</td><td>6</td><td>10</td><td>16</td><td>25</td></tr>
<tr><td rowspan="2">IT5~IT8</td><td>轴</td><td>≤0.05</td><td>≤0.1</td><td>≤0.1</td><td>≤0.2</td><td>≤0.4</td><td>≤0.8</td></tr>
<tr><td>孔</td><td>≤0.1</td><td>≤0.2</td><td>≤0.2</td><td>≤0.4</td><td>≤0.8</td><td>≤1.6</td></tr>
</table>

表 5-18 表面粗糙度的表面特征、加工方法及应用举例

表面微观特性		Ra/μm	Rz/μm	加工方法	应用举例
粗糙表面	微见刀痕	≤20	≤80	粗车、粗刨、粗铣钻、毛锉、锯断	半成品粗加工过的表面、非配合的加工表面，如端面、倒角、钻孔、齿轮或带轮侧面、键槽底面、垫圈接触面等
半光表面	可见加工痕迹	≤10	≤40	车、刨、铣、镗、钻、粗铰	轴上不安装轴承、齿轮处的非配合表面；紧固件的自由装配表面，轴和孔的退刀槽等
	微见加工痕迹	≤5	≤20	车、刨、铣、镗、磨、拉、粗刮、滚压	半精加工表面，箱体、支架、盖面、套筒等与其他零件结合而无配合要求的表面，需要发蓝的表面等
	看不清加工痕迹	≤2.5	≤10	车、刨、铣、镗、磨、拉、刮、滚压、铣齿	接近于精加工表面，箱体上安装轴承的镗孔表面，齿轮的工作面
光表面	可辨加工痕迹方向	≤1.25	≤6.3	车、镗、磨、拉、精铰、磨齿、滚、压	圆柱销、圆锥销，与滚动轴承配合的表面，卧式车床导轨面，内、外花键定心表面等
	微辨加工痕迹方向	≤0.63	≤3.2	精铰、精镗、磨、滚压	要求配合性质稳定的配合表面，工作时受交变应力的重要零件，较高精度车床的导轨面
	难辨加工痕迹方向	≤0.32	≤1.6	精磨、珩磨、研磨	精密机床主轴锥孔、顶尖圆锥面，发动机曲轴、凸轮轴工作表面，高精度齿轮齿面
极光表面	暗光泽面	≤0.16	≤0.8	精磨、研磨、普通抛光	精密机床主轴颈表面，一般量规工作表面，气缸套内表面，活塞销表面等
	亮光泽面	≤0.08	≤0.4	超精磨、精抛光、镜面磨削	精密机床主轴颈表面，滚动轴承的滚珠，高压油泵中柱塞和柱塞配合的表面
	镜状光泽面	≤0.04	≤0.2		
	镜面	≤0.01	≤0.05	镜面磨削、超精研	高精度量仪、量块的工作表面，光学仪器中的金属镜面

第六章

装配图和零件图的绘制

装配工程图和零件工程图是零部件测绘的最终成果体现。本章节通过一些实例，介绍装配工程图和零件工程图的一些画法技巧。

第一节　画图前的准备

装配工程图和零件工程图是在前期完成的装配示意图和零件草图的基础上来绘制的。在绘制装配工程图和零件工程图之前，必须对前期已经完成的工作进行整理，理清思路，正确地画出装配工程图和零件工程图。

一、收集阅读资料

在绘制正式装配工程图和零件工程图之前，应将前期已经收集到的各种资料进行整理，并将前期测绘工作中产生的草图、示意图、计算书等资料收集到一起。这些资料都是绘制正式图样的原始资料。

二、进一步分析部件的工作原理和结构

在前面的章节中介绍了如何了解被测部件的工作原理，但在测绘开始前，对部件工作原理的了解仅是初步的，随着测绘过程的深入，对被测绘部件的工作原理和结构会有更深的理解。在正式绘制装配图之前，有必要再次研究有关资料，并通过对比被测绘零部件的实物、装配示意图和所有零件的草图，再次分析和研究部件的工作原理，修正原有认识中的错误，以使绘制的装配工程图更符合实际。

三、对前期工作进行全面的校核

对前期工作的校核主要有两个方面：一是草图绘制是否正确；二是所有数据是否准确。

装配工程图和零件工程图都是在前期工作的基础上来绘制完成的，前期工作的正确与否对装配工程图和零件工程图的正确与否会产生决定性的影响。因此，有必要在绘制正式图样前，对所有的草图、示意图、计算等进行一次全面的校核，对错误的地方进行更正。

四、对原部件进行修正和改进

通过前面章节的学习，通过测绘和数据处理等工作不断对零部件存在的错误进行处

理。在绘制零件草图的过程中，要求严格遵照部件的原样绘制草图和注写文字说明。但在正式绘制装配工程图和零件工程图之前，就必须对这些工作进行进一步的修整和完善，使所要表达的部件更合理，更能满足实际工作需要。

五、准备绘图工具

正式的装配工程图样和零件工程图样是用尺规或计算机按照国家制图标准绘制的。工具的准备也是正式绘图前必不可少的工作之一。

第二节　常见的装配工艺结构和装置

部件上会有一些常见的装配工艺结构和装置，这些结构和装置可使零、部件的结构更合理，了解这些常见的结构和装置，会提高绘图的效率。

一、装配工艺结构

装配工艺结构是根据零件装配需要而特殊设计的结构。常见装配工艺结构见表 6-1。

表 6-1　常见装配工艺结构

序号	结构	说明
1	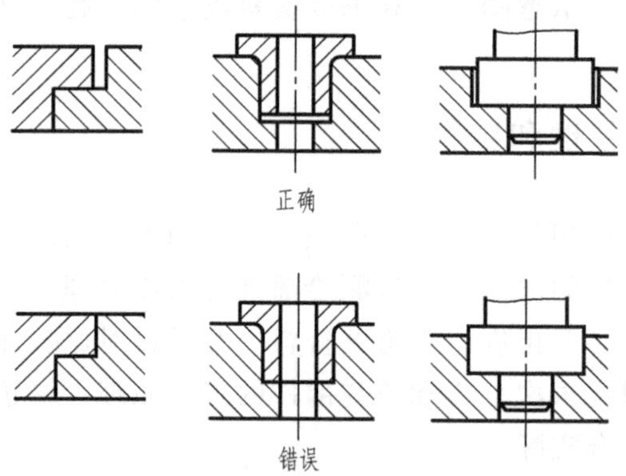 正确 错误	如果两个零件间有结合面，在同一方向上只能有一个接触面，而不能有两个或两个以上接触面。这是从保证接触面有良好的接触和便于零件加工的角度来考虑的
2	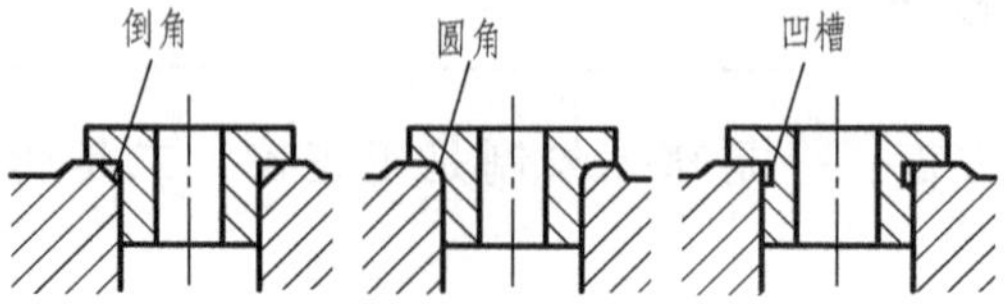 倒角　圆角　凹槽	两个配合零件接触面的转角处应做出倒角、圆角或凹槽，保留一定间隙，以保证两接触面紧密接触
3	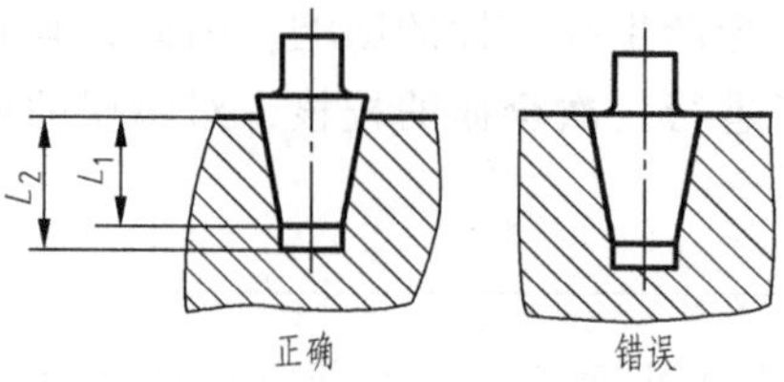 L_2　L_1 正确　错误	当两零件有锥面配合时，锥体底面与锥孔底面应留有空隙，这样才能保证锥面之间的紧密配合

（续）

序号	结构	说明
4		滚动轴承以轴肩进行轴向定位时，为了便于拆卸轴承，要求轴肩或孔肩的高度应分别小于轴承内圈或外圈的厚度
5		为了便于拆装，必须留出扳手的活动空间
6		留出装拆螺栓的空间
7		为了加工销孔和拆卸销钉，在可能的条件下，尽量将销孔做成通孔。不通孔中的销钉通常在端部有一个螺孔，以便于销钉的拆卸

二、部件上常见的装置

在许多部件上都会有一些同类装置，熟悉这些装置，对绘制装配图是大有帮助的。部件上的常见装置见表 6-2。

表 6-2 部件上常见的装置

装置	图例	说明
防松装置	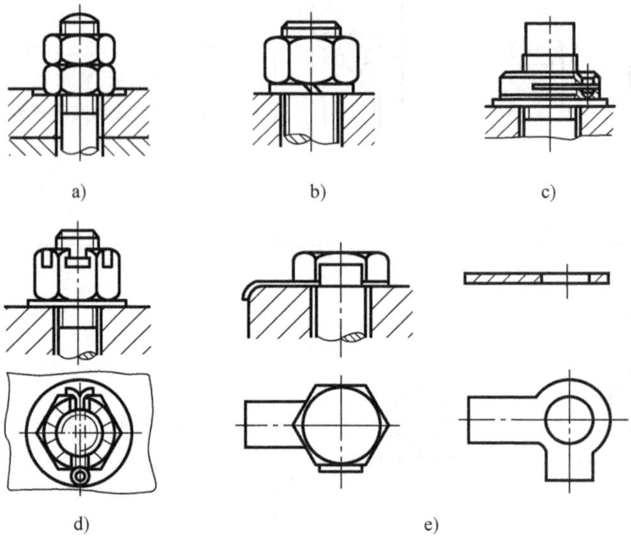 a) b) c) d) e)	图 a 双螺母锁紧:两螺母在拧紧后,使螺纹牙间摩擦力增大,以防止自动松脱 图 b 弹簧垫圈锁紧:螺母拧紧后弹簧垫圈变平,使螺栓牙间摩擦力增大,进而防止螺母松脱 图 c 开缝圆螺母锁紧:拧紧圆螺母上的螺钉,使开缝靠紧,从而起到防松的作用 图 d 用开口销防松:开口销装在螺栓孔和槽形螺母槽中,直接锁住六角形螺母,使之不能松脱 图 e 止动垫片锁紧:螺母拧紧后,将止动垫片的止动边弯倒在螺母的一个面和零件的表面上,可防止螺母松动
滚动轴承固定机构	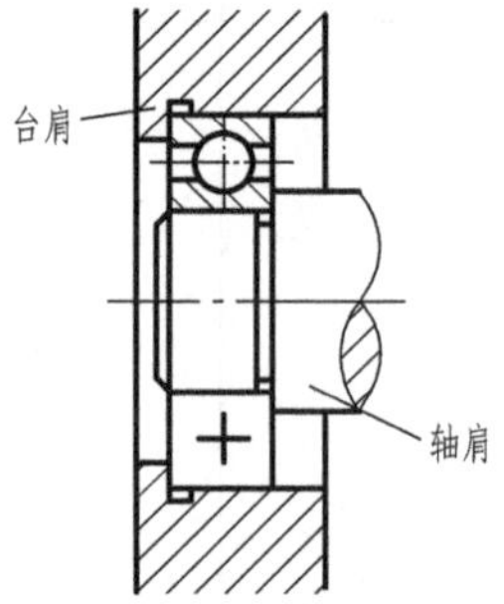 台肩 轴肩	用轴肩和台肩固定轴承的内、外圈
	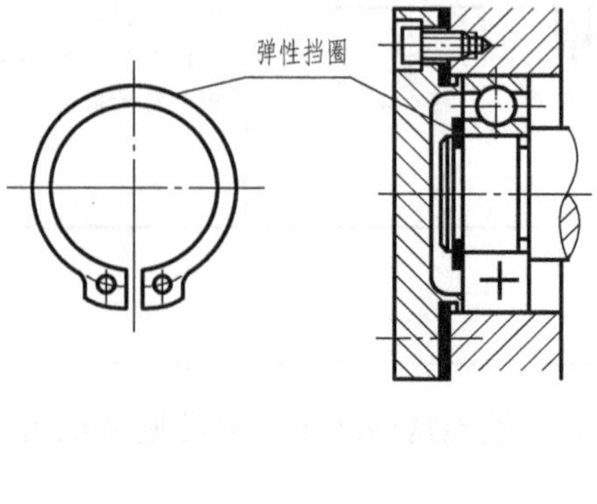 弹性挡圈	用轴肩和弹性挡圈固定内、外圈

（续）

装置	图　例	说明
滚动轴承固定机构		用轴端挡圈固定轴承内圈
		圆螺母外边有四个槽，止退垫圈孔中的止退片卡在轴槽中，外边六个止退片中的一个卡在圆螺母的一个槽中，螺母轴向固定，使轴承轴向固定
	套筒 带轮　套筒	轴左端安装一个带轮，带轮和轴承之间安装套筒，用以固定轴承内圈
滚动轴承间隙调整装置	金属垫片	用更换不同厚度金属垫片的办法调整间隙

（续）

装置	图　例	说明
滚动轴承间隙调整装置	止推盘	用螺钉调整止推盘
滚动轴承密封装置	a) b) c) d)	图 a 毡圈密封； 图 b 油沟密封； 图 c 皮碗密封； 图 d 挡油环密封
防漏结构	1 2 3 4 5 6 11 10 9 8 7	1—双头螺柱 2、9—螺母 3、11—阀杆 4、10—压盖 5、8—填料 6、7—阀体

第三节　装配图的绘制

装配工程图的绘制严格执行国家制图标准。本节结合滑动轴承装配的实例介绍用尺规绘制装配图的方法和步骤。用计算机绘制装配图的方法将在第七章中介绍。

本节以滑动轴承为例，介绍根据已有的装配示意图和零件草图绘制装配图的方法和步骤。滑动轴承的装配示意图如图 6-1 所示，主要零件的零件草图如图 6-2 和图 6-3 所示。

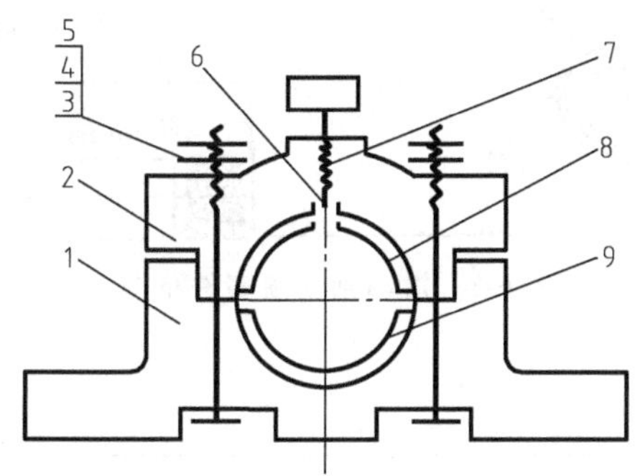

图 6-1　滑动轴承的装配示意图

1—轴承座　2—轴承盖　3—螺母　4—垫圈　5—螺柱

6—轴瓦固定套　7—油杯　8—上轴瓦　9—下轴瓦

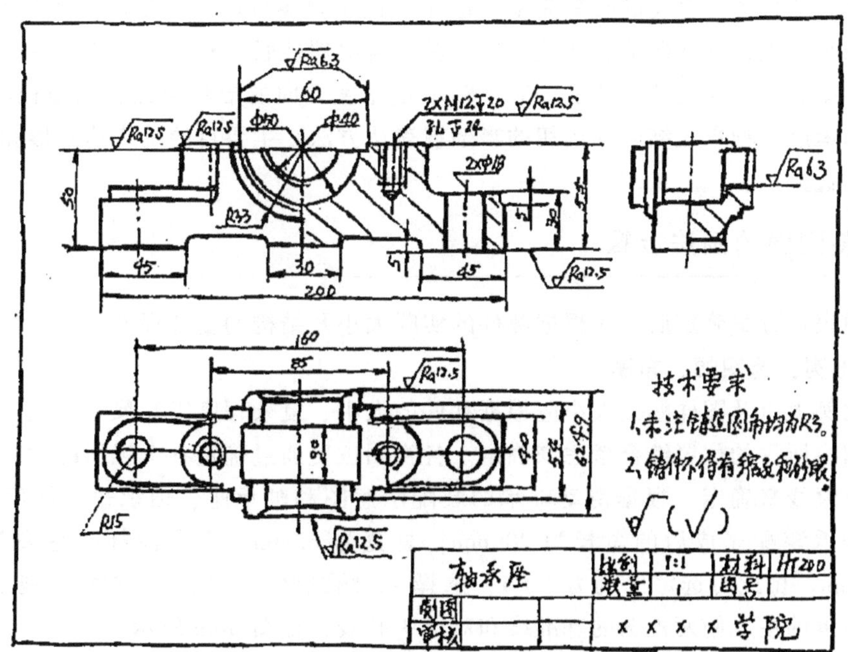

图 6-2　滑动轴承座零件草图

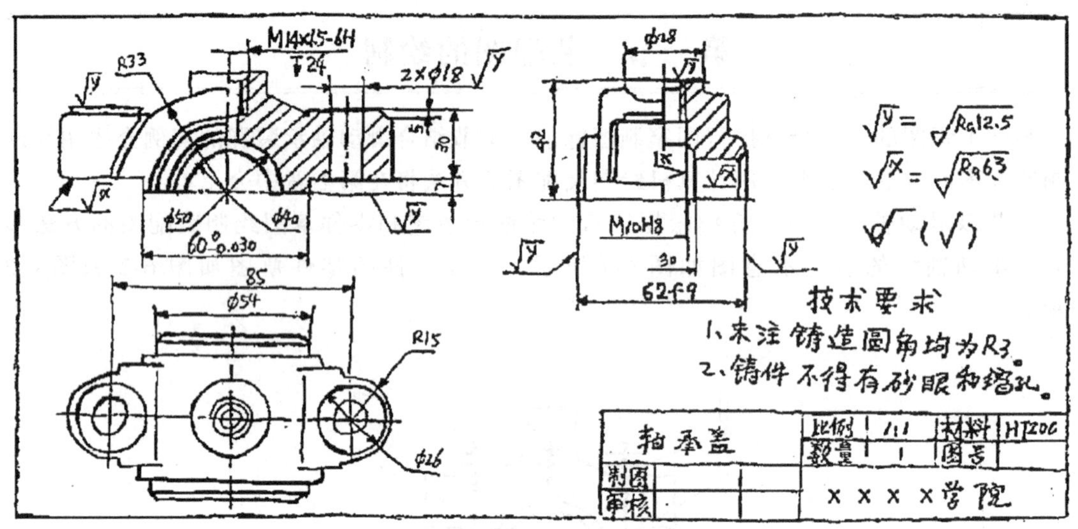

图 6-3　滑动轴承盖零件草图

一、拟订表达方案

装配工程图的表达方案是以零件草图和装配示意图为依据，根据装配图的视图选择原则来拟订的。

通过对装配示意图的分析可知，滑动轴承由九种零、部件上的常见装置组成，表达滑动轴承的装配情况应选择两三个基本视图。主视图按照滑动轴承的工作位置方向放置，使其能较多地表达各零件之间的装配关系，也能表达主要零件的结构形状。由于结构对称，主视图采用半剖视，这样既能表达轴承座与轴承盖由螺柱联接和止口位置的装配关系，也能表达轴承座和轴承盖的外形特征。对于轴承座宽度方向的形状结构，用俯视图来表达，并采用沿轴承座与轴承盖结合面剖切的半剖视表达方法，主要目的是表达外形和下轴瓦与轴承座的位置关系。

二、装配图的画法步骤

部件的表达方案确定后，应根据部件的实际大小及结构的复杂程度着手画图。

1. 定比例、选图幅、布图

图形比例大小及图样幅面大小应根据部件的大小、复杂程度以及尺寸标注、序号、标题栏和明细栏所占的位置综合考虑来确定。各视图位置通过确定各个视图的中心线、对称线或基准位置线来确定。根据滑动轴承的装配示意图和轴承座、轴承盖零件草图可以知道，滑动轴承装配完成后的总长为 200mm，总宽为 62mm，不含油杯时总高为 55mm + 42mm = 97mm。由此可选定比例为 1 : 1，选择 A3 图纸竖放，用主、俯两个视图来表达。画出滑动轴承的主、俯两视图的基准线和对称中心线，如图 6-4a 所示。

2. 画主要零件的视图轮廓线

通过分析可知，滑动轴承的轴承盖、轴承座、上下轴瓦为主要零件，可以根据零件草

图画出其外轮廓线，如图 6-4b 所示。

3. 画出其他零件的视图轮廓

按照各零件的位置和装配关系画出装配后其他零件视图轮廓，如图 6-4c 所示，画出连接螺栓的视图轮廓线。

4. 画出装配图各细部结构

画出油杯等零件的视图轮廓线，最后进行检查修正，确定无误后，按照图线的粗细要求和规格类型将图线描深加粗，如图 6-4d 所示。

5. 标注尺寸，填写标题栏和明细栏

标注尺寸，注写技术要求，编写零件序号，填写标题栏和明细栏，完成滑动轴承装配图，如图 6-5 所示。

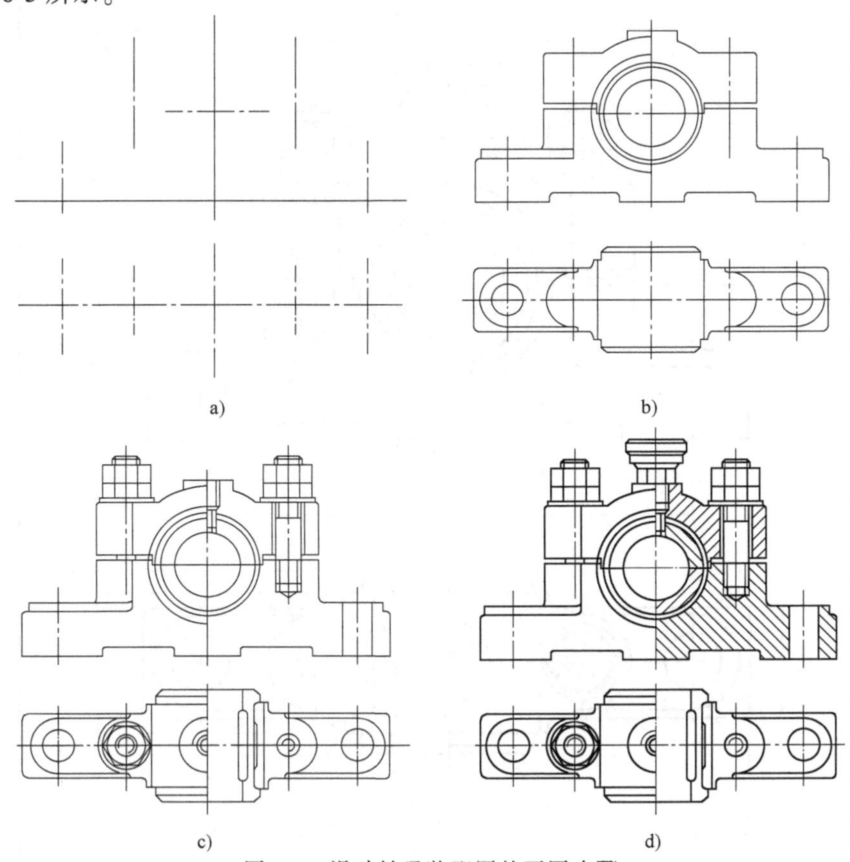

图 6-4　滑动轴承装配图的画图步骤

a）画视图中心线、基准线　b）画轴承座、轴承盖　c）画其他零件的视图轮廓
d）画细部结构（油杯、剖面线），描粗图线

滑动轴承装配图应标注下列尺寸：

（1）性能尺寸　性能尺寸是表示滑动轴承性能和规格大小的尺寸，如图 6-5 所示，滑动轴承装配图中标注的 ϕ40H8 表明该轴承只能与直径为 ϕ40mm 的轴装配使用。

（2）装配尺寸　装配尺寸是表示滑动轴承中各零件之间装配关系的尺寸，包括配合尺寸和相对位置尺寸。如轴瓦与轴承座、轴承盖之间的配合尺寸 $\phi 50\ \frac{H7}{k6}$，油杯与上轴瓦

油孔的配合尺寸 $\phi 10\ \dfrac{H8}{js7}$，轴承盖与轴承座止口的配合尺寸 60 $\dfrac{H7}{f6}$。两螺栓中心距（85±0.3）mm 是位置尺寸。

（3）安装尺寸 安装尺寸是表示滑动轴承安装到机器或基座上的尺寸，如轴承座上两螺栓孔的中心距 160mm 和螺栓孔的定形尺寸 2×ϕ18mm。

（4）外形尺寸 外形尺寸是表示滑动轴承外形轮廓的尺寸，如总长尺寸 200mm，总高尺寸 110mm，总宽尺寸 62mm。

6. 注写技术要求

装配工程图技术要求有规定标注和文字标写两种，如图 6-5 所示，应包括下列内容：

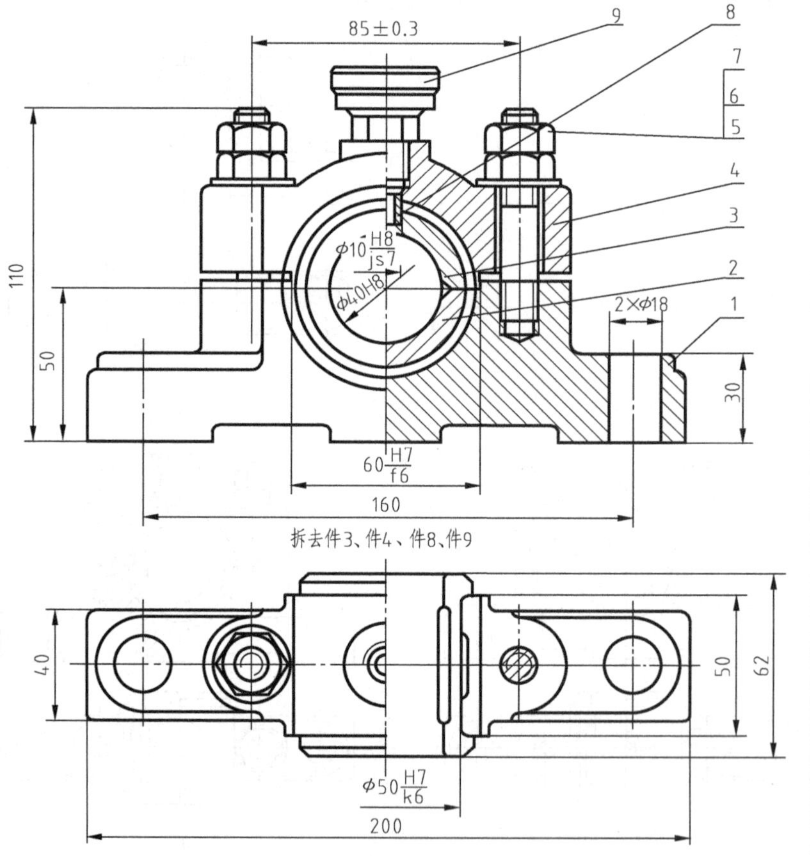

85±0.3　9　8　7　6　5　4　3　2　1

110　50　$\phi10\frac{H8}{js7}$　$\phi40$H8　2×ϕ18　30　$60\frac{H7}{f6}$　160

拆去件3、件4、件8、件9

40　50　62　$\phi50\frac{H7}{k6}$　200

技术要求

1.调整试转后，零件用煤油清洗，工作面涂一层薄干油。
2.上、下轴瓦与轴承座及轴承盖之间应保证接触良好。
3. 轴承工作温度应低于120℃。

序号	名称	数量	材料		备注
4	轴承盖	1	HT150		
3	上轴瓦	1	ZCuAl10Fe3		
2	下轴瓦	1	ZCuAl10Fe3		
1	轴承座	1	HT150		
9	油杯	1	Q235		
8	锁套	1	45		
7	螺母 M12	4	Q235	GB/T 6170—2015	
6	螺柱M12×70	2	Q235	GB/T 5782—2016	
5	垫圈12	2	35	GB/T 97.1—2002	

滑动轴承	比例	1:1	共1张
	数量		
制图			
审核			

图 6-5　滑动轴承装配图

1）在装配过程中应满足配合要求的尺寸，如配合尺寸的基本偏差、公差等级、基准制度等，这些都是用规定方法进行标注的，如 $\phi50\frac{H7}{k6}$、$\phi10\frac{H8}{js7}$等。

2）用来检验、试验的条件、规范及操作要求，如技术要求中文字注明的“上、下轴瓦与轴承座及轴承盖之间应保证接触良好”。

3）机器部件的规格、性能参数、使用条件及注意事项，如轴承工作温度应低于 120℃。

第四节　根据零件草图和装配图绘制零件工作图

零件草图和装配图画完之后，再根据零件草图，用尺规或计算机绘制零件工作图，其画法、步骤和画零件草图基本相同。绘制零件工程图不是简单地抄画零件草图，因为零件工程图是制造零件的依据，它比零件草图要求更加准确、完善，对零件草图中视图表达、尺寸标注和技术要求注写存在的不合理、不完善之处，在绘制零件工作图时都要进行调整和修正。

绘制零件工程图时，各零件相互配合的尺寸、关联尺寸及其他重要尺寸应保持一致，要反复认真检查校核，以保证零件工作图内容的完整、正确。下面以滑动轴承座为例说明零件工程图的绘制步骤，如图 6-6 所示。

一、确定表达方案

根据轴承座的特点，通常要选择两三个基本视图。主视图的选择应按照工作位置状态放置，并以表现轴承座形状特征较明显的一面作为投射方向，选择沿着螺孔的轴线剖切画出半剖视图。采取这样的表达方案，主视图可以清楚地表达轴承座的形状结构特征及各结构的相对位置关系。对于轴承座宽度方向的形状结构，由俯视图来表达。左视图可选择全剖视，以表达轴承座的内部形状。

轴承座是铸造零件，其铸造圆角、起模斜度等铸造工艺结构都要表达清楚。铸造零件上常有砂眼、气孔等铸造缺陷，以及长期使用所造成的磨损、碰伤等使零件变形、缺损情况，画图时要加以修正，使之恢复原形。

二、标注零件尺寸

首先要分析确定尺寸基准。轴承座在长度方向上是对称结构，应选择对称面作为主要基准；宽度方向也是对称结构，应选择对称面作为主要基准；高度方向尺寸主要基准应选择轴承座的安装底面。

三、标注技术要求

轴承座上的尺寸公差、表面粗糙度、几何公差等技术要求可采用类比法参考同类型零件图选择。选择的原则、方法参见第五章。

1. 尺寸公差

主要尺寸应保证其精度，如轴承座上与轴瓦相配合的孔要标注尺寸公差，公差等级一般选用 IT6～IT8 级。

2. 表面粗糙度

轴承座与轴瓦配合表面粗糙度要求较高，一般选用 *Ra*1.6~3.2μm，与轴承盖结合面或与其他零件的结合面选择 *Ra*3.2μm，其余加工表面为 *Ra*6.3~12.5μm，未加工表面为毛坯面，可不进行精度等级要求，但要进行标注。

3. 材料与热处理

轴承座是铸造零件。一般采用 HT200 材料（200 号灰铸铁），其毛坯应经过时效热处理，这些内容可在技术要求中用文字注写清楚。

零件工作图的作图步骤以轴承座零件工作图为例，如图 6-6 所示。

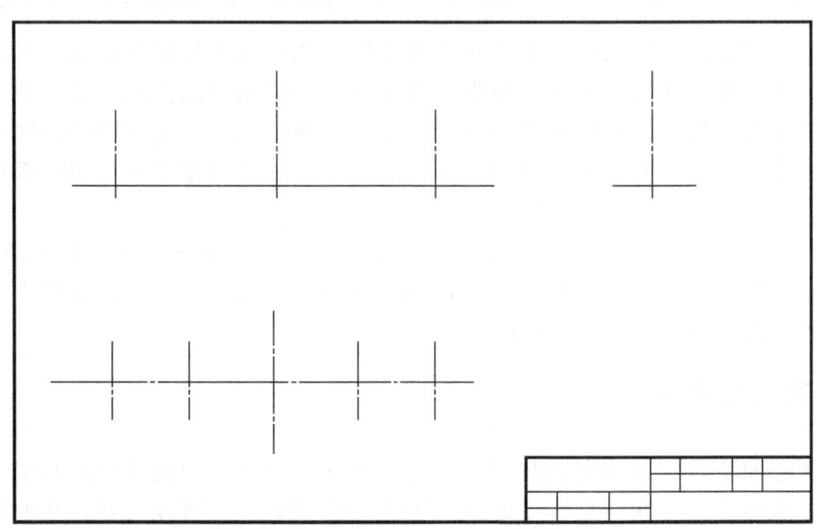

a)

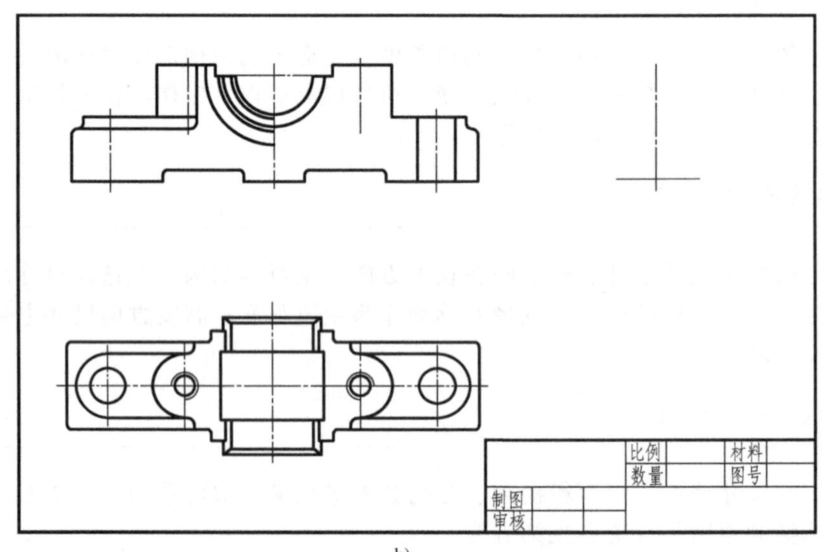

b)

图 6-6　轴承座零件工作图

a）画图框、标题栏，定基线　b）画视图的主要轮廓

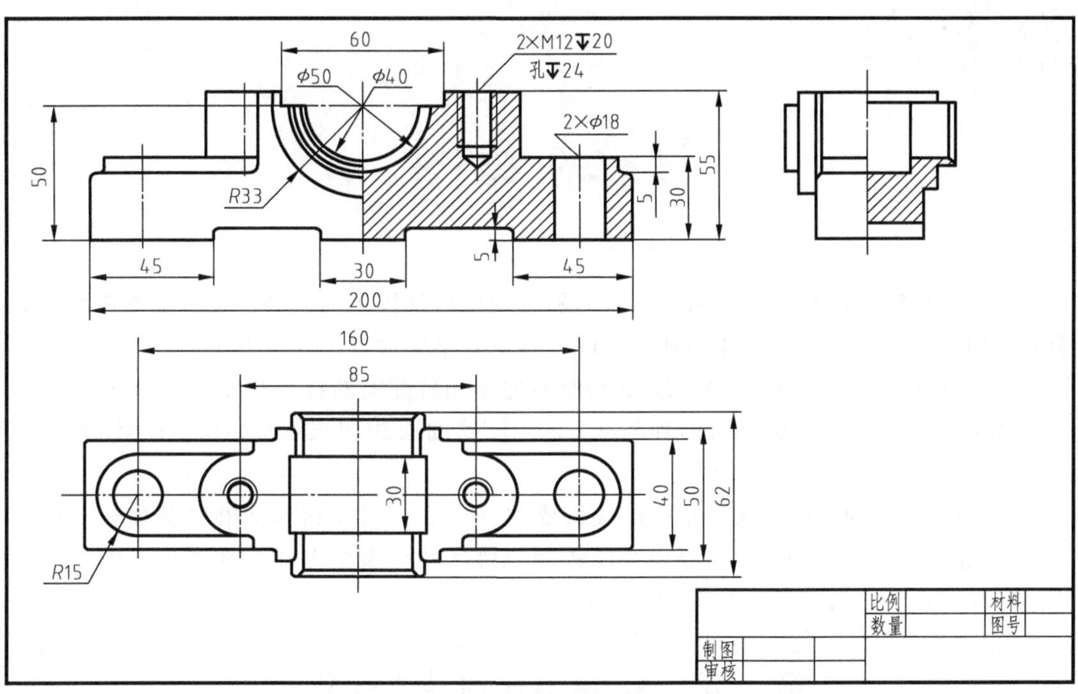

c)

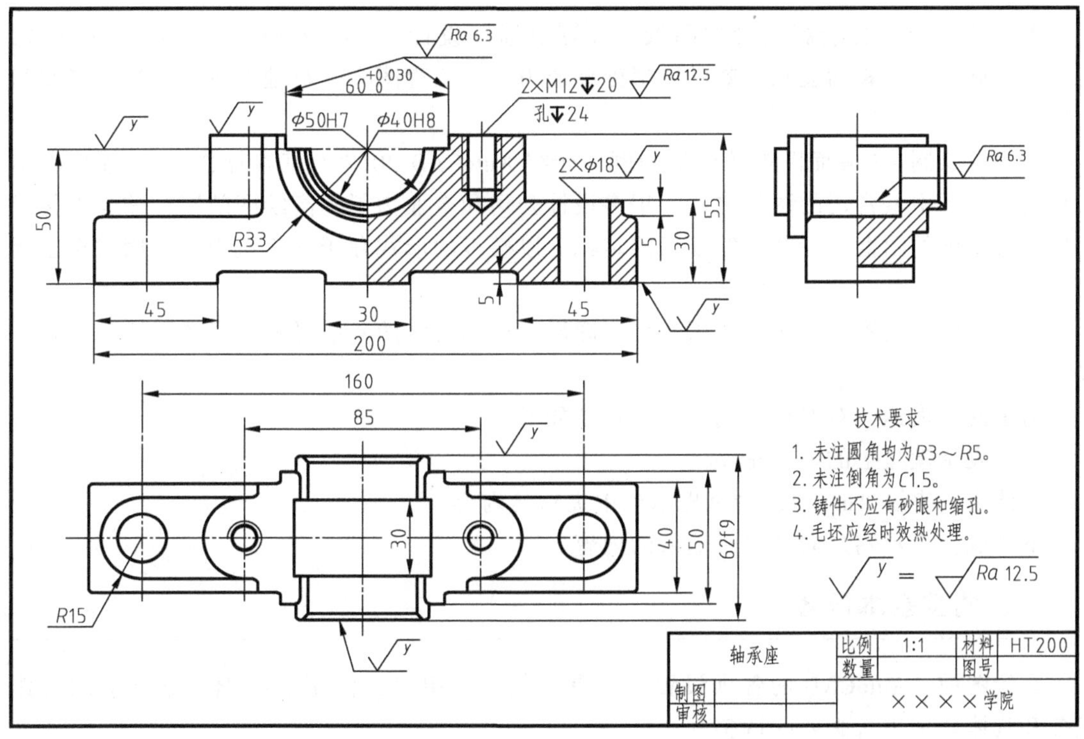

d)

图 6-6 轴承座零件工作图（续）

c）完成细节，标注尺寸 d）注写技术要求，填写标题栏

第七章

计算机绘图

零部件测绘实训需要绘制大量的图纸。随着现代科学技术的发展，很多学校在测绘实训中要求用计算机绘制零件工作图和装配图。考虑到学生大都已经掌握了计算机绘图的基本知识。本章举例介绍用 AutoCAD 2012 绘制零件图和装配图的技巧和方法。

用 AutoCAD 绘制三维图形有两种基本方法：三维曲面法和三维实体法。受篇幅所限，本章只简单介绍三维实体建模的方法。

实体建模是 AutoCAD 三维建模中比较重要的一部分，实体建模能够完整描述对象的 3D 模型，逼真地表达实物。本章举例介绍绘制三维实体模型的基本方法和由三维模型生成零件二维图形的方法，最后介绍如何打印图纸。

第一节　AutoCAD 的基本操作

零部件测绘需要绘制大量的图纸，计算机辅助设计 CAD（Computer Aided Design），是指用计算机的计算功能和高效的图形处理能力，对工程图样进行辅助设计分析、修改和优化。

下面以绘制 A3 幅面图纸的模板为例，介绍 AutoCAD 2017 的基本操作。A3 幅面的图纸是机械制图中最常用的图纸之一，很多设计公司和企业为了提高绘图效率，减少重复劳动，都将图纸的图框、标题栏等项目固定化，以模板的形式存于计算机中，使用时直接调用即可。

图纸的模板设置一般包括图纸幅面、图层、使用文字的一般样式、尺寸标注的一般样式等。

为了便于表达，对本章所用的符号规定如下：

↙：表示键盘上的<Enter>键。

楷体字：表示 AutoCAD 命令提示栏中提示的内容。

下划线：表示用户向计算机输入的内容。

一、调整基本设置

在绘图前，AutoCAD 的各项设置处于默认状态。用户在使用前必须根据当前的工作任务和具体要求进行必要的调整。

当前任务是建立 A3 图纸的模板。模板尺寸为 420mm×297mm，在模板上有粗实线、细实线和文字等内容，同时也考虑到在 A3 图纸上绘图还要用到点画线、虚线和细实线等。这些内容就是调整基本设置的依据。一次设置好之后，每次调用模板都会将这些内容

同时调用出来，不必重新设置。

1. 设置绘图界限

在默认状态下，AutoCAD的绘图区为无穷大，而用户绘制的图形大小是有限的，为了便于绘图，就需要用户自己设置绘图界限，即设置绘图区的有效范围和图纸的边界。

设置绘图界限的操作步骤如下：

选择“格式”下拉菜单→“图形界限”选项，启动图形界限命令。

命令：limits

重新设置模型空间界限：

指定左下角点或[开(ON)/关(OFF)]<0.0000,0.0000>：↙

指定右上角点：420,297↙

2. 设置图层

选择“格式”下拉菜单→“图层…”，出现“图层特性管理器”对话框，创建新图层，进行图层颜色、线型、线宽的设置，如图7-1所示。

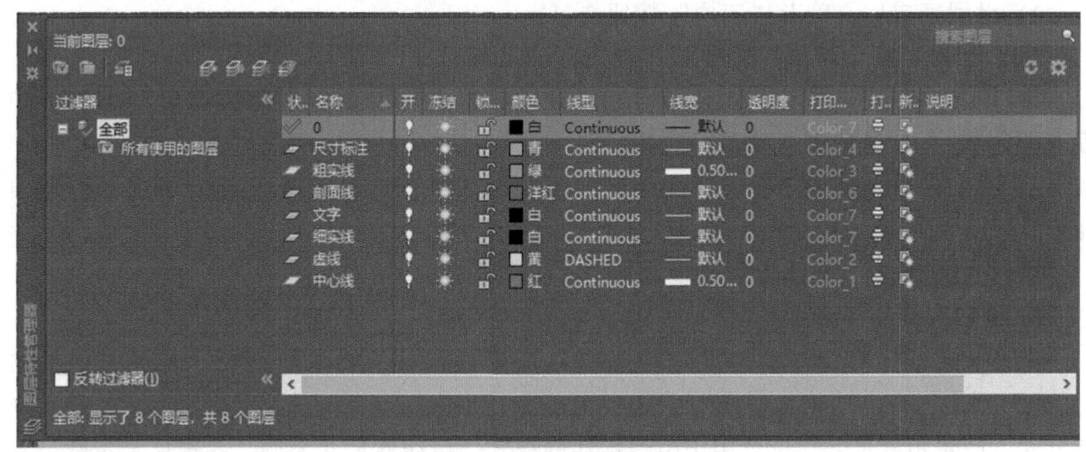

图7-1　图层特性管理器

3. 设置线型比例

线型比例根据图形的大小设置，设置线型比例可以调整虚线、点画线等线型的疏密程度。当图幅较小时（如A3、A4），可将线型比例设为0.3~0.5；当图幅较大时（如A0），线型比例可设为10~25。

命令：ltscale(或lts)

输入新线型比例因子<1.0000>：0.4↙

4. 设置文字样式

(1) 创建“汉字”样式

1）选择“格式”→“文字样式…”，弹出图7-2所示的“文字样式”对话框。

2）单击“新建”按钮，在弹出的“新建文字样式”对话框的“样式名”编辑框中输入“汉字”，然后单击“确定”按钮。

3）在“字体”标签下单击“字体名”下拉列表框，从中选择“仿宋_GB2312”，设置宽度因子比例为0.7。

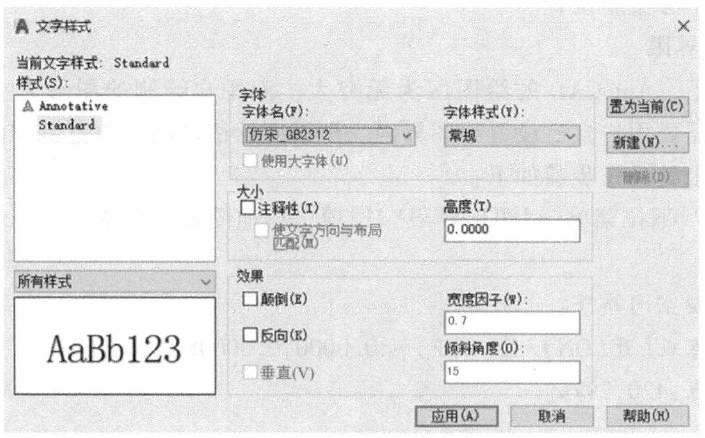

图 7-2 “文字样式”对话框

4）设置完成后，单击“应用”按钮。

（2）创建“字母与数字”样式

1）单击“新建”按钮，在弹出的“新建文字样式”对话框的“样式名”编辑框中输入“数字”，然后单击“确定”按钮。

2）在“字体”标签下单击“字体名”下拉列表框，从中选择“isocp. shx”，倾斜角度 15°。

3）设置完成后，单击“关闭”按钮。

5. 设置尺寸标注样式

选择“格式”→“标注样式”，弹出图 7-3 所示的“标注样式管理器”对话框。单击“新建”按钮，弹出“创建新标注样式”对话框（见图 7-4），分别设置线性、直径及半径尺寸，设置角度尺寸，设置用于引线标注的样式。以线性尺寸为例，各选项卡参数设置如图 7-5～图 7-9 所示，其余均为默认设置。

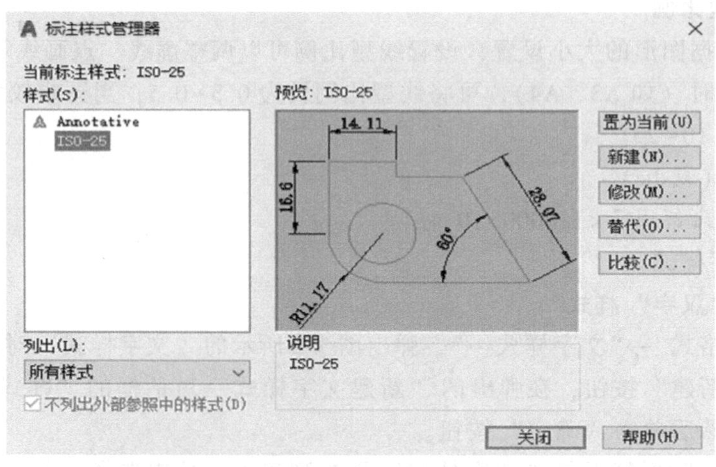

图 7-3 “标注样式管理器”对话框

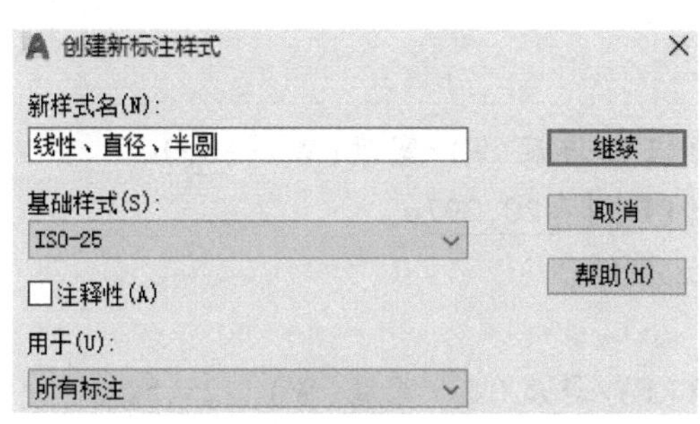

图 7-4 “创建新标注样式”对话框

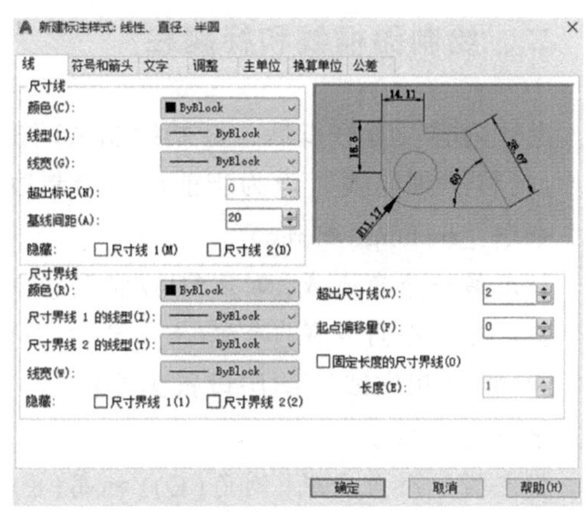

图 7-5 “线”选项卡

图 7-6 “符号和箭头”选项卡

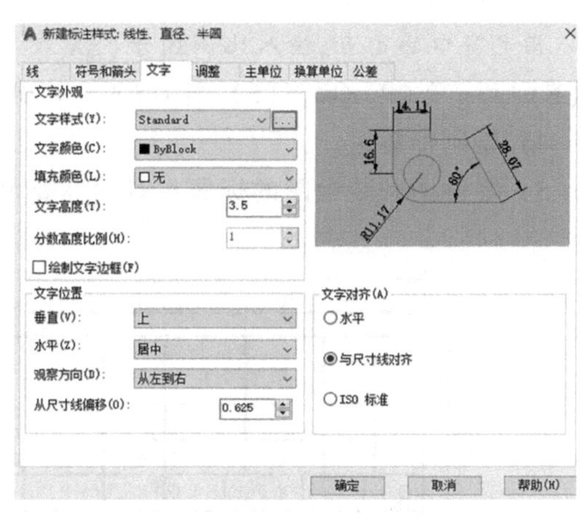

图 7-7 “文字”选项卡

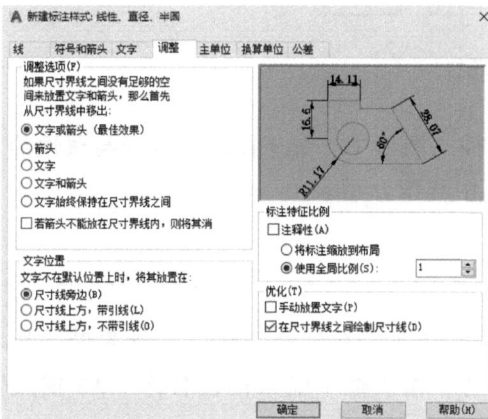

新建标注样式: 线性、直径、半圆

调整选项(F)

如果尺寸界线之间没有足够的空间来放置文字和箭头，那么首先从尺寸界线中移出:

文字或箭头（最佳效果）

箭头

文字

文字和箭头

文字始终保持在尺寸界线之间

若箭头不能放在尺寸界线内，则将其消

文字位置

文字不在默认位置上时，将其放置在:

尺寸线旁边(B)

尺寸线上方，带引线(L)

尺寸线上方，不带引线(O)

标注特征比例

注释性(A)

将标注缩放到布局

使用全局比例(S):

优化(T)

手动放置文字(P)

在尺寸界线之间绘制尺寸线(D)

确定 取消 帮助(H)

图 7-8 “调整”选项卡

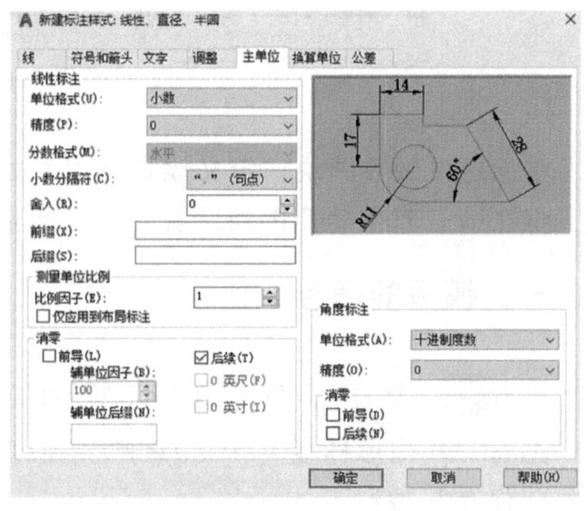

图 7-9 “主单位”选项卡

二、绘制图框线和标题栏

上述内容设置好以后，开始绘制 A3 图纸。

1）将“细实线”设为当前层，绘制边界线。

命令:_rectang(或 rec)

指定第一个角点或[倒角(C)/标高(E)/圆角(F)/厚度(T)/宽度(W)]:0,0↙

指定另一个角点或[面积(A)/尺寸(D)/旋转(R)]:420,297↙

2）将“粗实线”图层设置为当前层，绘制边框线。

命令:_rectang

指定第一个角点或[倒角(C)/标高(E)/圆角(F)/厚度(T)/宽度(W)]:25,5↙

指定另一个角点或[面积(A)/尺寸(D)/旋转(R)]:415,292↙

3）使用“缩放”命令，将图形全部显示。

命令:zoom(或 z)

指定窗口的角点,输入比例因子(nX 或 nXP),或者[全部(A)/中心(C)/动态(D)/范围(E)/上一个(P)/比例(S)/窗口(W)/对象(O)]<实时>:e↙

4）绘制标题栏。

5）零件图和装配图的标题栏有国标要求，如图 7-10 所示。

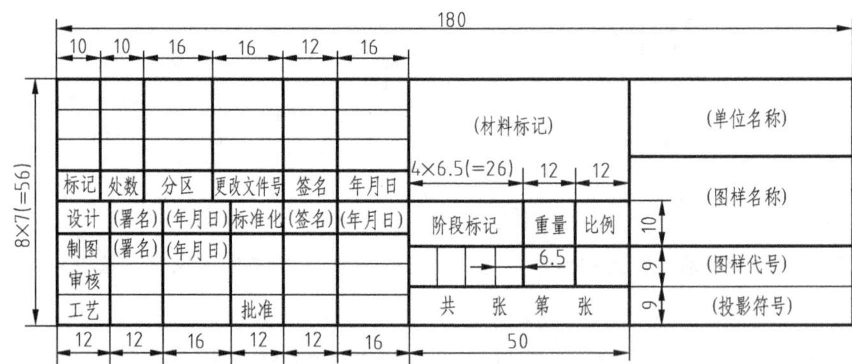

图 7-10 标题栏

将标题栏做成图块，定义属性后以块的形式插入图形中，关于图块的创建与属性的定义，将在第三节中“用图块法标注表面粗糙度”中详细介绍。

三、模板的保存

单击“保存”，打开图 7-11 所示的“图形另存为”对话框，在“文件类型”中选择“AutoCAD 图形样板（＊.dwt)”，在“文件名”输入框中输入模板名称“A3 横放”，单击“保存”按钮。

在弹出的“样板选项”对话框中，输入对该模板图形的说明。完成上述操作，就建

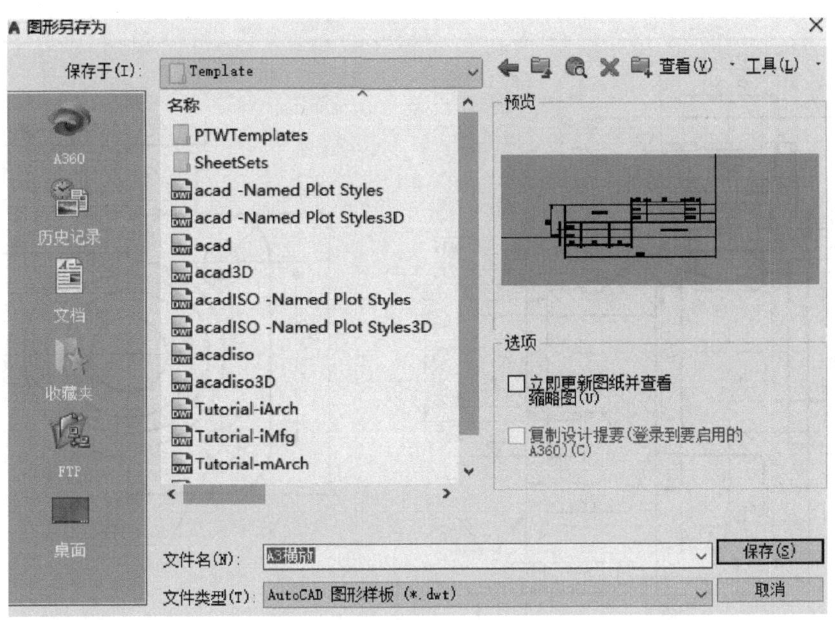

图 7-11 “图形另存为”对话框

立了一个符合机械制图国家标准的 A3 图幅模板文件。使用时，只需在“启动”对话框中选择“使用样板”，然后从弹出的列表框中选择“A3 横放”即可。

第二节 零件图的绘制

用 AutoCAD 绘制零件图的方法有两种：①直接用二维绘图和编辑命令，根据投影规律绘制零件二维图形；②先建立三维实体模型，然后用命令直接生成零件的俯视图、剖视图和剖面图等。

本节以图 7-12 所示球阀的阀体为例，用 AutoCAD 绘制零件工程图纸。

用 AutoCAD 画图时，一般以 1∶1 的比例绘制，然后根据实际尺寸和图纸幅面的大小进行放大或缩小。由于零件图一般有多个视图，所以可以先绘制出一个视图，再利用投影辅助线绘制其他视图，经修剪将多余的线条去掉，即成为所需要的多个视图。当然，也可以利用对象捕捉、对象追踪等模式来绘制其他视图，这些方法也能保证视图之间有正确的投影关系。

球阀的阀体属箱体类零件，起支承、包容其他零件的作用，其结构形状比较复杂，通常用三个基本视图表示。

一、调用 A3 模板并布局示图

直接调用在计算机中已经建立的一个名为“A3 横放”的模板。

1）启动 AutoCAD，选择“A3 横放”模板，建立一个图名为“阀体”的图形文件。

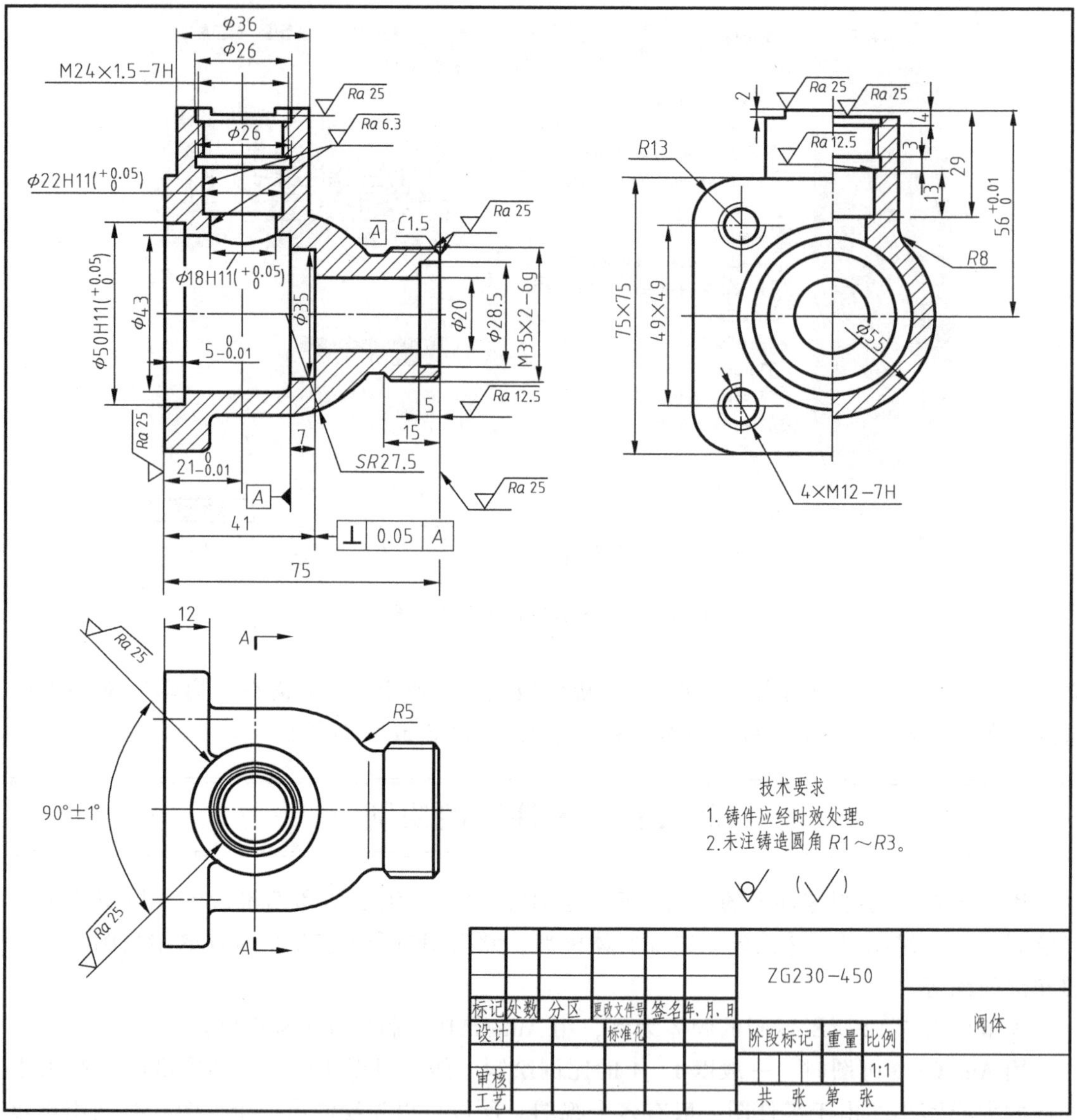

技术要求

1. 铸件应经时效处理。

2. 未注铸造圆角 R1～R3。

标记	处数	分区	更改文件号	签名	年、月、日	ZG230-450	
设计			标准化			阶段标记 重量 比例	阀体
审核						1:1	
工艺						共 张 第 张	

图 7-12 阀体零件图

2）将“中心线”层作为当前图层，根据三个视图的大小，用直线和偏移命令画主视图、俯视图和左视图的水平、垂直中心线，如图 7-13 所示。

二、画俯视图

因阀体的三视图中俯视图与主视图有相近的外轮廓，故先画俯视图的外轮廓，然后将俯视图的外轮廓复制到主视图中，以提高绘图效率。

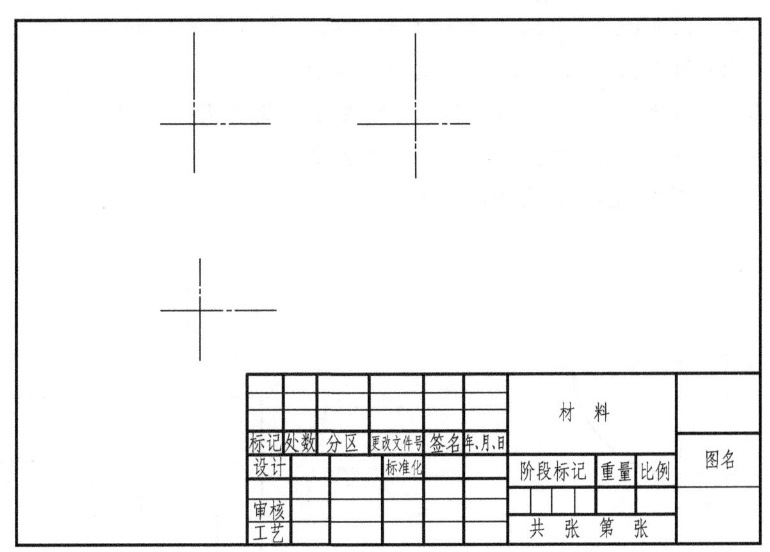

图 7-13 画三视图的中心线

1. 画俯视图的外轮廓

将“粗实线”层作为当前层，画俯视图。

先使垂直中心线向右偏移 8mm，画半径为 27.5mm 的圆，并修剪，只保留右下角 1/4 的圆弧。然后，利用对象捕捉、对象追踪和极轴画外形轮廓线。

1）单击绘图工具栏上的图标 （直线命令），命令行显示：

命令：_line 指定第一点：21↙（将光标放置左边点画线交点上后，向左移动，出现一水平虚线，光标显示极轴角为 180°时，从键盘输入 21，按<Enter>键。此时确定了直线的起点在左边点画线交点以左 21 个单位处）

指定下一点或[放弃(U)]：37.5↙（光标下移，极轴角为 270°，直线的另一个端点在前一点下 37.5 个单位）

指定下一点或[放弃(U)]：12↙（光标右移，极轴角为 0°。直线向右变为水平，端点距前一点 12 个单位）

指定下一点或[闭合(C)/放弃(U)]：（光标上移，出现一条竖直虚线，再捕捉圆弧最低点，光标左移，出现一条水平虚线，在两虚线交点处单击确定。直线上折至圆弧最低点的水平线上）

指定下一点或[闭合(C)/放弃(U)]：（捕捉圆弧最低点，单击鼠标左键。直线与圆弧最低点相交）

指定下一点或[闭合(C)/放弃(U)]：↙（命令结束）

结果如图 7-14 所示。

2）单击绘图工具栏上的图标 ，命令行显示：

命令：_line 指定第一点：75↙（光标在前一直线起点水平右移。确定直线的起点）

指定下一点或[放弃(U)]:18↙(光标下移。确定直线的另一端点)

指定下一点或[放弃(U)]:15↙(光标左移。确定第二条直线的另一端点)

指定下一点或[闭合(C)/放弃(U)]:2↙(光标上移)

指定下一点或[闭合(C)/放弃(U)]:(光标左移。超过圆弧即可)

指定下一点或[闭合(C)/放弃(U)]:↙(命令结束)

上述操作后，完成的绘图结果如图 7-15 所示。

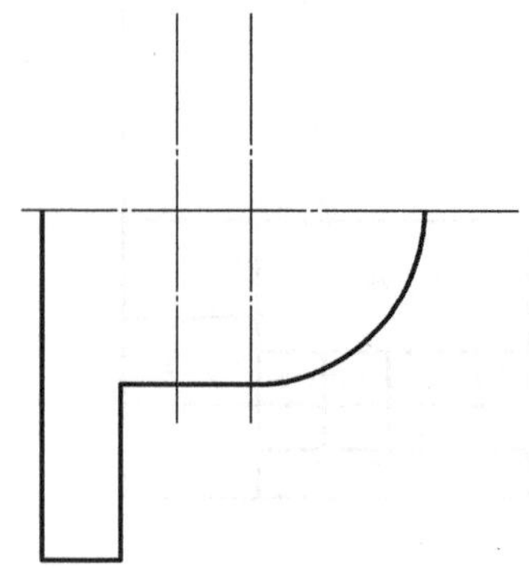

图 7-14 画左端轮廓线图

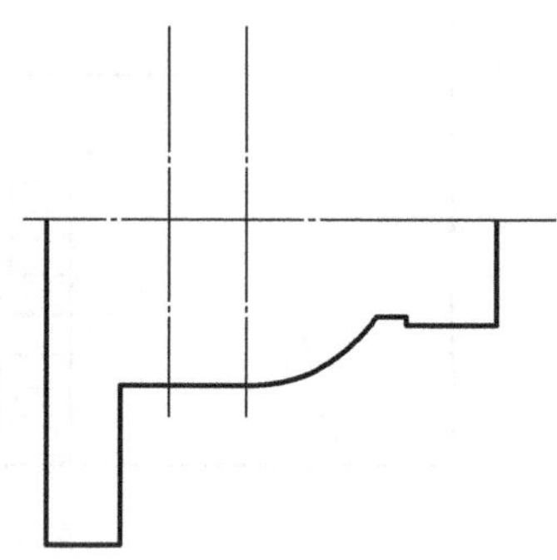

图 7-15 画右端轮廓线图

为了节省篇幅，以下不再给出操作含义，必要的操作说明均放在命令后的括号内。

3）修剪图线，并对图形进行倒角和倒圆角。

4）将当前层换成“细实线”图层，画螺纹小径。可用偏移直线方式，经修剪后完成半个图形。

5）镜像图形，如图 7-16 所示。

2. 绘制细节，完成俯视图

在画俯视图细节前，先将镜像后的俯视图轮廓复制到主视图中备用。

1）画五个同心圆，直径分别为 ϕ36mm、ϕ26mm、ϕ24mm、ϕ22mm、ϕ18mm，将 ϕ24mm 的圆换为细实线图层，并用打断命令修改为螺纹大径 3/4 圆弧。

2）补画其余直线和倒圆角，结果如图 7-17 所示。

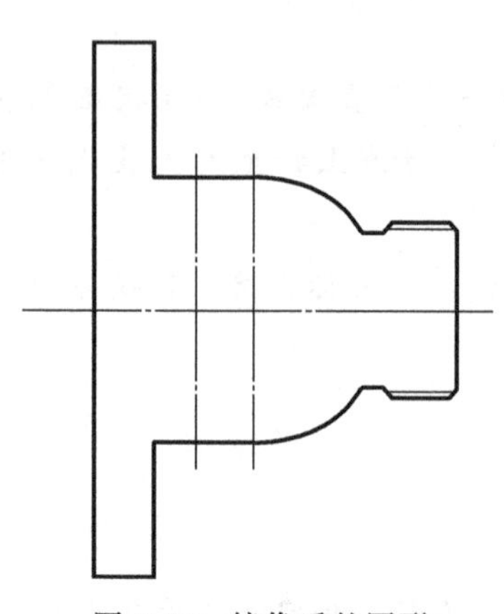

图 7-16 镜像后的图形

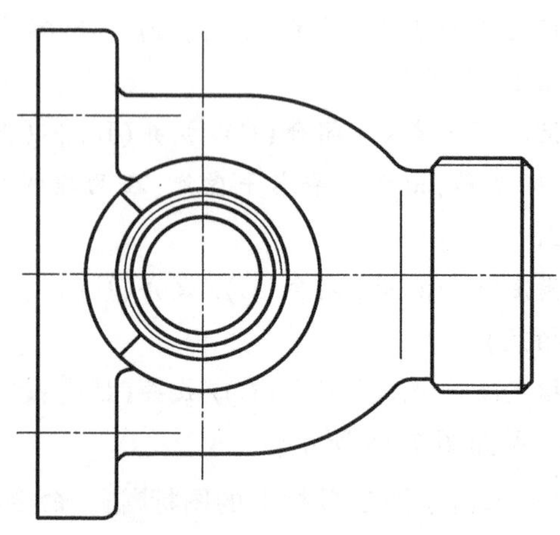

图 7-17 俯视图

三、画主视图

从俯视图的外轮廓线复制过来的图样已经成为主视图的一部分，可以从修改和补充主视图的外轮廓线开始画主视图。

1. 补全外形轮廓线

1）单击绘图工具栏上的图标，命令行显示：

命令:_line 指定第一点:56↙(光标放在点画线交点后,上移 56)

指定下一点或[放弃(U)] 8↙(光标右移)

指定下一点或[放弃(U)]:(光标下移,超过圆弧)

指定下一点或[闭合(C)/放弃(U)]:↙

2）将两条直线镜像后，修剪、删除多余图线，如图 7-18 所示。

2. 画水平内孔轮廓线

1）单击绘图工具栏上的图标，命令行显示：

命令:_line 指定第一点:25↙(光标放在左端边线与点画线交点后,下移)

指定下一点或[放弃(U) :5↙(光标右移)

指定下一点或[放弃 CU)]:3.5↙(光标上移)

指定下一点或[闭合(C)/放弃(U)]:29↙(光标右移)

指定下一点或[闭合(C)/放弃(U)]:4↙(光标上移)

指定下一点或[闭合(C)/放弃(U)]:7↙(光标右移)

指定下一点或[闭合(C)/放弃(U)]:7.5↙(光标上移)

指定下一点或[闭合(C)/放弃(U)]:29↙(光标右移)

指定下一点或[闭合(C)/放弃(U)]:4.25↙(光标下移)

指定下一点或[闭合(C)/放弃(U)]:(光标右移,捕捉与右端边界交点)

指定下一点或[闭合(C)/放弃(U)]:↙

2）把各分界线延伸至中心线处，倒圆角，然后将图形镜像，结果如图 7-19 所示。

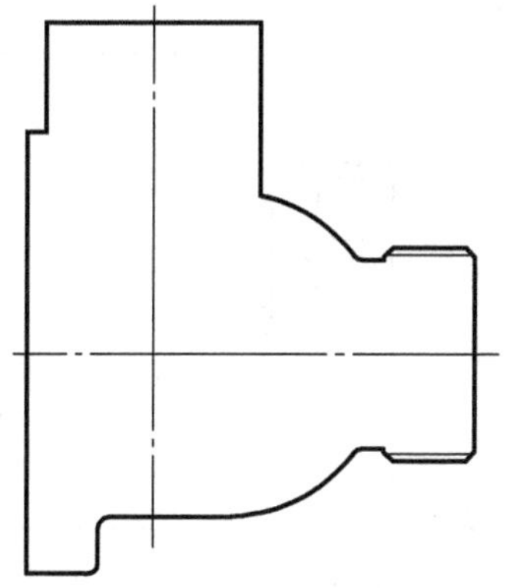

图 7-18 主视图外形轮廓线图

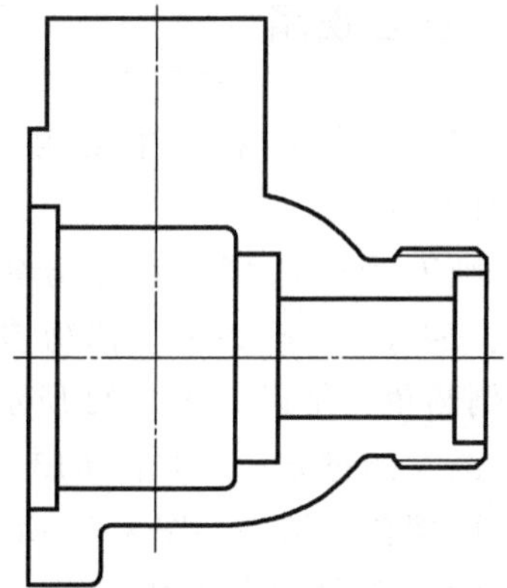

图 7-19 画水平内孔轮廓线

3. 画竖直内孔轮廓线

1）单击绘图工具栏上的图标，命令行显示：

命令:—line 指定第一点:13↙(光标放在上端边线与点画线交点后,左移)

指定下一点或[放弃(U)]:4↙(光标下移)

指定下一点或[放弃(U)]:2↙(光标右移)

指定下一点或[闭合(C)/放弃(U)]:9↙(光标下移)

指定下一点或[闭合(C)/放弃(U)]:2↙(光标左移)

指定下一点或[闭合(C)/放弃(U)]:3↙(光标下移)

指定下一点或[闭合(C)/放弃(U)]:2↙(光标右移)

指定下一点或[闭合(C)/放弃(U)]:13↙(光标下移)

指定下一点或[闭合(C)/放弃(U)]:2↙(光标右移)

指定下一点或[闭合(C)/放弃(U)]:(光标下移至与直线的垂足处,单击)

指定下一点或[闭合(C)/放弃(U)]:↙

2）画螺纹大径，偏移直线，更换至“细实线”图层。

3）把各分界线延伸至中心线处，镜像图形。

4）用圆弧命令画相贯线，已知圆弧的起点和端点，以大圆柱的半径为半径画圆弧（相贯线的简化画法），然后修剪多余图线。

5）画缺口。

命令:_line 指定第一点:(捕捉过俯视图 135°线右端点竖直追踪线与上端面交点,单击鼠标左键)

指定下一点或[放弃(U)]:2↙(光标下移)

指定下一点或[放弃(U)]:(光标右移,捕捉与外圆柱竖直轮廓线交点,单击鼠标左键)指定下一点或[闭合(C)/放弃(U)]:↙

修剪、删除多余图线，如图 7-20 所示。

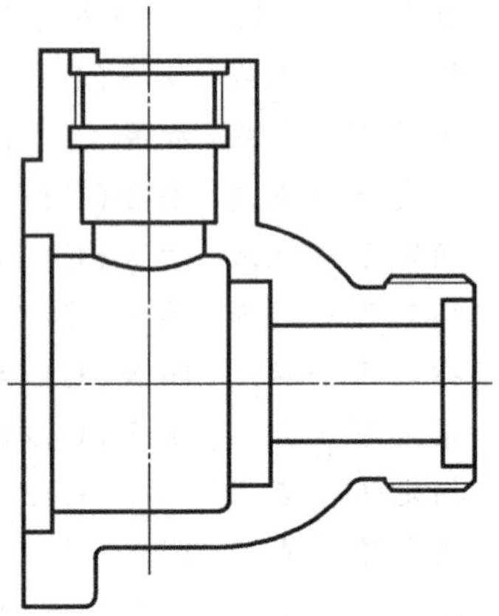

图 7-20 主视图

四、画左视图

1）将主视图的右上角复制到左视图中，如图 7-21 所示。

2）画五个同心圆，直径分别为 ϕ55mm、ϕ50mm、ϕ43mm、ϕ35mm。修剪多余图线，并作 *R*13 倒圆角，结果如图 7-22 所示。

3）画左侧正方形，并作 *R*13 的倒圆角。

4）画螺孔，结果如图 7-23 所示。

5）画左视图的左上角部分。左视图与俯视图有“宽相等”的对应关系，将俯视图缺口部分复制到左视图正下方，然后旋转 90°，如图 7-24 所示。

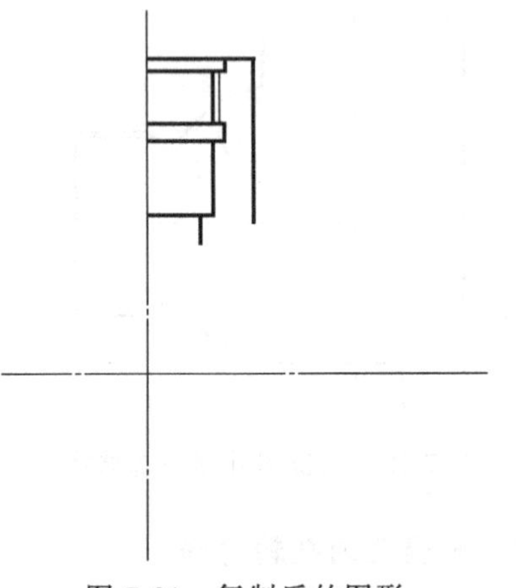

图 7-21 复制后的图形

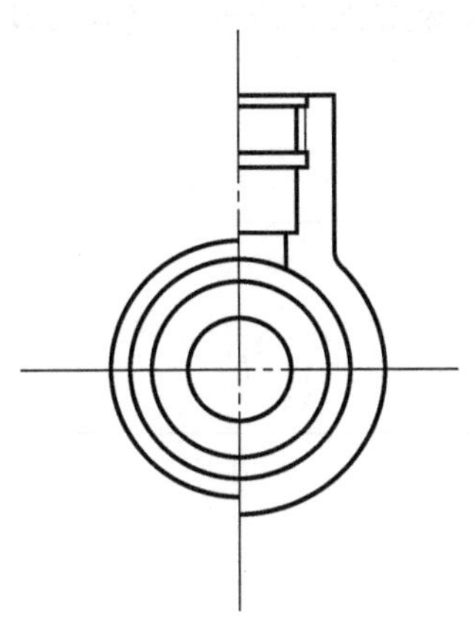

图 7-22 画图、修剪后的结果

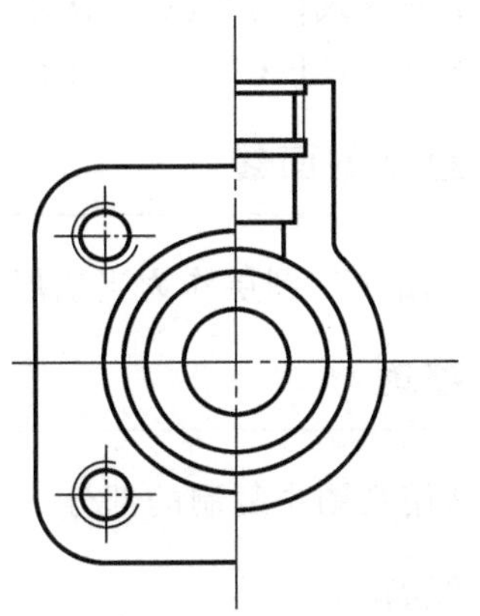

图 7-23 左侧方孔及螺孔

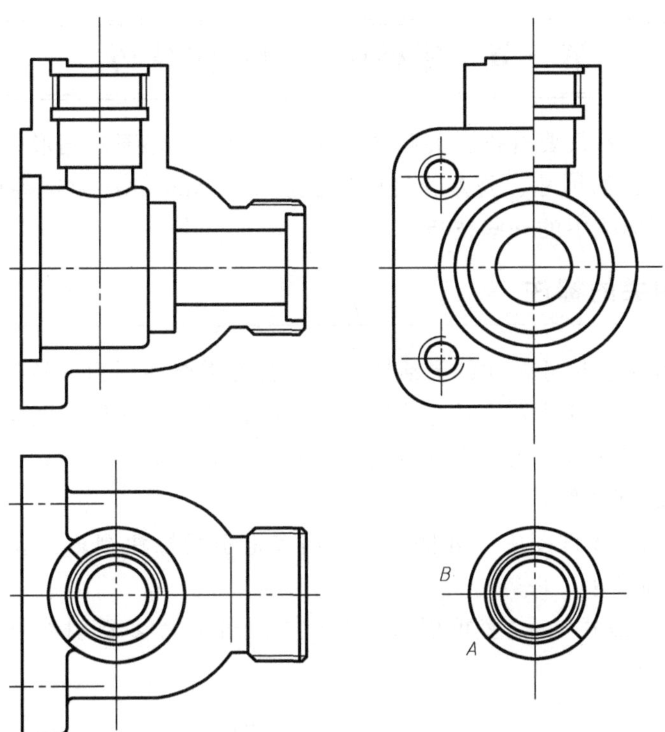

图 7-24 完成左视图

单击绘图工具栏上的图标，命令行显示：

命令:_line 指定第一点:(捕捉过主视图最上顶面水平追踪线与左视图竖直中心线交点,单击)

指定下一点或[放弃(U)]:(光标左移,捕捉该水平追踪线与 *A* 点竖直追踪线交点)

指定下一点或[放弃(U)]:(光标下移)

指定下一点或[闭合(C)/放弃(U)]:(光标左移,捕捉水平追踪线与 *B* 点竖直追踪线交点)

指定下一点或[闭合(C)/放弃(U)]:(光标下移于正方形上表面水平线垂足处,单击)
指定下一点或[闭合(C)/放弃(U)]:↙

五、绘制剖面线

把“剖面线”图层作为当前层，绘制剖面线。

六、整理

删除从俯视图中复制的部分。

七、保存

存盘，保存图形文件。

第三节　零件图中的标注技巧

一张完整的零件图不仅要有投影关系绘制的正确图形，还要对图形中的尺寸和加工中的各种要求进行标注，如尺寸、公差、表面粗糙度等。AutoCAD 为这些标注提供了多种方法，本节主要介绍标注中的一些技巧。

一、与尺寸相关的标注

在实际绘图过程中，尺寸标注的灵活性很大，常常需要根据图形各部分的空间大小安排不同的标注形式，要求设计人员对有关尺寸标注的设置进行必要的调整，以达到较好的效果。下面以阀体的零件图为例介绍机械图样中的一些典型标注形式。

1. 使用多重引线标注倒角

图 7-25 所示为阀体零件图中一处倒角，使用多重引线标注倒角，应先设置“多重引线样式”，具体方法如下：

单击下拉菜单“格式”→“多重引线样式…”，出现“多重引线样式管理器”，如图 7-26 所示。

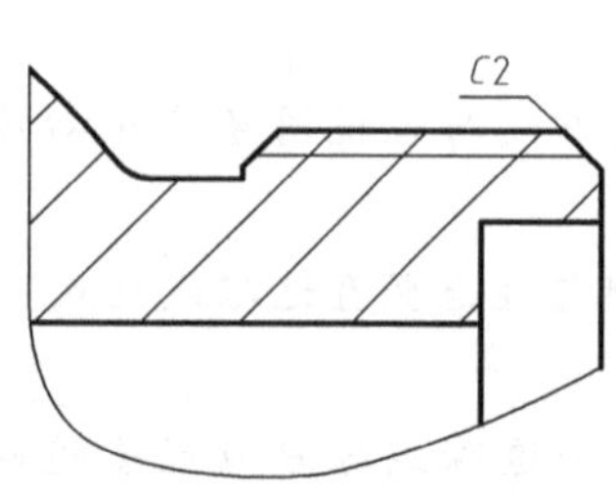

图 7-25　多重引线

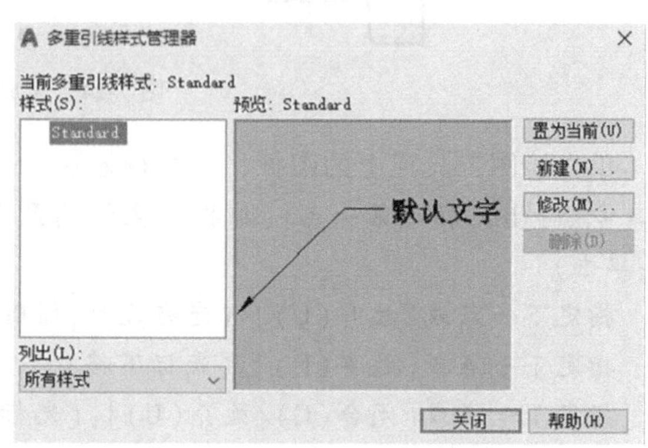

图 7-26　“多重引线样式管理器”对话框

单击“新建”按钮，创建“倒角”引线样式，单击“继续”按钮后，各项设置如图 7-27 所示。

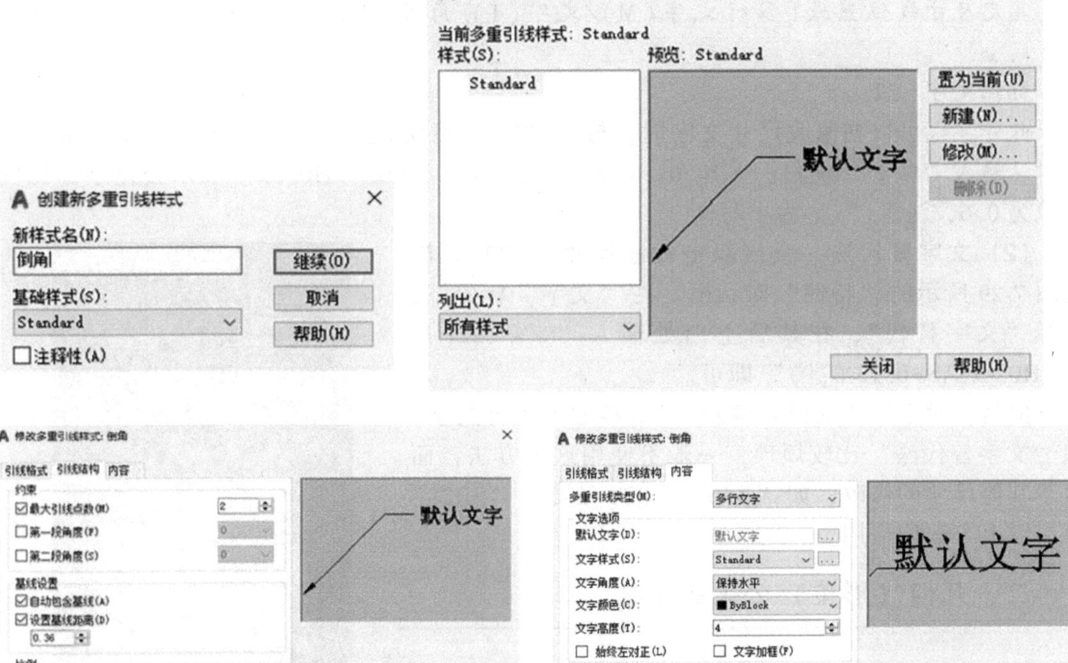

图 7-27　“多重引线设置”对话框

多重引线样式设置好后，单击“标注”下拉菜单→“多重引线”，按照命令提示行提示，依次单击指引线上两点后，出现“文字格式”对话框，输入 *C*2 即可。

2. 标注尺寸公差

下面以阀体零件图为例介绍标注尺寸公差的方法。阀体主视图中有一孔，其尺寸有上、下极限偏差，如图 7-28 所示。

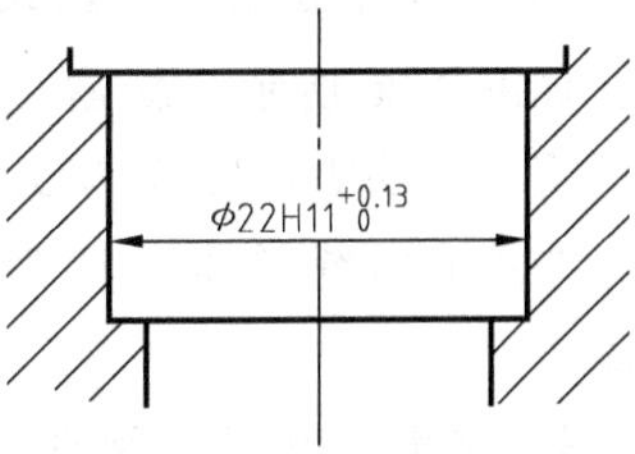

标注尺寸公差的方法有很多，这里只介绍两种常用的方法。

图 7-28　尺寸公差的标注

(1) 直接输入法

命令：_dimlinear

指定第一条尺寸界线原点或<选择对象>：(捕捉 $\phi22$ 一个端点)

指定第二条尺寸界线原点：(捕捉 $\phi22$ 另一个端点)

由此，创建了无关联的标注。

指定尺寸线位置或[多行文字(M)/文字(T)/角度(A)/水平(H)/垂直(V)/旋转(R)]:m↙[出现“文字格式”对话框，输入“%%C22H11 (+0.13^0)”，然后选中“+0.13^0”，单击“堆叠”按钮，再单击“确定”按钮即可]

指定尺寸线位置或[多行文字(M)/文字(T)/角度(A)/水平(H)/垂直(V)/旋转(R)]:↙

标注文字=22

此外，也可以在修改尺寸文字时，输入“T”，系统提示：“输入标注文字<22>:”，此时，输入“%%C22H11({\H0.6x;\S+0.13^0;})”，其中“H0.6x”表示公差字高比例系数为0.6，注意“x”为小写。

(2) 文字替代法 直接双击标注尺寸“ϕ22”，出现图7-29所示的“特性”对话框。在“文字”标签下，选择“文字替代”，在其后空白处输入“%% C22H11({\H0.6x;\S+0.13^0;})”即可。

但是，对于尺寸的极限偏差，“直接输入单行文字”和“文字替代法”比较烦琐，一般不使用这种方法；而对于其他尺寸的修改，如“ϕ36”“M36×2-6g”“SR25”等，以上方法均适用。

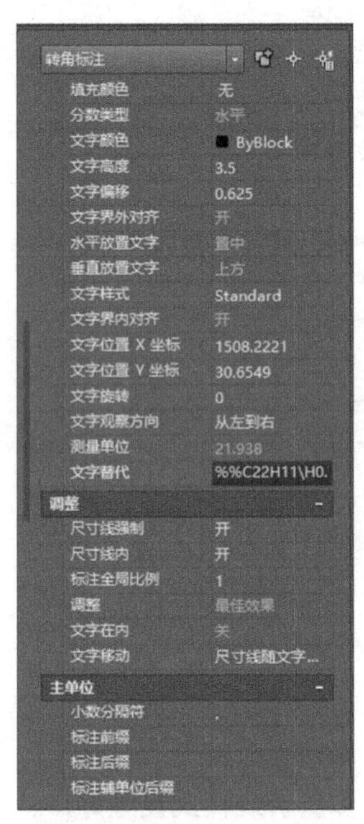

图7-29 “特性”对话框

二、几何（形位）公差的标注

注：在AutoCAD老版中仍采用“形位公差”的说法，现行标准称为几何公差。下文以系统显示为准。

标注形位公差可将多重引线命令与TOLER-ANCE命令配合使用，前者能形成标注指引线，后者能产生形位公差框格。

阀体零件图主视图中有图7-30所示的垂直度公差，设置好“形位公差”多重引线样式后，执行多重引线命令。

1）单击下拉菜单“格式”→“多重引线样式…”，弹出“多重引线样式管理器”对话框，如图7-26所示，新建“形位公差”多重引线样式，将“箭头大小”设为3.5，“最大线点数”设为4，“多重引线类型”选为无，其余设置如图7-27所示。

2）单击“确定”按钮，结束设置。

命令:_mleader

指定引线箭头的位置或[引线基线优先(L)/内容优先(C)/选项(O)]<选项>:(单击A点)指定下一点:(单击B点)

指定下一点:(单击C点)

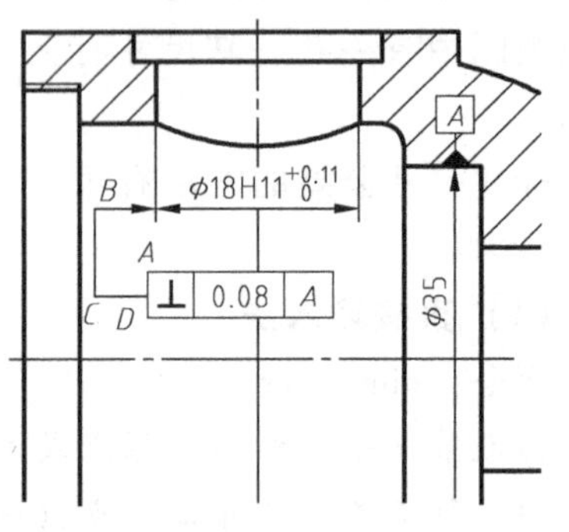

图7-30 标注形位公差

指定引线基线的位置：（单击 D 点，命令结束）

标注指引线画好后，单击“标注”工具栏上的图标，弹出“形位公差”对话框后，在此对话框中输入公差值，如图 7-31 所示。再单击“确定”按钮即可。

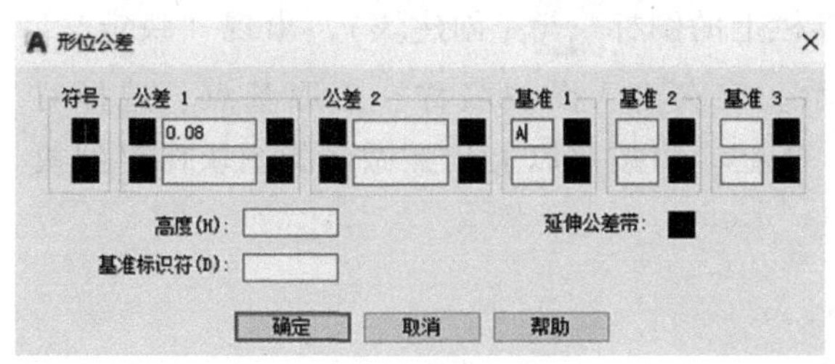

图 7-31　形位公差

三、用图块法标注表面粗糙度

在 AutoCAD 中没有提供表面粗糙度符号，可以将表面粗糙度符号定义为带有属性的图块，然后将其插入图形中。下面以 Ra25 为例，介绍创建表面粗糙度图块的步骤。

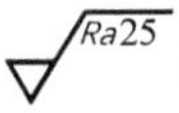

1. 绘制表面粗糙度符号

将“极轴”打开，并设定“极轴增量角”为 60°。

命令：_line 指定第一点：（在屏幕上任意单击一点）

指定下一点或[放弃(U)]：5（极轴 180°）

指定下一点或[放弃(U)]：5（极轴 300°）

指定下一点或[闭合(C)/放弃(U)]：10（极轴 60°）

指定下一点或[闭合(C)/放弃(U)]：13（极轴 0°）

指定下一点或[闭合(C)/放弃(U)]：↙

输入文字“Ra”后，结果如图 7-32 所示。

图 7-32　表面粗糙度符号

2. 定义表面粗糙度符号的属性

单击下拉菜单“绘图”→“块”→“定义属性…”弹出图 7-33 所示的“属性定义”对话

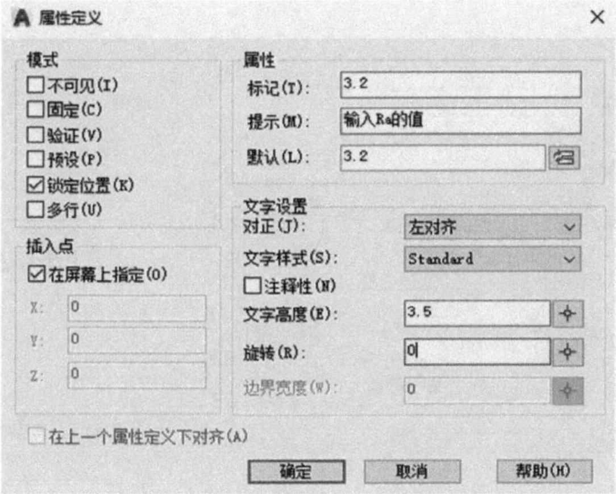

图 7-33　“属性定义”对话框

框，各项参数设置如图所示，单击“确定”按钮后，在绘图区域将标记“3.2”插入粗糙度符号中，如图 7-34 所示。

3. 创建表面粗糙度图块

单击“绘图”工具栏上的图标（创建块），出现“块定义”对话框，如图 7-35 所示。依次输入图块名称、拾取基点、选择对象，然后单击“确定”按钮。将按照以上步骤做好的图块保存到模板中。

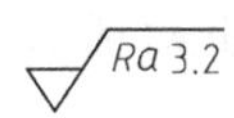

图 7-34　定义属性的表面粗糙度符号

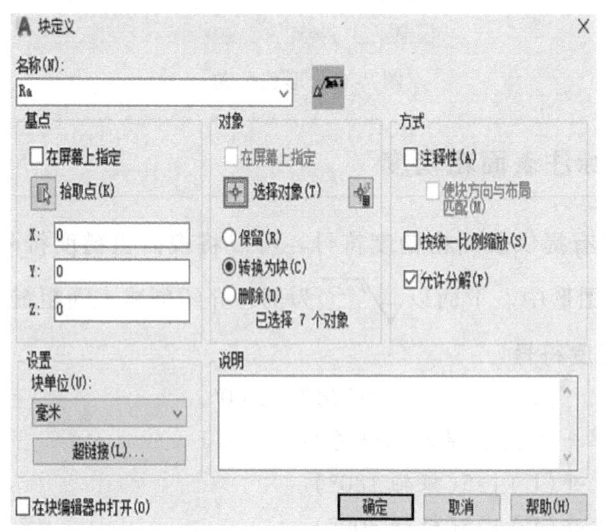

图 7-35　块定义对话框

4. 插入表面粗糙度图块

单击“绘图”工具栏上的图标，弹出“插入”对话框，单击“名称”下拉条，选择要插入的表面粗糙度图块，其余如图 7-36 所示。设定比例和旋转角度后，单击“确定”按钮，将图块插入适当位置，然后按照命令提示行的提示，输入 *Ra* 值 25。

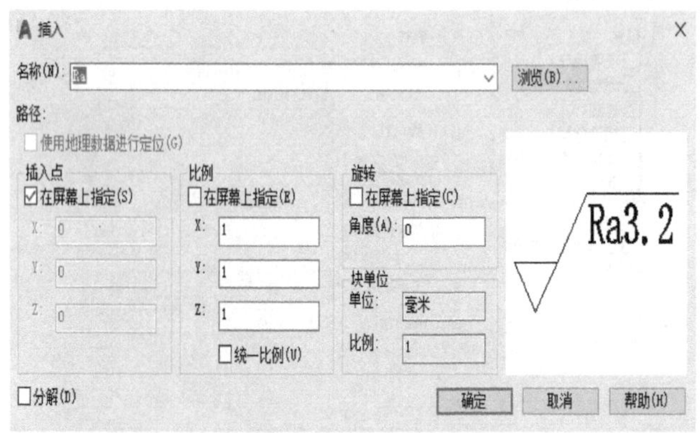

图 7-36　“插入”对话框

第四节　装配图的绘制

用 AutoCAD 绘制装配图有三种方式：①直接绘制；②用建好的零件图图形库“组装”装配图；③用三维模型生成二维装配图。本节介绍第二种方法，即先画好零件图，然后按零件间的相对位置关系，将零件图逐个插入同一图形文件（装配图）中，再进行适当编辑修改，拼画成装配图。

下面以齿轮油泵（见图 7-37）为例，介绍绘制装配图的方法和步骤。

一、图形的绘制

1. 绘制零件图

用本章第二节绘制零件图的方法绘制出齿轮油泵的零件图，如图 7-37～图 7-46 所示，分别为泵体、左泵盖、右泵盖、主动齿轮轴、从动齿轮轴、垫片、压紧螺母、传动齿轮和轴套的零件图。

2. 插入零件图

利用 AutoCAD “插入”命令插入图形时，无须先将零件图定义为图块，可以直接将图形作为图块进行插入。

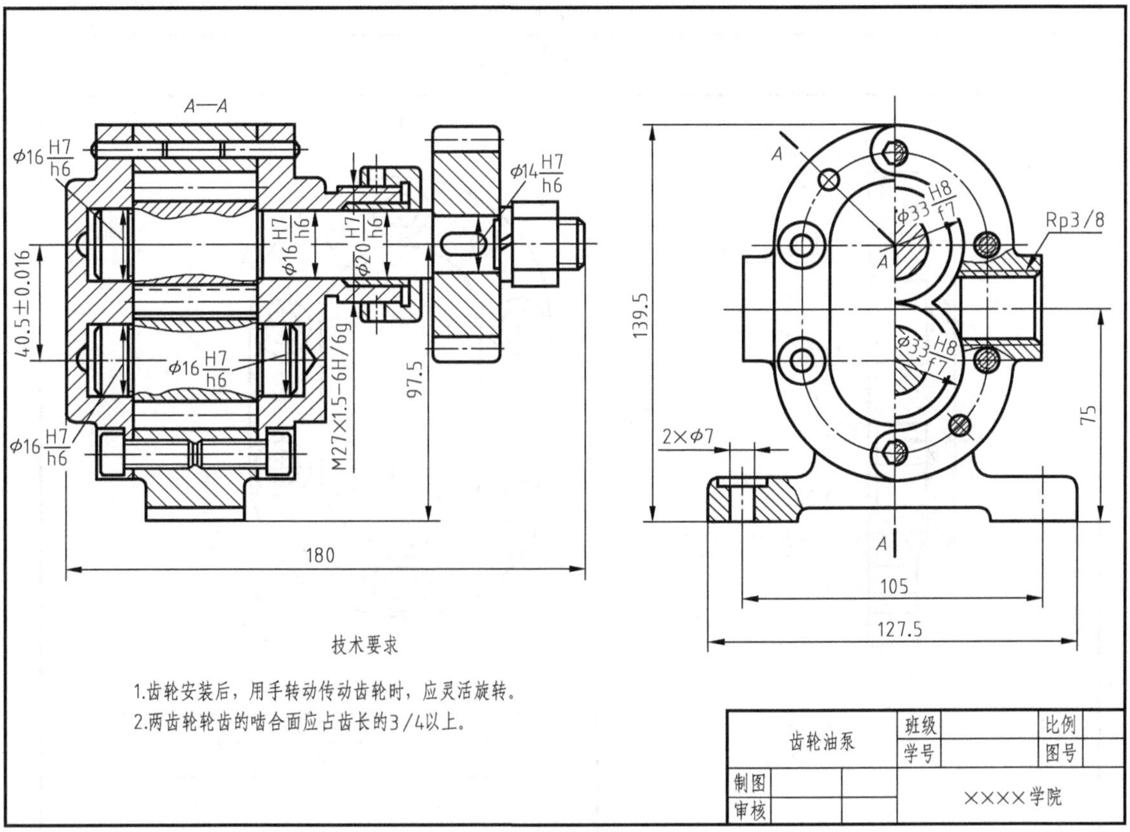

技术要求

1.齿轮安装后，用手转动传动齿轮时，应灵活旋转。
2.两齿轮轮齿的啮合面应占齿长的3/4以上。

齿轮油泵			班级		比例	
			学号		图号	
制图			××××学院			
审核						

图 7-37　齿轮油泵装配图

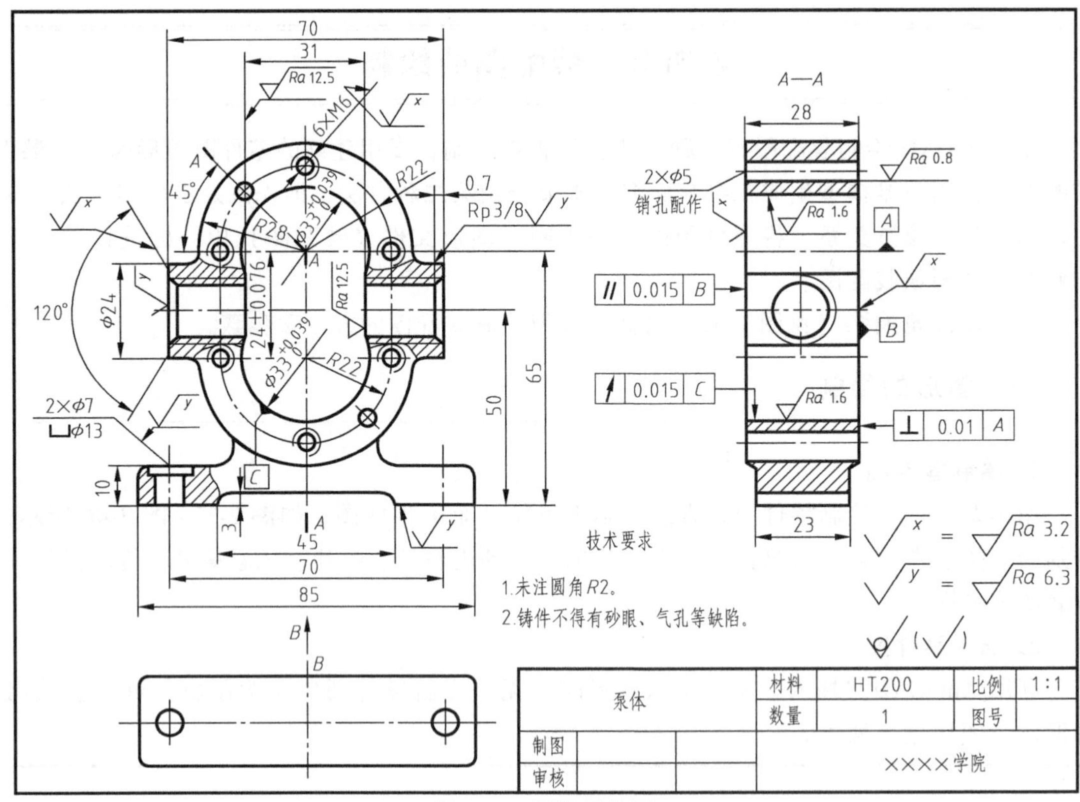

图 7-38　泵体零件图

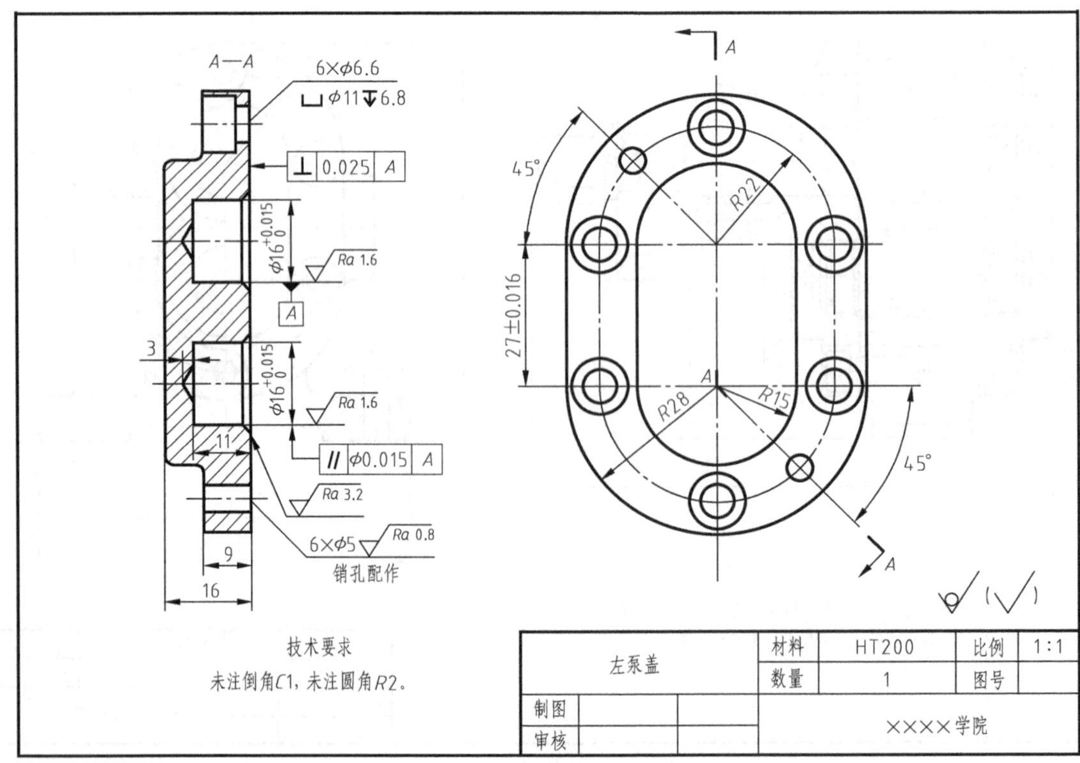

图 7-39　左泵盖零件图

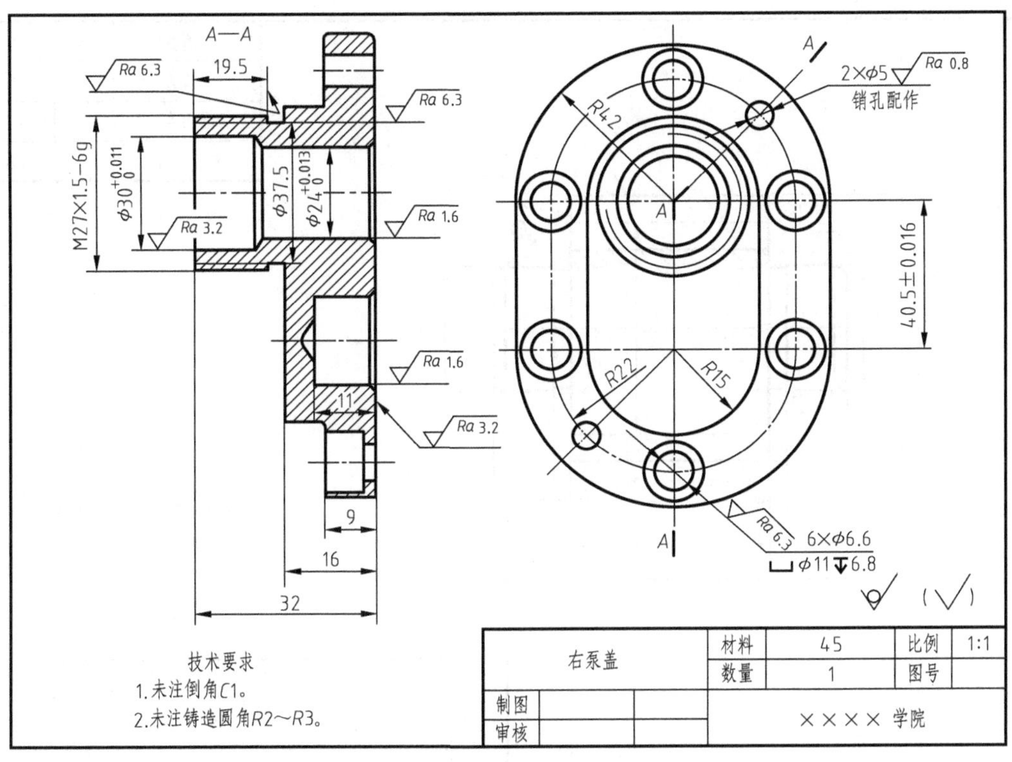

图 7-40　右泵盖零件图

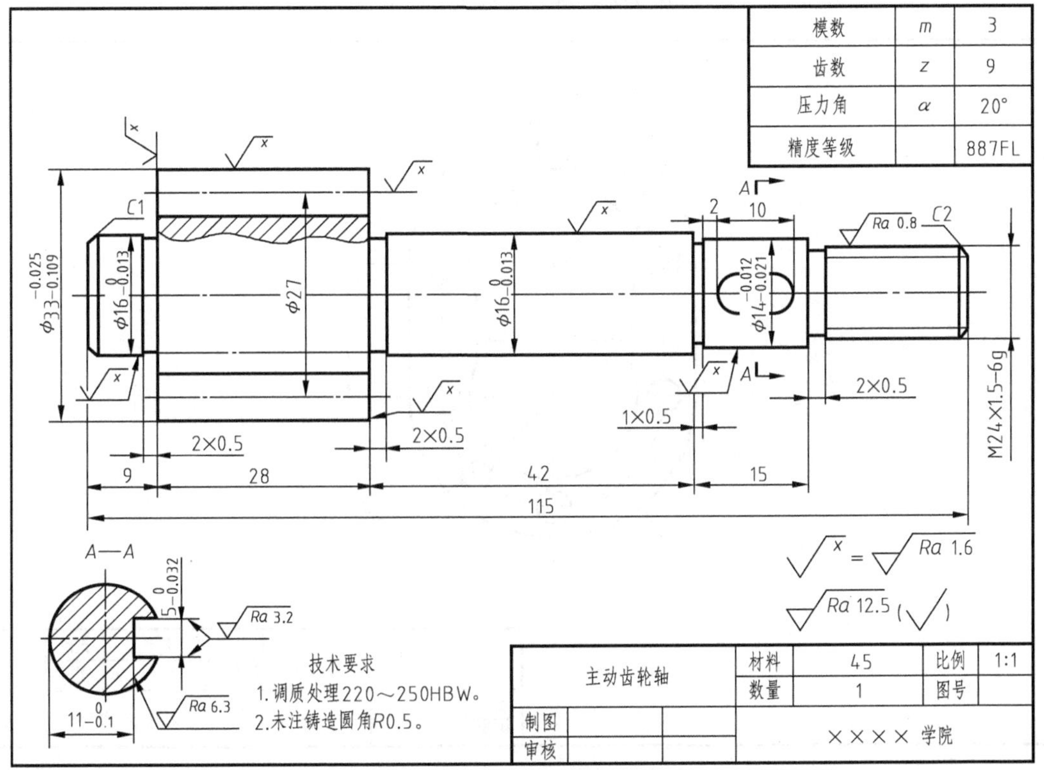

图 7-41　主动齿轮轴零件图

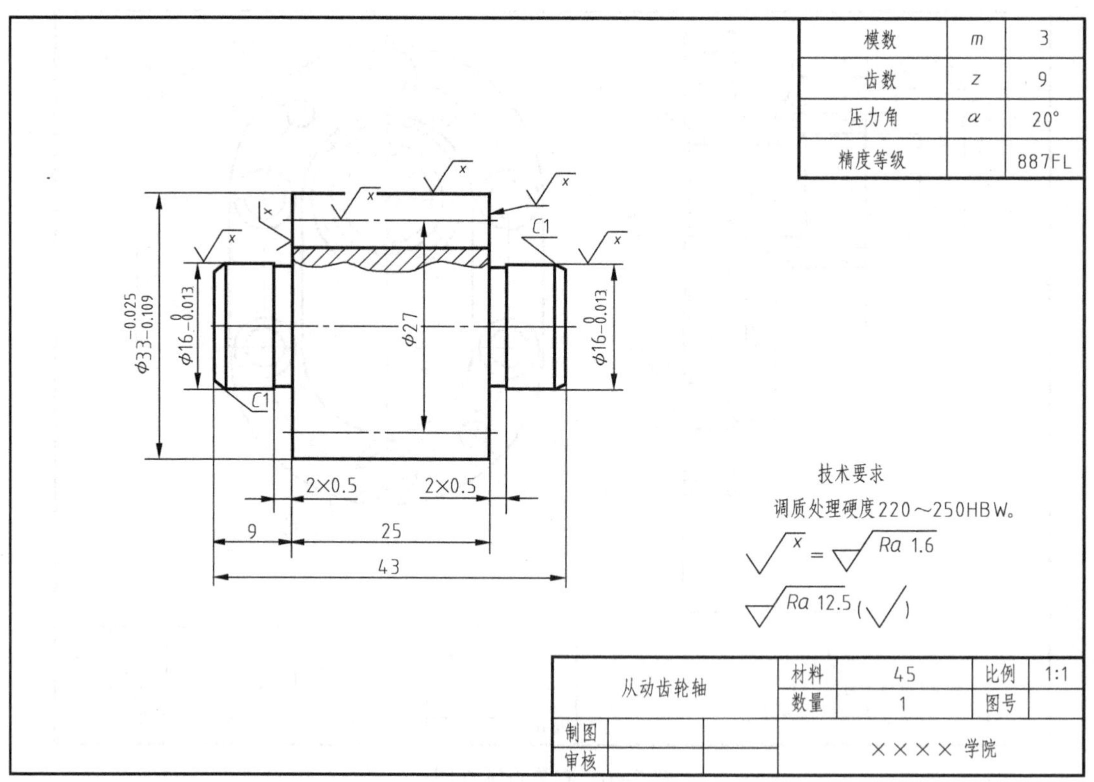

图 7-42　从动齿轮轴零件图

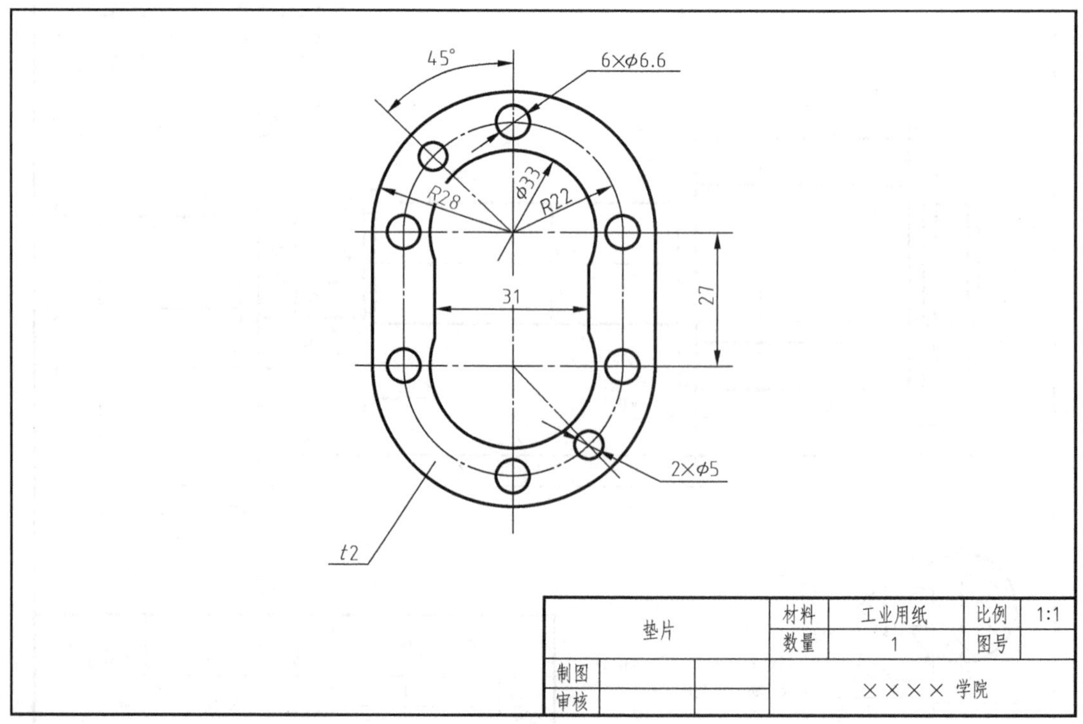

图 7-43　垫片零件图

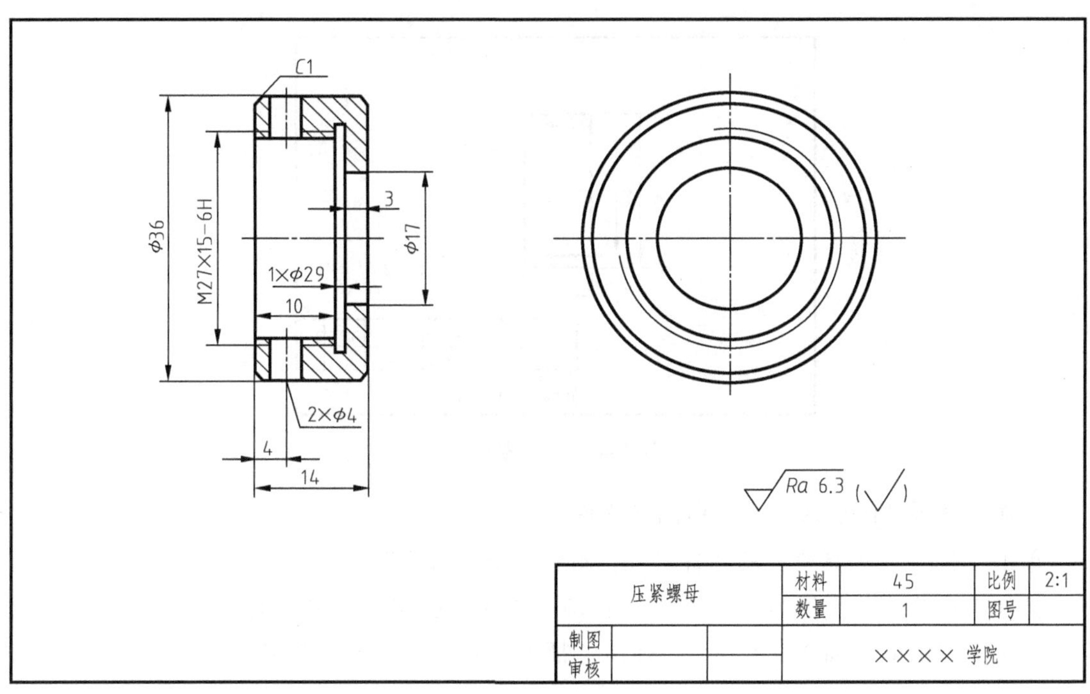

图 7-44　压紧螺母零件图

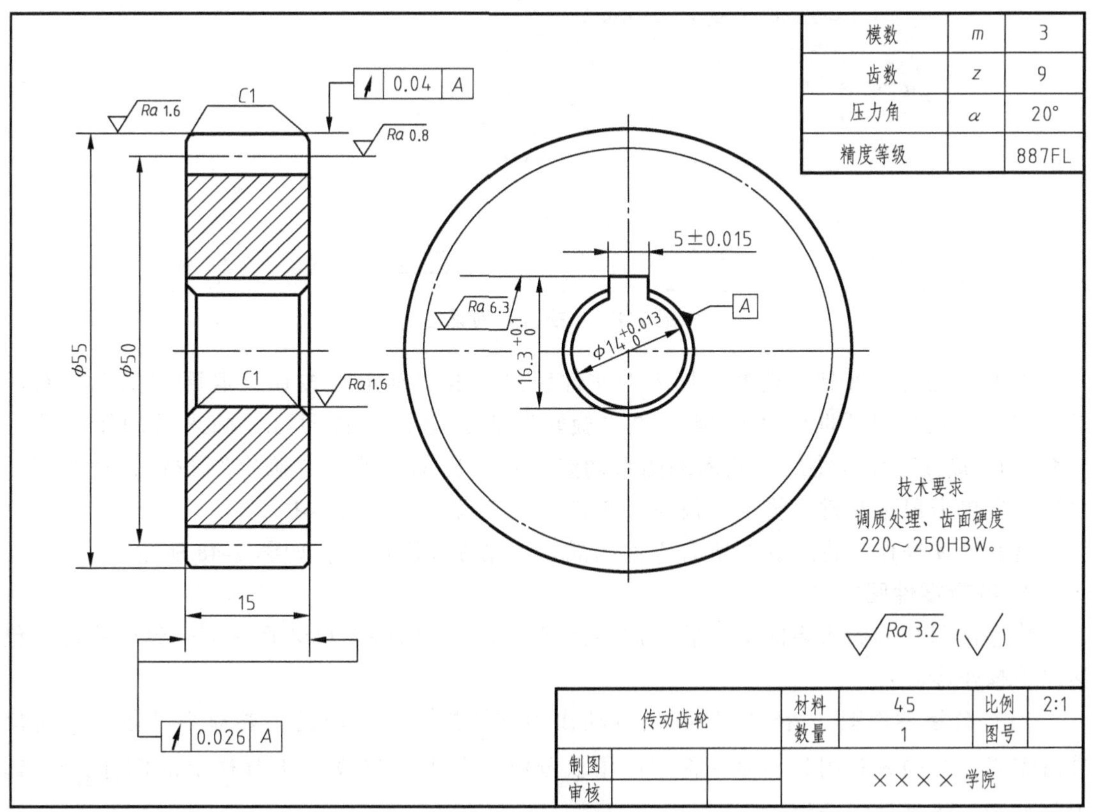

图 7-45　传动齿轮零件图

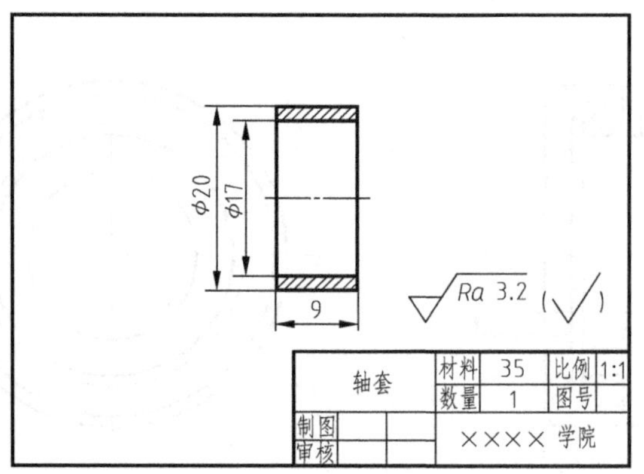

图 7-46　轴套零件图

下面将各零件图插入一个空白图形文件中。

单击“标准”工具栏上的图标，新建一个空白图形。

选择下拉菜单“文件”→“另存为”选项，将图形保存为“齿轮油泵.dwg”。

单击下拉菜单“插入”→“块”，弹出“插入”对话框，如图 7-47 所示。

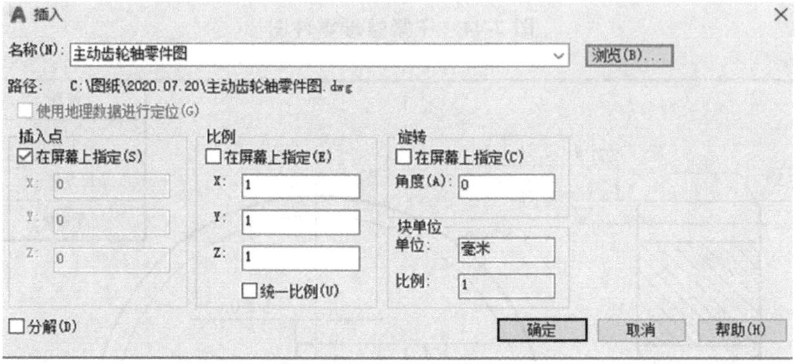

图 7-47　“插入”对话框

单击“浏览”按钮，选择要插入的文件后，单击“确定”按钮，返回“插入”对话框。在“插入”对话框中“比例”和“旋转”保留默认设置即可，插入后的图形可用“缩放（scale）”命令将所有插入的图形调整为相同比例。单击“确定”按钮，在绘图区适当位置单击鼠标左键，将主动齿轮轴零件图插入齿轮油泵图形中。

重复上述操作，将绘制的所有零件图插入齿轮油泵图形中，如图 7-48 所示。

3. 编辑零件图

将零件图全部插入当前文件后，需要经过编辑才能将视图拼装在一起，编辑零件图包括以下操作步骤：

（1）分解零件图　由于零件图是自动作为图块插入的，因此，要对零件图中的对象进行编辑，必须先利用分解命令将零件图块分解。单击“修改”工具栏上的图标，选中零件图，将零件图分解。

（2）删除对象　装配图和零件图的内容和表达方式不同，因此，必须对零件图中无

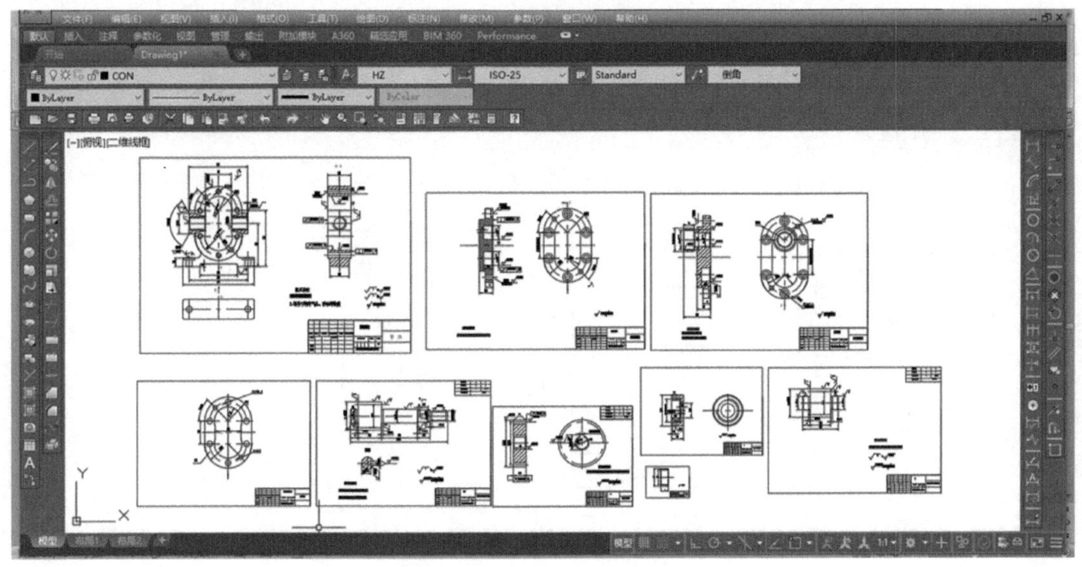

图 7-48　插入零件图，统一比例

用的对象，包括边界线、边框、标题栏、绝大多数的尺寸、技术要求（表面粗糙度、尺寸公差、几何公差和文本）以及一些无用的视图进行删除。对齿轮油泵各零件图进行删除后的结果如图 7-49 所示。

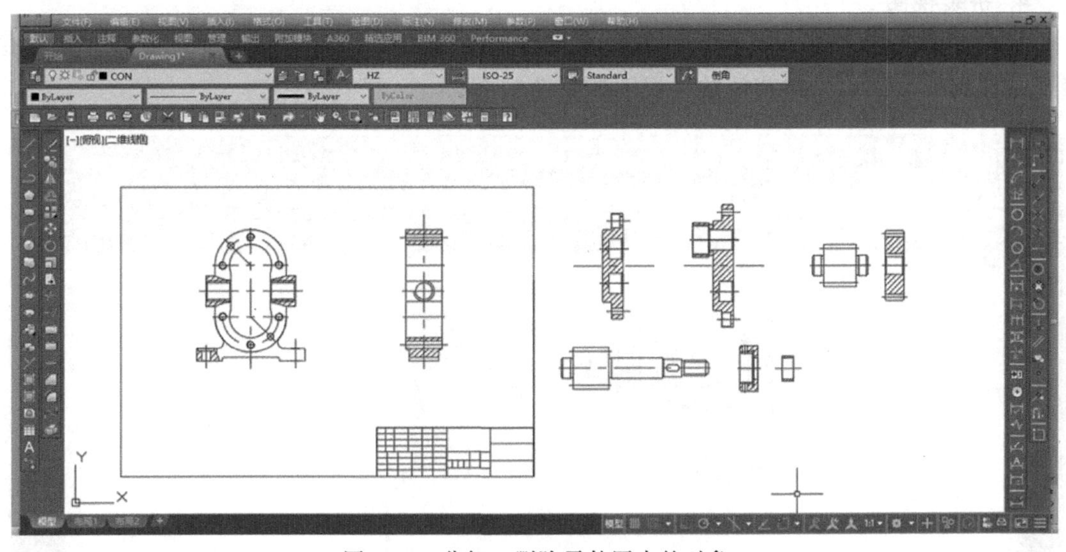

图 7-49　分解、删除零件图中的对象

（3）**移动视图**　利用移动命令调整保留下的零件视图的位置。

（4）**镜像视图**　零件图中视图的方向与装配图中视图的方向可能不一致，如右泵盖，可利用镜像命令改变视图的方向。移动、镜像后的结果如图 7-50 所示。

（5）**旋转视图**　当机器或部件中有倾斜安装的零件时，可以利用旋转命令将零件图旋转到装配图要求的倾斜位置（该齿轮油泵中没有倾斜安装的零件）。

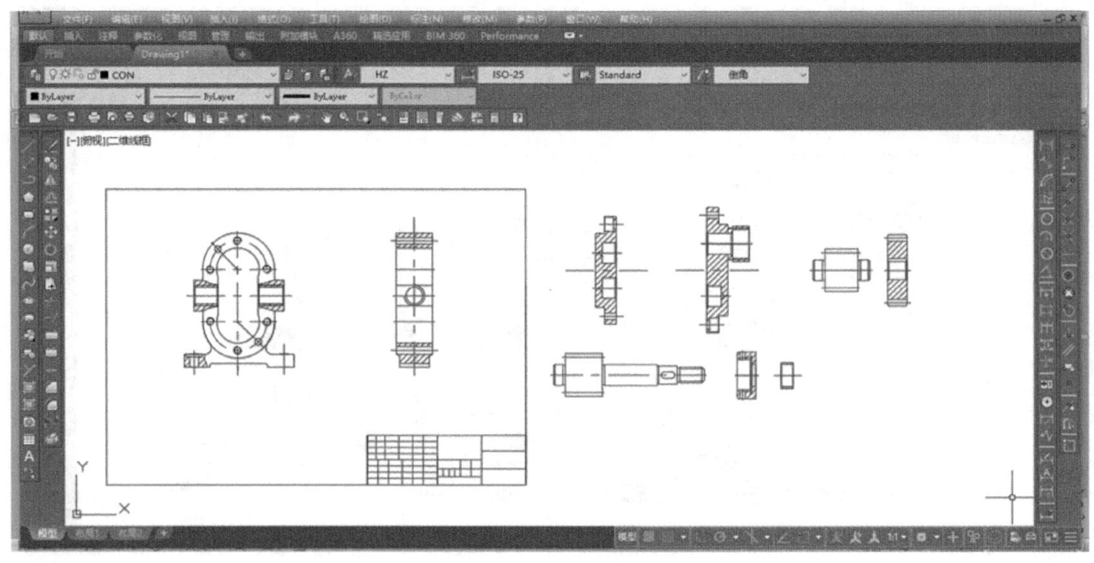

图 7-50 移动、镜像零件图中的对象

旋转视图也可以在插入零件时，利用“插入”对话框中的“旋转”文本框设置完成。

(6) 统一比例 利用缩放命令，将不同比例绘制的零件图统一为装配图的比例。统一比例也可以在插入零件图时，利用“插入”命令对话框中的“比例”文本框设置完成。

4. 拼装视图

拼装视图就是将图 7-50 所示的零件视图按照装配关系移到一起，拼装视图的关键是将视图移到其定位点。拼装后的主视图如图 7-51 所示。

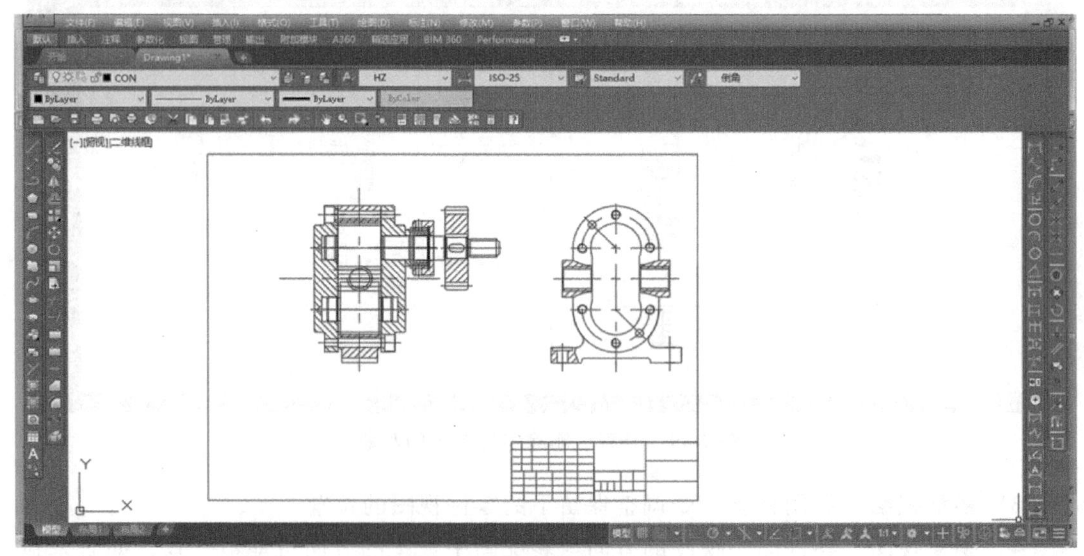

图 7-51 拼装后的主视图

5. 编辑视图和剖面线

剖面线的画法应符合机械制图国家标准规定。编辑视图和剖面线的结果如图 7-52

所示。

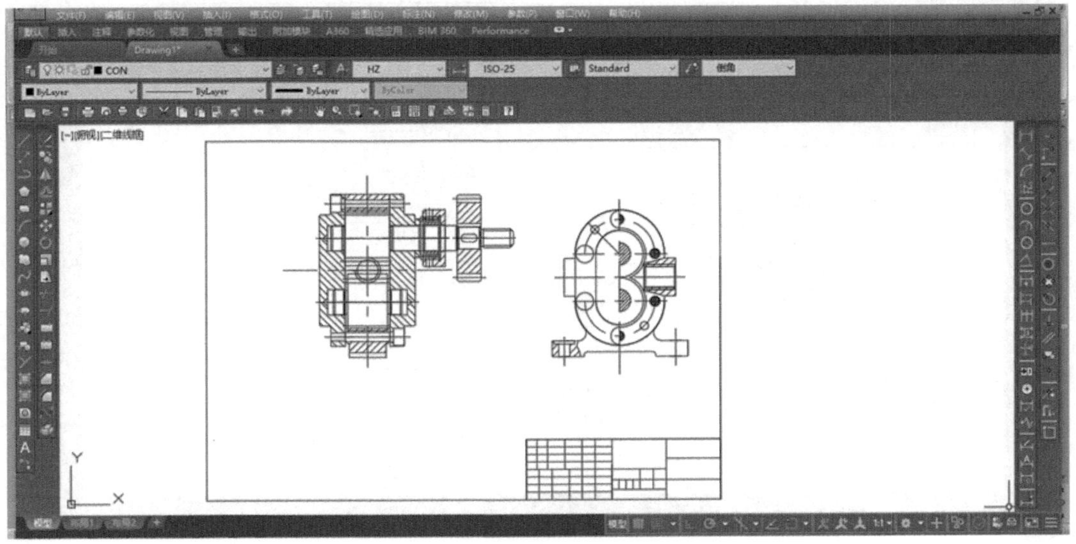

图 7-52 编辑视图和剖面线的结果

6. 编辑、拼装紧固件

齿轮油泵中有一个螺母和六个螺钉，装配这类零件可以直接从 AutoCAD 的符号库中调用。

单击“视图”选项卡→“选项板”面板→“设计中心”，弹出“设计中心”对话框（见图 7-53）。在文件列表中依次打开 Sample→Design Center→Fasteners Metric，将其拖到齿轮油泵装配图中，然后利用分解、删除、移动等命令对其进行编辑，结果如图 7-54 所示。

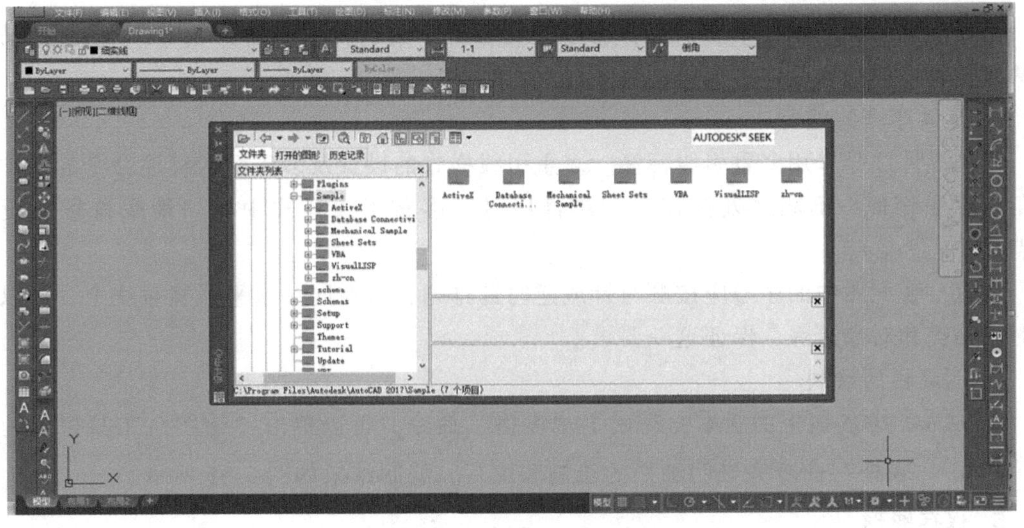

图 7-53 “设计中心”对话框

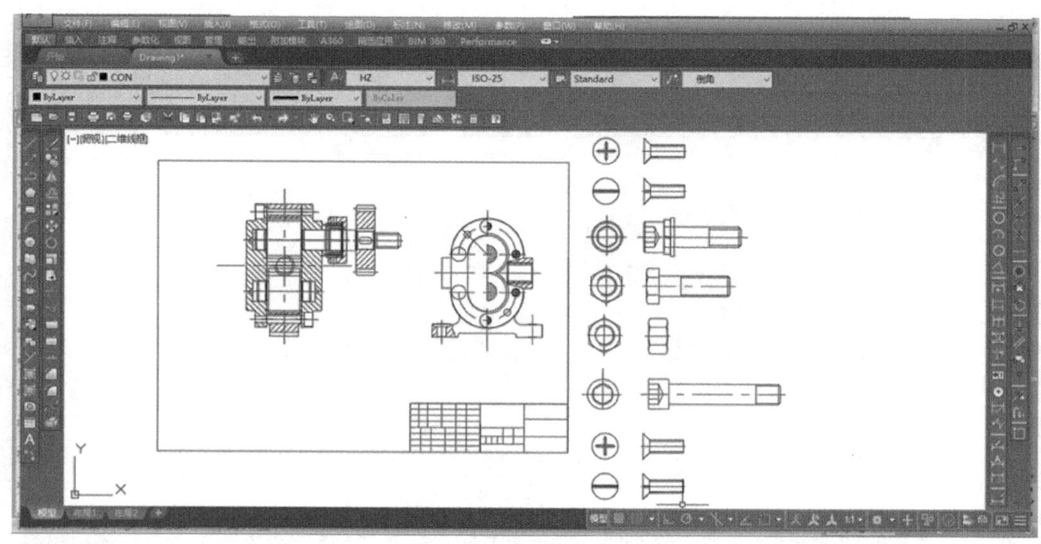

图 7-54　插入紧固件

二、填写文字，完成全图

装配图中需要完成的内容还包括尺寸的标注、技术要求文本的书写、零件序号的编写以及明细栏、标题栏的填写。

1. 尺寸的标注

根据装配图的五类尺寸（性能尺寸、装配尺寸、安装尺寸、总体尺寸和其他重要尺寸），对齿轮油泵的装配图进行尺寸标注。

2. 技术要求文本的书写

齿轮油泵的装配图技术要求是：①齿轮安装后，用手转动传动齿轮时，应灵活旋转；②两齿轮轮齿的啮合面应占齿长的 3/4 以上。

3. 零件序号的编写

绘制零件序号采用多重引线标注。多重引线样式的设置及多重引线标注命令的操作与倒角的标注相似，不同之处仅在于"零件序号"多重引线样式中将"箭头符号"设为小点。

注意，装配图中的序号应按顺时针或逆时针排列，且在同一水平或竖直线上。可以配合对象捕捉和对象追踪，保证这一要求。

4. 明细栏的绘制

AutoCAD 2005 以上的版本，新增了"表格"命令，可以单击"绘图"工具栏上的图标，用"表格"命令完成明细栏的绘制和填写，绘制结果如图 7-55 所示。

5. 保存图形

保存图形，完成齿轮油泵装配图的绘制。

序号	名称	数量	材料	备注
15	螺钉M6×16	12	35	GB/T 70.1—2008
14	键5×10	1	45	GB/T 1096—2003
13	螺母M12	1	35	GB/T 6170—2015
12	垫圈12	1	35	GB/T 93—1987
11	传动齿轮	1	45	
10	压紧螺母	1	35	
9	轴套	1	35	
8	密封圈	1	橡胶	
7	右泵盖	1	HT200	
6	泵体	1	HT200	
5	垫片	2	工业用纸	d=1
4	销5×18	4	45	
3	主动齿轮轴	1	45	
2	从动齿轮轴	1	45	GB/T 119.2—2000
1	左泵盖	1	HT200	

标记 处数 分区 更改文件号 签名 年、月、日
设计 标准化
审核
工艺
阶段标记 重量 比例 1:1
共 张 第 张
齿轮油泵

图 7-55 明细栏和标题栏

第五节 AutoCAD 三维实体常用命令

AutoCAD 三维实体命令同二维命令一样，也分为绘图命令和编辑命令两部分，只不过三维的绘图命令称为三维造型命令。

一、常用三维实体造型命令

常用三维实体造型命令见表 7-1。

表 7-1 常用三维实体造型命令

图标	用途	图标	用途
	BOX 创建三维实心长方体		HELIX 创建二维螺旋或三维螺旋
	WEDGE 创建三维实心楔体		PLANESURF 创建平面曲面
	CONE 创建三维实心圆锥体		EXTRUDE 通过拉伸二维或三维曲线来创建三维实体或曲面
	SPHERE 创建三维实心球体		SLICE 通过剖切二维或三维曲线来创建三维实体或曲面
	CYLINDER 创建三维实心圆柱体		SWEEP 通过沿路径扫掠二维或三维曲线来创建三维实体或曲面
	TORUS 创建圆环形三维实体		REVOLVE 通过绕轴扫掠二维或三维曲线来创建三维实体或曲面

二、常用三维实体编辑命令

常用三维实体编辑命令见表 7-2。

表 7-2 常用三维实体编辑命令

图标	用途	图标	用途
	UNION 用并集合并选定的三维实体或二维面域		SOLIDEDIT-face-taper 按指定的角度倾斜三维实体上的面
	SUBTRACT 用差集合并选定的三维实体或二维面域		SOLIDEDIT-face-copy 复制三维实体上的面,从而生成面域或实体
	INTERSECT 用选定的重叠实体或面域创建三维实体或二维面域		SOLIDEDIT-body-shell 将三维实体转换为中空壳体,其壁具有指定厚度
	SOLIDEDIT-face-extrude 按指定的距离或沿某条路径拉伸三维实体的选定平面		SOLIDEDIT-edge-copy 将三维实体上的选定边复制为二维圆弧、圆、椭圆、直线或样条曲线
	SOLIDEDIT-face-move 将三维实体上的面在指定方向上移动指定距离		SOLIDEDIT-rotate 绕指定的轴旋转三维实体上的选定面
	SOLIDEDIT-face-offset 按指定的距离偏移三维实体的选定面,从而更改其形状		FILLETEDGE 为实体对象的边制作圆角
	SOLIDEDIT-face-delete 删除三维实体上的面,包括圆角或倒角		CHAMFEREDGE 为实体对象的边制作倒角

第六节 三维实体建模的基本方法

本节以齿轮油泵的左泵盖为例，介绍三维实体建模的基本方法。

齿轮油泵左泵盖的三维模型图和它的二维工程图，如图 7-56 和图 7-57 所示。

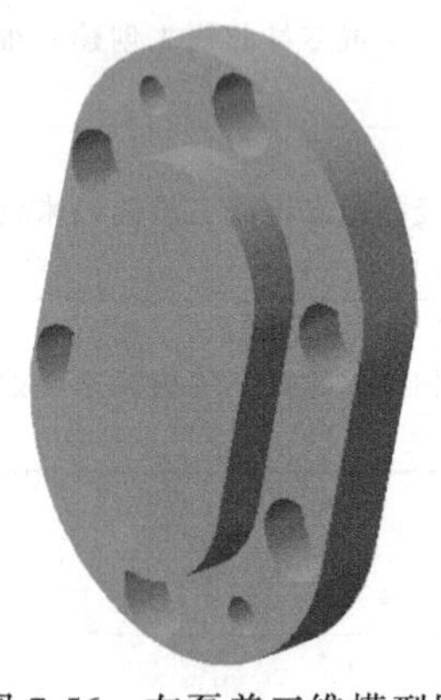

图 7-56 左泵盖三维模型图

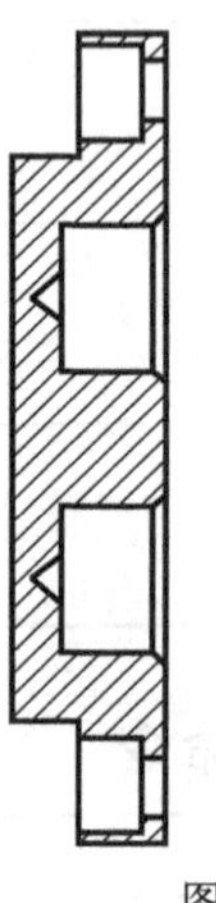

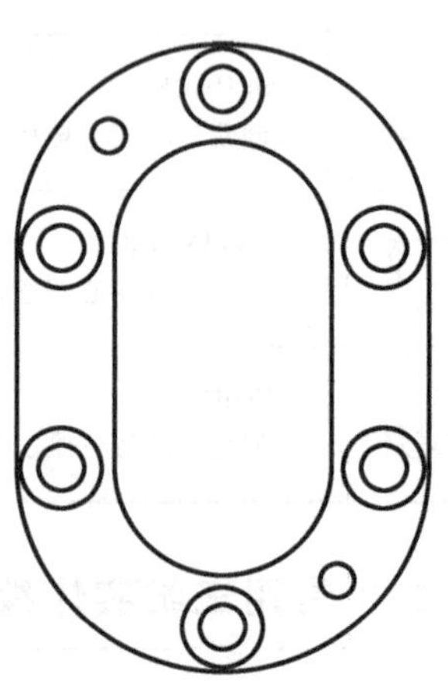

图 7-57 左泵盖二维图形

一、绘制泵盖主体

1. 设置线框密度

命令:isolines(从键盘输入)

输入 ISOLINES 的新值<4>:10↙

2. 设置视图方向

单击“视图”工具栏上的图标，将当前视图方向设置为西南等轴测。

3. 绘制长方体

命令:_box（单击“实体”工具栏上的图标）

指定长方体的角点或[中心点(CE)]<0,0,0>:↙

指定角点或[立方体(C)/长度(L)]:1↙

指定长度:9↙

指定宽度:56↙

指定高度:27↙

4. 绘制圆柱体

单击“视图”工具栏上的图标，再单击图标，改变坐标系方向。

命令:_cylinder(单击“实体”工具栏上的图标)

当前线框密度 ISOLINES = 10

指定圆柱体底面的中心点或[椭圆(E)]<0,0,0>:-28,27,0↙

指定圆柱体底面的半径或[直径(D)]:28↙

指定圆柱体高度或[另一个圆心(C)]:-9↙

5. 复制所画圆柱体

命令:_copy(单击“绘图”工具栏上的图标)

选择对象:找到 1 个(选择前面所画圆柱体)

选择对象:↙

指定基点或[位移(D)]<位移>:(在绘图区任一点处单击)

指定第二个点或<使用第一个点作为位移>:0,-27,0↙

指定第二个点或[退出(E)/放弃(U)]<退出>:↙

得到图 7-58 所示的图形，该图形是在三维线框下所示。

6. 并集处理

命令:_union(单击“实体编辑”工具栏上的图标)

选择对象:指定对角点:找到 3 个(选中三个对象)

选择对象:↙

并集处理后得到一个腰圆形的实体，如图 7-59 所示。

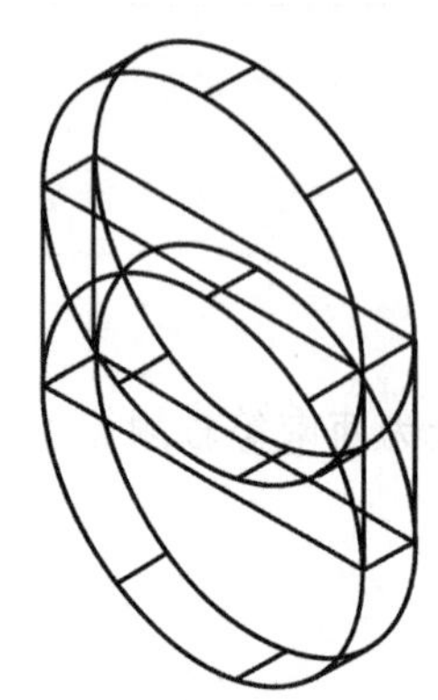

图 7-58　创建长方体和圆柱体

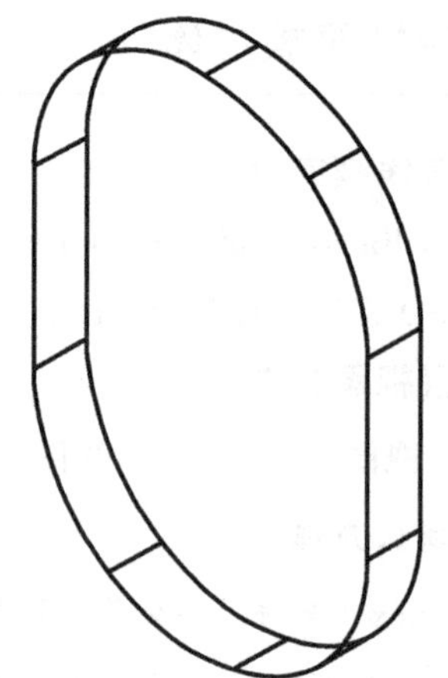

图 7-59　并集后的实体（一）

7. 复制实体边界

命令:_solidedit(单击“实体编辑”工具栏上的图标)

实体编辑自动检查:SOLIDCHECK＝1

输入实体编辑选项[面(F)/边(E)/体(B)/放弃(U)/退出(X)]<退出>:_edge

输入边编辑选项[复制(C)/着色(L)/放弃(U)/退出(X)]<退出>:_copy

选择边或[放弃(U)/删除(R)]:(依次选择该实体左端面上四条边)

选择边或[放弃(U)/删除(R)]:

选择边或[放弃(U)/删除(R)]:

选择边或[放弃(U)/删除(R)]:

选择边或[放弃(U)/删除(R)]:↙

指定基点或位移:0,0,0

指定位移的第二点:0,0,0

输入边编辑选项[复制(C)/着色(L)/放弃(U)/退出(X)]<退出>:↙

实体编辑自动检查:SOLIDCHECK＝1

输入实体编辑选项[面(F)/边(E)/体(B)/放弃(U)/退出(X)]<退出>:↙

8. 合并多段线

命令:_pedit(单击下拉菜单“修改”→“对象”→“多段线”,将复制后的边界线合并为多段线)

选择多段线或[多条(M)]:(选择复制边界的任意一条线段)

选定的对象不是多段线

是否将其转换为多段线? <Y>:↙

输入选项[闭合(C)/合并(J)/宽度(W)/编辑顶点(E)/拟合(F)/样条曲线(S)/非曲线化(D)/线型生成(L)/放弃(U)]:j

选择对象:找到 1 个(依次选择复制边界的四个对象)

选择对象:找到 1 个,总计 2 个

选择对象:找到 1 个,总计 3 个

选择对象:找到 1 个,总计 4 个

选择对象:↙

3 条线段已添加到多段线

输入选项[闭合(C)/合并(J)/宽度(W)/编辑顶点(E)/拟合(F)/样条曲线(S)/非曲线化(D)/线型生成(L)/放弃(U)]:↙

9. 偏移边线

命令:_OFFset(单击“修改”工具栏上的图标)

当前设置:删除源=否　图层=源　OFFSETGAPTYPE=0

指定偏移距离或[通过(T)/删除(E)/图层(L)]<通过>:13↙

选择要偏移的对象,或[退出(E)/放弃(U)]<退出>:(选择合并后的多段线)

指定要偏移的那一侧上的点,或[退出(E)/多个(M)/放弃(U)]<退出>:(在多段线内部任意一点单击)

选择要偏移的对象,或[退出(E)/放弃(U)]<退出>:↙

10. 拉伸偏移的边线

命令:_extrude(单击“实体”工具栏上的图标)

当前线框密度:ISOLINES=10

选择对象:找到 1 个(选择前面偏移后的图线)

选择对象:↙

指定拉伸高度或[路径(P)]:7↙

指定拉伸的倾斜角度<0>:↙

11. 并集处理

方法同前，将所绘制的所有实体进行并集处理，结果如图 7-60 所示。

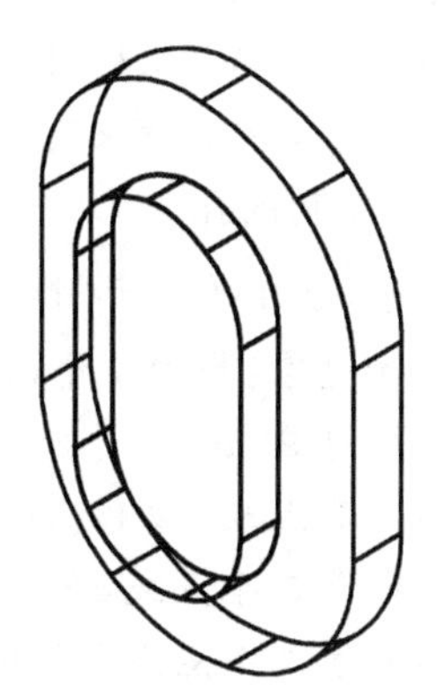

图 7-60　并集后的实体（二）

二、绘制泵盖内孔

图 7-61 所示为泵盖零件图中其中一个内孔，截取一部分，做成面域后，将其旋转成体。

1）单击“视图”工具栏上的图标，改变坐标系方向。

2）画出内孔的一半并修改，结果如图 7-62 所示。

3）作面域。

命令:_region(单击“绘图”工具栏上的图标)

选择对象:指定对角点:找到 6 个(选择图 7-62 所示的所有对象)

选择对象:↙

已提取 1 个环。

已创建 1 个面域。

4）旋转成实体。单击“实体”工具栏上的图标，

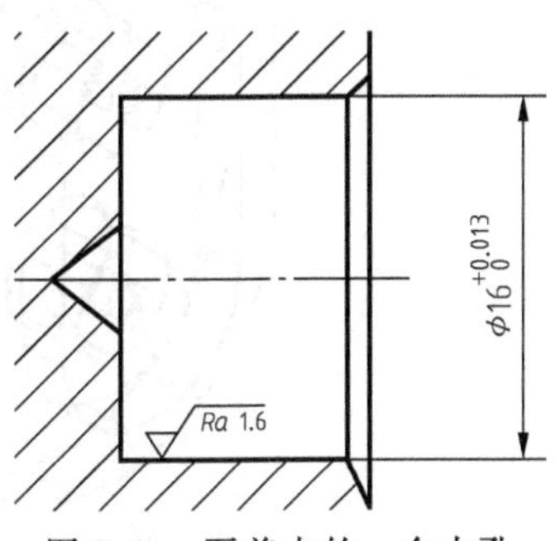

图 7-61　泵盖中的一个内孔

将图 7-62 所示的面域绕 *AB* 轴线旋转为实体，单击图标，结果如图 7-63 所示。

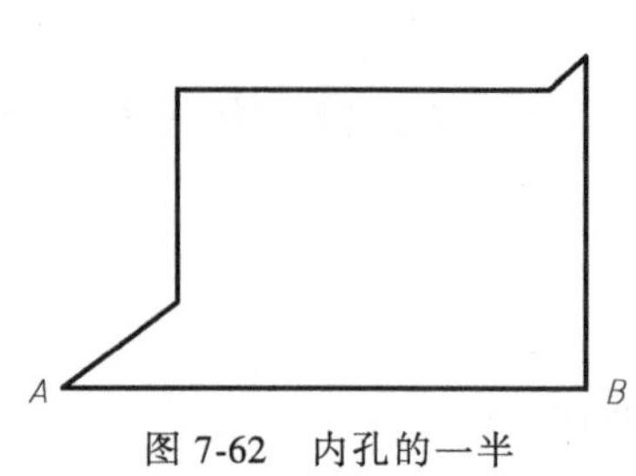

图 7-62　内孔的一半

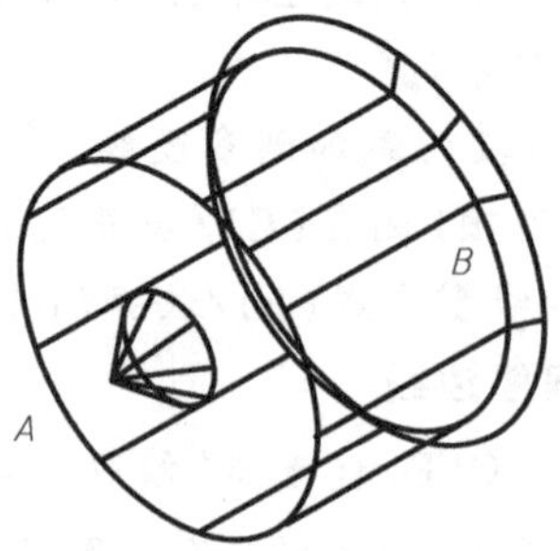

图 7-63　内孔实体

5）移动内孔到泵盖中。

命令：_move（单击“修改”工具栏上的图标）

选择对象：找到 1 个（选择所绘制内孔）

选择对象：↙

指定基点或［位移（D）］<位移>：（捕捉内孔右端锥面圆心）

指定第二个点或<使用第一个点作为位移>：（捕捉泵盖右端上半圆柱圆心）

6）复制内孔。

命令：_copy（单击“修改”工具栏上的图标）

选择对象：找到 1 个（选择所绘制内孔）

选择对象：↙

指定基点或［位移（D）］<位移>：（捕捉内孔右端锥面圆心）

指定第二个点或<使用第一个点作为位移>：（捕捉泵盖右端下半圆柱圆心）

指定第二个点或［退出（E）/放弃（U）］<退出>：↙

结果如图 7-64 所示。

7）差集处理。单击“实体编辑”工具栏上的图标，进行差集处理，体着色（单击“视觉样式”工具栏上的图标）后，用三维动态观察器（单击“动态观察”工具栏上的图标）观察，得到图 7-65 所示的泵盖。

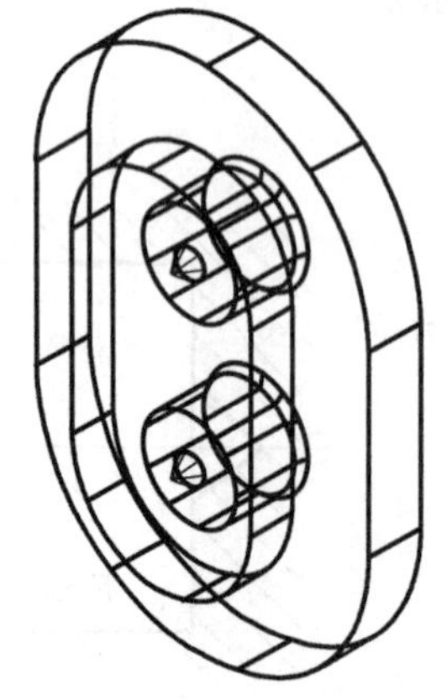
图 7-64　移动、复制内孔图

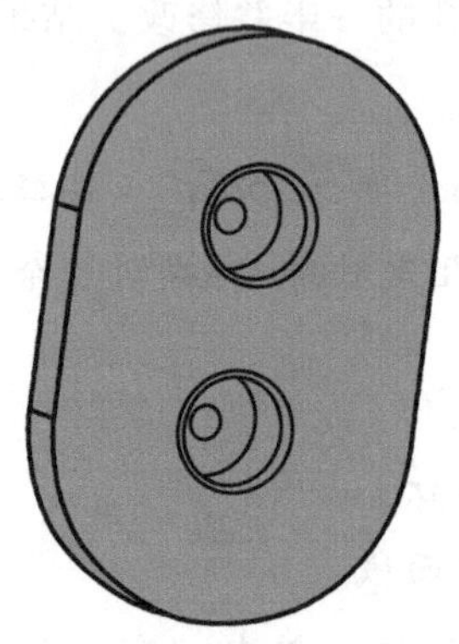
图 7-65　差集后的泵盖

命令:_subtract 选择要从中减去的实体或面域…:↙
选择对象:找到 1 个(选择泵盖主体)
选择对象:↙
选择要减去的实体或面域…:↙
选择对象:找到 1 个(选择第一个内孔)
选择对象:总计 2 个(选择第二个内孔)
选择对象:↙

三、绘制圆柱沉孔和销孔

依次单击“视图”工具栏上的图标和，改变视图方向。

1. 绘制圆柱沉孔

1）绘制沉孔。

命令:_cylinder(单击“实体”工具栏上的图标)
当前线框密度:ISOLINES=10
指定圆柱体底面的中心点或[椭圆(E)]<0,0,0>:-6,0,0↙
指定圆柱体底面的半径或[直径(D)]:5.5↙
指定圆柱体高度或[另一个圆心(C)]:-6.8↙
命令:_cylinder(单击“实体”工具栏上的图标)
当前线框密度:ISOLINES=10↙
指定圆柱体底面的中心点或[椭圆(E)]<0,0,0>:(捕捉上一个圆柱右侧平面圆心)
指定圆柱体底面的半径或[直径(D)]:3.3↙
指定圆柱体高度或[另一个圆心(C)]:-2.2↙
命令:_union(单击“实体编辑”工具栏上的图标),将两个圆柱作并集)
选择对象:找到 1 个(捕捉第一个圆柱)
选择对象:找到 1 个,总计 2 个(捕捉第二个圆柱)
选择对象:↙

2）复制沉孔，镜像，并作差集。

命令:_copy(单击“修改”工具栏上的图标)
选择对象:找到 1 个(作好并集后的圆柱沉孔)
选择对象:↙
指定基点或[位移(D)]<位移>:(捕捉圆柱沉孔左端面圆心)
指定第二个点或<使用第一个点作为位移>:-22,-22,0↙
指定第二个点或[退出(E)/放弃(U)]<退出>:-44,0,0↙
指定第二个点或[退出(E)/放弃(U)]<退出>:↙
命令:_mirror3d(单击下拉菜单“修改”→“三维操作”→“三维镜像”)
选择对象:找到 1 个

选择对象:找到 1 个,总计 2 个

选择对象:找到 1 个,总计 3 个(分别选取 3 个圆柱沉孔)

选择对象:↙

指定镜像平面(三点)的第一个点或[对象(O)/最近的(L)/Z 轴(Z)/视图(V)/XY 平面(XY)/YZ 平面(YZ)/ZX 平面(ZX)/三点(3)]<三点>:zx↙

指定 ZX 平面上的点<0,0,0>:(捕捉泵盖左端平面竖直棱线的中点)

是否删除源对象?[是(Y)/否(N)]<否>:↙

得到结果如图 7-66 所示。

命令:_subtract(单击"实体编辑"工具栏上的图标)

选择要从中减去的实体或面域…

选择对象:找到 1 个(选择泵盖主体)

选择对象:↙

选择要减去的实体或面域…

选择对象:找到 1 个

选择对象:找到 1 个,总计 2 个

选择对象:找到 1 个,总计 3 个

选择对象:找到 1 个,总计 4 个

选择对象:找到 1 个,总计 5 个

选择对象:找到 1 个,总计 6 个(分别选取 6 个圆柱沉孔)

选择对象:↙

体着色后，用三维动态观察器查看，结果如图 7-67 所示。

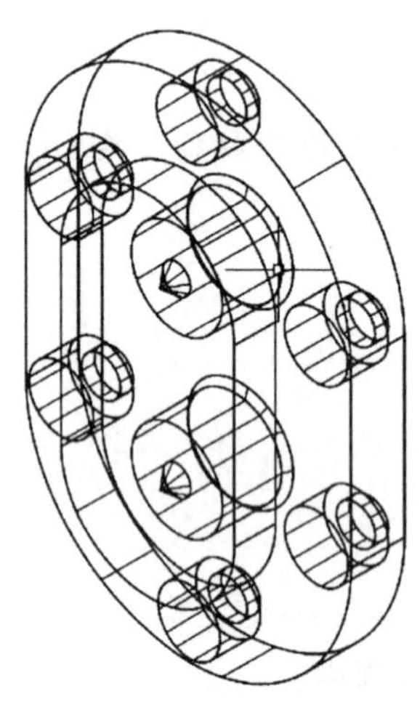

图 7-66　绘制圆柱沉孔

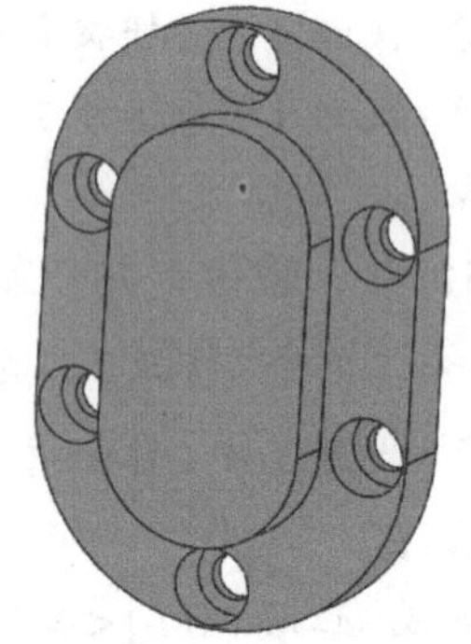

图 7-67　差集圆柱沉孔后的泵盖

2. 绘制销孔

1）单击“视图”工具栏上的图标，恢复西南等轴测方向。

2）作辅助线，找到销孔圆心。

命令:_line 指定第一点:(捕捉泵盖最左端面上半圆柱圆心)

指定下一点或[放弃(U):<极轴开>22↙(将极轴增量角设为 45°,当极轴角在 135°时,输入距离 22)

指定下一点或[放弃(U)]:↙

3) 作 ϕ5mm 圆柱。

命令:_cylinder(单击"实体"工具栏上的图标)

当前线框密度:ISOLINES=10

指定圆柱体底面的中心点或[椭圆(E)]<0,0,0>:(捕捉前面所画直线 22 端点处)

指定圆柱体底面的半径或[直径(D)]:2.5↙

指定圆柱体高度或[另一个圆心(C)]:-16↙

用同样方法做出泵盖下端圆柱，然后删除两条辅助直线。

4) 作差集，得到泵盖实体。

命令:_subtract 选择要从中减去的实体或面域…

选择对象:找到 1 个(选择泵盖主体)选择对象:↙

选择要减去的实体或面域…

选择对象:找到 1 个

选择对象:找到 1 个,总计 2 个(分别选择前面所画两个圆柱)

选择对象:↙

结果如图 7-56 所示。

第七节　由三维实体生成二维视图

所谓的由三维实体模型生成二维平面图形，是利用了多视口视图功能，使用"设置"子菜单中的命令选项，利用正投影法生成平面三视图轮廓。具体操作步骤如下:

1) 单击图形窗口底部的"布局 1"选项卡，从模型空间切换到图纸空间，再单击下拉菜单"文件"→"页面设置管理器"，将图纸尺寸设定为"ISO A4"。

2) 单击"确定"按钮，进入图纸空间，AutoCAD 在 A4 图纸上自动创建一个浮动视口，如图 7-68 所示。

3) 选择浮动视口，激活它的关键点，进入拉伸模式，调整视口大小，结果如图 7-69 所示。

4) 移动该视口到适当位置后，单击"图纸"按钮，激活图纸上的浮动视口，再单击"标准"工具栏上的图标，使模型全部显示在视口中，如图 7-70 所示。

5) 设置"左视点"，单击"视图"工具栏上的图标，便可获得左视图，如图 7-71 所示。

6) 用 SOLVIEW 命令创建视口。

命令:_solview

输入选项[UCS(U)/正交(O)/辅助(A)/截面(S)]:s↙

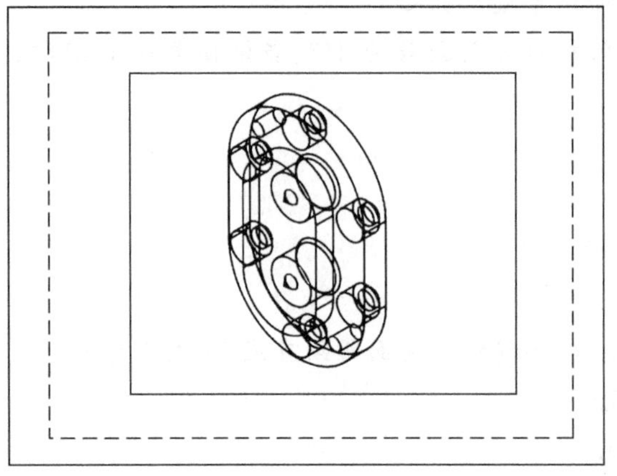
图 7-68　进入图纸空间

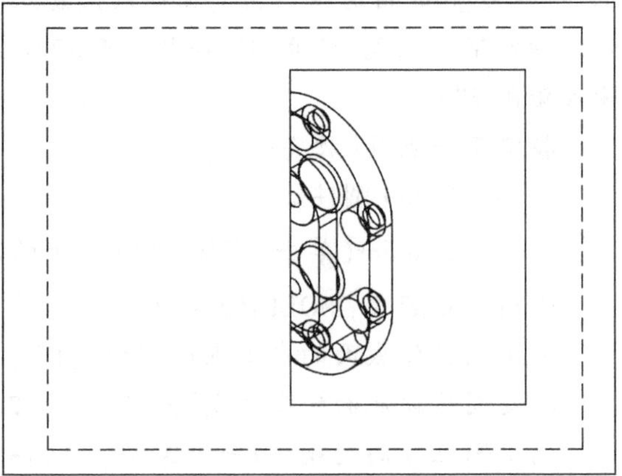
图 7-69　调整浮动视口大小

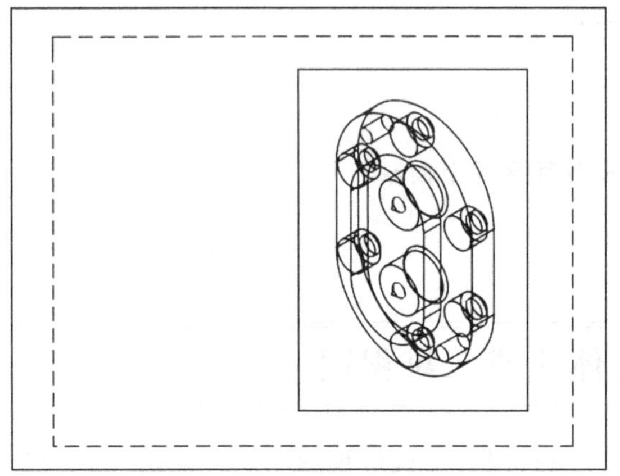
图 7-70　激活浮动视口

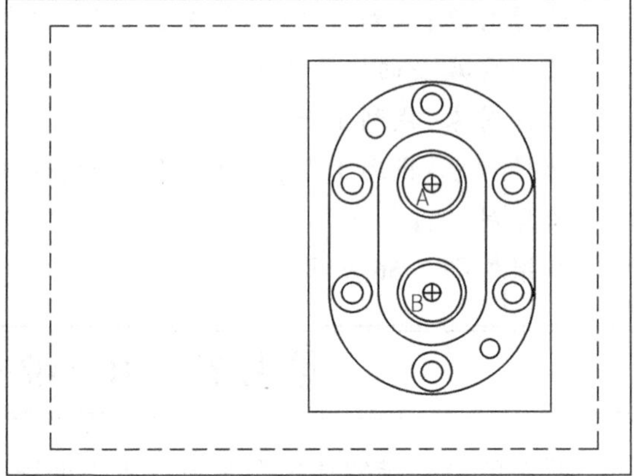

图 7-71　左视图

指定剪切平面的第一个点：（捕捉图 7-71 所示的 A 点）
指定剪切平面的第二个点：（捕捉图 7-71 所示的 B 点）
指定要从哪侧查看：（在 A、B 两点的右侧任意单击一点）
输入视图比例<1.7872>：↙
指定视图中心：（在左视图左侧适当位置处单击，确定剖视图视口的中心位置）
指定视图中心<指定视口>：↙
指定视口的第一个角点：（指定剖视图视口的左上角点）
指定视口的对角点：（指定剖视图视口的右下角点）
输入视图名：剖视图
输入选项［UCS(U)/正交(O)/辅助(A)/截面(S)］：↙

完成上述操作后，生成的主视图如图 7-72 所示。

7）使用 SOLDRAW 命令生成实体轮廓线及剖视图中的剖面线。

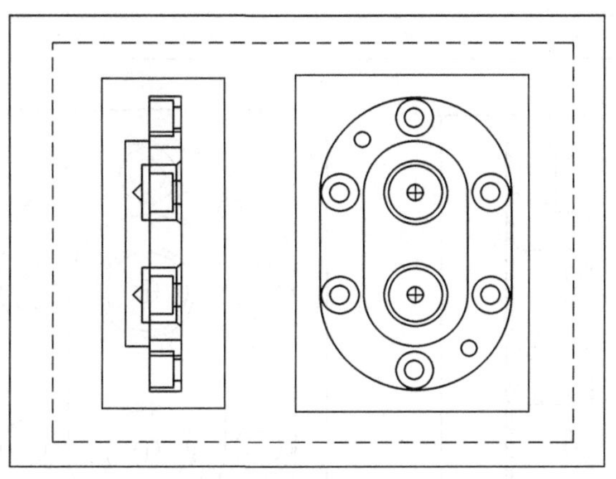

图 7-72 生成主视图

命令：_ soldraw

选择要绘图的视口…

选择对象：找到 1 个（选择主视图所在视口）

选择对象：↙

结果如图 7-73 所示，但剖面线样式不是机械制图国家标准规定的样式。双击剖面线，在弹出的“图案填充编辑”对话框中，设置剖面线图案样式为“ANSI31”，再调整合适的比例即可，如图 7-74 所示。删去不可见轮廓线，如图 7-57 所示。

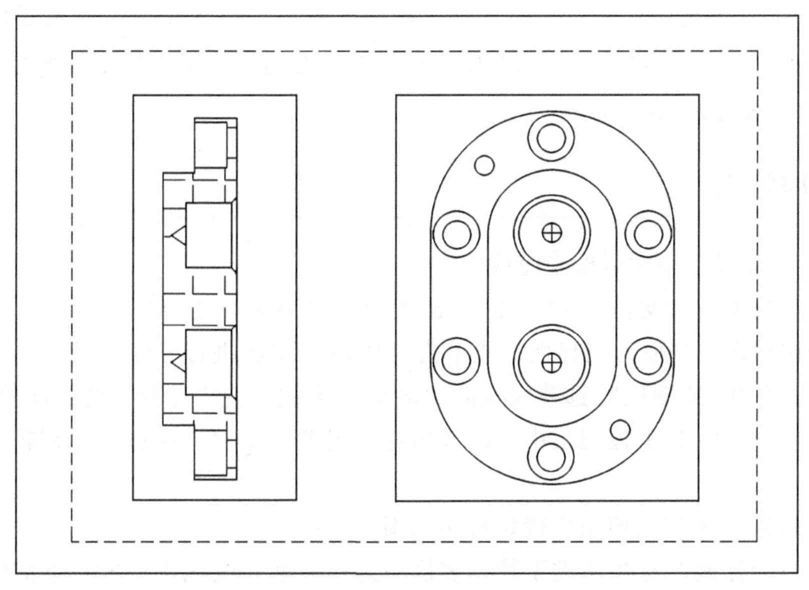

图 7-73 全剖的主视图

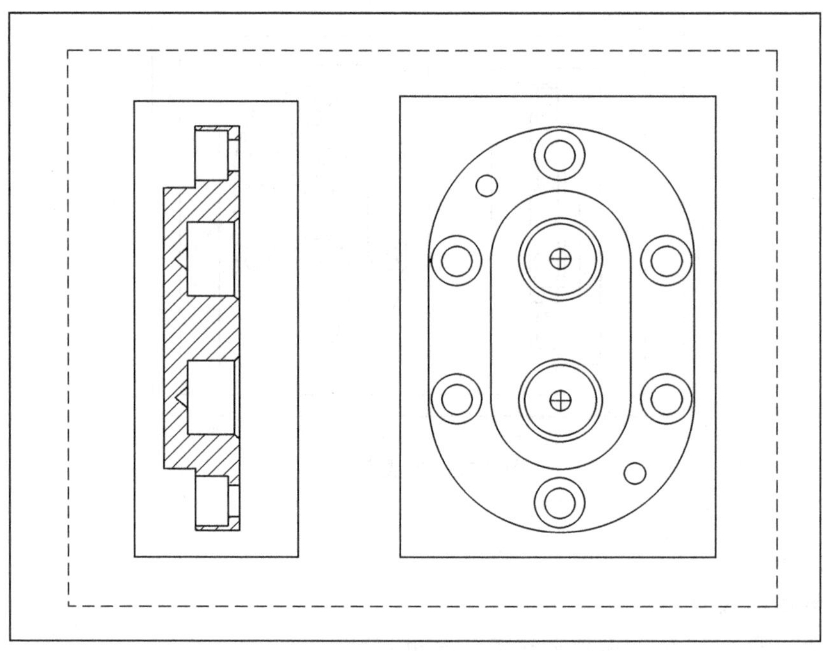

图 7-74　创建的主视图和左视图

第八节　图形的输出

使用 AutoCAD 创建图形之后，通常要打印到图纸上，或者生成一份电子图纸。要想在一张图纸上得到完整的图形，必须合理规划图形的布局，合理安排图纸规格和尺寸，正确地选择打印设备及各种打印参数。

一、打印设置

打印设置是通过打印对话框来完成的。

1）单击下拉菜单“文件”→“打印”，出现图 7-75 所示的对话框。

2）在下拉列表中选取适当界面，或单击“添加”按钮进行界面设置。

3）从“打印机/绘图仪”选项区域的“名称”下拉列表中选择系统打印机。

4）在“图纸尺寸”下拉列表中，确认指定的图纸；在“打印份数”编辑框中输入打印份数。

5）在“打印区域”选项组中确定打印范围。

6）在“打印比例”选项组的下拉列表框中选择标准缩放比例，或在下面的编辑框中输入自定义比例值。

7）在“打印偏移”选项组中输入 X、Y 的偏移量，以确定打印区域相对于图纸原点

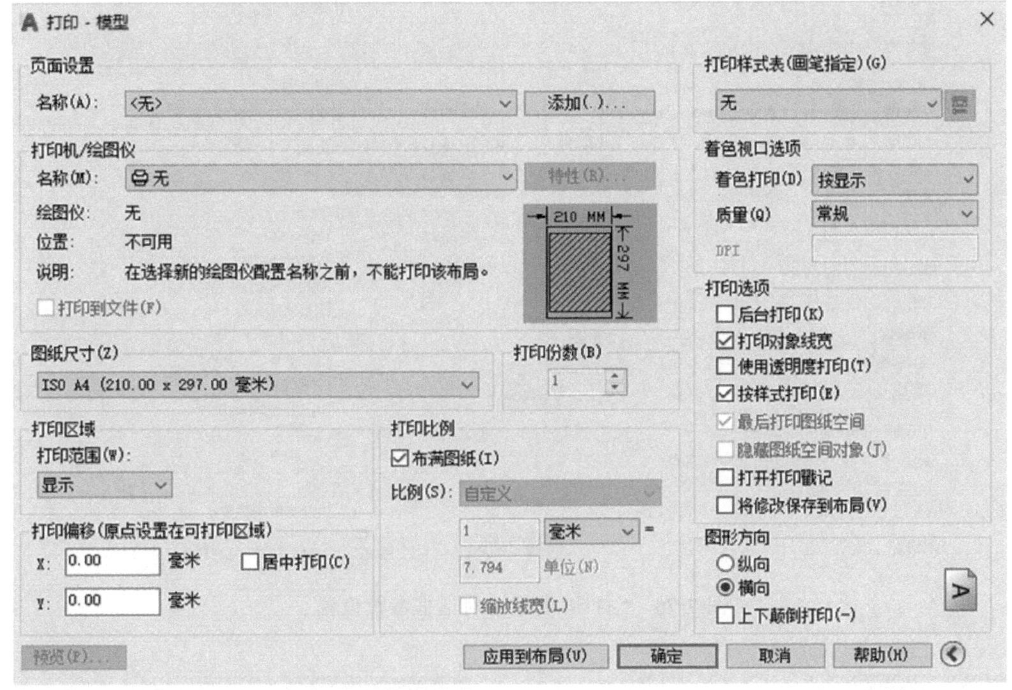

图 7-75　“打印-模型”对话框

的偏移距离；也可选择“居中打印”。

8）在“打印样式表”下拉列表框中选择所需要的打印样式表。

9）在“着色窗口选项”区域，可从“质量”下拉列表中选择打印精度。

10）在“打印选项”区域，选择或清除“打印对象线宽”复选框，以控制是否按线宽打印图线的宽度。

11）在“图形方向”选项区域确定图形在图纸上的方向，以及是否进行“反向打印”。

12）单击“预览”按钮，即可按图纸上将要打印出来的样式显示图形。

13）单击“应用到布局”按钮，则当前“打印”对话框中的设置被保存到当前布局。

14）单击“确定”按钮，即可从指定设备输出图纸。

二、打印图形

下面以齿轮油泵中左泵盖零件图为例，介绍打印出图的过程。

1）单击下拉菜单“文件”→“打印”，在弹出的“打印-模型”对话框中设置参数，如图 7-76 所示。

2）单击“预览”按钮，结果如图 7-77 所示。

3）单击“确定”按钮，即可输出图形。

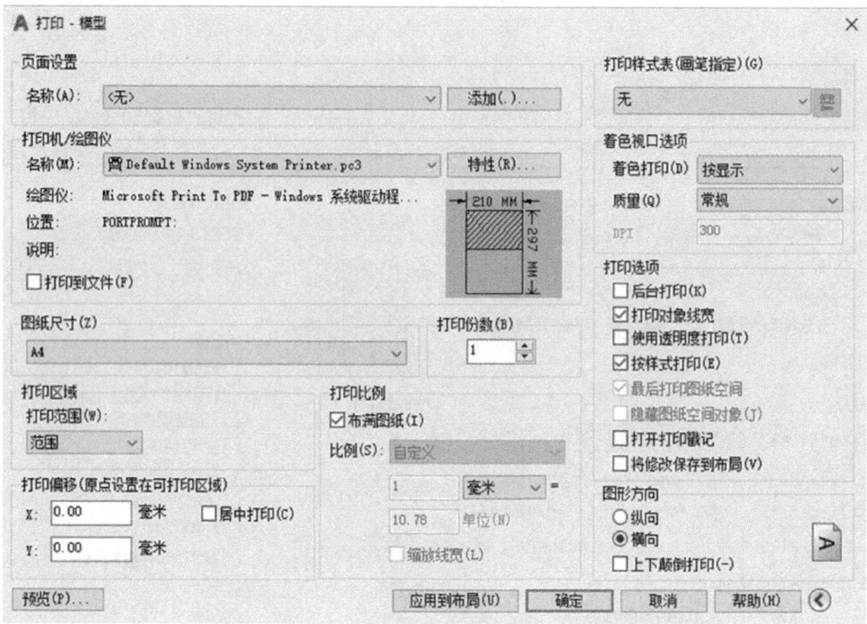

图 7-76 “打印-模型”对话框参数设置

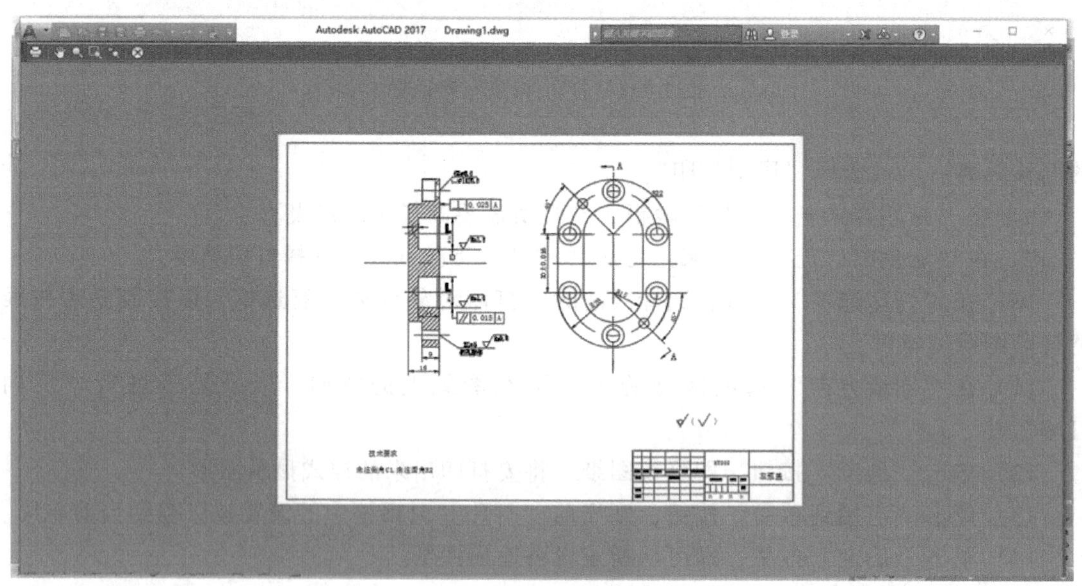

图 7-77 预览显示

第八章

零部件制图测绘实例

工程制图是一门工程性很强的技术基础课程，如果没有测绘的课程，其内容就难以深入，科学性也难以体现，只能停留在表达层面。通过测绘课程，可以应用工程制图的基本理论、方法，更进一步培养、强化工程技术人员的空间构思能力、制图能力、工程图阅读能力以及工程图样的绘制能力，提高分析和解决实际工程问题的能力。

零部件测绘是学生巩固所学工程制图知识的重要方式，是在完成工程制图理论部分学习的基础上进行的，是高等工科院校机电工程类、近机类各专业学习工程制图的重要实践教学环节。在工程制图中所进行的各种单项训练，都要通过零部件测绘课程进行整合。对零部件进行测绘，可以加深学生对工程制图理论的理解，使所学理论更具有针对性；同时，通过零部件测绘的实际训练，也可以使学生更牢固地掌握并熟练地运用在课堂上学到的各种理论知识和制图技巧。从这个意义上说，零部件测绘是工程制图课程的延续。

第一节　零部件测绘任务及测绘工作安排

一、零部件测绘的任务目的

零部件测绘是机械工程师的基础能力之一。机械零部件测绘实践教学是培养学生实际测绘能力的有效途径，旨在培养学生具有基本的绘制和阅读机械图样的能力。通过系统地学习测绘的基础知识、基本原理和方法，全面掌握测绘的技能训练，理论联系实际。零部件测绘的目的如下：

1）理论联系实际。综合运用机械制图课程所学的知识进行草图、示意图、零件图和装配图的绘制，使已学知识得到巩固和加强。

2）学会正确使用技术资料、标准、手册和技术规范进行工程制图的技能。

3）培养学生工程制图的能力，通过学习零件图和装配图的表达方法，进一步提高绘图的技能技巧；提高零件图的尺寸标注、公差配合及几何公差标注能力，了解有关机械结构方面的知识。

4）掌握基本的测绘方法，熟练掌握部件测绘的基本方法和步骤。通过测绘实训，使学生熟悉常用测量工具并掌握其使用方法。培养学生掌握正确的测绘方法和步骤，为今后专业课的学习和工程实践打下坚实的基础。

5）培养独立分析和解决实际问题的能力。零部件测绘是学生分析和解决实际工程问题的综合训练，包括查找资料的方法和途径、零件视图的选择和表达方案的制订、技术要求的提出和标注、部件的拆卸等。

6）通过测绘的整个工作，培养学生的工程意识和团队合作精神，培养工程师的基本素养。

二、零部件测绘的任务要求

1）要求学生弄清零部件工作原理，懂得各零部件的作用以及各零部件间的装配连接关系。

2）通过零部件测绘要求学生初步了解测绘的内容、方法和步骤，正确使用工具拆卸部件，正确使用测量工具测量零件尺寸，训练学生徒手绘制零件草图和使用尺规、计算机绘制装配图以及零件工作图的技能。

3）使学生在设计制图、查阅标准、识读机械图样以及使用经验数据等方面的能力得到全面的提高。

4）要求在机件的表达方法上有独到的见解，视图选择正确。

5）要求通过测绘的训练进一步养成认真负责的工作态度、严谨细致的工作作风和规范的制图习惯，并且通过测绘工作培养自主学习的能力，掌握相关分析问题和解决问题的基本方法。

6）要用理论课堂教学的要求规范测绘工作纪律，注意安全，保护测绘工装设备。

7）要求学生在教师指导下独立完成部件装配图一张（A1 或 A2），完成除标准件以外所有类型的零件图草图，并绘制 3~4 张中等复杂零件的零件工程图。

三、工程意识的建立

在测绘中最为重要的是要培养学生独立分析问题和解决问题的能力，建立工程意识，具体要求如下：

1）建立正确的工程思维、工程习惯以及工程敏感能力。

2）遵纪守法，严格按照相关国家法规、国家标准、行业标准、平台标准及企业标准，精益求精，用大国工匠精神，严谨认真地对待每一个测绘数据。

3）学会查阅机械工程手册、国家行业标准和专利。

4）建立良好的团队协作精神。

5）保证工程安全，正确使用测绘工具进行正确测绘，正确绘制零部件工程图。

6）锻炼学生从全局的角度思考问题并解决问题，能够从复杂多变的客观实际中，抽取有效信息。

7）终身学习，不断提高工程应用能力。

四、零部件测绘的工作安排

在零部件测绘前，要做一些必要的准备，包括人员安排、资料收集、场地安排、工具准备等。

1. 零部件测绘的操作规则

零部件测绘是一项过程相对复杂，理论与实践结合紧密，使用的设备、工具及用品较多的工作。在操作前必须认真学习操作规则，保证测绘作业的安全性、规范性和完整性。

2. 零部件测绘的组织准备

零部件测绘的组织准备即人员的安排。人员安排要根据测绘对象的复杂程度、工作量大小和参加人员的多少而定。

零部件测绘大多是以班级为单位进行的，通常将学生分成几个测绘小组。各小组在全面了解测绘对象的基础上，重点了解本组所要测绘零部件的作用以及与其他零部件之间的联系；然后在此基础上讨论测绘实施方案，再对本组内的人员进行再次分工，团队合作完成测绘工作。

3. 零部件测绘的资料准备

资料准备是零部件测绘前的必要准备环节。在测绘前，要准备的必要资料包括：有关机械设计和制图的国家标准、相关的参考书籍，有关被测绘零部件的资料、手册等。其中，针对被测绘对象的资料包括：被测绘部件的原始资料，如产品说明书、零部件的铭牌、产品样本和维修记录等；有关零部件的拆卸、测量、制图等方面的资料，如有关零部件的拆卸与装配方法的资料、有关零部件的测量和公差确定方法的资料、机械零件设计手册、机械制图手册、机修手册以及相关工具书籍等。

4. 零部件测绘场所和测绘工具准备

零部件测绘应选择安静宽敞、光线较好且相对封闭的场所，并且满足便于操作、利于管理和相对安全的要求。

测绘场所内应根据测绘的需要划分成若干个功能区：被测件存放区、资料区、工具区及绘图区等。如果同一地点有多个测绘小组，可根据实际情况划分为公共区和小组工作区。将共用的资料、工具及其他公共物品存放在公共区内，小组专用物品放在小组工作区，而每个小组内也应划分被测绘零部件存放区、绘图区等不同的工作区域。

在实际测绘前，应准备的工具很多，必须按用途分放在指定工作台面上。

五、零部件测绘的步骤

零部件测绘是一项复杂的系统工作，学生在测绘工作中，应掌握规范的作业程序，培养严谨的工作作风，零部件测绘可按以下几个步骤进行：

1. 做好测绘前的准备工作

在正式测绘前，应全面细致地了解被测绘零部件的用途、工作原理、性能指标、结构特点以及装配关系等；了解测绘的内容和任务要求，做好人员组织与分工，准备好有关资料、拆卸工具、测量工具和绘图工具。待上述准备工作完成后，再开始进行实际的测绘。

2. 拆卸部件

对零部件有了完整、清晰、正确地了解以后，首先要对被测部件进行拆卸。在拆卸之前，还要弄清零部件的组装次序、部件的工作原理、结构形状和装配关系。要按与组装相反的顺序进行拆卸。在拆卸过程中，要弄清各零件的名称、作用和结构特点，对拆下的每一个零件都要进行编号、分类和登记。

3. 绘制装配示意图

装配示意图是在机器或部件拆卸过程中绘制的工程图样，它是绘制装配图和重新进行装配的基本依据。装配示意图主要表达各零件之间的相对位置、装配关系、连接关系、传动路线等。装配示意图通常用简单的符号、线条画出零件的大致轮廓及相互关系，而不必绘制出每个零件的细节及尺寸。装配示意图应在部件拆卸前完成，最迟也应与拆卸同时完成。

4. 绘制零件草图

部件拆卸完成后，要画出部件中除标准件外的每一个零件的草图。标准件要列出明细栏。

5. 测量零件尺寸

绘制零件草图与测量零件尺寸并不是同时完成的，测量工作要在零件草图绘制完成后统一进行。测量时应对每一个零件的每一个尺寸进行测量，将所得到的尺寸和相关数据标注在草图上。标注时，要注意零件的结构特点，尤其要注意零部件的基准及相关零件之间的配合尺寸和关联尺寸。

6. 尺寸圆整与技术要求的注写

对所测得的零件尺寸要进行圆整，使尺寸标准化、规格化、系列化。同时，还要对零件采用的材料、尺寸公差和几何公差、配合关系等技术要求进行选择，并注写到草图上。

7. 绘制装配图

根据装配示意图和零件草图绘制装配图，装配图不仅是表达装配体的工作原理、装配关系、配合尺寸、主要零件的结构形状和技术要求的工程技术文件，也是检查零件草图中的零件结构是否合理、尺寸是否准确的依据。

8. 绘制零件工作图

零件工作图是零件加工的基本依据。当装配图完成以后，要根据装配图、零件草图并结合零部件的其他资料，用尺规或计算机绘制出零件工作图。

9. 测绘总结与答辩

测绘工作完成以后，学生要对在零部件测绘过程中所学到的测绘知识、技能及学习体会、收获以书面的形式写出测绘记录与测绘报告。

第二节　汽车零部件测绘零部件的组成与功用

选择测绘的零部件，是六速自动变速器换档机构中一个重要的总成，是低档—倒档和1—2—3—4 档离合器总成。

一、汽车零部件测绘零部件的组成

六速自动变速器换档机构的局部示意图，如图 8-1 所示，图中紫色红圈标注区域是低档—倒档和 1—2—3—4 档离合器总成所在位置区域。

低档—倒档和 1—2—3—4 档离合器总成由七种零部件组成，如图 8-2 所示，其是由

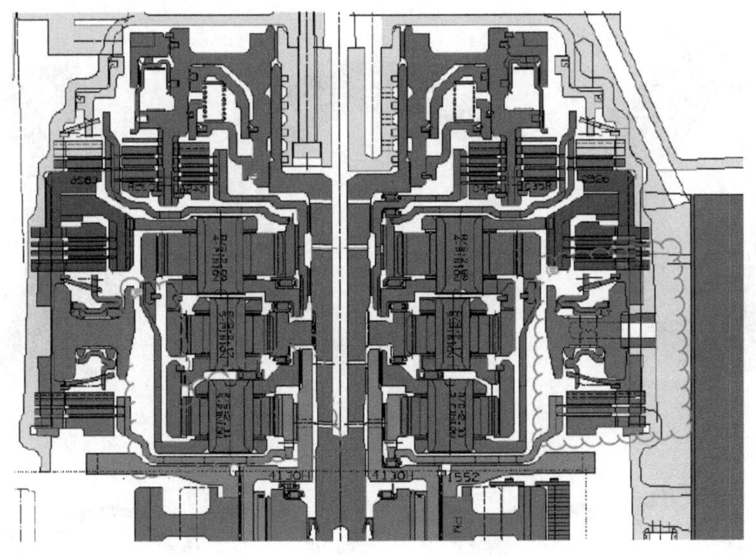

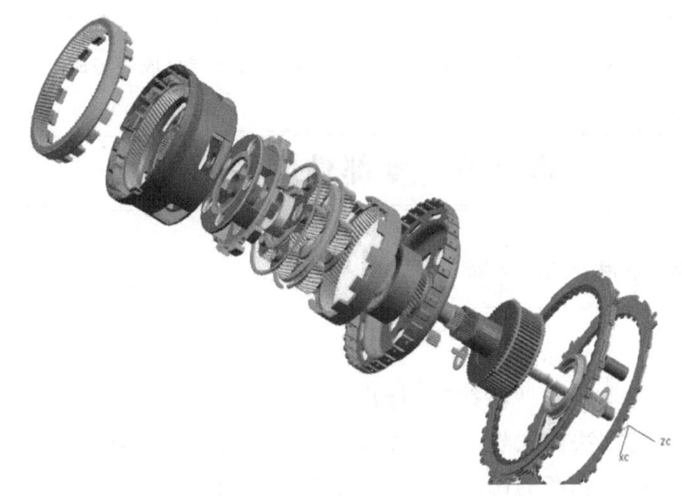

图 8-1 六速自动变速器换档机构的局部

卡棱 1、2，碟形弹簧 1、2，活塞 1、2，以及支架壳体组成的。壳体左右两边的零部件，因为控制油压完成换档，油压不同，活塞的行程是不同的，所以壳体左右两边的零部件，结构非常相似，但略有不同，最明显的是，卡棱 1 和卡棱 2 接口处一个是手枪形，另一个是直方形等，在企业这种左右结构相似对称的零部件，企业昵称为“双胞胎”件。

二、测绘零部件的功用

低档—倒档和 1—2—3—4 档离合器总成通过油压力的调节，使活塞移动，控制变速口，推动变速杆，由此实现变换 1 档、2 档、3 档、4 档和低速倒档的档位切换。

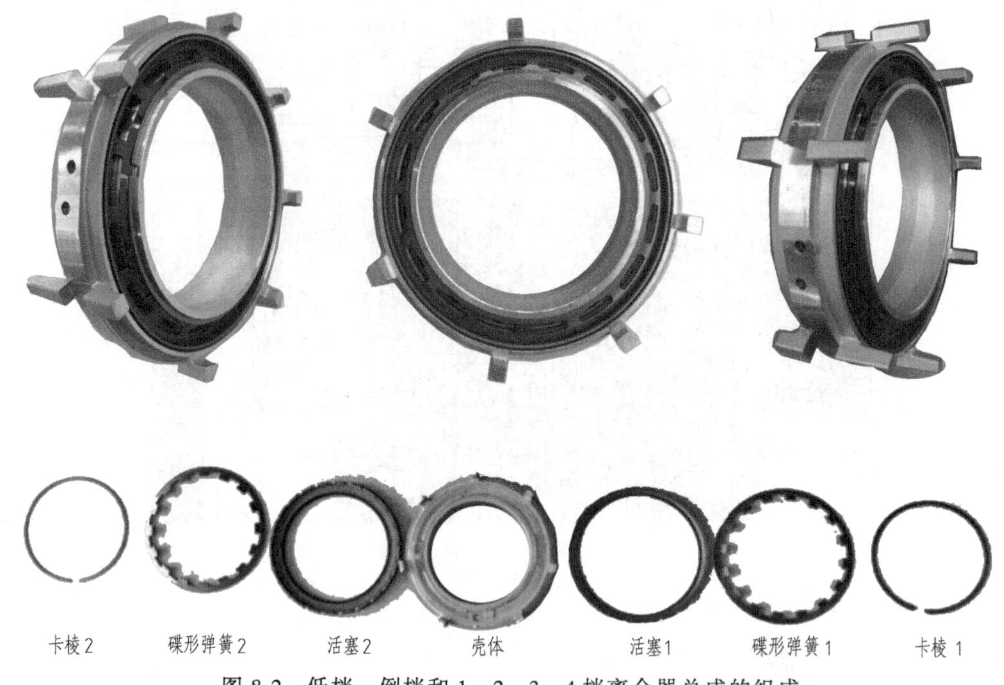

图 8-2 低档—倒档和 1—2—3—4 档离合器总成的组成

第三节 零部件测绘标准

一、采用测绘标准的重要性

1. 标准的重要性

标准是规范设计与生产的“法律”，标准的本质是统一，标准的任务是规范，标准具有鲜明的法律属性，它和法律法规一起，共同保障着工程产品的设计与生产的有效和正常运行。标准是产品设计与生产的制高点：“得标准者得天下”。

国标、机械部颁布的标准是经过计算和无数次实际验证后的按最低限度编制的文件，实际上每次文件变更的背后都有着不为人知的血淋淋的教训。如果产品设计与制造不能满足标准，那么做出的产品就存在很大的安全隐患。

2. 标准的分类

根据制定标准的部门和标准适用程度的不同，标准可以分为国际标准、国际性区域标准、国家标准、行业标准、地方标准、企业标准。国际标准由国际标准化组织（ISO）制定，供全世界统一使用。国家标准由国家标准局统一按 GB××××—××的编号方式发布，在全国范围内有效。机械工业标准由机械工业部统一按 JB××××—××的编号方式发布，在全国机械行业范围内有效。地方标准由地方标准主管部门按 DB××××—××××××的编号方式发布，在当地有效。

《中华人民共和国标准化法》将标准划分为四种，即国家标准、行业标准、地方标准

和企业标准。各层次之间有一定的依从关系和内在联系，形成一个覆盖全国又层次分明的标准体系。

二、零部件测绘制图标准

工程图纸，必须严格执行相关制图标准。本实例的零部件测绘的工程图纸要求严格执行国家标准。

1. 图纸幅面及格式（GB/T 14689—2008）

其中“GB”为“国标”（国家标准的简称）二字的汉语拼音字头，“T”为推荐的“推”字的汉语拼音字头，“14689”为标准编号，“2008”为标准颁布的年号。

图纸宽度（B）和长度（L）组成的图面称为图纸幅面，如图 8-3 所示，对于图纸幅面的具体国标要求见表 8-1。

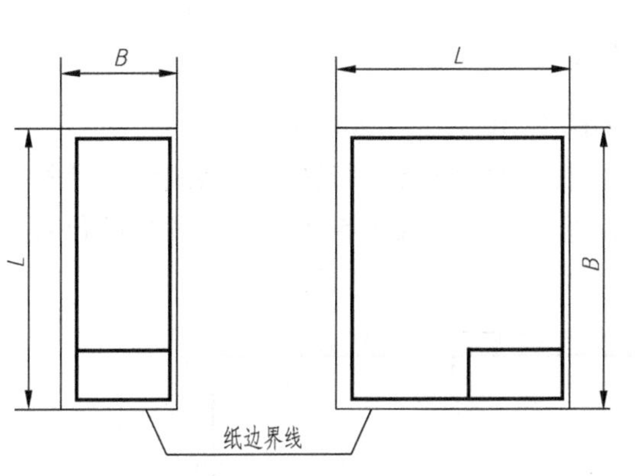

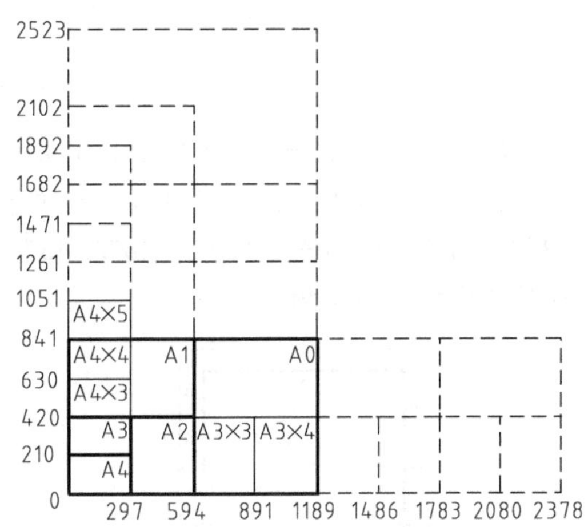

图 8-3 图纸的幅面

表 8-1 图纸幅面的国标要求

幅面代号	尺寸 $B×L$	幅面代号	尺寸 $B×L$
A0×2	1189×1682	A3×5	420×1486
A0×3	1189×2523	A3×6	420×1783
A1×3	841×1783	A3×7	420×2080
A1×4	841×2378	A4×6	297×1261
A2×3	594×1261	A4×7	297×1471
A2×4	594×1682	A4×8	297×1682
A2×5	594×2102	A4×9	297×1892

2. 图框格式（GB/T 14689—2008）

图纸上必须用粗实线画出图框，其格式如图 8-4 所示，分为留有装订边和不留装订边两种，但同一产品的图纸只能采用一种格式。

1）留有装订边图纸的图框格式如图 8-4a、b 所示，图中尺寸 a、c 按表 8-1 的规定选用。

2）不留装订边图纸的图框格式如图 8-4c、d 所示，图中尺寸 e 按表 8-1 的规定选用。

3）加长幅面图纸的图框尺寸，按所选用的基本幅面大一号的图框尺寸确定。例如 A2×3 的图框尺寸，按 A1 的图框尺寸确定，即 e 为 20（或 c 为 10），而 A3×4 的图框尺寸，按 A2 的图框尺寸确定，即 e 为 10（或 c 为 10）。

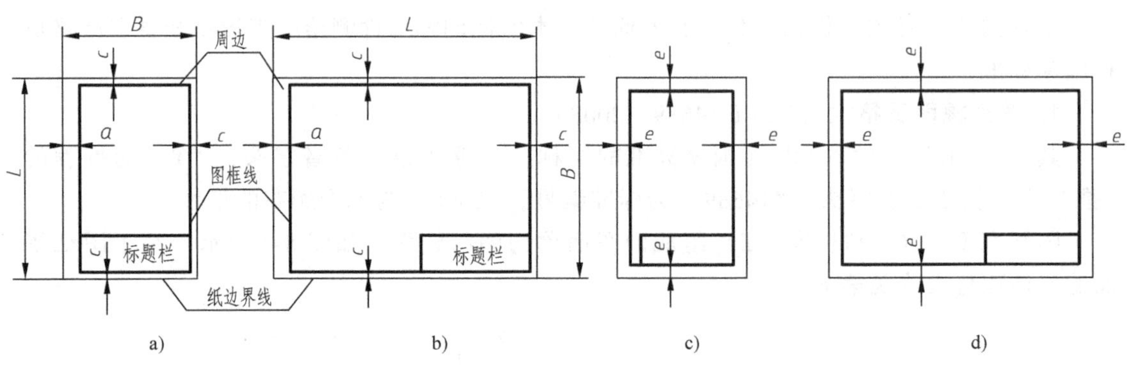

图 8-4　图框格式

3. 标题栏及其方位（GB/T 10609. 1—2008、GB/T 10609. 2—2009）

标题栏一般由名称及代号区、签字区、更改区及其他区组成。标题栏的格式和尺寸按《机械制图 图样画法图线》（GB/T 4457. 4—2002）的规定，如图 8-5 所示。标题栏的位置应位于图纸的右下角。

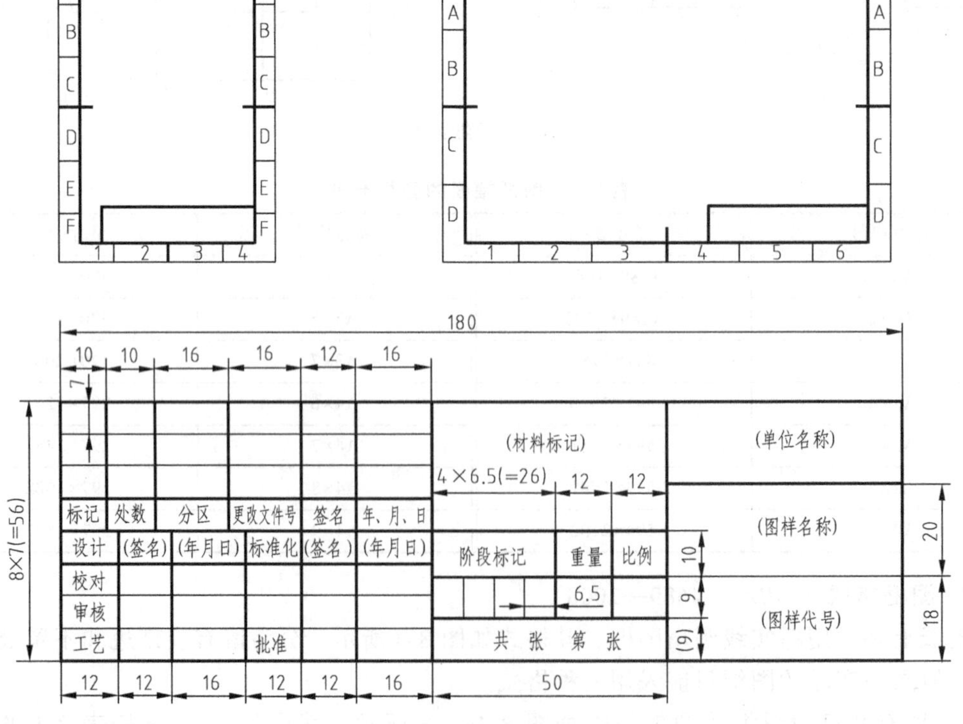

图 8-5　标题栏的格式

4. 图幅分区（GB/T 14689—2008）

按照国家标准，图幅分区要求如下：

1）必要时，可以用细实线在图纸周边内画出分区。

2）图幅分区数目按图样的复杂程度确定，但必须取偶数。每一分区的长度应在 25～75mm 范围内选择。

3）分区的编号，沿上下方向（按看图方向确定图纸的上下和左右）用正体大写拉丁字母从上到下顺序编写；沿水平方向用正体阿拉伯数字从左到右顺序编写。当分区数超过拉丁字母的总数时，超过的各区可用双重字母编写，如 AA、BB、CC、…。拉丁字母和阿拉伯数字的位置应尽量靠近图框线。

4）在图样中标注分区代号时，分区代号由拉丁字母和阿拉伯数字组成，字母在前数字在后并排书写，如 B3、C5 等。当分区代号与图形名称同时标注时，则分区代号写在图形名称的后面，中间空出一个字母的宽度，如 E—E A7。

5. 比例（GB/T 14690—1993）

绘图比例要根据国家标准，按照零部件的实际尺寸、投影关系及图纸图幅等合理安排。

1）图中图形与其实物相应要素的线性尺寸之比称为比例。

2）比值为 1 的比例称为原值比例，即 1∶1。比值大于 1 的比例称为放大比例，如 2∶1 等。比值小于 1 的比例称为缩小比例，如 1∶2 等。绘图时应采用下表中规定的比例，最好选用原值比例，但也可根据机件大小和复杂程度选用放大或缩小比例。

3）同一机件的各个视图应采用相同比例，并在标题栏“比例”一项中填写所用的比例。当机件上有较小或较复杂的结构需用不同比例时，可在视图名称的下方标注比例，见表 8-2。

表 8-2　比例优先选取标准

种类	比例							
	优先选取			允许选取				
原值比例	1∶1							
放大比例	5∶1 5×10^n∶1	2∶1 2×10^n∶1	 1×10^n∶1	4∶1 4×10^n∶1	2.5∶1 2.5×10^n∶1			
缩小比例	1∶2 1∶2×10^n	1∶5 1∶5×10^n	1∶10 1∶1×10^n	1∶1.5 1∶1.5×10^n	1∶2.5 1∶2.5×10^n	1∶3 1∶3×10^n	1∶4 1∶4×10^n	1∶6 1∶6×10^n

注：n 为正整数。

6. 字体（GB/T 14691—1993）

工程图样的汉字、字母和数字等必须严格按国家标准规定执行。

1）书写字体必须做到：字体工整、笔画清楚、间隔均匀、排列整齐。

2）字体高度（用 h 表示）的公称尺寸系列为 1.8mm，2.5mm，3.5mm，5mm，7mm，10mm，14mm，20mm。如需要书写更大的字，其字体高度应按$\sqrt{2}$的比率递增。字体高度代表字体的号数。

3）汉字应写成长仿宋体字，并应采用中华人民共和国国务院正式公布推行的《汉字简化方案》中规定的简化字，汉字的高度 h 不应小于 3.5mm，其字宽一般为 $h/\sqrt{2}$。

4）字母和数字分为 A 型和 B 型。A 型字体的笔画宽度为字高的 1/14，B 型字体的笔画宽度为字高的 1/10。在同一图样上只允许选用一种型式的字体。字母和数字可写成斜体和正体。斜体字字头向右倾斜，与水平基准线成 75°。

所有测绘制图标准必须严格执行国家标准。

第四节 测绘工具的使用与准备

准备充分并正确使用测绘工具，才能保证测绘零部件工程图样的正确性和可信度。

一、准备测量工具

根据测绘零件的性质，选择合适的测绘工具，本次测绘所用到的测量工具见表 8-3。

表 8-3 测量工具清单

测量工具清单			
量具名称	规格/mm	数量	图样
机械游标卡尺	0~110	4	
数显游标卡尺	0~300	4	
	0~150	4	
数显深度尺	0~150	4	
其他补充工具	自备	按需求	

二、正确使用测绘工具

1. 机械游标卡尺

机械游标卡尺是精密的长度测量仪器，常见的机械游标卡尺如图 8-6 所示。它的量程为 0~110mm，分度值为 0.1mm，由内测量爪、外测量爪、紧固螺钉、微调装置、尺身、游标尺和深度尺组成。0~200mm 以下规格的卡尺具有测量外径、内径、深度三种功能。

正确使用机械游标卡尺的方法及步骤如下：

（1）游标卡尺的零位校准

步骤一：使用前，松开尺框上紧固螺钉，将尺框平稳拉开，用布将测量面、导向面擦干净。

步骤二：检查“零”位。轻推尺框，使卡尺两个量爪测量面合并，观察游标“零”刻线与尺身“零”刻线应对齐，游标尾刻线与尺身相应刻线应对齐。否则，应送计量室

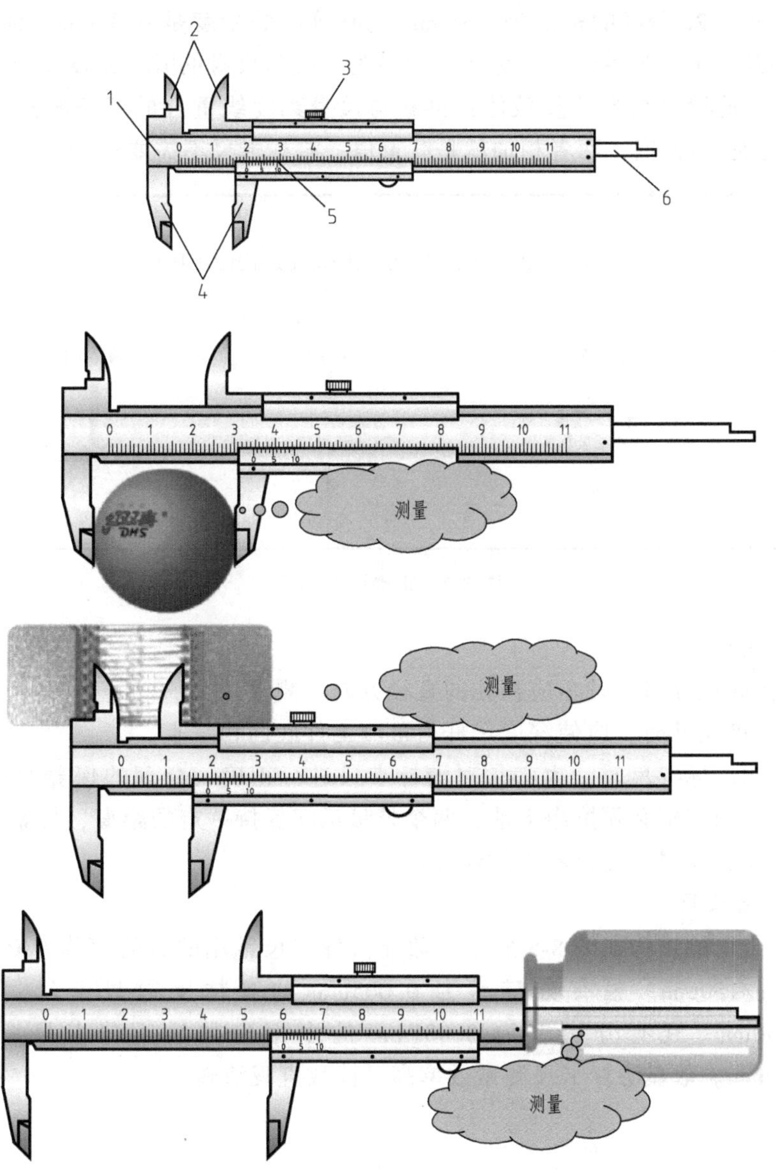

图 8-6 机械游标卡尺的结构

1—尺身 2—内测量爪 3—紧固螺钉 4—外测量爪 5—游标尺 6—深度尺

或有关部门调整。

(2) 游标卡尺的测量方法 (外径)

步骤一：将被测物擦干净，使用时轻拿轻放。

步骤二：松开千分尺的紧固螺钉，校准零位，向后移动外测量爪，使两个外测量爪之间的距离略大于被测物体。

步骤三：一只手拿住游标卡尺的尺架，将待测物置于两个外测量爪之间，另一手向前推动活动外测量尺，至活动外测量尺与被测物接触为止。

(3) 游标卡尺的读数 看清楚游标卡尺的分度，正确读数，如图 8-7 所示。10 分度的精度是 0.1mm，20 分度的精度是 0.05mm，50 分度的精度是 0.02mm；为了避免出错，要用毫米而不是厘米作为单位；游标卡尺的零刻度线与尺身的哪条刻度线对准，或比它稍微偏右一点，以此读出毫米的整数值；再看与尺身刻度线重合的那条游标刻度线的数值 n，则小数部分是 n×精度，两者相加就是测量值；游标卡尺不需要估读。

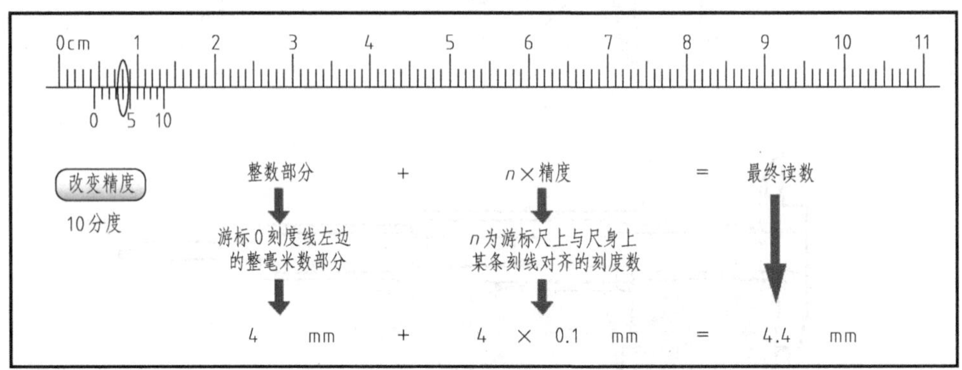

图 8-7　正确读数示例

读数时应注意：

1）测量内孔尺寸时，量爪应在孔的直径方向上测量。

2）测量深度尺寸时，应使深度尺杆与被测工件底面相垂直。

在正确使用游标卡尺时，也必须对游标卡尺进行正确、合理的保养及保管：轻拿轻放；游标卡尺使用完毕必须擦净上油，两个外量爪间保持一定的距离，拧紧紧固螺钉，放回卡尺盒内；应放在湿度变化不大的地方。

2. 数显游标卡尺

数显游标卡尺的结构如图 8-8 所示，数显游标卡尺常用的分辨率为 0.01mm，允许误差为 ± 0.03mm/150mm。也有分辨率为 0.005mm 的高精度数显卡尺，允许误差为 ±0.015mm/150mm。还有分辨率为 0.001mm 的多用途数显千分卡尺，允许误差为 ±0.005mm/50mm。数显游标卡尺测量效率高、读数直观清晰。

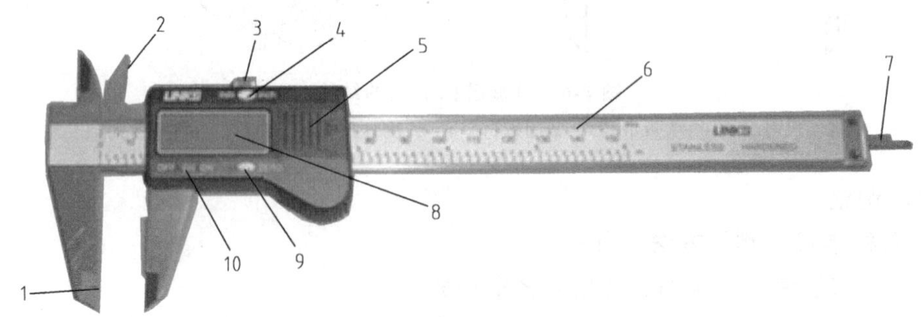

图 8-8　数显游标卡尺的结构

1—外测量爪　2—内测量爪　3—紧固螺钉　4—毫米/英寸转换开关（mm/in）
5—电池盖　6—刻度尺　7—深度尺　8—显示屏　9—归零（ZERO）　10—电源开关（ON/OFF）

使用数显游标卡尺应该注意：

1）测量外径尺寸时，应将两外测量面与被测表面相贴合。

2）测量内孔尺寸时，量爪应在孔的直径方向上测量。

3）测量深度尺寸时，应使深度尺杆与被测工件底面相垂直。

4）使用前，松开尺框上紧固螺钉，将尺框平稳拉开，用布将测量面、导向面擦干净；检查“零”位；轻推尺框，使卡尺两个量爪测量面合并，观察游标“零”刻线与尺身“零”刻线应对齐，游标尾刻线与尺身相应刻线应对齐。否则，应送计量室或有关部门调整。

5）带深度尺的卡尺用完后要合并量爪。否则较细的深度尺露在外边容易变形甚至折断。卡尺使用完毕必须擦净上油，放回卡尺盒内（或袋内）。不要将卡尺放在磁性物体上，发现卡尺带有磁性应及时退磁后方可使用。

6）移动尺框和微动装置时应松开紧固螺钉。

3. 高度尺

高度尺的结构如图 8-9 所示。高度尺主要用于高度的测量和精密的划线。

1）测量前，用干净清洁的布反复擦拭尺身表面，清净底座和测量爪的工作面，检查测量爪是否磨损。

2）清洁干净平台工作面，将高度尺置于其上，松开紧固螺钉，移动尺框，检查是否正常。

3）移动尺框时，活动要自如，不应有过松或过紧，更不能有晃动的现象。

4）测量时，用力要均匀，测力约为 3~5N，以保证测量准确性。

5）测量零件时，零件上不能有异物，并在常温下测量。

6）使用时，轻拿轻放，避免测量爪被碰撞，不可掉到地上。

使用高度尺，必须先将测量爪在干净的水平台上归零，然后用标准块进行校正，如测量值与标准值有偏差，测量时，则对高度尺进行相对应的加减。测量时，先把测量爪在要测量的物体尺寸一端归零，再把测量爪移至要测量的物体尺寸的另一端，显示屏上所显示的数值即为零件的高度。

测量时所需测量的物体需水平垂直放置，不能倾斜。读数时首先以游标零刻度线为准在尺身上读取毫米整数，即以毫米为单位的整数部分。然后看游标上第几条刻度线与尺身的刻度线对齐，若没有正好对齐的线，则取最接近对齐的线进行读数。如有零误差，则一律用上述结果减去零误差（零误差为负，相当于加上相同大小的零误差），读数结果为：

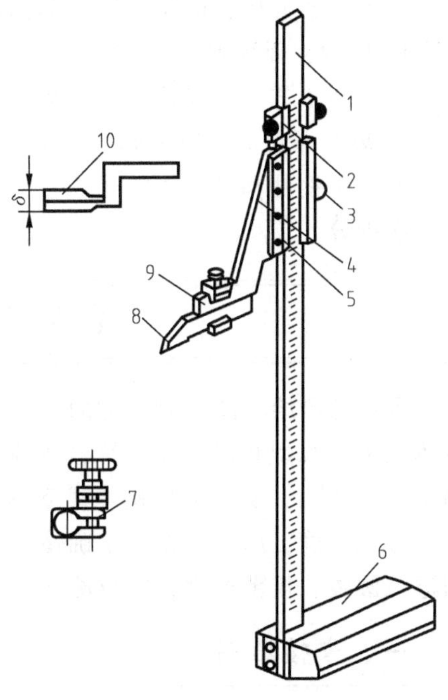

图 8-9 高度尺的结构

1—尺身 2—微动装置 3—紧固螺钉 4—尺框 5—游标 6—底座 7—表夹 8—划线量爪 9—支承爪 10—测量量爪

$$L=\text{整数部分}+\text{小数部分}-\text{零误差}$$

判断游标上哪条刻度线与尺身刻度线对准，可用下述方法：选定相邻的三条线，如左侧的线在尺身对应线之右，右侧的线在尺身对应线之左，中间那条线便可以认为是对准了，如图 8-10 所示。

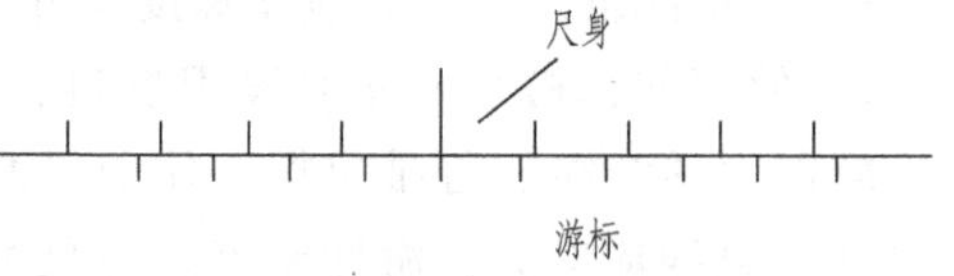

图 8-10　高度尺读数

如果需测量几次取平均值，不需每次都减去零误差，只要从最后结果减去零误差即可。

第五节　测绘拆卸工艺

测绘前，必须制定详细的拆卸工艺，并严格按进出口拆卸工艺完成对测绘总成的拆卸。制定拆卸工艺必须按照最基本的拆卸原则执行拆卸工作。拆卸原则和零部件拆卸方案的确定参见第三章第一节相关内容。

装配示意图是在部件拆卸过程中所绘制的记录图样，其作用是避免由于零件拆卸后可能产生错乱而给重新装配时带来困难，它是通过目测，徒手用简单的线条示意性地绘制部件的图样，主要表达部件的结构、装配关系、工作原理、传动路线等，而不是整个部件的详细结构和各个零件的形状。①图形绘制好后，应编上零件序号或名称；②标准件应及时确定其尺寸规格。

仔细观察分析，确认低档—倒档和 1—2—3—4 档离合器总成由七种零部件组成，是由卡棱 1、2，碟形弹簧 1、2，活塞 1、2 和支架壳体组成的，按照上述的装配原则和步骤制定好拆卸工艺，做好拆卸标记后，严格按照拆卸工艺对要测绘的低档—倒档和 1—2—3—4 档离合器总成进行拆卸，如图 8-12 所示，是按拆卸工艺拆开的零件。特别注意，其中活塞体是钢件和橡胶件的压装件，强行拆卸会损坏而无法恢复，故按拆卸工艺活塞体不可再次拆分。

第六节　零部件测绘草图

零部件测绘草图中对图样的总体要求是投射正确、视图选择与配置恰当、图面洁净、字体工整、线型和尺寸标注符合国家标准。零件草图除要求用徒手（不得借助尺规等绘图工具）画出，除尺寸比例、线型不做严格要求外，其他要求与零件图相同。

分工明确，团队合作，正确使用测绘工具，按照要求完成零部件的测绘，并对测绘数据进行圆整，规范处理，完成测绘草图。

一、卡棱草图

正确使用测绘工具，对拆卸下来的零件卡棱 1 和卡棱 2（见图 8-11）进行仔细测绘，处理测绘数据，按照测绘标准完成卡棱 1 和卡棱 2 的测绘草图，如图 8-12 和图 8-13 所示。

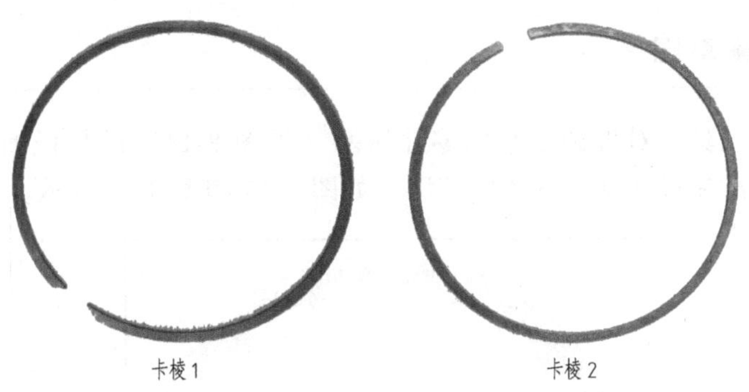

图 8-11　拆卸下来的卡棱

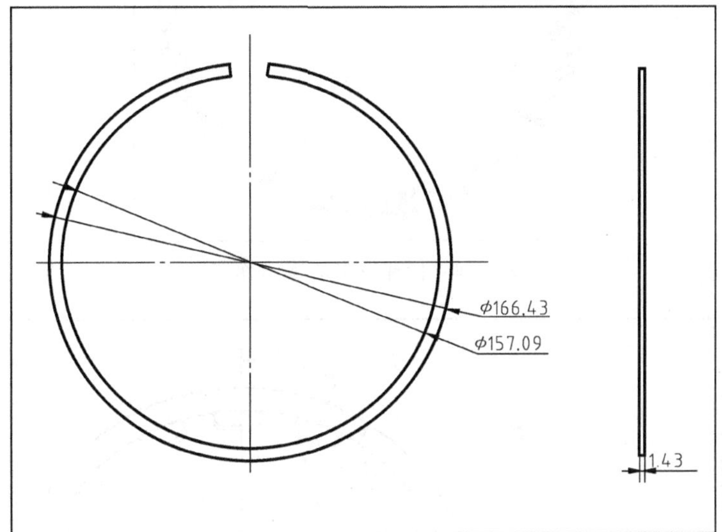

图 8-12　卡棱 1 草图

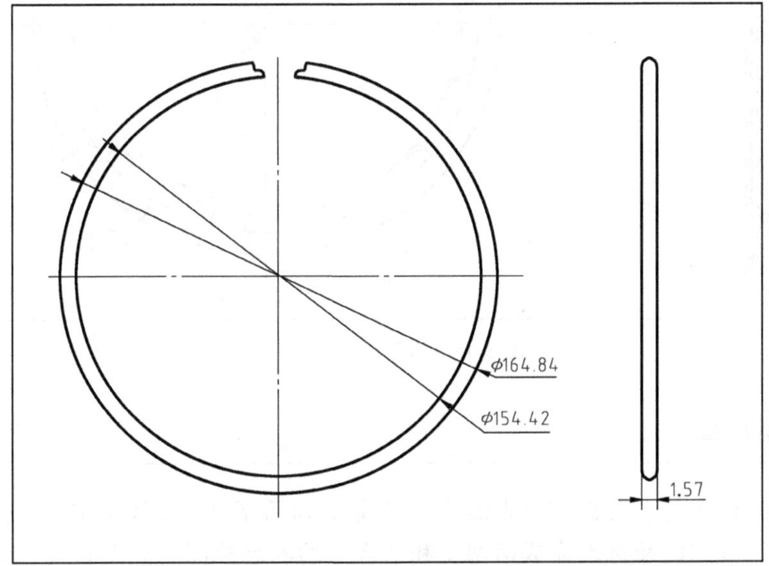

图 8-13　卡棱 2 草图

二、碟形弹簧草图

正确使用测绘工具，对拆卸下来的零件活塞（见图 8-14）进行仔细测绘，处理测绘数据，按照测绘标准完成活塞体的测绘草图，如图 8-15 和图 8-16 所示。

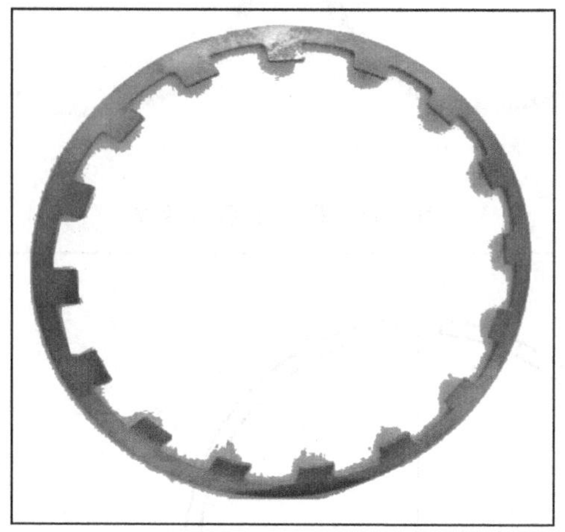

图 8-14　拆卸下来的碟形弹簧

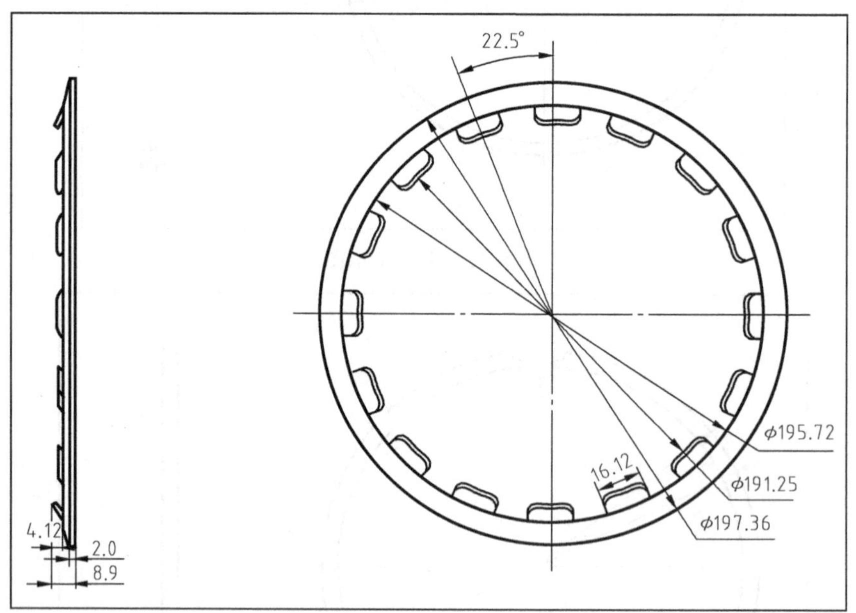

图 8-15　碟形弹簧 1 草图

三、活塞草图

正确使用测绘工具，对拆卸下来的零件活塞 1 和活塞 2（见图 8-17）进行仔细测绘，处理测绘数据，按照测绘标准完成活塞 1 和活塞 2 的测绘草图，如图 8-18 和图 8-19 所示。注明活塞是个部件，由钢件和橡胶件压装构成。

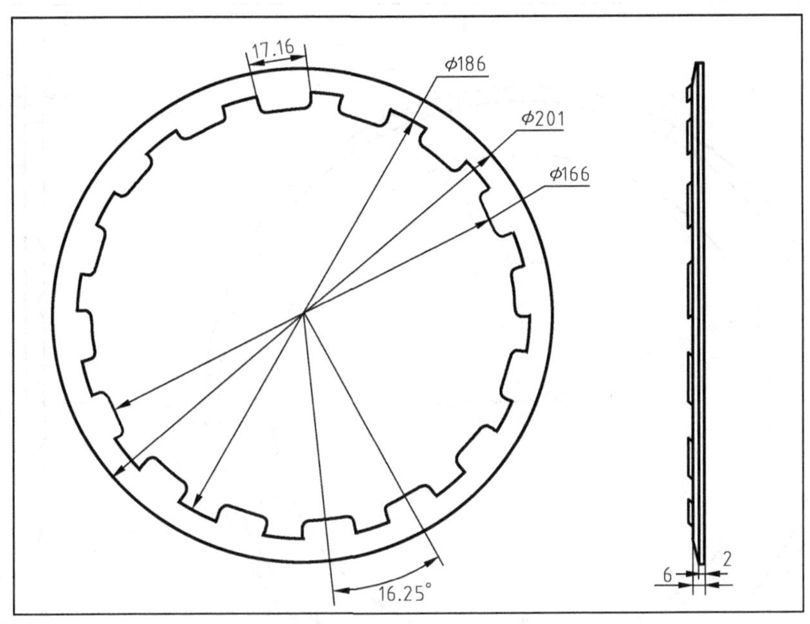

图 8-16 蝶形弹簧 2 草图

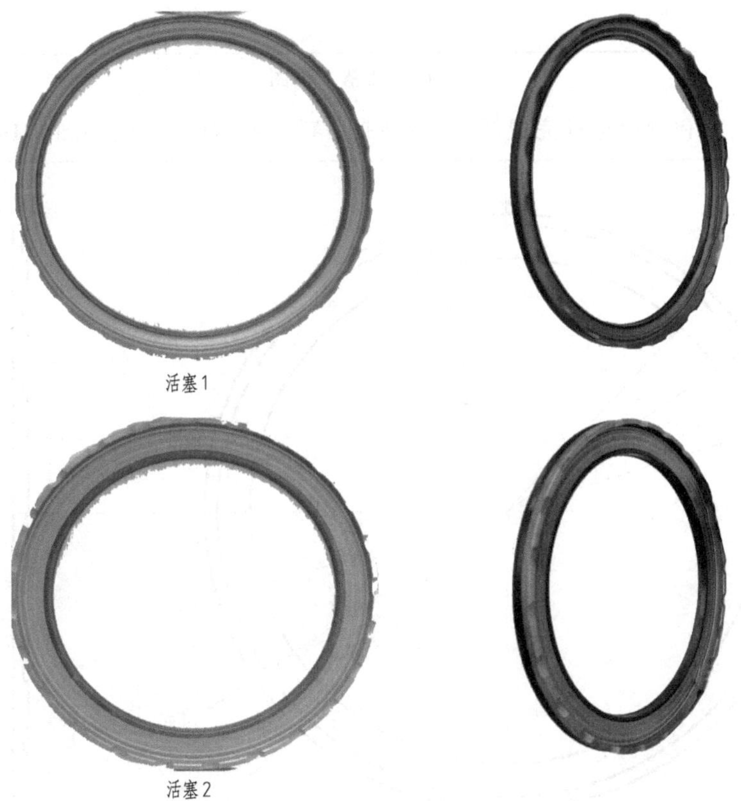

图 8-17 拆卸下来的活塞

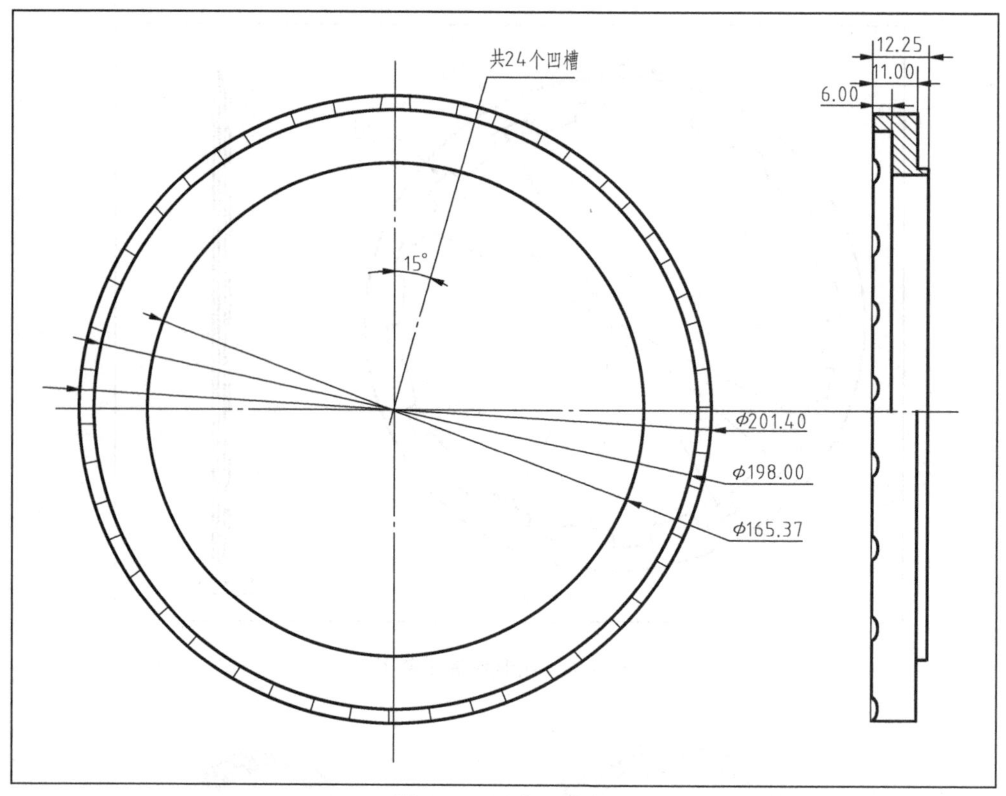

图 8-18　活塞 1 草图

按照拆卸工艺和测绘标准完成活塞 2 草图，草图的尺寸及结构如图 8-19 所示。

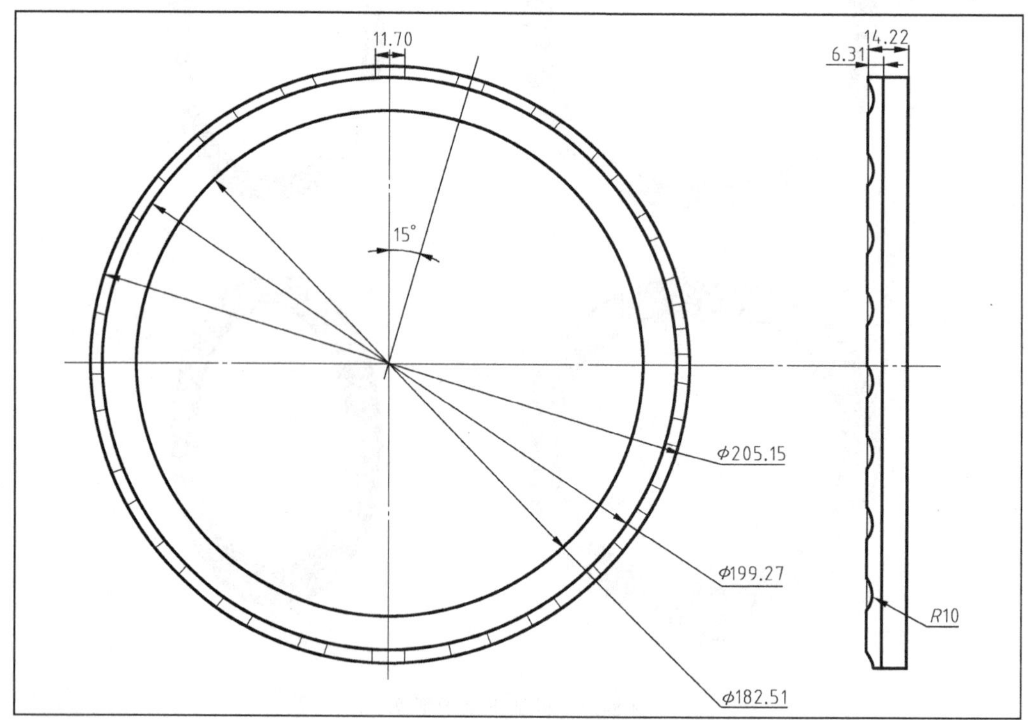

图 8-19　活塞 2 草图

四、壳体草图

正确使用测绘工具，对拆卸下来的零件壳体（见图 8-20）进行仔细测绘，处理测绘数据，按照测绘标准完成壳体的测绘草图，如图 8-21 所示。

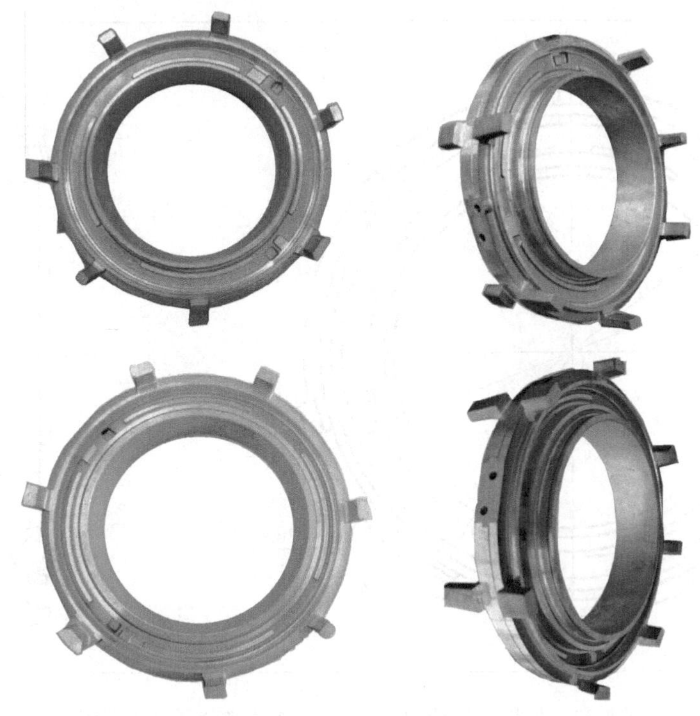

图 8-20　拆卸下来的壳体

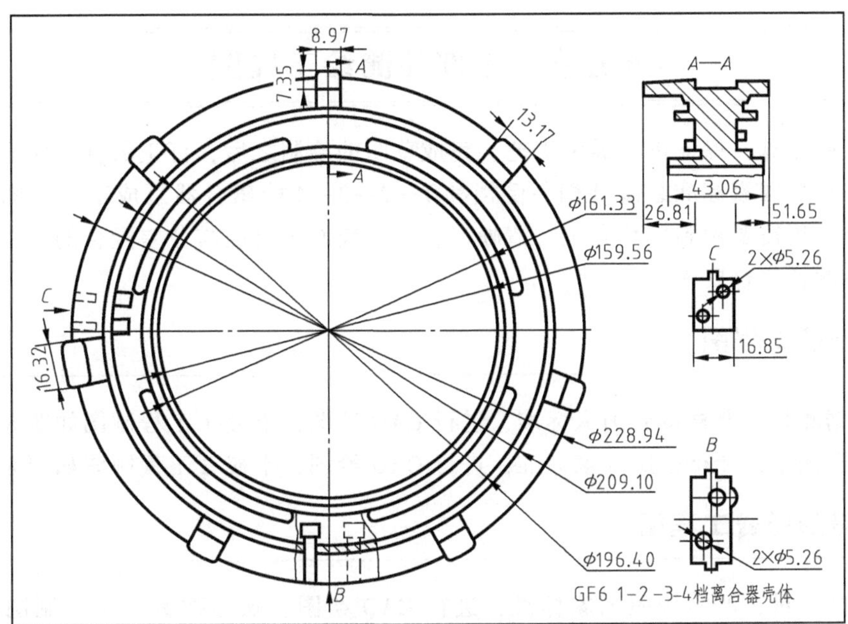

图 8-21　壳体草图

五、低档—倒档和 1—2—3—4 档离合器总成草图

按照拆卸工艺和测绘标准完成低档—倒档和 1—2—3—4 档离合器总成草图，草图的尺寸及结构如图 8-22 所示。

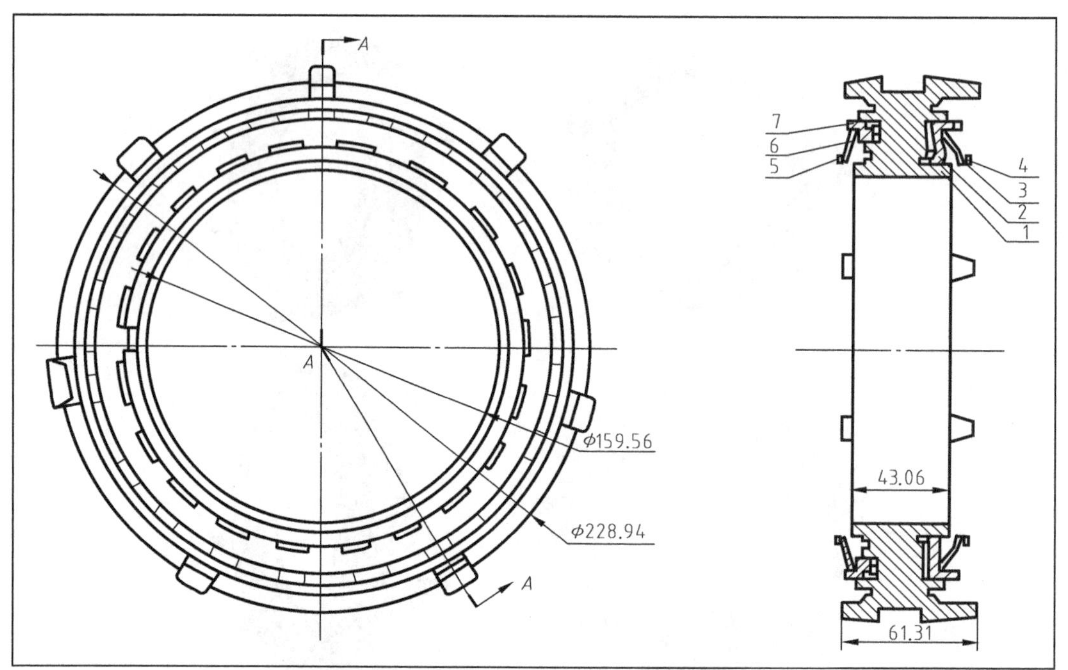

图 8-22　低档—倒档和 1—2—3—4 档离合器总成草图

第七节　零部件测绘工程图

使用正确工具，保证正确拆装工艺，完成草图的绘制之后，订正数据，保证数据准确无误，严格按照国家标准绘制低档—倒档和 1—2—3—4 档离合器总成工程制图，除符合总体要求外，还需要做到尺寸齐全、清晰、合理，表面粗糙度与公差配合的选用恰当，标注正确，标题栏符合要求。

一、卡棱工程图

1）根据测量，严格按照国家标准，进行 CAD 绘图，卡棱 1 工程制图如图 8-23 所示。

2）根据测量，严格按照国家标准，进行 CAD 绘图，卡棱 2 工程制图如图 8-24 所示。

二、碟形弹簧工程图

1）根据测量，严格按照国家标准，进行 CAD 绘图，碟形弹簧 1 工程制图如图 8-25 所示。

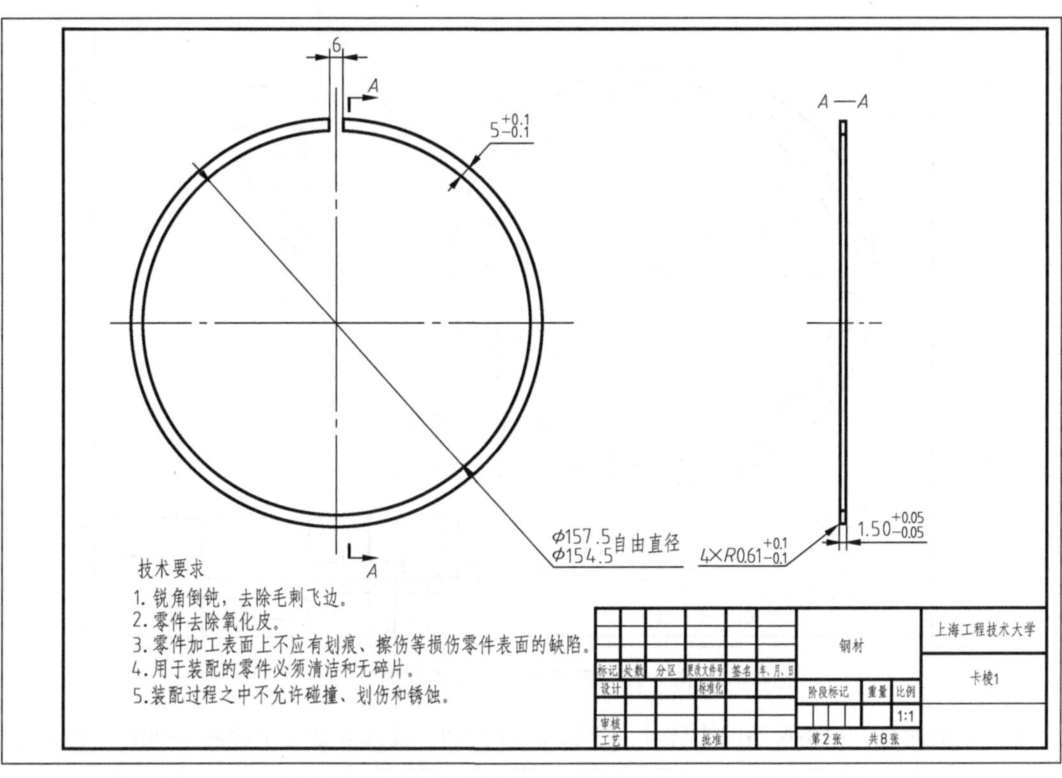

图 8-23 卡棱 1 工程制图

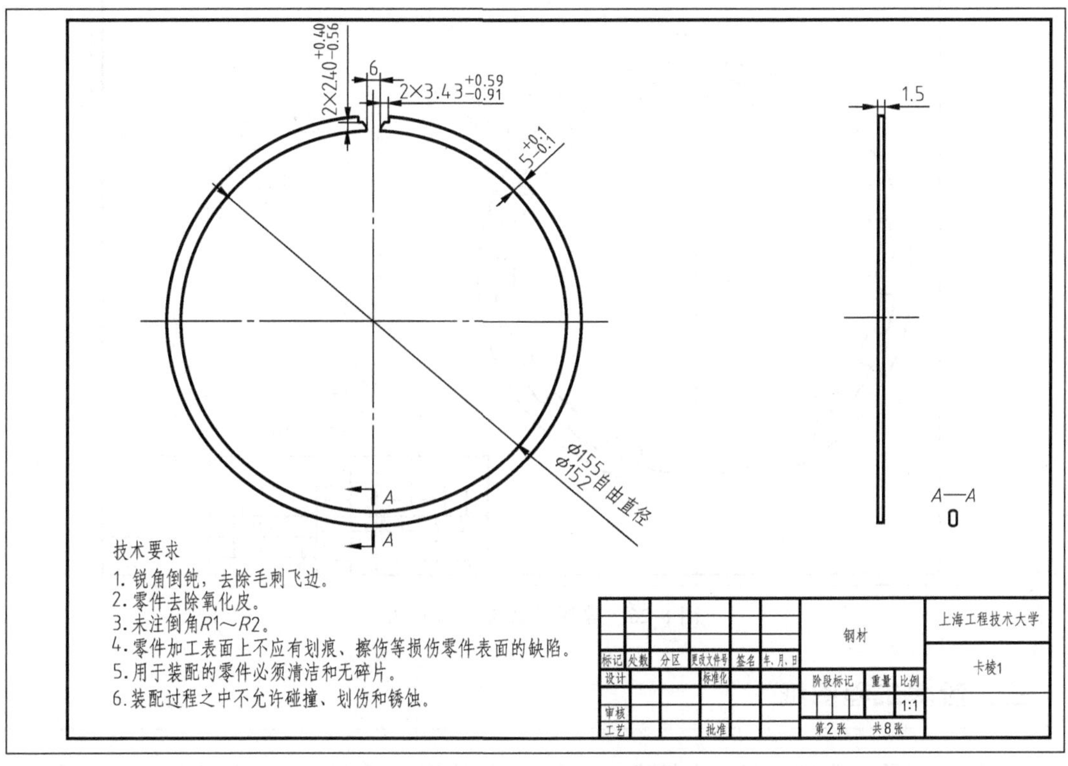

图 8-24 卡棱 2 工程制图

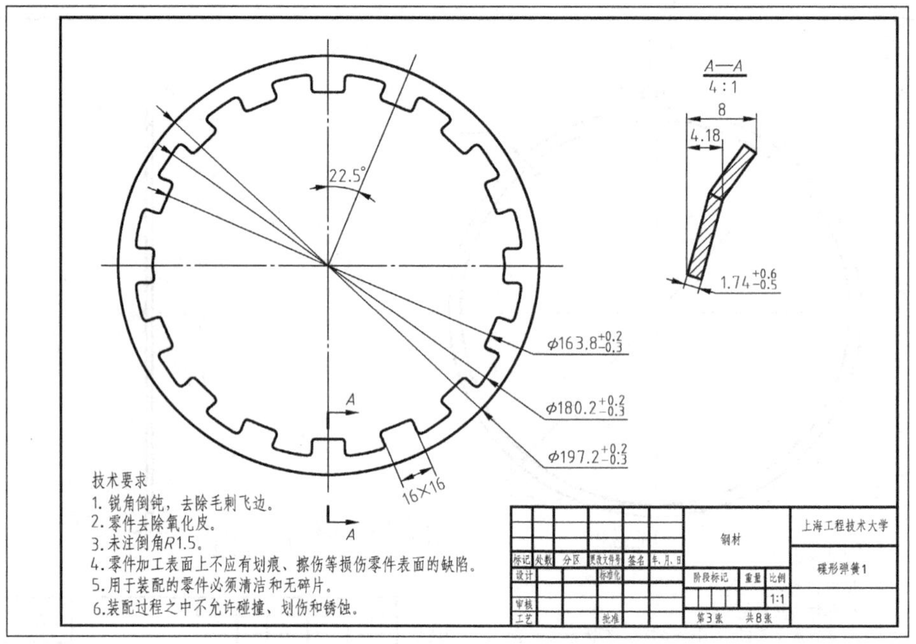

图 8-25 碟形弹簧 1 工程制图

2）根据测量，严格按照国家标准，进行 CAD 绘图，碟形弹簧 2 工程制图如图 8-26 所示。

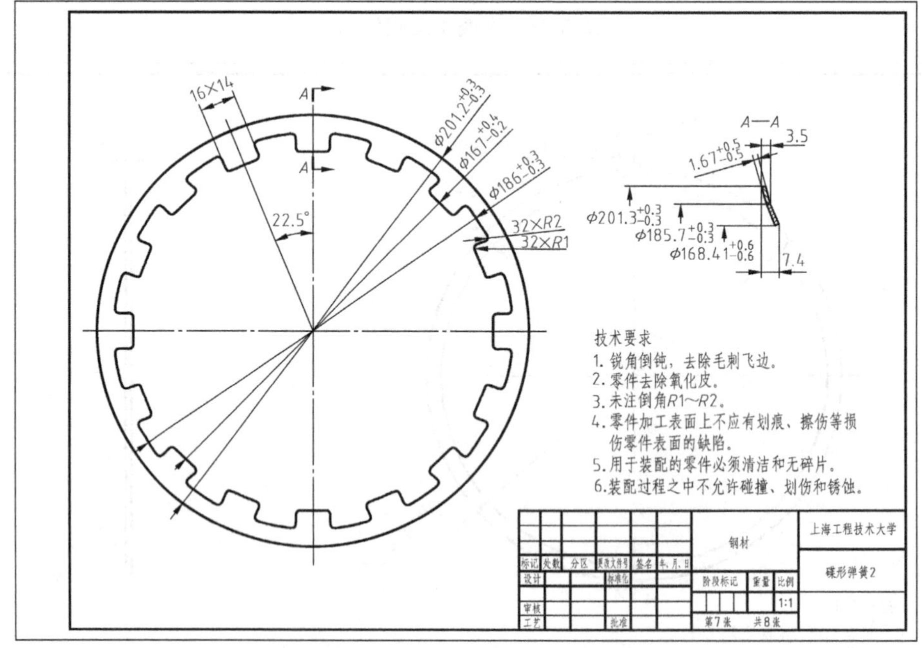

图 8-26 碟形弹簧 2 工程制图

三、活塞工程图纸

1）根据测量，严格按照国家标准，进行 CAD 绘图，活塞 1 工程制图如图 8-27 所示。

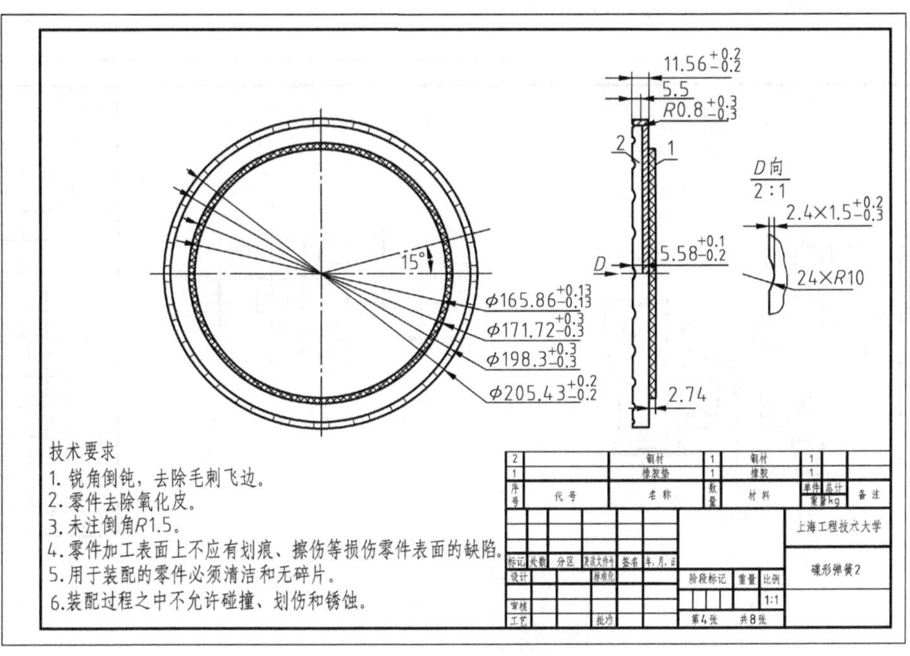

图 8-27 活塞 1 工程制图

2）根据测量，严格按照国家标准，进行 CAD 绘图，活塞 2 工程制图如图 8-28 所示。

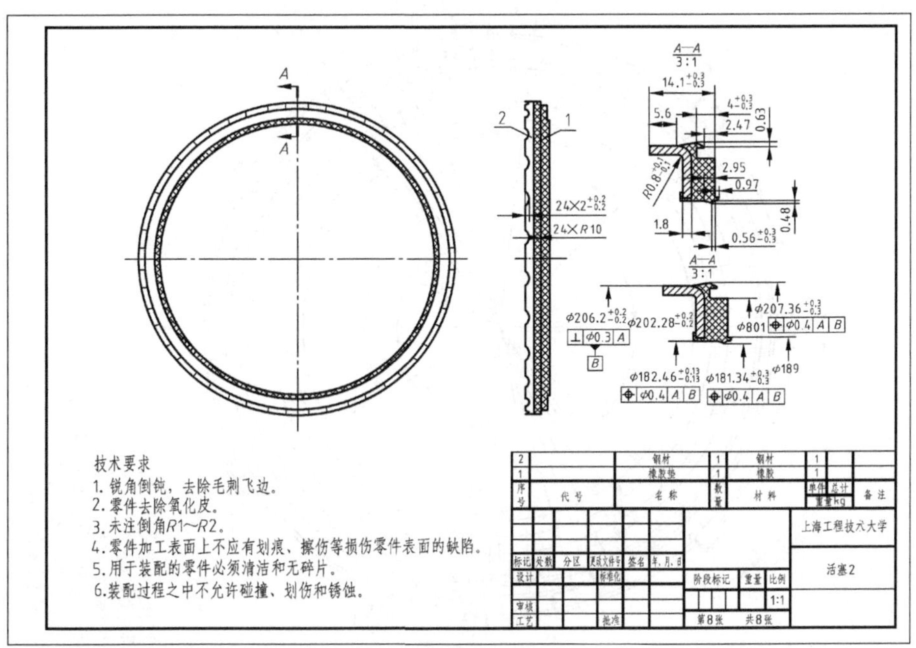

图 8-28 活塞 2 工程制图

四、壳体工程图

根据测量，严格按照国家标准，进行 CAD 绘图，壳体工程制图如图 8-29 所示。

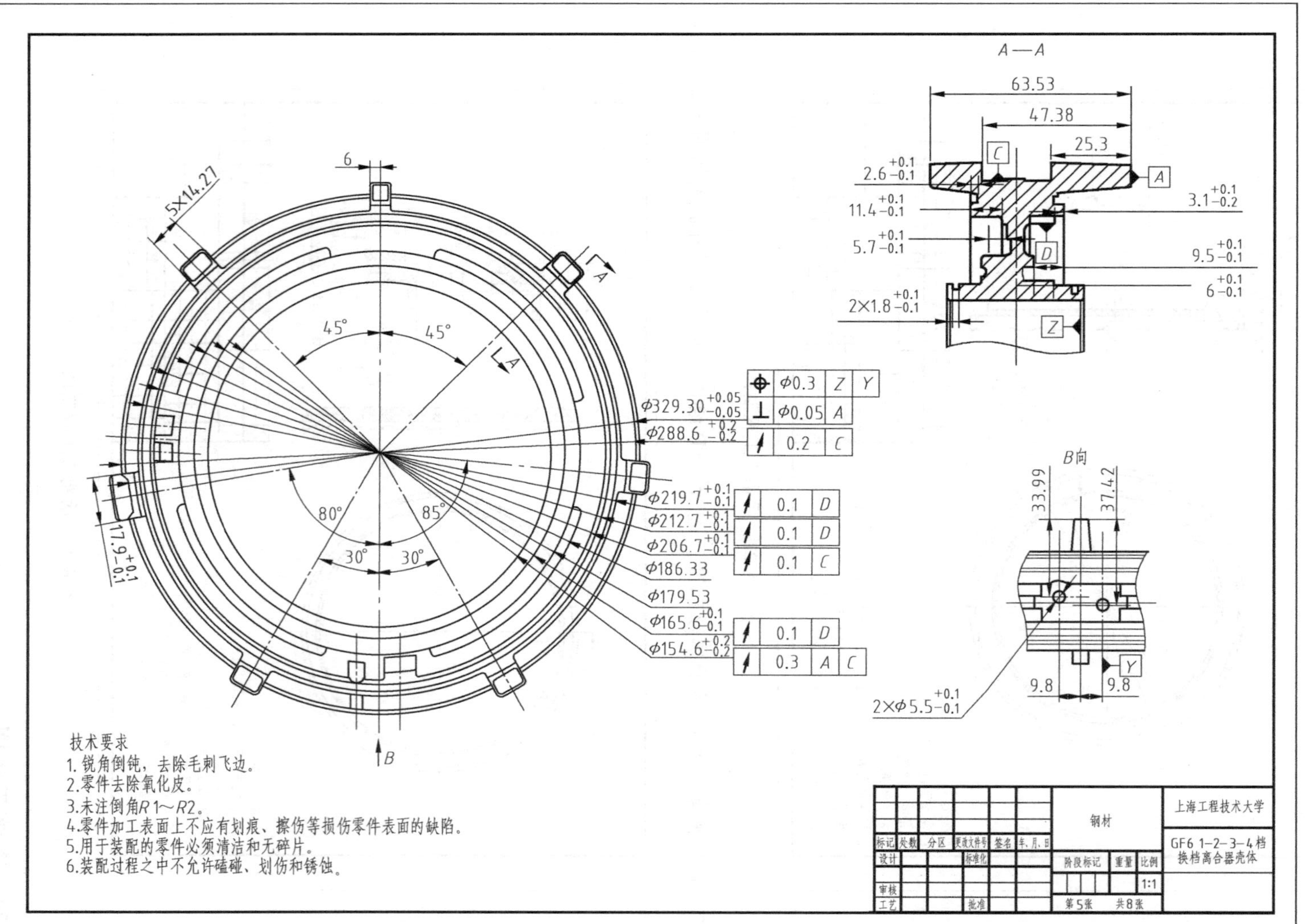
A—A
B向
技术要求
1.锐角倒钝，去除毛刺飞边。
2.零件去除氧化皮。
3.未注倒角R1~R2。
4.零件加工表面上不应有划痕、擦伤等损伤零件表面的缺陷。
5.用于装配的零件必须清洁和无碎片。
6.装配过程之中不允许磕碰、划伤和锈蚀。
钢材
上海工程技术大学
GF6 1-2-3-4档换挡离合器壳体
1:1
第5张 共8张

图 8-29 壳体工程制图

五、低档—倒档和 1—2—3—4 档离合器总成工程图

根据测量，严格按照国家标准，进行 CAD 绘图，低档—倒档和 1—2—3—4 档离合器总成工程制图，除符合总体要求外，还要求标注规格尺寸、外形尺寸、装配尺寸、安装尺寸及其他重要尺寸。其中，相关尺寸要与零件图中的零件尺寸完全一致。此外，零件编号和明细栏、标题栏也必须符合国家标准的要求，如图 8-30 所示。

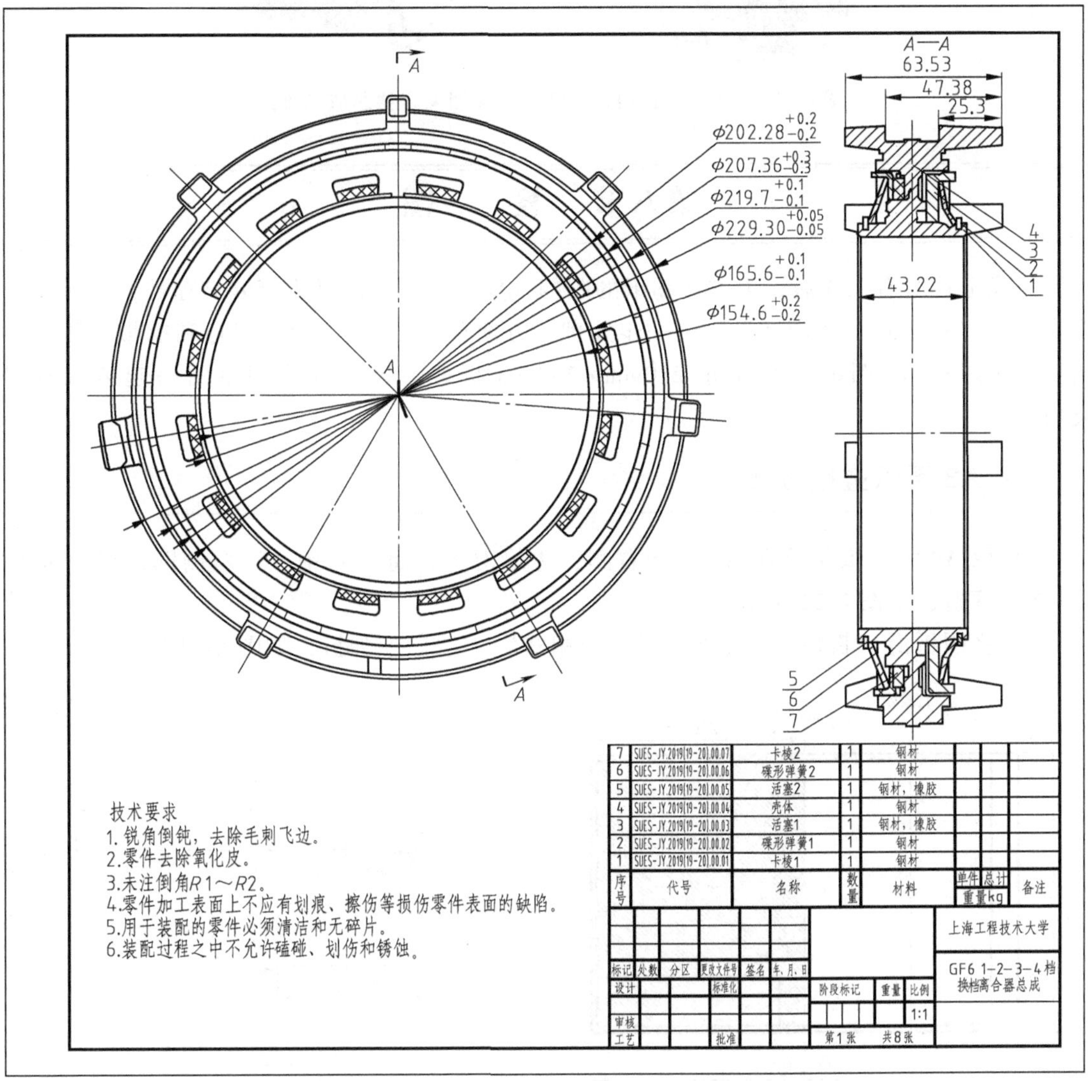

A—A
63.53
47.38
25.3
$\phi 202.28^{+0.2}_{-0.2}$
$\phi 207.36^{+0.3}_{-0.3}$
$\phi 219.7^{+0.1}_{-0.1}$
$\phi 229.30^{+0.05}_{-0.05}$
$\phi 165.6^{+0.1}_{-0.1}$
$\phi 154.6^{+0.2}_{-0.2}$
43.22

技术要求
1. 锐角倒钝，去除毛刺飞边。
2. 零件去除氧化皮。
3. 未注倒角R1～R2。
4. 零件加工表面上不应有划痕、擦伤等损伤零件表面的缺陷。
5. 用于装配的零件必须清洁和无碎片。
6. 装配过程之中不允许磕碰、划伤和锈蚀。

序号	代号	名称	数量	材料	单件重量kg	总计重量kg	备注
7	SUES-JY.2019(19-20).00.07	卡楱2	1	钢材			
6	SUES-JY.2019(19-20).00.06	碟形弹簧2	1	钢材			
5	SUES-JY.2019(19-20).00.05	活塞2	1	钢材，橡胶			
4	SUES-JY.2019(19-20).00.04	壳体	1	钢材			
3	SUES-JY.2019(19-20).00.03	活塞1	1	钢材，橡胶			
2	SUES-JY.2019(19-20).00.02	碟形弹簧1	1	钢材			
1	SUES-JY.2019(19-20).00.01	卡楱1	1	钢材			

标记 处数 分区 更改文件号 签名 年、月、日
设计 标准化 阶段标记 重量 比例 1:1
审核
工艺 批准 第1张 共8张
上海工程技术大学
GF6 1-2-3-4 档换档离合器总成

图 8-30 低档—倒档和 1—2—3—4 档离合器总成工程

六、计算机三维图

根据完成的二维工程图，完成低档—倒档和 1—2—3—4 档离合器总成三维图，如图 8-31 所示。

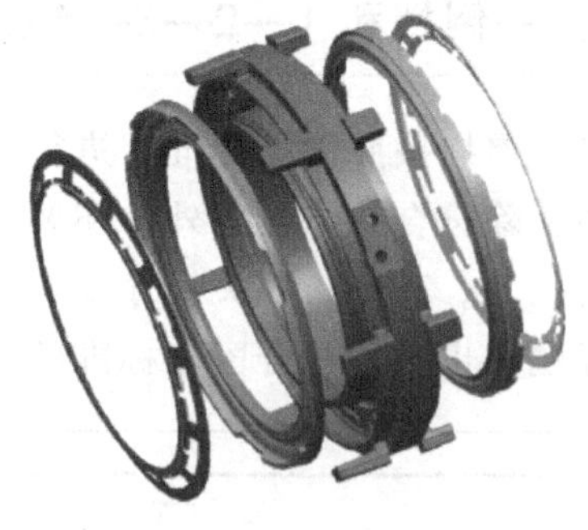

图 8-31　低档—倒档和 1—2—3—4 档离合器总成三维图

第八节　叠　图

完成上述所有工作后，为方便图纸的归档入库，需要对图纸进行装订存档，所有图纸都应采用“折扇式”叠图法进行进一步处理，方便存档。(为了便于保存和携带，画好的图纸应按国标 A4 图纸幅面尺寸 210mm×297mm 折叠后装订好连同草图一起装入资料袋内。)

一、A3 图纸叠图方法

1）取 A4 大小纸张放在 A3 图纸右侧，边缘对齐，将“折痕 1”左侧图纸沿“折痕 1”向下翻折，如图 8-32 所示。

2）将图纸沿“折痕 2”继续采用“折扇式”方法向下翻折，如图 8-33 所示。

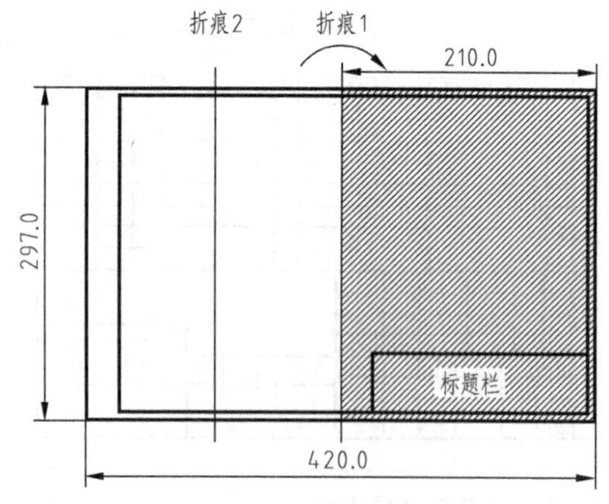

图 8-32　A3 图纸叠图步骤 1

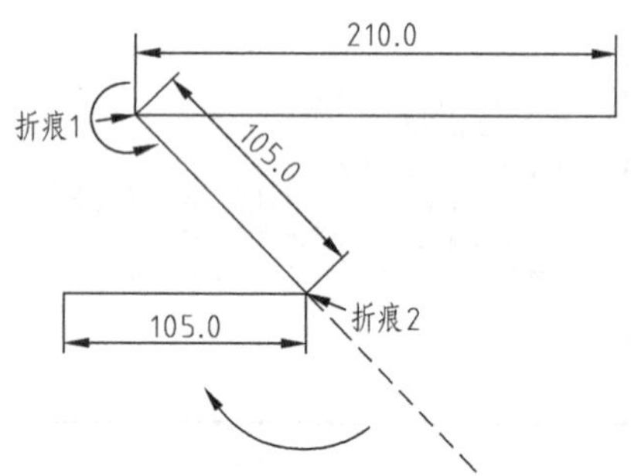

图 8-33　A3 图纸叠图步骤 2

将折好的图纸放入档案袋中即可。

二、A2 图纸叠图方法

1）取 A4 大小纸张放在 A2 图纸右下角，右边缘和下边缘对齐，将“折痕 1”上侧图

纸沿“折痕 1”向下翻折，如图 8-34 所示。

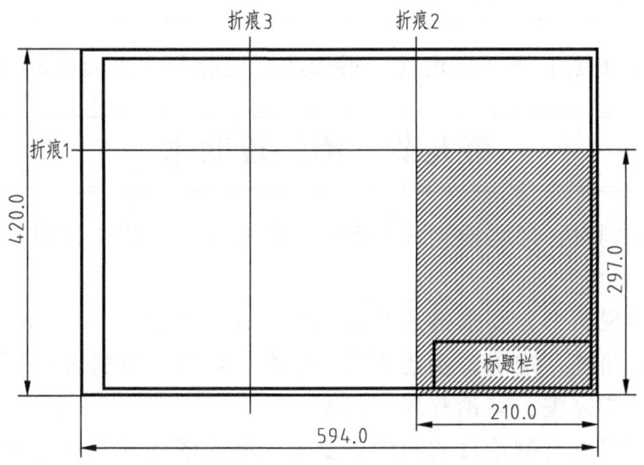

图 8-34　A2 图纸叠图步骤 1

2）得到图 8-35 后，沿“折痕 2”将左侧图纸向下翻折。

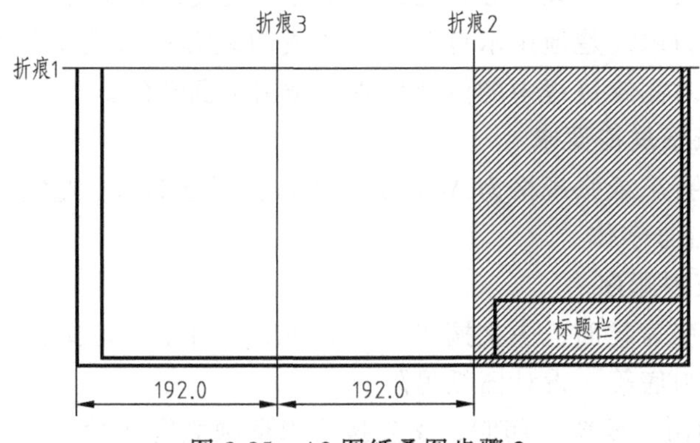

图 8-35　A2 图纸叠图步骤 2

3）继续沿“折痕 3”向下翻折，采用“折扇式”叠图法完成图纸的归档入库，如图 8-36 所示。

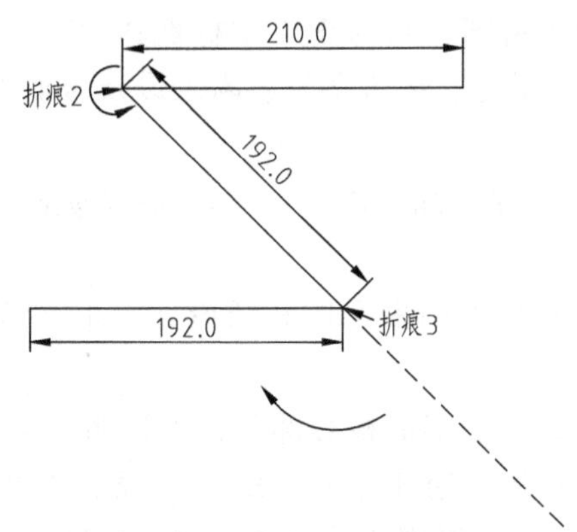

图 8-36　A2 图纸叠图步骤 3

三、A1 和 A0 图纸叠图方法

A1 和 A0 图纸应按照上述“折扇式”叠图法完成叠图，进而完成归档入库。

第九节　测绘说明书

完成测绘工作的同时，还需要完成与测绘工作相匹配的测绘说明书，使其构成一整套的工程文件。

独立完成的测绘说明书，要求格式符合标准要求，字数不少于 3000 字。测绘说明书要求文笔流畅，语言简练、准确；叙述清楚、明白；数据、资料可靠；论述充分、条理较清晰、层次分明、结构完整，结论有理、有据。

测绘说明书中不仅要有测绘目的和任务要求、测绘零件的功能与作用、测绘工具的使用说明，测绘工艺的制定、测绘零部件所有要求的草图和工程制图过程，包括其工作原理和作用，说明有关配合、公差、材料的选择及理由；给出被测绘部件的主要性能（规格）尺寸、总体尺寸、安装尺寸的大小等，还必须要有对现场问题的分析、评价和合理化建议等，除文字说明外，力求清楚地用示意图、框图或图表等形式表达，应有重点、有综合。测绘说明书最后还需对测绘过程中的体会和收获做出书面总结。

1. 测绘说明书纸张规格要求

测绘说明书统一要求纸张规格为 A4。上空 3cm、下空 2cm，左空 3cm、右空 2cm（左边装订），页码用小五号字体。

2. 测绘说明书资料顺序

测绘资料装订顺序为封面、中文摘要、外文摘要、目录、正文、设计图纸说明、参考文献、附录、致谢、封底等，设计图纸另附。

(1) 封面　封面由学校统一印制，学生按要求逐项填写清楚。

(2) 摘要　摘要是说明书内容的简要陈述，包括说明书中的主要信息，具有独立性和完整性，分为中文摘要和英文摘要，并有 3~5 个关键词。中文摘要在前，一般字数在 400 字左右。英文摘要另起一页，内容应与中文摘要相对应。

(3) 目录　目录要求层次清晰，且与正文中标题内容一致。主要包括中文摘要、英文摘要、正文主要层次标题、结论、参考文献、附录以及致谢等。

(4) 正文

1）页眉。要求正文部分一律添加页眉，如“××××学院测绘说明书”。

2）正文的内容。

① 正文部分包括前言、测绘说明书主体和结论。要求文章结构严谨，语言流畅，内容正确。

② 说明书主体是制图测绘说明书的核心部分，占说明书的主要篇幅，要求文字简练，条理分明，重点突出，概念清楚，论证充分，逻辑性强。正文中涉及的图表、插图、公式、符号、参考文献以及计量单位等都要符合相关国家标准的要求。

③ 结论是对整篇说明书的归纳总结，要概括说明制图测绘说明书的情况和价值，分

析其优点、特色，有何创新，达到何水平，并应指出其中存在的问题和今后改进的方向，特别是对测绘中遇到的重要问题要重点指出并加以研究。结论要措辞严谨，逻辑严密，观点鲜明、具体。

④ 前言和说明书主体应分章撰写，章与章之间不可接排。

⑤ 正文中引用文献号用方括号“[ ]”括起来置于引用文字的右上角，按上标书写，[ ] 中的阿拉伯数字表示“参考文献”中文献的排列顺序。

3）对正文内容及篇幅的要求。设计说明书中一般包括测绘任务的提出、测绘方案论证、测绘过程说明、测绘结果的分析与结论等内容。

4）正文的层次划分和编排方法。正文是说明书的主要组成部分，题序层次是文章结构的框架。章条序码统一用阿拉伯数字表示，题序层次可以分为若干级，各级号码之间加一小圆点，末尾一级码的后面不加小圆点，层次分级一般不超过 3 级，各级与上下文间均 1.5 倍行距。示例如下：

说明书题目：不在正文中显示。

正文各层次内容：中文行距为固定值 20 磅，英文用 1.5 倍行距。

(宋体小四号字，英文用新罗马体 12)

题序层次的题序和题名：

第一级（章） 1，2，3，… （黑体小二号字，居中）

第二级（条） 1.1，1.2，…，2.1，2.2，…，3.1，3.2，… （黑体小三号字）

第三级（条） 1.1.1，1.1.2，…，1.2.1，1.2.2，… （黑体四号字）

第四级（条） 1.1.1.1，1.1.1.2，…，1.2.2.1，1.2.2.2，… （黑体小四号字）

题序层次编排格式为：第一级（章）编号居中，其余条目编号一律左顶格，编号后空一个字距，再写章条题名。题名下面的文字一般另起一行，也可在题名后，但要与题名空一个字距。如果在上一条以下内容仍需分层，则通常用 a，b，…或 1），2），…编序，左空 2 个字距。

（5）图表和公式

1）图表。说明书中的选图及制图应力求精练。所有图表均应精心设计并用绘图笔绘制，不得徒手勾画。各类图表的绘制均应符合国家标准。说明书中的表一律不画左右端线，表的设计应简单明了。图表中所涉及的单位一律不加括号，用“，”与量值隔开。图表均应有标题，并按章编号（如图 1-1、表 2-2 等）。图表标题均居中书写，字号比正文小一号。表格一页排不下时，需在下一页接排，但应将表头内容复制到续表中，表头应注明“续表”字样（如续表 2-2）。

2）公式。公式统一用英文斜体书写，公式中有上标、下标、顶标、底标等时，必须层次清楚。公式应居中放置，公式前的“解”“假设”等文字顶格写，公式末不加标点，公式的序号写在公式右侧的行末顶边线，并加圆括号。序号按章排，如“(1-1)”“(2-1)”。公式换行书写时与等号对齐。

（6）参考文献 说明书引用的文献应以近期发表的与说明书工作直接有关的文献为主。参考文献是说明书中引用文献出处的目录表。凡引用本人或他人已公开或未公开发表文献中的学术思想、观点或研究方法、设计方案等，不论借鉴、评论、综述，还是用作立论依据、学术发展基础，都应编入参考文献目录。直接引用的文字应直录原文并用引号括起来。直接、间接引用都不应断章取义。

参考文献的著录方法采用我国国家标准 GB 7714—2005《文后参考文献著录规则》中规定采用的“顺序编码制”，中外文混编。说明书中，引用出处按引用先后顺序用阿拉伯数字和方括号［］放在引文结束处最后一个字的右上角作为对参考文献表相应条目的呼应。文后参考文献表中，各条文献按在说明书中的文献序号顺序排列。

(7) 附录 未尽事宜可将其列在附录中加以说明。原始测定结果、分析说明书、图表以及测试说明书单等，均可列在附录中，附录序号用“附录 A、附录 B”等字样表示。

(8) 致谢 以简短的文字，对在测绘过程中给予直接帮助的老师或单位、个人表示自己的谢意。

根据要求，完成的测绘说明书，把完成的所有过程包括上述依据的原则，中间遇到的问题及解决的方法严格地记录下来。

第十节 测绘零部件归档资料

零部件测绘一般要求学生提供一份测绘说明报告，一份测绘日记，整套测绘草图及测绘工程图。

指导教师在学生上交报告和工程图之前，应提醒学生检查班级、姓名、学号是否齐全。在确认没有遗漏之后，将所绘制的装配图、零件图及零件草图折叠成 A4 幅面，连同测绘报告等归档资料上交。提交的归档资料如下：档案袋（★1）；测绘说明报告（★1）；测绘日记（★1）；草图（A2★1，A3★2）；工程图（A2★1，A3★2）。

归档资料如图 8-37 所示。

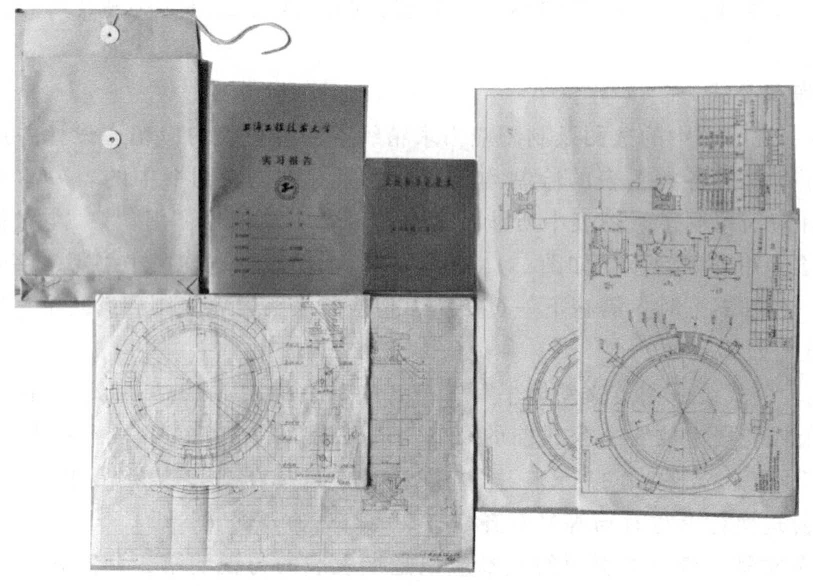

图 8-37 归档资料

第十一节　零部件测绘成绩的评定

零部件测绘成绩的评定应根据零件草图、装配图、零件图和测绘说明书等综合评分。评分标准按不同专业的教学大纲来确定。例如，表达方案、投影、尺寸标注、技术要求和零件材料选用的正确性占总分的 50%，线型正确、字体工整、图面洁净占 10%，测绘说明报告占 20%，平时成绩占 10%，答辩占 10%。

平时考核主要考查学生的工作态度和独立完成实训任务的情况。

测绘的成绩通常采用五级分制，即优秀、良好、中等、及格和不及格。

附　　录

附录 A　极限与配合

表 A-1　常用及优先用途轴的

公称尺寸/mm		常用及优先公差带												
		a	b		c			d				e		
大于	至	11	11	12	9	10	⑪	8	⑨	10	11	7	8	9
—	3	-270 -330	-140 -200	-140 -240	-60 -85	-60 -100	-60 -120	-20 -34	-20 -45	-20 -60	-20 -80	-14 -24	-14 -28	-14 -39
3	6	-270 -345	-140 -215	-140 -260	-70 -100	-70 -118	-70 -145	-30 -48	-30 -60	-30 -78	-30 -105	-20 -32	-20 -38	-20 -50
6	10	-280 -370	-150 -240	-150 -300	-80 -116	-80 -138	-80 -170	-40 -62	-40 -76	-40 -98	-40 -130	-25 -40	-25 -47	-25 -61
10	14	-290 -400	-150 -260	-150 -330	-95 -138	-95 -165	-95 -205	-50 -77	-50 -93	-50 -120	-50 -160	-32 -50	-32 -59	-32 -75
14	18													
18	24	-300 -430	-160 -290	-160 -370	-110 -162	-110 -194	-110 -240	-65 -98	-65 -117	-65 -149	-65 -195	-40 -61	-40 -73	-40 -92
24	30													
30	40	-310 -470	-170 -330	-170 -420	-120 -182	-120 -220	-120 -280	-80 -119	-80 -142	-80 -180	-80 -240	-50 -75	-50 -89	-50 -112
40	50	-320 -480	-180 -340	-180 -430	-130 -192	-130 -230	-130 -290							
50	65	-340 -530	-190 -380	-190 -490	-140 -214	-140 -260	-140 -330	-100 -146	-100 -174	-100 -220	-100 -290	-60 -90	-60 -106	-60 -134
65	80	-360 -550	-200 -390	-200 -500	-150 -224	-150 -270	-150 -340							
80	100	-380 -600	-220 -440	-220 -570	-170 -257	-170 -310	-170 -390	-120 -174	-120 -207	-120 -260	-120 -340	-72 -107	-72 -126	-72 -212
100	120	-410 -630	-240 -460	-240 -590	-180 -267	-180 -320	-180 -400							
120	140	-460 -710	-260 -510	-260 -660	-200 -300	-200 -360	-200 -450	-145 -208	-145 -245	-145 -305	-145 -395	-85 -125	-85 -148	-85 -185
140	160	-520 -770	-280 -530	-280 -680	-210 -310	-210 -370	-210 -460							
160	180	-580 -830	-310 -560	-310 -710	-230 -330	-230 -390	-230 -480							
180	200	-660 -950	-340 -630	-340 -800	-240 -355	-240 -425	-240 -530	-170 -242	-170 -285	-170 -355	-170 -460	-100 -146	-100 -172	-100 -215
200	225	-740 -1030	-380 -670	-380 -840	-260 -375	-260 -445	-260 -550							
225	250	-820 -1110	-420 -710	-420 -880	-280 -395	-280 -465	-280 -570							
250	280	-920 -1240	-480 -800	-480 -1000	-300 -430	-300 -510	-300 -620	-190 -271	-190 -320	-190 -400	-190 -510	-110 -162	-110 -191	-110 -240
280	315	-1050 -1370	-540 -860	-540 -1060	-330 -460	-330 -540	-330 -650							
315	355	-1200 -1560	-600 -960	-600 -1170	-360 -500	-360 -590	-360 -720	-210 -299	-210 -350	-210 -440	-210 -570	-125 -182	-125 -214	-125 -265
355	400	-1350 -1710	-680 -1040	-680 -1250	-400 -540	-400 -630	-400 -760							
400	450	-1500 -1900	-760 -1160	-760 -1390	-440 -595	-440 -690	-440 -840	-230 -327	-230 -385	-230 -480	-230 -630	-135 -198	-135 -232	-135 -290
450	500	-1650 -2050	-840 -1240	-840 -1470	-480 -635	-480 -730	-480 -880							

极限偏差（尺寸至500mm）

（带圈者为优先公差带）/μm															
f					g			h							
5	6	⑦	8	9	5	⑥	7	5	⑥	⑦	8	⑨	10	⑪	12
-6 -10	-6 -12	-6 -16	-6 -20	-6 -31	-2 -6	-2 -8	-2 -12	0 -4	0 -6	0 -10	0 -14	0 -25	0 -40	0 -60	0 -100
-10 -15	-10 -18	-10 -22	-10 -28	-10 -40	-4 -9	-4 -12	-4 -16	0 -5	0 -8	0 -12	0 -18	0 -30	0 -48	0 -75	0 -120
-13 -19	-13 -22	-13 -28	-13 -35	-13 -49	-5 -11	-5 -14	-5 -20	0 -6	0 -9	0 -15	0 -22	0 -36	0 -58	0 -90	0 -150
-16 -24	-16 -27	-16 -34	-16 -43	-16 -59	-6 -14	-6 -17	-6 -24	0 -8	0 -11	0 -18	0 -27	0 -43	0 -70	0 -110	0 -180
-20 -29	-20 -33	-20 -41	-20 -53	-20 -72	-7 -16	-7 -20	-7 -28	0 -9	0 -13	0 -21	0 -33	0 -52	0 -84	0 -130	0 -210
-25 -36	-25 -41	-25 -50	-25 -64	-25 -87	-9 -20	-9 -25	-9 -34	0 -11	0 -16	0 -25	0 -39	0 -62	0 -100	0 -160	0 -250
-30 -43	-30 -49	-30 -60	-30 -76	-30 -104	-10 -23	-10 -29	-10 -40	0 -13	0 -19	0 -30	0 -46	0 -74	0 -120	0 -190	0 -300
-36 -51	-36 -58	-36 -71	-36 -90	-36 -123	-12 -27	-12 -34	-12 -47	0 -15	0 -22	0 -35	0 -54	0 -87	0 -140	0 -220	0 -350
-43 -61	-43 -68	-43 -83	-43 -106	-43 -143	-14 -32	-14 -39	-14 -54	0 -18	0 -25	0 -40	0 -63	0 -100	0 -160	0 -250	0 -400
-50 -70	-50 -79	-50 -96	-50 -122	-50 -165	-15 -35	-15 -44	-15 -61	0 -20	0 -29	0 -46	0 -72	0 -115	0 -185	0 -290	0 -460
-56 -79	-56 -88	-56 -108	-56 -137	-56 -185	-17 -40	-17 -49	-17 -69	0 -23	0 -32	0 -52	0 -81	0 -130	0 -210	0 -320	0 -520
-62 -87	-62 -98	-62 -119	-62 -151	-62 -202	-18 -43	-18 -54	-18 -75	0 -25	0 -36	0 -57	0 -89	0 -140	0 -230	0 -360	0 -570
-68 -95	-68 -108	-68 -131	-68 -165	-68 -223	-20 -47	-20 -60	-20 -83	0 -27	0 -40	0 -63	0 -97	0 -155	0 -250	0 -400	0 -630

公称尺寸/mm		常用及优先公差带														
		js			k			m			n			p		
大于	至	5	6	7	5	⑥	7	5	6	7	5	⑥	7	5	⑥	7
—	3	±2	±3	±5	+4 0	+6 0	+10 0	+6 +2	+8 +2	+12 +2	+8 +4	+10 +4	+14 +4	+10 +6	+12 +6	+16 +6
3	6	±2.5	±4	±6	+6 +1	+9 +1	+13 +1	+9 +4	+12 +4	+16 +4	+13 +8	+16 +8	+20 +8	+17 +12	+20 +12	+24 +12
6	10	±3	±4.5	±7	+7 +1	+10 +1	+16 +1	+12 +6	+15 +6	+21 +6	+16 +10	+19 +10	+25 +10	+21 +15	+24 +15	+30 +15
10	14	±4	±5.5	±9	+9 +1	+12 +1	+19 +1	+15 +7	+18 +7	+25 +7	+20 +12	+23 +12	+30 +12	+26 +18	+29 +18	+36 +18
14	18															
18	24	±4.5	±6.5	±10	+11 +2	+15 +2	+23 +2	+17 +8	+21 +8	+29 +8	+24 +15	+28 +15	+36 +15	+31 +22	+35 +22	+43 +22
24	30															
30	40	±5.5	±8	±12	+13 +2	+18 +2	+27 +2	+20 +9	+25 +9	+34 +9	+28 +17	+33 +17	+42 +17	+37 +26	+42 +26	+51 +26
40	50															
50	65	±6.5	±9.5	±15	+15 +2	+21 +2	+32 +2	+24 +11	+30 +11	+41 +11	+33 +20	+39 +20	+50 +20	+45 +32	+51 +32	+62 +32
65	80															
80	100	±7.5	±11	±17	+18 +3	+25 +3	+38 +3	+28 +13	+35 +13	+48 +13	+38 +23	+45 +23	+58 +23	+52 +37	+59 +37	+72 +37
100	120															
120	140	±9	±12.5	±20	+21 +3	+28 +3	+43 +3	+33 +15	+40 +15	+55 +15	+45 +27	+52 +27	+67 +27	+61 +43	+68 +43	+83 +43
140	160															
160	180															
180	200	±10	±14.5	±23	+24 +4	+33 +4	+50 +4	+37 +17	+46 +17	+63 +17	+51 +31	+60 +31	+77 +31	+70 +50	+79 +50	+96 +50
200	225															
225	250															
250	280	±11.5	±16	±26	+27 +4	+36 +4	+56 +4	+43 +20	+52 +20	+72 +20	+57 +34	+66 +34	+86 +34	+79 +56	+88 +56	+108 +56
280	315															
315	355	±12.5	±18	±28	+29 +4	+40 +4	+61 +4	+46 +21	+57 +21	+78 +21	+62 +37	+73 +37	+94 +37	+87 +62	+98 +62	+119 +62
355	400															
400	450	±13.5	±20	±31	+32 +5	+45 +5	+68 +5	+50 +23	+63 +23	+86 +23	+67 +40	+80 +40	+103 +40	+95 +68	+108 +68	+131 +68
450	500															

（续）

（带圈者为优先公差带）/μm														
r			s			t			u		v	x	y	z
5	6	7	5	⑥	7	5	6	7	⑥	7	6	6	6	6
+14 +10	+16 +10	+20 +10	+18 +14	+20 +14	+24 +14	—	—	—	+24 +18	+28 +18	—	+26 +20	—	+32 +26
+20 +15	+23 +15	+27 +15	+24 +19	+27 +19	+31 +19	—	—	—	+31 +23	+35 +23	—	+36 +28	—	+43 +35
+25 +19	+28 +19	+34 +19	+29 +23	+32 +23	+38 +23	—	—	—	+37 +28	+43 +28	—	+43 +34	—	+51 +42
+31 +23	+34 +23	+41 +23	+36 +28	+39 +28	+46 +28	—	—	—	+44 +33	+51 +33	—	+51 +40	—	+61 +50
						—	—	—			+50 +39	+56 +45	—	+71 +60
+37 +28	+41 +28	+49 +28	+44 +35	+48 +35	+56 +35	—	—	—	+54 +41	+62 +41	+60 +47	+67 +54	+76 +63	+86 +73
						+50 +41	+54 +41	+62 +41	+61 +48	+69 +48	+68 +55	+77 +64	+88 +75	+101 +88
+45 +34	+50 +34	+59 +34	+54 +43	+59 +43	+68 +43	+59 +48	+64 +48	+73 +48	+76 +60	+85 +60	+84 +68	+96 +80	+110 +94	+128 +112
						+65 +54	+70 +54	+79 +54	+86 +70	+95 +70	+97 +81	+113 +97	+130 +114	+152 +136
+54 +41	+60 +41	+71 +41	+66 +53	+72 +53	+83 +53	+79 +66	+85 +66	+96 +66	+106 +87	+117 +87	+121 +102	+141 +122	+163 +144	+191 +172
+56 +43	+62 +43	+72 +43	+72 +59	+78 +59	+89 +59	+88 +75	+94 +75	+105 +75	+121 +102	+132 +102	+139 +120	+165 +146	+193 +174	+229 +210
+66 +51	+73 +51	+86 +51	+86 +71	+93 +71	+106 +71	+106 +91	+113 +91	+126 +91	+146 +124	+159 +124	+168 +146	+200 +178	+236 +214	+280 +258
+69 +54	+76 +54	+89 +54	+94 +79	+101 +79	+114 +79	+119 +104	+126 +104	+139 +104	+166 +144	+179 +144	+194 +172	+232 +210	+276 +254	+332 +310
+81 +63	+88 +63	+103 +63	+110 +92	+117 +92	+132 +92	+140 +122	+147 +122	+162 +122	+195 +170	+210 +170	+227 +202	+273 +248	+325 +300	+390 +365
+83 +65	+90 +65	+105 +65	+118 +100	+125 +100	+140 +100	+152 +134	+159 +134	+174 +134	+215 +190	+230 +190	+253 +228	+305 +280	+365 +340	+440 +415
+86 +68	+93 +68	+108 +68	+126 +108	+133 +108	+148 +108	+164 +146	+171 +146	+186 +146	+235 +210	+250 +210	+277 +252	+335 +310	+405 +380	+490 +465
+97 +77	+106 +77	+123 +77	+142 +122	+151 +122	+168 +122	+186 +166	+195 +166	+212 +166	+265 +236	+282 +236	+313 +284	+379 +350	+454 +425	+549 +520
+100 +80	+109 +80	+126 +80	+150 +130	+159 +130	+176 +130	+200 +180	+209 +180	+226 +180	+287 +258	+304 +258	+339 +310	+414 +385	+499 +470	+604 +575
+104 +84	+113 +84	+130 +84	+160 +140	+169 +140	+186 +140	+216 +196	+225 +196	+242 +196	+313 +284	+330 +284	+369 +340	+454 +425	+549 +520	+669 +640
+117 +94	+126 +94	+146 +94	+181 +158	+190 +158	+210 +158	+241 +218	+250 +218	+270 +218	+347 +315	+367 +315	+417 +385	+507 +475	+612 +580	+742 +710
+121 +98	+130 +98	+150 +98	+193 +170	+202 +170	+222 +170	+263 +240	+272 +240	+292 +240	+382 +350	+402 +350	+457 +425	+557 +525	+682 +650	+822 +790
+133 +108	+144 +108	+165 +108	+215 +190	+226 +190	+247 +190	+293 +268	+304 +268	+325 +268	+426 +390	+447 +390	+511 +475	+626 +590	+766 +730	+936 +900
+139 +114	+150 +114	+171 +114	+233 +208	+244 +208	+265 +208	+319 +294	+330 +294	+351 +294	+471 +435	+492 +435	+566 +530	+696 +660	+856 +820	+1036 +1000
+153 +126	+166 +126	+189 +126	+259 +232	+272 +232	+295 +232	+357 +330	+370 +330	+393 +330	+530 +490	+553 +490	+635 +595	+780 +740	+960 +920	+1140 +1100
+159 +132	+172 +132	+195 +132	+279 +252	+292 +252	+315 +252	+387 +360	+400 +360	+423 +360	+580 +540	+603 +540	+700 +660	+860 +820	+1040 +1000	+1290 +1250

表 A-2 常用及优先用途孔的极限

公称尺寸/mm		常用及优先公差带													
		A	B		C	D				E		F			
大于	至	11	11	12	⑪	8	⑨	10	11	8	9	6	7	⑧	9
—	3	+330 +270	+200 +140	+240 +140	+120 +60	+34 +20	+45 +20	+60 +20	+80 +20	+28 +14	+39 +14	+12 +6	+16 +6	+20 +6	+31 +6
3	6	+345 +270	+215 +140	+260 +140	+145 +70	+48 +30	+60 +30	+78 +30	+105 +30	+38 +20	+50 +20	+18 +10	+22 +10	+28 +10	+40 +10
6	10	+370 +280	+240 +150	+300 +150	+170 +80	+62 +40	+76 +40	+98 +40	+130 +40	+47 +25	+61 +25	+22 +13	+28 +13	+35 +13	+49 +13
10	14	+400 +290	+260 +150	+330 +150	+205 +95	+77 +50	+93 +50	+120 +50	+160 +50	+59 +32	+75 +32	+27 +16	+34 +16	+43 +16	+59 +16
14	18														
18	24	+430 +300	+290 +160	+370 +160	+240 +110	+98 +65	+117 +65	+149 +65	+195 +65	+73 +40	+92 +40	+33 +20	+41 +20	+53 +20	+72 +20
24	30														
30	40	+470 +310	+330 +170	+420 +170	+280 +120	+119 +80	+142 +80	+180 +80	+240 +80	+89 +50	+112 +50	+41 +25	+50 +25	+64 +25	+87 +25
40	50	+480 +320	+340 +180	+430 +180	+290 +130										
50	65	+530 +340	+380 +190	+490 +190	+330 +140	+146 +100	+174 +100	+220 +100	+290 +100	+106 +60	+134 +60	+49 +30	+60 +30	+76 +30	+104 +30
65	80	+550 +360	+390 +200	+500 +200	+340 +150										
80	100	+600 +380	+400 +220	+570 +220	+390 +170	+174 +120	+207 +120	+260 +120	+340 +120	+125 +72	+159 +72	+58 +36	+71 +36	+90 +36	+123 +36
100	120	+630 +410	+460 +240	+590 +240	+400 +180										
120	140	+710 +460	+510 +260	+660 +260	+450 +200	+208 +145	+245 +145	+305 +145	+395 +145	+148 +85	+185 +85	+68 +43	+83 +43	+106 +43	+143 +43
140	160	+770 +520	+530 +280	+680 +280	+460 +210										
160	180	+830 +580	+560 +310	+710 +310	+480 +230										
180	200	+950 +660	+630 +340	+800 +340	+530 +240	+242 +170	+285 +170	+355 +170	+460 +170	+172 +100	+215 +100	+79 +50	+96 +50	+122 +50	+165 +50
200	225	+1030 +740	+670 +380	+840 +380	+550 +260										
225	250	+1110 +820	+710 +420	+880 +420	+570 +280										
250	280	+1240 +920	+800 +480	+1000 +480	+620 +300	+271 +190	+320 +190	+400 +190	+510 +190	+191 +110	+240 +110	+88 +56	+108 +56	+137 +56	+186 +56
280	315	+1370 +1050	+860 +540	+1060 +540	+650 +330										
315	355	+1560 +1200	+960 +600	+1170 +600	+720 +360	+299 +210	+350 +210	+440 +210	+570 +210	+214 +125	+265 +125	+98 +62	+119 +62	+151 +62	+202 +62
355	400	+1710 +1350	+1040 +680	+1250 +680	+760 +400										
400	450	+1900 +1500	+1160 +760	+1390 +760	+840 +440	+327 +230	+385 +230	+480 +230	+630 +230	+232 +135	+290 +135	+108 +68	+131 +68	+165 +68	+223 +68
450	500	+2050 +1650	+1240 +840	+1470 +840	+880 +480										

偏差（尺寸至500mm）

(带圈者为优先公差带)/μm

G		H							JS			K		
6	⑦	6	⑦	⑧	⑨	10	⑪	12	6	7	8	6	⑦	8
+8 +2	+12 +2	+6 0	+10 0	+14 0	+25 0	+40 0	+60 0	+100 0	±3	±5	±7	0 −6	0 −10	0 −14
+12 +4	+16 +4	+8 0	+12 0	+18 0	+30 0	+48 0	+75 0	+120 0	±4	±6	±9	+2 −6	+3 −9	+5 −13
+14 +5	+20 +5	+9 0	+15 0	+22 0	+36 0	+58 0	+90 0	+150 0	±4.5	±7	±11	+2 −7	+5 −10	+6 −16
+17 +6	+24 +6	+11 0	+18 0	+27 0	+43 0	+70 0	+110 0	+180 0	±5.5	±9	±13	+2 −9	+6 −12	+8 −19
+20 +7	+28 +7	+13 0	+21 0	+33 0	+52 0	+84 0	+130 0	+210 0	±6.5	±10	±16	+2 −11	+6 −15	+10 −23
+25 +9	+34 +9	+16 0	+25 0	+39 0	+62 0	+100 0	+160 0	+250 0	±8	±12	±19	+3 −13	+7 −18	+12 −27
+29 +10	+40 +10	+19 0	+30 0	+46 0	+74 0	+120 0	+190 0	+300 0	±9.5	±15	±23	+4 −15	+9 −21	+14 −32
+34 +12	+47 +12	+22 0	+35 0	+54 0	+87 0	+140 0	+220 0	+350 0	±11	±17	±27	+4 −18	+10 −25	+16 −38
+39 +14	+54 +14	+25 0	+40 0	+63 0	+100 0	+160 0	+250 0	+400 0	±12.5	±20	±31	+4 −21	+12 −28	+20 −43
+44 +15	+61 +15	+29 0	+46 0	+72 0	+115 0	+185 0	+290 0	+460 0	±14.5	±23	±36	+5 −24	+13 −33	+22 −50
+49 +17	+69 +17	+32 0	+52 0	+81 0	+130 0	+210 0	+320 0	+520 0	±16	±26	±40	+5 −27	+16 −36	+25 −56
+54 +18	+75 +18	+36 0	+57 0	+89 0	+140 0	+230 0	+360 0	+570 0	±18	±28	±44	+7 −29	+17 −40	+28 −61
+60 +20	+83 +20	+40 0	+63 0	+97 0	+155 0	+250 0	+400 0	+630 0	±20	±31	±48	+8 −32	+18 −45	+29 −68

（续）

公称尺寸/mm		常用及优先公差带（带圈者为优先公差带）/μm														
		M			N			P		R		S		T		U
大于	至	6	7	8	6	⑦	8	6	⑦	6	7	6	⑦	6	7	⑦
—	3	-2 -8	-2 -12	-2 -16	-4 -10	-4 -14	-4 -18	-6 -12	-6 -16	-10 -16	-10 -20	-14 -20	-14 -24	—	—	-18 -28
3	6	-1 -9	0 -12	+2 -16	-5 -13	-4 -16	-2 -20	-9 -17	-8 -20	-12 -20	-11 -23	-16 -24	-15 -27	—	—	-19 -31
6	10	-3 -12	0 -15	+1 -21	-7 -16	-4 -19	-3 -25	-12 -21	-9 -24	-16 -25	-13 -28	-20 -29	-17 -32	—	—	-22 -37
10	14	-4 -15	0 -18	+2 -25	-9 -20	-5 -23	-3 -30	-15 -26	-11 -29	-20 -31	-16 -34	-25 -36	-21 -39	—	—	-26 -44
14	18															
18	24	-4 -17	0 -21	+4 -29	-11 -24	-7 -28	-3 -36	-18 -31	-14 -35	-24 -37	-20 -41	-31 -44	-27 -48	—	—	-33 -54
24	30													-37 -50	-33 -54	-40 -61
30	40	-4 -20	0 -25	+5 -34	-12 -28	-8 -33	-3 -42	-21 -37	-17 -42	-29 -45	-25 -50	-38 -54	-34 -59	-43 -59	-39 -64	-51 -76
40	50													-49 -65	-45 -70	-61 -86
50	65	-5 -24	0 -30	+5 -41	-14 -33	-9 -39	-4 -50	-26 -45	-21 -51	-35 -54	-30 -60	-47 -66	-42 -72	-60 -79	-55 -85	-76 -106
65	80									-37 -56	-32 -62	-53 -72	-48 -78	-69 -88	-64 -94	-91 -121
80	100	-6 -28	0 -35	+6 -48	-16 -38	-10 -45	-4 -58	-30 -52	-24 -59	-44 -66	-38 -73	-64 -86	-58 -93	-84 -106	-78 -113	-111 -146
100	120									-47 -69	-41 -76	-72 -94	-66 -101	-97 -119	-91 -126	-131 -166
120	140	-8 -33	0 -40	+8 -55	-20 -45	-12 -52	-4 -67	-36 -61	-28 -68	-56 -81	-48 -88	-85 -110	-77 -117	-115 -140	-107 -147	-155 -195
140	160									-58 -83	-50 -90	-93 -118	-85 -125	-127 -152	-119 -159	-175 -215
160	180									-61 -86	-53 -93	-101 -126	-93 -133	-139 -164	-131 -171	-195 -235
180	200	-8 -37	0 -46	+9 -63	-22 -51	-14 -60	-5 -77	-41 -70	-33 -79	-68 -97	-60 -106	-113 -142	-105 -151	-157 -186	-149 -195	-219 -265
200	225									-71 -100	-68 -109	-121 -150	-113 -159	-171 -200	-163 -209	-241 -287
225	250									-75 -104	-67 -113	-131 -160	-123 -169	-187 -216	-179 -225	-267 -313
250	280	-9 -41	0 -52	+9 -72	-25 -57	-14 -66	-5 -86	-47 -79	-36 -88	-85 -117	-74 -126	-149 -181	-138 -190	-209 -241	-198 -250	-295 -347
280	315									-89 -121	-78 -130	-161 -193	-150 -202	-231 -263	-220 -272	-330 -382
315	355	-10 -46	0 -57	+11 -78	-26 -62	-16 -73	-5 -94	-51 -87	-41 -98	-97 -133	-87 -144	-179 -215	-169 -226	-257 -293	-247 -304	-369 -426
355	400									-103 -139	-93 -150	-197 -233	-187 -244	-283 -319	-273 -330	-414 -471
400	450	-10 -50	0 -63	+11 -86	-27 -67	-17 -80	-6 -103	-55 -95	-45 -108	-113 -153	-103 -166	-219 -259	-209 -272	-317 -357	-307 -370	-467 -530
450	500									-119 -159	-109 -172	-239 -279	-229 -292	-347 -387	-337 -400	-517 -580

表 A-3 基孔制优先、常用配合

基准孔	轴																				
	a	b	c	d	e	f	g	h	js	k	m	n	p	r	s	t	u	v	x	y	z
	间隙配合								过渡配合			过盈配合									
H6						H6/f5	H6/g5	H6/h5	H6/js5	H6/k5	H6/m5	H6/n5	H6/p5	H6/r5	H6/s5	H6/t5					
H7						H7/f6	▼H7/g6	▼H7/h6	H7/js6	▼H7/k6	H7/m6	▼H7/n6	▼H7/p6	H7/r6	▼H7/s6	H7/t6	▼H7/u6	H7/v6	H7/x6	H7/y6	H7/z6
H8					H8/e7	▼H8/f7	H8/g7	▼H8/h7	H8/js7	H8/k7	H8/m7	H8/n7	H8/p7	H8/r7	H8/s7	H8/t7	H8/u7				
				H8/d8	H8/e8	H8/f8		H8/h8													
H9			H9/c9	▼H9/d9	H9/e9	H9/f9		▼H9/h9													
H10			H10/c10	H10/d10				H10/h10													
H11	H11/a11	H11/b11	▼H11/c11	H11/d11				▼H11/h11													
H12		H12/b12						H12/h12													

注：标注▼的配合为优先配合。

表 A-4 基轴制优先、常用配合

基准轴	孔																				
	A	B	C	D	E	F	G	H	JS	K	M	N	P	R	S	T	U	V	X	Y	Z
	间隙配合								过渡配合			过盈配合									
h5						F6/h5	G6/h5	H6/h5	JS6/h5	K6/h5	M6/h5	N6/h5	P6/h5	R6/h5	S6/h5	T6/h5					
h6						F7/h6	▼G7/h6	▼H7/h6	JS7/h6	▼K7/h6	M7/h6	▼N7/h6	▼P7/h6	R7/h6	▼S7/h6	T7/h6	▼U7/h6				
h7					E8/h7	▼F8/h7		▼H8/h7	JS8/h7	K8/h7	M8/h7	N8/h7									
h8				D8/h8	E8/h8	F8/h8		H8/h8													
h9				▼D9/h9	E9/h9	F9/h9		▼H9/h9													
h10				D10/h10				H10/h10													
h11	A11/h11	B11/h11	▼C11/h11	D11/h11				▼H11/h11													
h12		B12/h12						H12/h12													

注：标注▼的配合为优先配合。

表 A-5　标准公差数值

公称尺寸/mm		标准公差等级																	
		IT1	IT2	IT3	IT4	IT5	IT6	IT7	IT8	IT9	IT10	IT11	IT12	IT13	IT14	IT15	IT16	IT17	IT18
大于	至	μm											mm						
—	3	0.8	1.2	2	3	4	6	10	14	25	40	60	0.1	0.14	0.25	0.4	0.6	1	1.4
3	6	1	1.5	2.5	4	5	8	12	18	30	48	75	0.12	0.18	0.3	0.48	0.75	1.2	1.8
6	10	1	1.5	2.5	4	6	9	15	22	36	58	90	0.15	0.22	0.36	0.58	0.9	1.5	2.2
10	18	1.2	2	3	5	8	11	18	27	43	70	110	0.18	0.27	0.43	0.7	1.1	1.8	2.7
18	30	1.5	2.5	4	6	9	13	21	33	52	84	130	0.21	0.33	0.52	0.84	1.3	2.1	3.3
30	50	1.5	2.5	4	7	11	16	25	39	62	100	160	0.25	0.39	0.62	1	1.6	2.5	3.9
50	80	2	3	5	8	13	19	30	46	74	120	190	0.3	0.46	0.74	1.2	1.9	3	4.6
80	120	2.5	4	6	10	15	22	35	54	87	140	220	0.35	0.54	0.87	1.4	2.2	3.5	5.4
120	180	3.5	5	8	12	18	25	40	63	100	160	250	0.4	0.63	1	1.6	2.5	4	6.3
180	250	4.5	7	10	14	20	29	46	72	115	185	290	0.46	0.72	1.15	1.85	2.9	4.6	7.2
250	315	6	8	12	16	23	32	52	81	130	210	320	0.52	0.81	1.3	2.1	3.2	5.2	8.1
315	400	7	9	13	18	25	36	57	89	140	230	360	0.57	0.89	1.4	2.3	3.6	5.7	8.9
400	500	8	10	15	20	27	40	63	97	155	250	400	0.63	0.97	1.55	2.5	4	6.3	9.7
500	630	9	11	16	22	32	44	70	110	175	280	440	0.7	1.1	1.75	2.8	4.4	7	11
630	800	10	13	18	25	36	50	80	125	200	320	500	0.8	1.25	2	3.2	5	8	12.5
800	1000	11	15	21	28	40	56	90	140	230	360	560	0.9	1.4	2.3	3.6	5.6	9	14
1000	1250	13	18	24	33	47	66	105	165	260	420	660	1.05	1.65	2.6	4.2	6.6	10.5	16.5
1250	1600	15	21	29	39	55	78	125	195	310	500	780	1.25	1.95	3.1	5	7.8	12.5	19.5
1600	2000	18	25	35	46	65	92	150	230	370	600	920	1.5	2.3	3.7	6	9.2	15	23
2000	2500	22	30	41	55	78	110	175	280	440	700	1100	1.75	2.8	4.4	7	11	17.5	28
2500	3150	26	36	50	68	96	135	210	330	540	860	1350	2.1	3.3	5.4	8.6	13.5	21	33

附录 B 螺纹常用数据

表 B-1 普通螺纹直径和螺距系列（GB/T 193—2003）

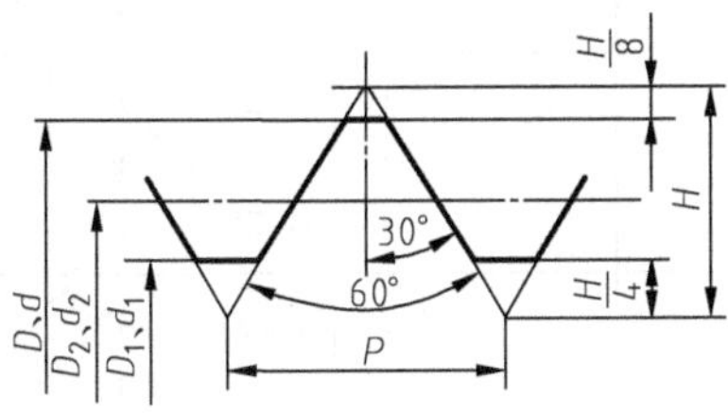

$$d_2=d-2\times\frac{3}{8}H \qquad D_2=D-2\times\frac{3}{8}H \qquad d_1=d-2\times\frac{5}{8}H \qquad D_1=D-2\times\frac{5}{8}H$$

$$H=\frac{\sqrt{3}}{2}P$$

式中，d 为外螺纹大径；D 为内螺纹大径；d_2 为外螺纹中径；D_2 为内螺纹中径；d_1 为外螺纹小径；D_1 为内螺纹小径；P 为螺距；H 为原始三角形高度。

公称直径 D、d/mm			螺距 P/mm										
第1系列	第2系列	第3系列	粗牙	细牙									
				3	2	1.5	1.25	1	0.75	0.5	0.35	0.25	0.2
1			0.25										0.2
	1.1		0.25										0.2
1.2			0.25										0.2
	1.4		0.3										0.2
1.6			0.35										0.2
	1.8		0.35										0.2
2			0.4									0.25	
	2.2		0.45									0.25	
2.5			0.45								0.35		
3			0.5								0.35		
	3.5		0.6								0.35		
4			0.7							0.5			
	4.5		0.75							0.5			
5			0.8							0.5			
		5.5								0.5			
6			1						0.75				

（续）

公称直径 D、d/mm			螺距 P/mm										
第 1 系列	第 2 系列	第 3 系列	粗牙	细牙									
				3	2	1.5	1.25	1	0.75	0.5	0.35	0.25	0.2
	7		1						0.75				
8			1.25					1	0.75				
		9	1.25					1	0.75				
10			1.5				1.25	1	0.75				
		11	1.5			1.5		1	0.75				
12			1.75				1.25	1					
	14		2			1.5	1.25[a]	1					
		15				1.5		1					
16			2			1.5		1					
		17				1.5		1					
	18		2.5		2	1.5		1					
20			2.5		2	1.5		1					
	22		2.5		2	1.5		1					
24			3		2	1.5		1					
		25			2	1.5		1					
		26				1.5							
	27		3		2	1.5		1					
		28			2	1.5		1					
30			3.5	(3)	2	1.5		1					
		32			2	1.5							
	33		3.5	(3)	2	1.5							
		35[b]				1.5							
36			4	3	2	1.5							
		38				1.5							
	39		4	3	2	1.5							

第 1 系列	第 2 系列	第 3 系列	粗牙螺距 P/mm	细牙螺距 P/mm					
				8	6	4	3	2	1.5
		40					3	2	1.5
42			4.5			4	3	2	1.5
	45		4.5			4	3	2	1.5
48			5			4	3	2	1.5
		50					3	2	1.5
	52		5			4	3	2	1.5
		55				4	3	2	1.5
56			5.5			4	3	2	1.5
		58				4	3	2	1.5

（续）

第 1 系列	第 2 系列	第 3 系列	粗牙螺距 P/mm	细牙螺距 P/mm					
				8	6	4	3	2	1.5
	60		5.5			4	3	2	1.5
		62				4	3	2	1.5
64			6			4	3	2	1.5
		65				4	3	2	1.5
	68		6			4	3	2	1.5
		70			6	4	3	2	1.5
72					6	4	3	2	1.5
		75				4	3	2	1.5
	76				6	4	3	2	1.5
		78						2	
80					6	4	3	2	1.5
		82						2	
	85				6	4	3	2	
90					6	4	3	2	
	95				6	4	3	2	
100					6	4	3	2	
	105				6	4	3	2	
110					6	4	3	2	
	115				6	4	3	2	
	120				6	4	3	2	
125				8	6	4	3	2	
	130			8	6	4	3	2	
		135			6	4	3	2	
140				8	6	4	3	2	
		145			6	4	3	2	
	150			8	6	4	3	2	
		155			6	4	3		
160				8	6	4	3		
		165			6	4	3		
	170			8	6	4	3		
		175			6	4	3		
180				8	6	4	3		
		185			6	4	3		

注：1. 优先选用第 1 系列，其次是第 2 系列，第 3 系列尽可能不用。

2. 括号内尺寸尽可能不用。

3. a 仅用于发动机的火花塞；b 仅用于滚动轴承锁紧螺母。

表 B-2 普通螺纹公称尺寸（GB/T 196—2003）

公称直径 D、d/mm	螺距 P /mm	中径 D_2 或 d_2 /mm	小径 D_1 或 d_1 /mm
3	0.5 0.35	2.675 2.773	2.459 2.621
3.5	0.6 0.35	3.110 3.273	2.850 3.121
4	0.7 0.5	3.545 3.675	3.242 3.459
4.5	0.75 0.5	4.013 4.175	3.688 3.959
5	0.8 0.5	4.480 4.675	4.134 4.459
5.5	0.5	5.175	4.959
6	1 0.75	5.350 5.513	4.917 5.188
7	1 0.75	6.350 6.513	5.917 6.188
8	1.25 1 0.75	7.188 7.350 7.513	6.647 6.917 7.188
9	1.25 1 0.75	8.188 8.350 8.513	7.647 7.917 8.188
10	1.5 1.25 1 0.75	9.026 9.188 9.350 9.513	8.376 8.647 8.917 9.188
11	1.5 1 0.75	10.026 10.35 10.513	9.376 9.917 10.188
12	1.75 1.5 1.25 1	10.863 11.026 11.188 11.350	10.106 10.376 10.647 10.917
14	2 1.5 1.25 1	12.701 13.026 13.188 13.350	11.835 12.376 12.647 12.917
15	1.5 1	14.026 14.350	13.376 13.917
16	2 1.5 1	14.701 15.026 15.350	13.835 14.376 14.917
17	1.5 1	16.026 16.350	15.376 15.917
18	2.5 2 1.5 1	16.376 16.701 17.026 17.350	15.294 15.835 16.376 16.917
20	2.5 2 1.5 1	18.376 18.701 19.026 19.350	17.294 17.835 18.376 18.917
22	2.5 2 1.5 1	20.376 20.701 21.026 21.350	19.294 19.835 20.376 20.917
24	3 2 1.5 1	22.051 22.701 23.026 23.350	20.752 21.835 22.376 22.917
25	2 1.5 1	23.701 24.026 24.350	22.835 23.376 23.917
26	1.5	25.026	24.376
27	3 2 1.5 1	25.051 25.701 26.026 26.350	23.752 24.835 25.376 25.917
28	2 1.5 1	26.701 27.026 27.350	25.835 26.376 26.917

(续)

公称直径 D、d/mm	螺距 P /mm	中径 D_2 或 d_2 /mm	小径 D_1 或 d_1 /mm	公称直径 D、d/mm	螺距 P /mm	中径 D_2 或 d_2 /mm	小径 D_1 或 d_1 /mm
30	3.5 3 2 1.5 1	27.727 28.051 28.701 29.026 29.350	26.211 26.752 27.835 28.376 28.917	48	5 4 3 2 1.5	44.752 45.402 46.051 46.701 47.026	42.587 43.670 44.752 45.835 46.376
32	2 1.5	30.701 31.026	29.835 30.376	50	3 2 1.5	48.051 48.701 49.026	46.752 47.835 48.376
33	3.5 3 2 1.5	30.727 31.051 31.701 32.026	29.211 29.752 30.835 31.376	52	5 4 3 2 1.5	48.752 49.402 50.051 50.701 51.026	46.587 47.670 48.752 49.835 50.376
35	1.5	34.026	33.376				
36	4 3 2 1.5	33.402 34.051 34.701 35.026	31.670 32.752 33.835 34.376	55	4 3 2 1.5	52.402 53.051 53.701 54.026	50.670 51.752 52.835 53.376
38	1.5	37.026	36.376				
39	4 3 2 1.5	36.402 37.051 37.701 38.026	34.670 35.752 36.835 37.376	56	5.5 4 3 2 1.5	52.428 53.402 54.051 54.701 55.026	50.046 51.670 52.752 53.835 54.376
40	3 2 1.5	38.051 38.701 39.026	36.752 37.835 38.376	58	4 3 2 1.5	55.402 56.051 56.701 57.026	53.670 54.752 55.835 56.376
42	4.5 4 3 2 1.5	39.077 39.402 40.051 40.701 41.026	37.129 37.670 38.752 39.835 40.376	60	5.5 4 3 2 1.5	56.428 57.402 58.051 58.701 59.026	54.046 55.670 56.752 57.835 58.376
45	4.5 4 3 2 1.5	42.077 42.402 43.051 43.701 44.026	40.129 40.670 41.752 42.835 43.376	62	4 3 2 1.5	59.402 60.051 60.701 61.026	57.670 58.752 59.835 60.376

表 B-3 55°密封管螺纹（GB/T 7306.1—2000 GB/T 7306.2—2000）

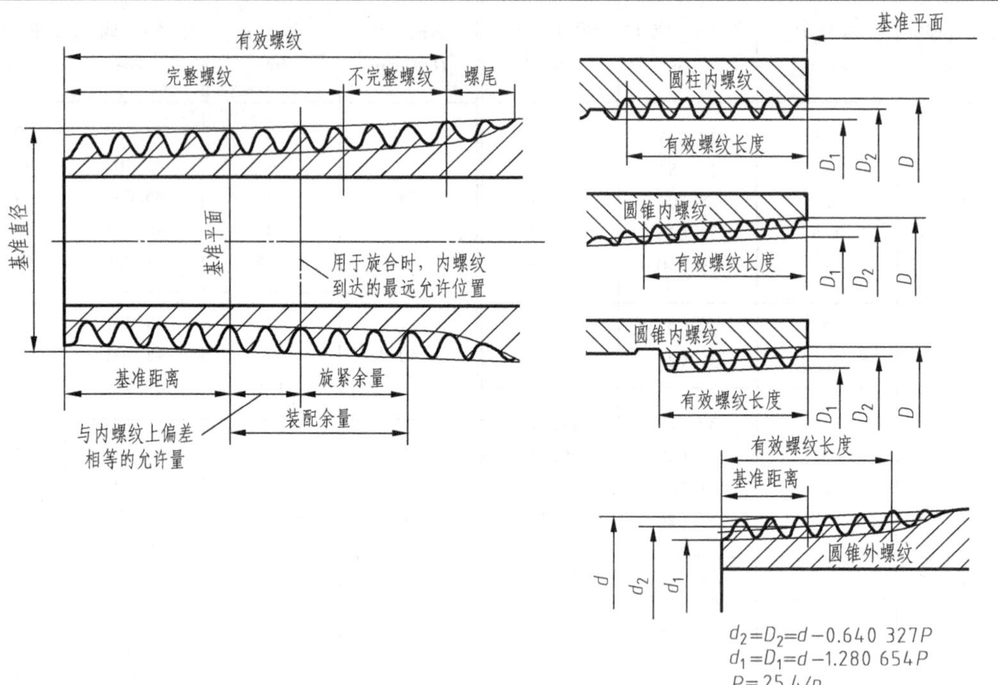

标记示例：

圆锥内螺纹 Rc1½。圆柱内螺纹 Rp1½，圆锥外螺纹 R1½

圆锥内螺纹与圆锥外螺纹的配合 Rc1½R1½，当螺纹为左旋时，Rc1½/R1½—LH

圆柱内螺纹与圆锥外螺纹的配合 Rp1½/R1½

尺寸代号	每 25.4mm 内的牙数 n	螺距 P /mm	基面上直径			基准距离 /mm	外螺纹的有效螺纹不小于 /mm	装配余量	
			大径（基准直径）$d=D$/mm	中径 $d_2=D_2$ /mm	小径 $d_1=D_1$ /mm			mm	圈数
1/16	28	0.907	7.723	7.142	6.561	4	6.5	2.5	2¾
1/8	28	0.907	9.728	9.147	8.566	4	6.5	2.5	2¾
1/4	19	1.337	13.157	12.301	11.445	6	9.7	3.7	2¾
3/8	19	1.337	16.662	15.806	14.950	6.4	10.1	3.7	2¾
1/2	14	1.814	20.955	19.793	18.631	8.2	13.2	5	2¾
3/4	14	1.814	26.441	25.279	24.117	9.5	14.5	5	2¾
1	11	2.309	33.249	31.770	30.291	10.4	16.8	6.4	2¾
1¼	11	2.309	41.910	40.431	38.952	12.7	19.1	6.4	2¾
1½	11	2.309	47.803	46.324	44.845	12.7	19.1	6.4	2¾
2	11	2.309	59.614	58.135	56.656	15.9	23.4	7.5	3¼
2½	11	2.309	75.184	73.705	72.226	17.5	26.7	9.2	4
3	11	2.309	87.884	86.405	84.926	20.6	29.8	9.2	4
4	11	2.309	113.030	111.551	110.072	25.4	35.8	10.4	4½
5	11	2.309	138.430	136.951	135.472	28.6	40.1	11.5	5
6	11	2.309	163.830	162.351	160.872	28.6	40.1	11.5	5

注：1. 本标准包括了圆锥内螺纹与圆锥外螺纹和圆柱内螺纹与圆锥外螺纹两种连接形式。

2. 本标准适用于管子、管接头、旋塞、阀门和其他螺纹连接的附件。

附录 C　螺栓常用数据

表 C　六角头螺栓—A 和 B 级（GB/T 5782—2016）、六角头螺栓全螺纹—A 和 B 级（GB/T 5783—2016）

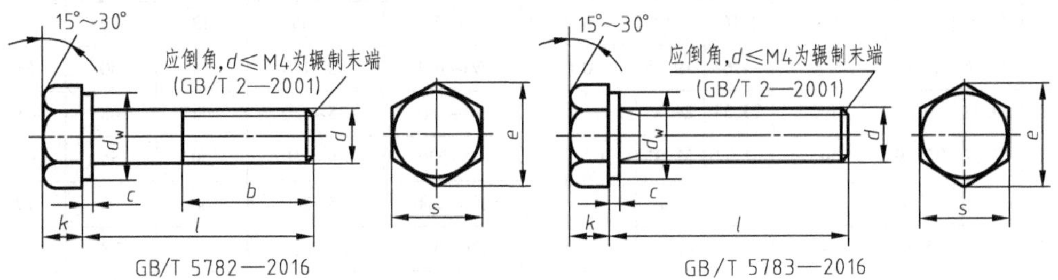

标记示例：

螺纹规格 M12、公称长度 l=80mm、性能等级为 8.8 级、表面不经处理、产品等级为 A 级的六角头螺栓的标记为螺栓 GB/T 5782—2016 M12×80　或　螺栓　GB/T 5783 M12×80

单位为 mm

螺纹规格 D		e_{min}		k(公称)	d_{wmin}		c_{max}	l(公称)		b(参考)		
		GB/T 5782 GB/T 5783		GB/T 5782 GB/T 5783	GB/T 5782 GB/T 5783		GB/T 5782 GB/T 5783	GB/T 5782 (商品长度规格范围)	GB/T 5783 (商品长度规格范围)	GB/T 5782		
		A 级	B 级		A 级	B 级				l≤125	125>l≤200	l>200
优选的螺纹规格	M1.6	3.41	3.28	1.1	2.27	2.30	0.25	12~16	2~16	9	15	28
	M2	4.32	4.18	1.4	3.07	2.95		16~20	4~20	10	16	29
	M2.5	5.45	5.31	1.7	4.07	3.95		16~25	5~25	11	17	30
	M3	6.01	5.88	2	4.57	4.45	0.4	20~30	6~30	12	18	31
	M4	7.66	7.50	2.8	5.88	5.74		25~40	8~40	14	20	33
	M5	8.79	8.63	3.5	6.88	6.74	0.5	25~50	10~50	16	22	35
	M6	11.05	10.89	4	8.88	8.74		30~60	12~60	18	24	37
	M8	14.38	14.20	5.3	11.63	11.47	0.6	40~80	16~80	22	28	41
	M10	17.77	17.59	6.4	14.63	14.47		45~100	20~100	26	32	45
	M12	20.03	19.85	7.5	16.63	16.47		50~120	25~120	30	36	49
	M16	26.75	26.17	10	22.49	22	0.8	65~160	30~150	38	44	57
	M20	33.53	32.95	12.5	28.19	27.7		80~200	40~150	46	52	65
	M24	39.98	39.55	15	33.61	33.25		90~240	50~150	54	60	73
	M30	—	50.85	18.7	—	42.75		110~300	60~200	66	72	85
	M36	—	60.79	22.5	—	51.11		140~360	70~200	—	84	97
	M42	—	71.3	26	—	59.95	1.0	160~440	80~200	—	96	109
	M48	—	82.6	30	—	69.45		180~480	100~200	—	108	121
	M56	—	93.56	35	—	78.66		220~500	110~200	—	—	137
	M64	—	104.86	40	—	88.16		260~500	120~200	—	—	153

（续）

<table>
<tr><th colspan="2" rowspan="3">螺纹
规格 D</th><th colspan="2">e_{min}</th><th>k(公称)</th><th colspan="2">d_{wmin}</th><th>c_{max}</th><th colspan="2">l(公称)</th><th colspan="3">b(参考)</th></tr>
<tr><td colspan="2">GB/T 5782
GB/T 5783</td><td rowspan="2">GB/T 5782
GB/T 5783</td><td colspan="2">GB/T 5782
GB/T 5783</td><td rowspan="2">GB/T 5782
GB/T 5783</td><td rowspan="2">GB/T 5782
(商品长度
规格范围)</td><td rowspan="2">GB/T 5783
(商品长度
规格范围)</td><td colspan="3">GB/T 5782</td></tr>
<tr><td>A 级</td><td>B 级</td><td>A 级</td><td>B 级</td><td>l≤125</td><td>125>l
≤200</td><td>l>200</td></tr>
<tr><td rowspan="10">非优选的螺纹规格</td><td>M3.5</td><td>6.58</td><td>6.44</td><td>2.4</td><td>5.07</td><td>4.95</td><td>0.4</td><td>20~35</td><td>8~35</td><td>13</td><td>19</td><td>32</td></tr>
<tr><td>M14</td><td>23.36</td><td>22.78</td><td>8.8</td><td>19.64</td><td>19.15</td><td>0.6</td><td>60~140</td><td>30~140</td><td>34</td><td>40</td><td>53</td></tr>
<tr><td>M18</td><td>30.14</td><td>29.56</td><td>11.5</td><td>25.34</td><td>24.85</td><td rowspan="4">0.8</td><td>70~180</td><td>35~150</td><td>42</td><td>48</td><td>61</td></tr>
<tr><td>M22</td><td>37.72</td><td>37.29</td><td>14</td><td>31.71</td><td>31.35</td><td>90~220</td><td>45~150</td><td>50</td><td>56</td><td>69</td></tr>
<tr><td>M27</td><td>—</td><td>45.2</td><td>17</td><td>—</td><td>38</td><td>100~260</td><td>55~200</td><td>60</td><td>66</td><td>79</td></tr>
<tr><td>M33</td><td>—</td><td>55.37</td><td>21</td><td>—</td><td>46.55</td><td>130~320</td><td>65~200</td><td>—</td><td>78</td><td>91</td></tr>
<tr><td>M39</td><td>—</td><td>66.44</td><td>25</td><td>—</td><td>55.86</td><td rowspan="4">1.0</td><td>150~380</td><td>80~200</td><td>—</td><td>90</td><td>103</td></tr>
<tr><td>M45</td><td>—</td><td>76.95</td><td>28</td><td>—</td><td>64.7</td><td>180~440</td><td>90~200</td><td>—</td><td>102</td><td>115</td></tr>
<tr><td>M52</td><td>—</td><td>88.25</td><td>33</td><td>—</td><td>74.2</td><td>200~480</td><td>100~200</td><td>—</td><td>116</td><td>129</td></tr>
<tr><td>M60</td><td>—</td><td>99.21</td><td>38</td><td>—</td><td>83.41</td><td>240~500</td><td>120~200</td><td>—</td><td>—</td><td>145</td></tr>
</table>

注：1. 长度系列：20、25、30、35、40、45、50、55、60、65、70、80、90、100、110、120、130、140、150、160、180、200、220、240、260、280、300、320、340、360、380、400、420、440、460、480、500。

2. 相应的螺距 P 值查附表 6，s_{max} 值查 1 型六角螺母表。

附录 D　双头螺柱常用数据

表 D　双头螺柱 $b_m=1d$（GB/T 897—1988）、$b_m=1.25d$（GB/T 898—1988）
$b_m=1.5d$（GB/T 899—1988）、$b_m=2d$（GB/T 900—1988）

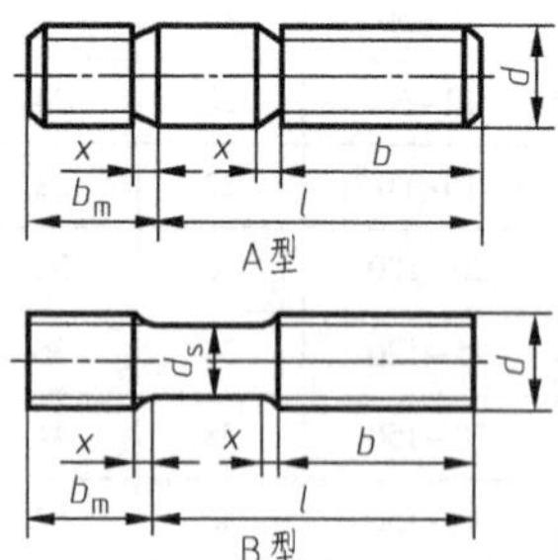

标记示例：

两端均为粗牙普通螺纹，d=10mm、l=50mm、性能等级为 4.8 级、不经表面处理、B 型、$b_m=d$ 的双头螺柱的标记为

螺柱　GB/T 897—1988　M10×50　或　螺柱　GB/T 897 M10×50

旋入机体一端为粗牙普通螺纹，旋螺母一端为螺距 P=1mm 的细牙普通螺纹，d=10mm、l=50mm、性能等级为 4.8 级、不经表面处理、A 型、$b_m=d$ 的双头螺柱的标记为

螺柱　GB/T 897—1988 AM10—M10×1×50　或　螺柱　GB/T 897 AM10—M10×1×50

单位为 mm

螺纹规格 d	M5	M6	M8	M10	M12	M16	M20	M24	M30	M36	M42
$b_m=1d$(GB/T 897)	5	6	8	10	12	16	20	24	30	36	42
$b_m=1.25d$(GB/T 898)	6	8	10	12	15	20	25	30	38	45	52
$b_m=1.5d$(GB/T 899)	8	10	12	15	18	24	30	36	45	54	63
$b_m=2d$(GB/T 900)	10	12	16	20	24	32	40	48	60	72	84

（续）

螺纹规格 d		M5	M6	M8	M10	M12	M16	M20	M24	M30	M36	M42
$\frac{l}{b}$	l	16~22	20~22	20~22	25~28	25~30	30~38	35~40	45~50	60~65	65~75	70~80
	b	10	10	12	14	16	20	25	30	40	45	50
	l	25~50	25~30	25~30	30~38	32~40	40~55	45~65	55~75	70~90	80~110	85~110
	b	16	14	16	16	20	30	35	45	50	60	70
	l		32~75	32~90	40~120	45~120	60~120	70~120	80~120	95~120	120	120
	b		18	22	26	30	38	46	54	66	78	90
	l				130	130~180	130~200	130~200	130~200	130~200	130~200	130~200
	b				32	36	44	52	60	72	84	96
	l									210~250	210~300	210~300
	b									85	97	109
长度 l 系列	12,(14),16,(18),20,(22),25,(28),30,(32),35,(38),40,45,50,(55),60,(65),70,(75),80,(85),90,(95),100,110,120,130,140,150,160,170,180,190,200,210,220,230,240,250,260,280,300											

注：括号内的数值尽可能不采用。

附录 E　螺钉常用数据

表 E-1　开槽圆柱头螺钉（GB/T 65—2016）、开槽沉头螺钉（GB/T 68—2016）
开槽盘头螺钉（GB/T 67—2016）、十字槽盘头螺钉（GB/T 818—2016）

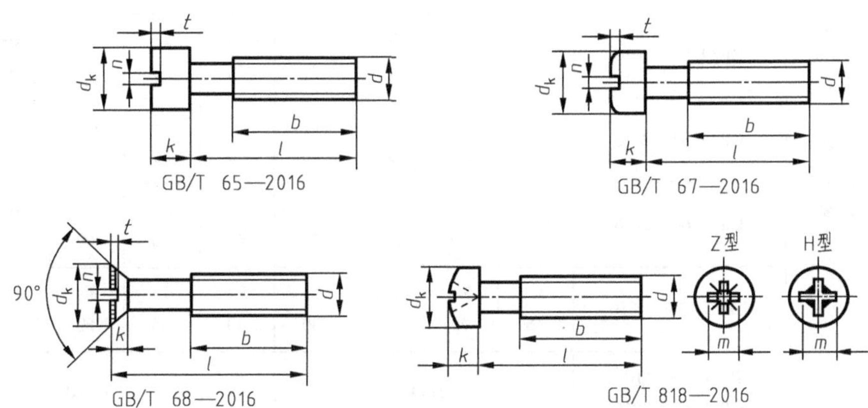

标记示例：

螺纹规格 d=M5、公称长度 l=20mm、性能等级为 4.8 级、不经表面处理的 A 级开槽圆柱头螺钉的标记为

螺钉　GB/T 65—2016 M5×20　或　螺钉 GB/T 65 M5×20

单位为 mm

（续）

螺纹规格 d			M1.6	M2	M2.5	M3	M4	M5	M6	M8	M10
$d_{k\ max}$（公称）		GB/T 65—2016	3.0	3.8	4.5	5.5	7.0	8.5	10.0	13.0	16.0
		GB/T 67—2016	3.2	4.0	5.0	5.6	8.0	9.5	12.0	16.0	20.0
		GB/T 68—2016	3.6	4.4	5.5	6.3	9.4	10.4	12.6	17.3	20.0
		GB/T 818—2016	3.2	4.0	5.0	5.6	8.0	9.5	12.0	16.0	20.0
k_{max}（公称）		GB/T 65—2016	1.1	1.4	1.8	2	2.6	3.3	3.9	5.0	6.0
		GB/T 67—2016	1.0	1.3	1.5	1.8	2.4	3.0	3.6	4.8	6.0
		GB/T 68—2016	1	1.2	1.5	1.65	2.7	2.7	3.3	4.65	5.0
		GB/T 818—2016	1.3	1.6	2.1	2.4	3.1	3.7	4.6	6.0	7.5
b_{min}		GB/T 65—2016，GB/T 67—2016 GB/T 68—2016，GB/T 818—2016	25				38				
开槽	n（公称）	GB/T 65—2016、GB/T 67—2016、GB/T 68—2016	0.4	0.5	0.6	0.8	1.2	1.2	1.6	2	2.5
	t_{min}	GB/T 65—2016	0.45	0.6	0.7	0.85	1.1	1.3	1.6	2	2.4
		GB/T 67—2016	0.35	0.5	0.6	0.7	1	1.2	1.4	1.9	2.4
		GB/T 68—2016	0.32	0.4	0.5	0.6	1	1.1	1.2	1.8	2
十字槽 GB/T 818—2016	H 型	m（参考）	1.7	1.9	2.7	3	4.4	4.9	6.9	9	10.1
		插入深度	0.95	1.2	1.55	1.8	2.4	2.9	3.6	4.6	5.8
	Z 型	m（参考）	1.6	2.1	2.6	2.8	4.3	4.7	6.7	8.8	9.9
		插入深度	0.9	1.42	1.5	1.75	2.34	2.74	3.46	4.5	5.69
l（公称）	商品规格范围	GB/T 65—2016	2~16	3~20	3~25	4~30	5~40	6~50	8~50	10~80	12~80
		GB/T 67—2016	2~16	2.5~20	3~25	4~30	5~40	6~50	8~60	10~80	12~80
		GB/T 68—2016	2.5~16	3~20	4~25	5~30	6~40	8~50	8~60	10~80	12~80
		GB/T 818—2016	3~16	3~20	3~25	4~30	5~40	6~45	8~60	10~60	12~60
	全螺纹范围	GB/T 65—2016，GB/T 67—2016	l≤30				l≤40				
		GB/T 68—2016	l≤30				l≤45				
		GB/T 818—2016	l≤25				l≤40				
	系列值	2，2.5，3，4.5，5，6，8，10，12，（14），16，20，25，30，35，40，45，50，（55），60，（65），70，（75），80									

表 E-2　内六角圆柱头螺钉（GB/T 70.1—2008）

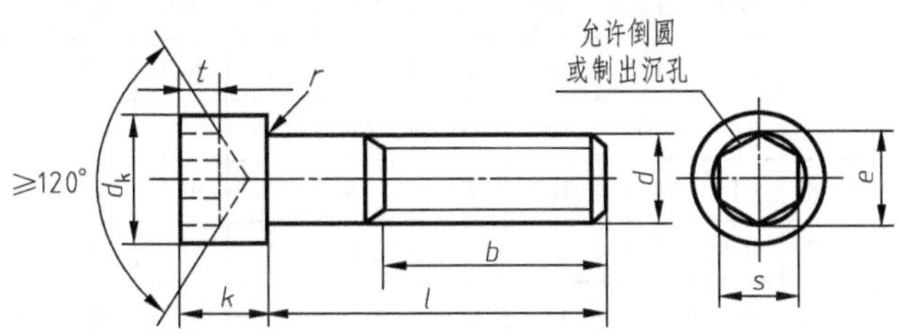

标记示例：

螺纹规格 d=M5、公称长度 l=20mm、性能等级为 8.8 级、表面氧化的 A 级内六角圆柱头螺钉的标记为

螺钉　GB/T 70.1—2008 M5×20　或　螺钉　GB/T 70.1 M5×20

单位为 mm

螺纹规格 d	M1.6	M2	M2.5	M3	M4	M5	M6	M8	M10	M12	(M14)	M16	M20	M24	M30	M36
d_k	3	3.8	4.5	5.5	7	8.5	10	13	16	18	21	24	30	36	45	54
k	1.6	2	2.5	3	4	5	6	8	10	12	14	16	20	24	30	36
t	0.7	1	1.1	1.3	2	2.5	3	4	5	6	7	8	10	12	15.5	19
r	0.1	0.1	0.1	0.1	0.2	0.2	0.25	0.4	0.4	0.6	0.6	0.6	0.8	0.8	1	1
s	1.5	1.5	2	2.5	3	4	5	6	8	10	12	14	17	19	22	27
e	1.733	1.733	2.303	2.873	3.443	4.583	5.723	6.683	9.149	11.429	13.716	15.996	19.437	21.734	25.154	30.854
b（参考）	15	16	17	18	20	22	24	28	32	36	40	44	52	60	72	84
l	2.5~16	3~20	4~25	5~30	6~40	8~50	10~60	12~80	16~100	20~120	25~140	25~160	30~200	40~200	45~200	55~200
全螺纹时最大长度	16	16	20	20	25	25	30	35	40	50	55	60	70	80	100	110
l 系列	2.5、3、4、5、6、8、10、12、16、20、25、30、35、40、45、50、55、60、65、70、80、90、100、110、120、130、140、150、160、180、200															

注：1. 尽可能不采用括号内的规格。

2. b 不包括螺尾。

表 E-3　内六角平端紧定螺钉（GB/T 77—2007）、内六角锥端紧定螺钉（GB/T 78—2007）

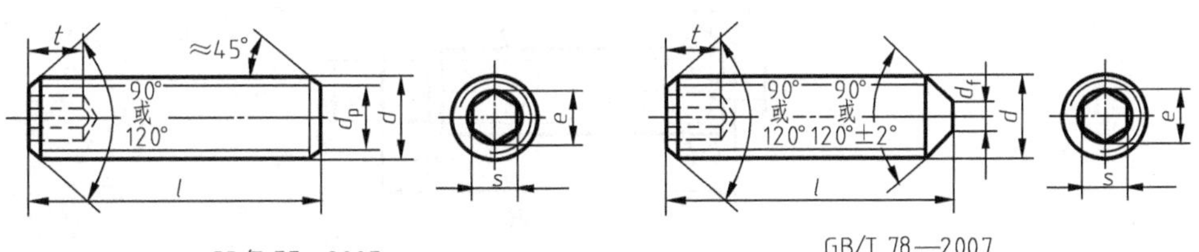

标记示例：

螺纹规格为 M6、公称长度 l=12mm、性能等级为 45H、表面氧化处理的 A 级内六角平端紧定螺钉的标记为

螺钉　GB/T 77—2007 M6×12　或　螺钉　GB/T 77 M6×12

单位为 mm

（续）

螺纹规格 d		M1.6	M2	M2.5	M3	M4	M5	M6	M8	M10	M12	M16	M20	M24
d_p(max)		0.8	1	1.5	2	2.5	3.5	4	5.5	7	8.5	12	15	18
d_f		0	0	0	0	0	0	1.5	2	2.5	3	4	5	6
e		0.8	1	1.4	1.7	2.3	2.9	3.4	4.6	5.7	6.9	9.2	11.4	13.7
s		0.7	0.9	1.3	1.5	2	2.5	3	4	5	6	8	10	12
公称长度 l	GB/T 77	2~8	2~10	2.5~12	3~16	4~20	5~25	6~30	8~40	10~50	12~60	16~60	20~60	25~60
	GB/T 78	2~8	2~10	2.5~12	2.5~16	3~20	4~25	5~30	6~40	8~50	10~60	12~60	14~60	20~60
公称长度 l ≤右表内值时，GB/T 78两端制成120°，其他为端头制成120°。公称长度 l>右表内值时，GB/T 78两端制成90°，其他为端头制成90°	GB/T 77	2	2.5	3	3	4	5	6	6	8	12	16	16	20
	GB/T 78	2.5	2.5	3	3	4	5	6	8	10	12	16	20	25
l 系列		2、2.5、3、4、5、6、8、10、12、16、20、25、30、35、40、45、50、55、60												

注：尽可能不采用括号内的规格。

表 E-4　开槽锥端紧定螺钉（GB/T 71—2018）、开槽平端紧定螺钉（GB/T 73—2017）、开槽长圆柱端紧定螺钉（GB/T 75—2018）

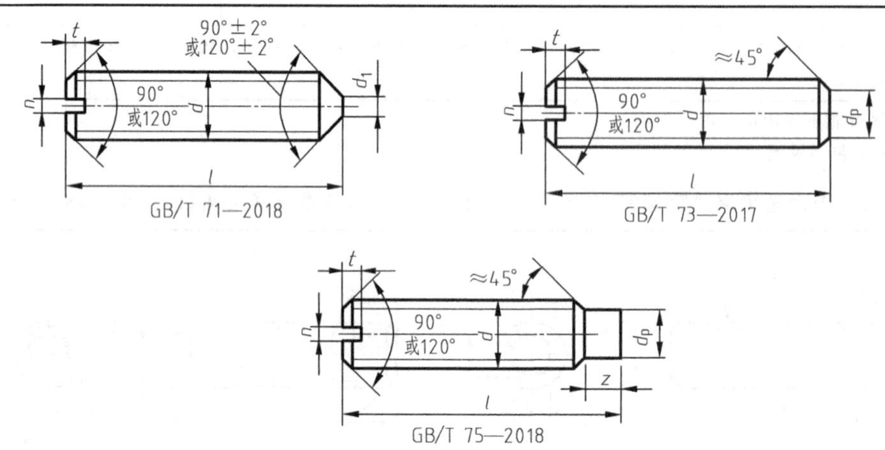

标记示例：

螺纹规格为 M5、公称长度 l=12mm、钢制、硬度等级为 14H 级，表面不经处理、产品等级 A 级的开槽锥端紧定螺钉的标记为

螺钉　GB/T 71—2018 M5×12　或　螺钉 GB/T 71 M5×12

单位为 mm

（续）

<table>
<tr><th colspan="3">螺纹规格 d</th><th>M1.2</th><th>M1.6</th><th>M2</th><th>M2.5</th><th>M3</th><th>M4</th><th>M5</th><th>M6</th><th>M8</th><th>M10</th><th>M12</th></tr>
<tr><td colspan="3">n(公称)</td><td>0.2</td><td>0.25</td><td>0.25</td><td>0.4</td><td>0.4</td><td>0.6</td><td>0.8</td><td>1</td><td>1.2</td><td>1.6</td><td>2</td></tr>
<tr><td colspan="3">t_{min}</td><td>0.40</td><td>0.56</td><td>0.64</td><td>0.72</td><td>0.8</td><td>1.12</td><td>1.28</td><td>1.6</td><td>2</td><td>2.4</td><td>2.8</td></tr>
<tr><td rowspan="3">GB/T 71</td><td colspan="2">d_{1max}</td><td>0.12</td><td>0.16</td><td>0.2</td><td>0.25</td><td>0.3</td><td>0.4</td><td>0.5</td><td>1.5</td><td>2</td><td>2.5</td><td>3</td></tr>
<tr><td rowspan="2">l
(公称)</td><td>短</td><td>2</td><td colspan="2">2、2.5</td><td>2~3</td><td>2~3</td><td>2~4</td><td>2~5</td><td>2~6</td><td>2~8</td><td>2~10</td><td>2~12</td></tr>
<tr><td>长</td><td>2~6</td><td>2~8</td><td>3~10</td><td>3~12</td><td>4~16</td><td>6~20</td><td>8~25</td><td>8~30</td><td>10~40</td><td>12~50</td><td>14~60</td></tr>
<tr><td rowspan="4">GB/T 73</td><td rowspan="2">d_p</td><td>最大</td><td>0.6</td><td>0.8</td><td>1</td><td>1.5</td><td>2</td><td>2.5</td><td>3.5</td><td>4</td><td>5.5</td><td>7</td><td>8.5</td></tr>
<tr><td>最小</td><td>0.35</td><td>0.55</td><td>0.75</td><td>1.25</td><td>1.75</td><td>2.25</td><td>3.2</td><td>3.7</td><td>5.2</td><td>6.64</td><td>8.14</td></tr>
<tr><td rowspan="2">l
(公称)</td><td>短</td><td>—</td><td>2</td><td>2、2.5</td><td>2~3</td><td>2~3</td><td>2~4</td><td>2~5</td><td>2~6</td><td>2~6</td><td>2~8</td><td>2~10</td></tr>
<tr><td>长</td><td>2~6</td><td>2~8</td><td>2~10</td><td>2.5~12</td><td>3~16</td><td>4~20</td><td>5~25</td><td>6~30</td><td>8~40</td><td>10~50</td><td>12~60</td></tr>
<tr><td rowspan="4">GB/T 75</td><td colspan="2">$d_{p\ max}$</td><td>—</td><td>0.8</td><td>1</td><td>1.5</td><td>2</td><td>2.5</td><td>3.5</td><td>4</td><td>5.5</td><td>7</td><td>8.5</td></tr>
<tr><td colspan="2">z_{min}</td><td>—</td><td>0.8</td><td>1</td><td>1.25</td><td>1.5</td><td>2</td><td>2.5</td><td>3</td><td>4</td><td>5</td><td>6</td></tr>
<tr><td rowspan="2">l
(公称)</td><td>短</td><td>—</td><td>2</td><td>2~2.5</td><td>2~3</td><td>2~4</td><td>2~5</td><td>2~6</td><td>2~6</td><td>2~6</td><td>2~8</td><td>2~10</td></tr>
<tr><td>长</td><td>—</td><td>2.5~8</td><td>3~10</td><td>4~12</td><td>5~16</td><td>6~20</td><td>8~25</td><td>8~30</td><td>10~40</td><td>12~50</td><td>14~60</td></tr>
<tr><td>l 系列</td><td colspan="13">2,2.5,3,4,5,6,8,10,12,16,20,25,30,35,45,50,55,60</td></tr>
</table>

注：表中的“短”为短螺钉；“长”为长螺钉。图中的“90°或120°”，当公称长度 l 为短螺钉时，应制成120°；当公称长度 l 为长螺钉时，应制成90°。

附录 F　螺母常用数据

表 F-1　1 型六角螺母—C 级（GB/T 41—2016）、**1 型六角螺母—A 和 B 级**（GB/T 6170—2015）、**2 型六角螺母—A 和 B 级**（GB/T 6175—2016）、**六角薄螺母**（GB/T 6172.1—2016）

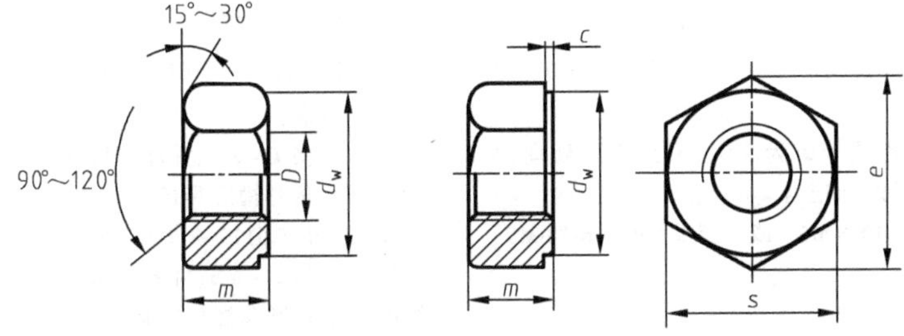

标记示例：

螺纹规格为 M12、性能等级为 8 级、表面不经处理、产品等级为 A 级的 1 型六角螺母的标记为

螺母　GB/T 6170—2015 M12　或　螺纹　GB/T 6170 M12

螺纹规格为 M12、性能等级为 5 级，表面不经处理、产品等级为 C 级的 1 型六角螺母的标记为

螺母　GB/T 41—2016 M12　或螺母　GB/T 41 M12

单位为 mm

<table>
<tr><th colspan="2">螺纹规格 D</th><th>M4</th><th>M5</th><th>M6</th><th>M8</th><th>M10</th><th>M12</th><th>M16</th><th>M20</th><th>M24</th><th>M30</th><th>M36</th><th>M42</th><th>M48</th></tr>
<tr><td rowspan="4">$d_{w\ min}$</td><td>GB/T 41</td><td>—</td><td>6.7</td><td>8.7</td><td>11.5</td><td>14.5</td><td>16.5</td><td>22</td><td>27.7</td><td>33.3</td><td>42.8</td><td>51.1</td><td>60</td><td>69.5</td></tr>
<tr><td>GB/T 6170</td><td>5.9</td><td rowspan="3">6.9</td><td rowspan="3">8.9</td><td rowspan="3">11.6</td><td rowspan="3">14.6</td><td rowspan="3">16.6</td><td rowspan="3">22.5</td><td rowspan="3">27.7</td><td>33.3</td><td rowspan="2">42.8</td><td rowspan="3">51.1</td><td rowspan="2">60</td><td rowspan="2">69.5</td></tr>
<tr><td>GB/T 6172.1</td><td>5.9</td><td rowspan="2">33.2</td></tr>
<tr><td>GB/T 6175</td><td>—</td><td>42.7</td><td>—</td><td>—</td></tr>
</table>

（续）

螺纹规格 D		M4	M5	M6	M8	M10	M12	M16	M20	M24	M30	M36	M42	M48
e_{min}	GB/T 41	—	8. 63	10. 89	14. 2	17. 59	19. 85	26. 17	32. 95	39. 55	50. 85	60. 79	71. 3	82. 6
	GB/T 6170	7. 66	8. 79	11. 05	14. 38	17. 77	20. 03	26. 75						
	GB/T 6172. 1													
	GB/T 6175	—											—	—
s_{max}（公称）	GB/T 41	—	8	10	13	16	18	24	30	36	46	55	65	75
	GB/T 6170	7												
	GB/T 6172. 1													
	GB/T 6175	—												
m_{max}	GB/T 41	—	5. 6	6. 4	7. 9	9. 5	12. 2	15. 9	19	22. 3	26. 4	31. 9	34. 9	38. 9
	GB/T 6170	3. 2	4. 7	5. 2	6. 8	8. 4	10. 8	14. 8	18	21. 5	25. 6	31	34	38
	GB/T 6175	—	5. 1	5. 7	7. 5	9. 3	12	16. 4	20. 3	23. 9	28. 6	34. 7		
	GB/T 6172. 1	2. 2	2. 7	3. 2	4	5	6	8	10	12	15	18	21	24
c_{max}	GB/T 6170	0. 4	0. 5		0. 6			0. 8					1. 0	
	GB/T 6175	—												

表 F-2　1 型六角开槽螺母—A 和 B 级（GB/T 6178—1986）、1 型六角螺母—C 级（GB/T 6179—1986）、2 型六角开槽螺母—A 和 B 级（GB/T 6180—1986）、六角开槽薄螺母（GB/T 6181—1986）

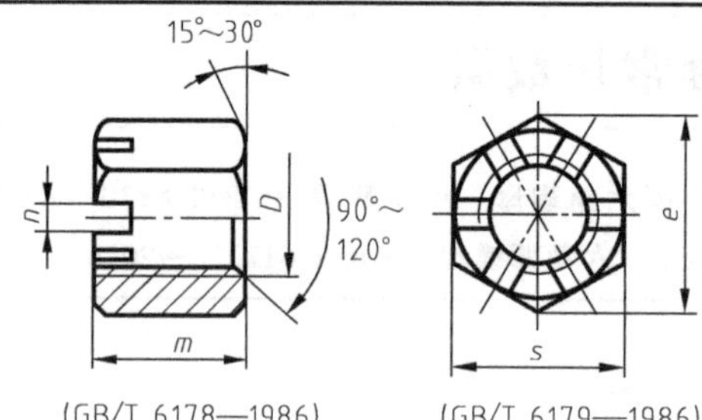

(GB/T 6178—1986)　(GB/T 6179—1986)

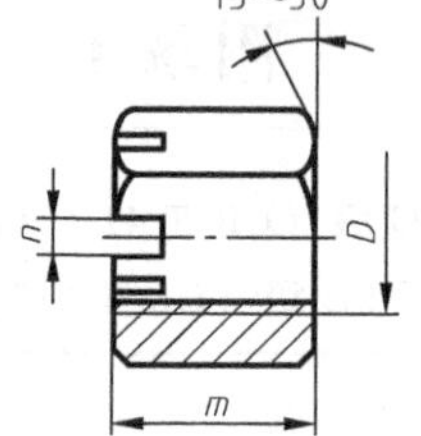

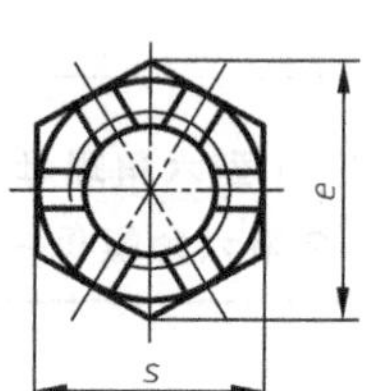

(GB/T 6180—1986)　(GB/T 6181—1986)

标记示例：

螺纹规格 D=M5、性能等级为 8 级、不经表面处理、A 级的 1 型六角开槽螺母的标记为

螺母　GB/T 6178—1986 M5　或　螺母 GB/T 6178 M5

标记示例：

螺纹规格 D=M5、性能等级为 5 级、不经表面处理、C 级的 1 型六角开槽螺母的标记为

螺母 GB/T 6179—1986 M5　或　螺母 GB/T 6179 M5

螺纹规格 D=M5、性能等级为 04 级、不经表面处理、A 级的六角开槽薄螺母的标记为

螺母 GB/T 6181—1986 M5　或　螺母 GB/T 6181 M5

单位为 mm

螺纹规格 D		M4	M5	M6	M8	M10	M12	M14	M16	M20	M24	M30	M36
n(max)		1. 8	2	2. 6	3. 1	3. 4	4. 25	4. 25	5. 7	5. 7	6. 7	8. 5	8. 5
e(min)		7. 7	8. 8	11	14	17. 8	20	23	26. 8	33	39. 6	50. 9	60. 8
s(max)		7	8	10	13	16	18	21	24	30	36	46	55
m (max)	GB/T 6178	5	6. 7	7. 7	9. 8	12. 4	15. 8	17. 8	20. 8	24	29. 5	34. 6	40
	GB/T 6179		6. 7	7. 7	9. 8	12. 4	15. 8	17. 8	20. 8	24	29. 5	34. 6	40
	GB/T 6180		6. 9	8. 3	10	12. 3	16	19. 1	21. 1	26. 3	31. 9	37. 6	43. 7
	GB/T 6181		5. 1	5. 7	7. 5	9. 3	12	14. 1	16. 4	20. 3	23. 9	28. 6	34. 7
开口销		1×10	1. 2×12	1. 6×14	2×16	2. 5×20	3. 2×22	3. 2×25	4×28	4×36	5×40	6. 3×50	6. 3×63

注：1. GB 6178—1986，D 为 M4～M36；其余标准 D 为 M5～M36。

2. A 级用于 D≤16mm 的螺母；B 级用于 D>16mm 的螺母。

3. GB 6178—1986、GB 6179—1986 代替 GB 57～58—1976；GB 6181—1986 代替 GB 59～60—1976。

表 F-3　圆螺母（GB/T 812—1988）

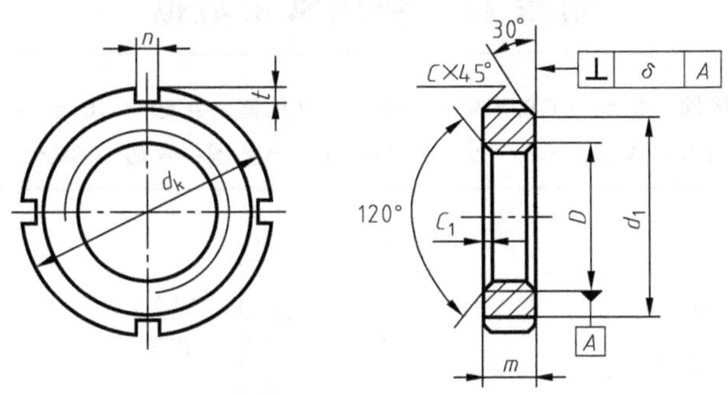

标记示例：

螺纹规格 D=M16×1.5、材料为 45 钢、槽或全部热处理后硬度 35~45HRC、表面氧化的圆螺母的标记为

螺母 GB/T 812—1988 M16×1.5　或　螺母　GB/T 812 M16×1.5

D	d_k	d_1	m	n_{min}	t_{min}	C	C_1	D	d_k	d_1	m	n_{min}	t_{min}	C	C_1
M10×1	22	16	8	4	2	0.5	0.5	M64×2	95	84	12	8	3.5	1.5	1
M12×1.25	25	19						M65×2*	95	84					
M14×1.5	28	20						M68×2	100	88		10	4		
M16×1.5	30	22		5	2.5			M72×2	105	93	15				
M18×1.5	32	24						M75×2*	105	93					
M20×1.5	35	27						M76×2	110	98					
M22×1.5	38	30	10					M80×2	115	103					
M24×1.5	42	34				1		M85×2	120	108					
M25×1.5	42	34						M90×2	125	112	18	12	5		
M27×1.5*	45	37						M95×2	130	117					
M30×1.5	48	40						M100×2	135	122					
M33×1.5	52	43		6	3			M105×2	140	127					
M35×1.5*	52	43						M110×2	150	135		14	6		
M36×1.5	55	46						M115×2	155	140	22				
M39×1.5	58	49				1.5		M120×2	160	145					
M40×1.5*	58	49						M125×2	165	150					
M42×1.5	62	53						M130×2	170	155					
M45×1.5	68	59						M140×2	180	165	26				
M48×1.5	72	61	12	8	3.5			M150×2	200	180		16	7		
M50×1.5*	72	61						M160×3	210	190				2	1.5
M52×1.5	78	67						M170×3	220	200					
M55×2*	78	67						M180×3	230	210	30				
M56×2	85	74					1	M190×3	240	220					
M60×2	90	79						M200×3	250	230					

注：槽数 n：当 D≤M100×2 时，n=4，当 D≥M105×2 时，n=6。

* 仅用于滚动轴承锁紧装置。

附录 G　垫圈常用数据

表 G-1　平垫圈—C 级（GB/T 95—2002）、平垫圈—A 级（GB/T 97.1—2002）、平垫圈　倒角型—A 级（GB/T 97.2—2002）、小垫圈—A 级（GB/T 848—2002）

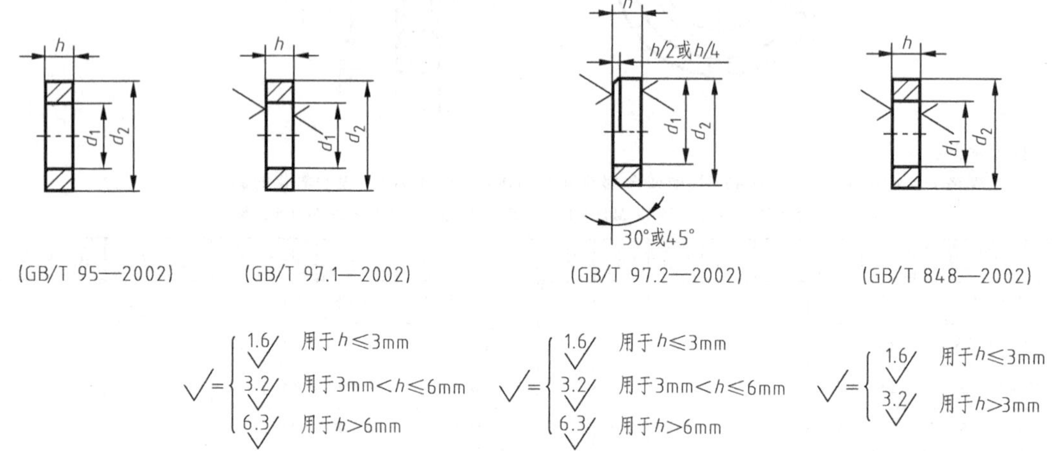

标记示例：

标准系列、公称规格 8mm、硬度等级为 100HV 级、不经表面处理的、产品等级为 C 级的平垫圈的标记为

垫圈　GB/T 95—2002 8　或　垫圈　GB/T 95 8

单位为 mm

<table>
<tr><th colspan="2">公称规格（螺纹大径 d）</th><th>4</th><th>5</th><th>6</th><th>8</th><th>10</th><th>12</th><th>16</th><th>20</th><th>24</th><th>30</th><th>36</th><th>42</th><th>48</th><th>56</th><th>64</th></tr>
<tr><td rowspan="4">d_{1min}（公称）</td><td>GB/T 848</td><td rowspan="2">4.3</td><td rowspan="3">5.3</td><td rowspan="3">6.4</td><td rowspan="3">8.4</td><td rowspan="3">10.5</td><td rowspan="3">13</td><td rowspan="3">17</td><td rowspan="3">21</td><td rowspan="3">25</td><td rowspan="3">31</td><td rowspan="3">37</td><td>—</td><td>—</td><td>—</td><td>—</td></tr>
<tr><td>GB/T 97.1</td><td rowspan="3">45</td><td rowspan="3">52</td><td rowspan="3">62</td><td rowspan="3">70</td></tr>
<tr><td>GB/T 97.2</td><td>—</td></tr>
<tr><td>GB/T 95</td><td>4.5</td><td>5.5</td><td>6.6</td><td>9</td><td>11</td><td>13.5</td><td>17.5</td><td>22</td><td>26</td><td>33</td><td>39</td></tr>
<tr><td rowspan="4">d_{2max}（公称）</td><td>GB/T 848</td><td>8</td><td>9</td><td>11</td><td>15</td><td>18</td><td>20</td><td>28</td><td>34</td><td>39</td><td>50</td><td>60</td><td>—</td><td>—</td><td>—</td><td>—</td></tr>
<tr><td>GB/T 97.1</td><td>9</td><td rowspan="3">10</td><td rowspan="3">12</td><td rowspan="3">16</td><td rowspan="3">20</td><td rowspan="3">24</td><td rowspan="3">30</td><td rowspan="3">37</td><td rowspan="3">44</td><td rowspan="3">56</td><td rowspan="3">66</td><td rowspan="3">78</td><td rowspan="3">92</td><td rowspan="3">105</td><td rowspan="3">115</td></tr>
<tr><td>GB/T 97.2</td><td>—</td></tr>
<tr><td>GB/T 95</td><td>9</td></tr>
<tr><td rowspan="4">h（公称）</td><td>GB/T 848</td><td>0.5</td><td>1</td><td colspan="3">1.6</td><td>2</td><td>2.5</td><td>3</td><td colspan="2">4</td><td>5</td><td>—</td><td>—</td><td>—</td><td>—</td></tr>
<tr><td>GB/T 97.1</td><td>0.8</td><td rowspan="3">1</td><td rowspan="3" colspan="2">1.6</td><td rowspan="3">2</td><td rowspan="3">2.5</td><td rowspan="3" colspan="2">3</td><td rowspan="3" colspan="2">4</td><td rowspan="3">5</td><td rowspan="3" colspan="2">8</td><td rowspan="3" colspan="2">10</td></tr>
<tr><td>GB/T 97.2</td><td>—</td></tr>
<tr><td>GB/T 95</td><td>0.8</td></tr>
</table>

表 G-2　标准型弹簧垫圈（GB 93—1987）

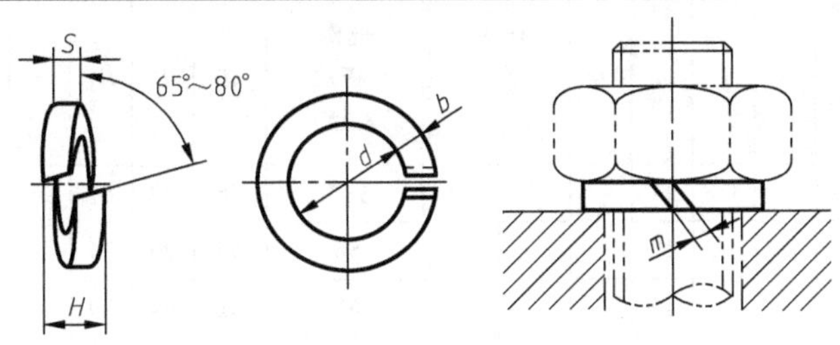

标记示例：

规格 16mm、材料为 65Mn、表面氧化的标准型弹簧垫圈的标记为

垫圈　GB 93—1987 16　或　垫圈　GB 93 16

单位为 mm

规格(螺纹大径)		3	4	5	6	8	10	12	16	20	24	30	36	42	48
d	最小	3.1	4.1	5.1	6.1	8.1	10.2	12.2	16.2	20.2	24.5	30.5	36.5	42.5	48.5
	最大	3.4	4.4	5.4	6.68	8.68	10.9	12.9	16.9	21.04	25.5	31.5	37.7	43.7	49.7
S(*b*)(公称)		0.8	1.1	1.3	1.6	2.1	2.6	3.1	4.1	5	6	7.5	9	10.5	12
H	最小	1.6	2.2	2.6	3.2	4.2	5.2	6.2	8.2	10	12	15	18	21	24
	最大	2	2.75	3.25	4	5.25	6.5	7.75	10.25	12.5	15	18.75	22.5	26.25	30
m≤		0.4	0.55	0.65	0.8	1.05	1.3	1.55	2.05	2.5	3	3.75	4.5	5.25	6

表 G-3　圆螺母用止动垫圈（GB/T 858—1988）

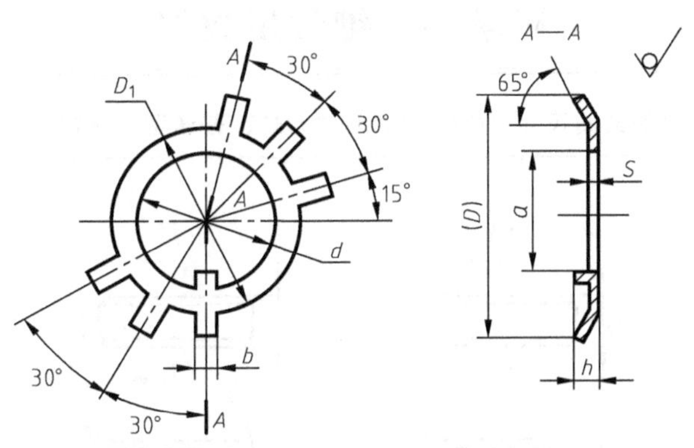

标记示例：

规格 16mm、材料 Q215、经退火、表面氧化的圆螺母用止动垫圈的标记为

垫圈　GB/T 858—1988 16　或　垫圈　GB/T 858 16

单位为 mm

（续）

规格（螺纹大径）	d	(D)	D_1	S	b	a	h	轴端		规格（螺纹大径）	d	(D)	D_1	S	b	a	h	轴端	
								b_1	t									b_1	t
14	14.5	32	20	1	3.8	11	3	4	10	55★	56	82	67	1.5	7.7	52	6	8	—
16	16.5	34	22		4.8	13		5	12	56	57	90	74			53			52
18	18.5	35	24			15	4		14	60	61	94	79			57			56
20	20.5	38	27			17			16	64	65	100	84			61			60
22	22.5	42	30			19			18	65★	66	100	84			62			—
24	24.5	45	34			21			20	68	69	105	88		9.6	65		10	64
25★	25.5	45	34			22			—	72	73	110	93			69	7		68
27	27.5	48	37			24	5		23	75★	76	110	93			71			—
30	30.5	52	40			27			26	76	77	115	98			72			70
33	33.5	56	43	1.5	5.7	30		6	29	80	81	120	103			76			74
35★	35.5	56	43			32			—	85	86	125	108			81			79
36	36.5	60	46			33			32	90	91	130	112	2	11.6	86		12	84
39	39.5	62	49			36			35	95	96	135	117			91			89
40★	40.5	62	49			37			—	100	101	140	122			96			94
42	42.5	66	53			39			38	105	106	145	127			101			99
45	45.5	72	59			42			41	110	111	156	135		13.5	106		14	104
48	48.5	76	61		7.7	45		8	44	115	116	160	140			111			109
50★	50.5	76	61			47			—	120	121	166	145			116			114
52	52.5	82	67			49	6		48	125	126	170	150			121			119

注：★仅用于滚动轴承锁紧装置。

附录 H　键常用数据

表 H-1　平键　键槽的剖面尺寸（GB/T 1095—2003）、普通型　平键（GB/T 1096—2003）

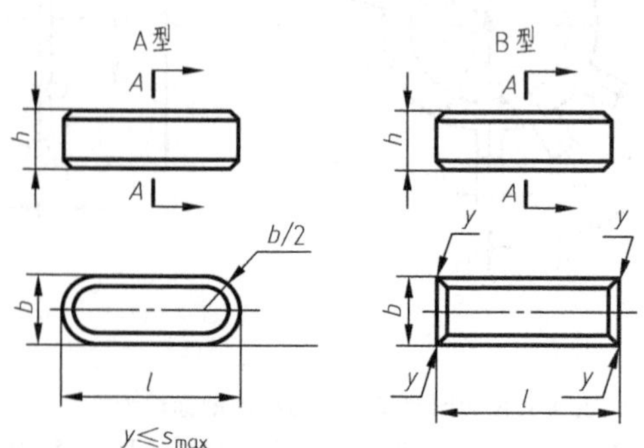

（续）

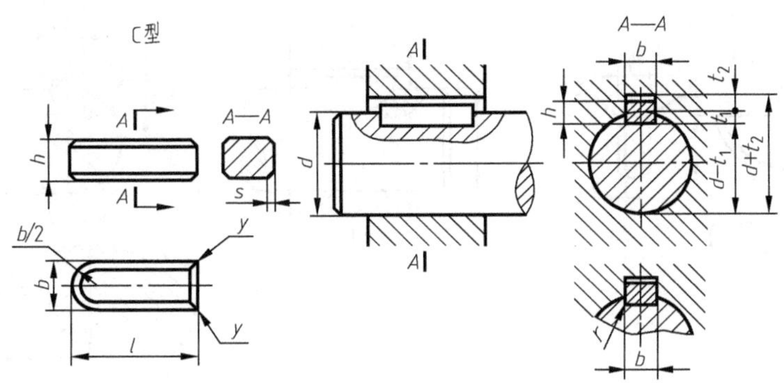

标记示例：

$b=16$mm、$h=10$mm、$l=100$mm 圆头普通平键（A 型）的标记为

GB/T 1096—2003　键 A16×10×100　或　GB/T 1096　键 A16×10×100

$b=16$mm、$h=10$mm、$l=100$mm 平头普通平键（B 型）的标记为

GB/T 1096—2003　键 B16×10×100　或　GB/T 1096　键 B16×10×100

$b=16$mm、$h=10$mm、$l=100$mm 单圆头普通平键（C 型）的标记为

GB/T 1096—2003　键 C16×10×100　或　GB/T 1096　键 C16×10×100

单位为 mm

<table>
<tr><th rowspan="5">键尺寸
$b \times h$</th><th colspan="12">键槽</th></tr>
<tr><th colspan="6">宽度 b</th><th colspan="4">深度</th><th colspan="2" rowspan="3">半径 r</th></tr>
<tr><th rowspan="3">公称
尺寸</th><th colspan="5">极限偏差</th><th colspan="2" rowspan="2">轴 t_1</th><th colspan="2" rowspan="2">毂 t_2</th></tr>
<tr><th colspan="2">松联结</th><th colspan="2">正常联结</th><th>紧密联结</th></tr>
<tr><th>轴 H9</th><th>毂 D10</th><th>轴 N9</th><th>毂 JS9</th><th>轴和毂
P9</th><th>公称
尺寸</th><th>极限
偏差</th><th>公称
尺寸</th><th>极限
偏差</th><th>最小</th><th>最大</th></tr>
<tr><td>2×2</td><td>2</td><td rowspan="2">+0.025
0</td><td rowspan="2">+0.060
+0.020</td><td rowspan="2">−0.004
−0.029</td><td rowspan="2">±0.0125</td><td rowspan="2">−0.006
−0.031</td><td>1.2</td><td rowspan="5">+0.1
0</td><td>1</td><td rowspan="5">+0.1
0</td><td rowspan="3">0.08</td><td rowspan="3">0.16</td></tr>
<tr><td>3×3</td><td>3</td><td>1.8</td><td>1.4</td></tr>
<tr><td>4×4</td><td>4</td><td rowspan="3">+0.030
0</td><td rowspan="3">+0.078
+0.030</td><td rowspan="3">0
−0.030</td><td rowspan="3">±0.015</td><td rowspan="3">−0.012
−0.042</td><td>2.5</td><td>1.8</td></tr>
<tr><td>5×5</td><td>5</td><td>3.0</td><td>2.3</td><td rowspan="3">0.16</td><td rowspan="3">0.25</td></tr>
<tr><td>6×6</td><td>6</td><td>3.5</td><td>2.8</td></tr>
<tr><td>8×7</td><td>8</td><td rowspan="2">+0.036
0</td><td rowspan="2">+0.098
+0.040</td><td rowspan="2">0
−0.036</td><td rowspan="2">±0.018</td><td rowspan="2">−0.015
−0.051</td><td>4.0</td><td rowspan="11">+0.2
0</td><td>3.3</td><td rowspan="11">+0.2
0</td></tr>
<tr><td>10×8</td><td>10</td><td>5.0</td><td>3.3</td><td rowspan="5">0.25</td><td rowspan="5">0.40</td></tr>
<tr><td>12×8</td><td>12</td><td rowspan="4">+0.043
0</td><td rowspan="4">+0.120
+0.050</td><td rowspan="4">0
−0.043</td><td rowspan="4">±0.0215</td><td rowspan="4">−0.018
−0.061</td><td>5.0</td><td>3.3</td></tr>
<tr><td>14×9</td><td>14</td><td>5.5</td><td>3.8</td></tr>
<tr><td>16×10</td><td>16</td><td>6.0</td><td>4.3</td></tr>
<tr><td>18×11</td><td>18</td><td>7.0</td><td>4.4</td></tr>
<tr><td>20×12</td><td>20</td><td rowspan="4">+0.052
0</td><td rowspan="4">+0.149
+0.065</td><td rowspan="4">0
−0.052</td><td rowspan="4">±0.026</td><td rowspan="4">−0.022
−0.074</td><td>7.5</td><td>4.9</td><td rowspan="5">0.40</td><td rowspan="5">0.60</td></tr>
<tr><td>22×14</td><td>22</td><td>9.0</td><td>5.4</td></tr>
<tr><td>25×14</td><td>25</td><td>9.0</td><td>5.4</td></tr>
<tr><td>28×16</td><td>28</td><td>10.0</td><td>6.4</td></tr>
<tr><td>32×18</td><td>32</td><td rowspan="4">+0.062
0</td><td rowspan="4">+0.180
+0.080</td><td rowspan="4">0
−0.062</td><td rowspan="4">±0.031</td><td rowspan="4">−0.026
−0.088</td><td>11.0</td><td>7.4</td></tr>
<tr><td>36×20</td><td>36</td><td>12.0</td><td rowspan="3">+0.3
0</td><td>8.4</td><td rowspan="3">+0.3
0</td><td rowspan="3">0.70</td><td rowspan="3">1.0</td></tr>
<tr><td>40×22</td><td>40</td><td>13.0</td><td>9.4</td></tr>
<tr><td>45×25</td><td>45</td><td>15.0</td><td>10.4</td></tr>
</table>

表 H-2 半圆键 键槽的剖面尺寸（GB/T 1098—2003）、普通型 半圆键（GB/T 1099.1—2003）

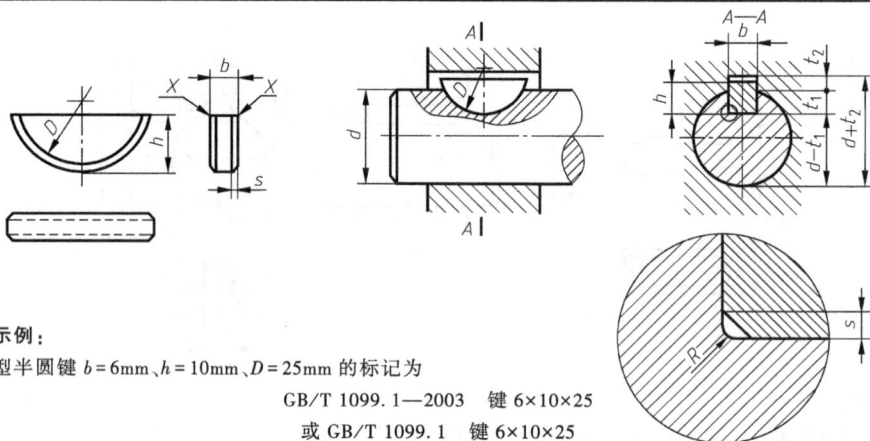

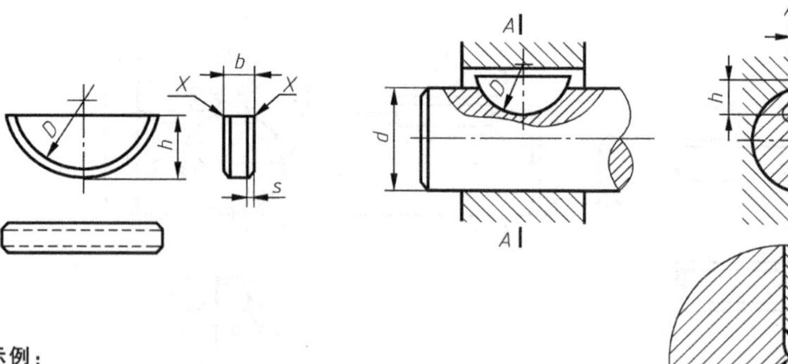

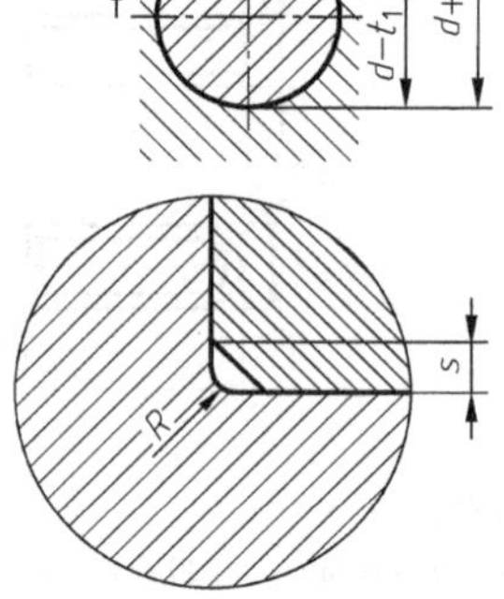

标记示例：

普通型半圆键 $b=6\text{mm}$、$h=10\text{mm}$、$D=25\text{mm}$ 的标记为

GB/T 1099.1—2003 键 6×10×25

或 GB/T 1099.1 键 6×10×25

单位为 mm

<table>
<tr><th rowspan="5">键尺寸
b×h×D</th><th colspan="12">键槽</th></tr>
<tr><th colspan="6">宽度 b</th><th colspan="4">深度</th><th colspan="2" rowspan="3">半径 R</th></tr>
<tr><th rowspan="3">公称尺寸</th><th colspan="5">极限偏差</th><th colspan="2" rowspan="2">轴 t_1</th><th colspan="2" rowspan="2">毂 t_2</th></tr>
<tr><th colspan="2">正常联结</th><th>紧密联结</th><th colspan="2">松联结</th></tr>
<tr><th>轴 N9</th><th>毂 JS9</th><th>轴和毂 P9</th><th>轴 H9</th><th>毂 D10</th><th>公称尺寸</th><th>极限偏差</th><th>公称尺寸</th><th>极限偏差</th><th>最小</th><th>最大</th></tr>
<tr><td>1.0×1.4×4</td><td>1.0</td><td rowspan="7">-0.004
-0.029</td><td rowspan="7">±0.0125</td><td rowspan="7">-0.006
-0.031</td><td rowspan="7">+0.025
0</td><td rowspan="7">+0.060
-0.031</td><td>1.0</td><td rowspan="5">+0.1
0</td><td>0.6</td><td rowspan="13">+0.1
0</td><td rowspan="6">0.08</td><td rowspan="6">0.16</td></tr>
<tr><td>1.5×2.6×7</td><td>1.5</td><td>2.0</td><td>0.8</td></tr>
<tr><td>2.0×2.6×7</td><td>2.0</td><td>1.8</td><td>1.0</td></tr>
<tr><td>2.0×3.7×10</td><td>2.0</td><td>2.9</td><td>1.0</td></tr>
<tr><td>2.5×3.7×10</td><td>2.5</td><td>2.7</td><td>1.2</td></tr>
<tr><td>3.0×5.0×13</td><td>3.0</td><td>3.8</td><td rowspan="6">+0.2
0</td><td>1.4</td></tr>
<tr><td>3.0×6.5×16</td><td>3.0</td><td>5.3</td><td>1.4</td><td rowspan="7">0.16</td><td rowspan="7">0.25</td></tr>
<tr><td>4.0×6.5×16</td><td>4.0</td><td rowspan="7">0
-0.030</td><td rowspan="7">±0.015</td><td rowspan="7">-0.012
-0.042</td><td rowspan="7">+0.030
0</td><td rowspan="7">+0.078
+0.030</td><td>5.0</td><td>1.8</td></tr>
<tr><td>4.0×7.5×19</td><td>4.0</td><td>6.0</td><td>1.8</td></tr>
<tr><td>5.0×6.5×16</td><td>5.0</td><td>4.5</td><td>2.3</td></tr>
<tr><td>5.0×7.5×19</td><td>5.0</td><td>5.5</td><td>2.3</td></tr>
<tr><td>5.0×9.0×22</td><td>5.0</td><td>7.0</td><td rowspan="5">+0.3
0</td><td>2.3</td></tr>
<tr><td>6.0×9.0×22</td><td>6.0</td><td>6.5</td><td>2.8</td></tr>
<tr><td>6.0×10.0×25</td><td>6.0</td><td>7.5</td><td>2.8</td><td rowspan="3">+0.2
0</td><td rowspan="3">0.25</td><td rowspan="3">0.40</td></tr>
<tr><td>8.0×11.0×28</td><td>8.0</td><td rowspan="2">0
-0.036</td><td rowspan="2">±0.018</td><td rowspan="2">-0.015
-0.051</td><td rowspan="2">+0.036
0</td><td rowspan="2">+0.098
+0.040</td><td>8.0</td><td>3.3</td></tr>
<tr><td>10.0×13.0×32</td><td>10.0</td><td>10.0</td><td>3.3</td></tr>
</table>

附录 I　销常用数据

表 I-1　圆柱销　不淬硬钢和奥氏体不锈钢（GB/T 119.1—2000）、圆柱销　淬硬钢和马氏体不锈钢（GB/T 119.2—2000）

末端形状由制造者确定
允许倒圆或凹穴

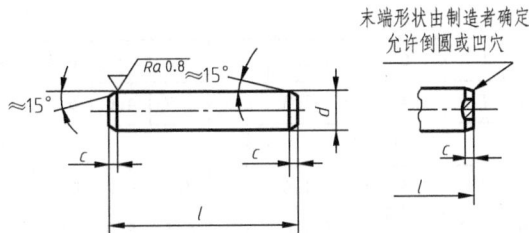

标记示例：

公称直径 d=6mm、公差为 m6、公称长度 l=30mm、材料为钢、不经淬火、不经表面处理的圆柱销的标记为

销 GB/T 119.1—2000 6 m6×30　或　销 GB/T 119.1 6 m6×30

公称直径 d=6mm、公差为 m6、公称长度 l=30mm、材料为 C1 组马氏体不锈钢、表面简单处理的圆柱销的标记为

销 GB/T 119.2—2000 6 6×30-C1　或　销 GB/T 119.2 6 6×30-C1

单位为 mm

		0.8	1	1.2	1.5	2	2.5	3	4	5	6	8	10	12	16	20
d(m6/h8)	GB/T 119.1	0.8	1	1.2	1.5	2	2.5	3	4	5	6	8	10	12	16	20
$c\approx$	GB/T 119.1	0.16	0.2	0.25	0.3	0.35	0.4	0.5	0.63	0.8	1.2	1.6	2	2.5	3	3.5
l	GB/T 119.1	2~8	4~10	4~12	4~16	6~20	6~24	8~30	8~40	10~50	12~60	14~80	18~95	22~140	26~180	28~200
l	GB/T 119.2	—	3~10	—	4~16	5~20	6~24	8~30	10~40	12~50	14~60	18~80	22~100	26~100	40~100	50~100
l（系列）	2,3,4,5,6,8,10,12,14,16,18,20,22,24,26,28,30,32,35,40,45,50,55,60,65,70,75,80,85,90,95,100,120,140,160,180,200															

表 I-2　圆锥销（GB/T 117—2000）

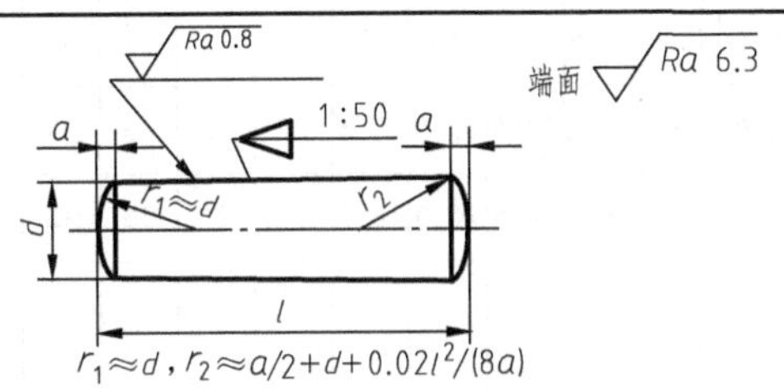

A 型（磨削）：锥面表面粗糙度 Ra=0.8μm

B 型（切削或冷镦）：锥面表面粗糙度 Ra=3.2μm

标记示例：

公称直径 d=10mm、公称长度 l=60mm、材料为 35 钢、热处理硬度 28~38HRC、表面氧化处理的 A 型圆锥销的标记为

销　GB/T 117—2000 10×60　或　销　GB/T 117 10×60

单位为 mm

d(h10)	0.8	1	1.2	1.5	2	2.5	3	4	5	6	8	10	12	16	20
$a\approx$	0.1	0.12	0.16	0.2	0.25	0.3	0.4	0.5	0.63	0.8	1	1.2	1.6	2	2.5
l（商品规格范围）	5~12	6~16	6~20	8~24	10~35	10~35	12~45	14~55	18~60	22~90	22~120	26~160	32~180	40~200	45~200
l（系列）	2,3,4,5,6,8,10,12,14,16,18,20,22,24,26,28,30,32,35,40,45,50,55,60,65,70,75,80,85,90,95,100,120,140,160,180,200														

附表 I-3　开口销（GB/T 91—2000）

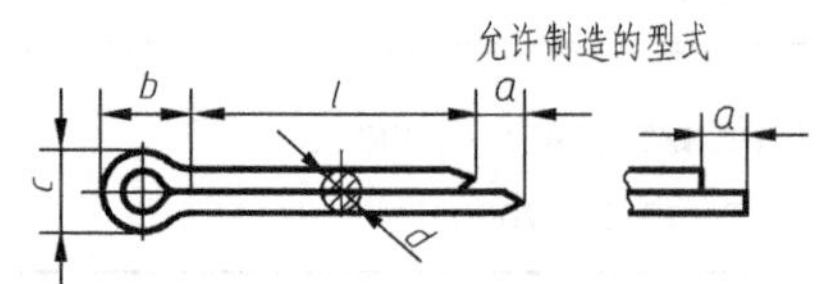

标记示例：

公称规格为 5mm、公称长度 l = 50mm、材料为 Q215 或 Q235、不经表面处理的开口销的标记为

销 GB/T 91—2000 5×50　或　销 GB/T 91 5×50

单位为 mm

公称规格		0.8	1	1.2	1.6	2	2.5	3.2	4	5	6.3	8	10	13	16	20
d_{max}		0.7	0.9	1.0	1.4	1.8	2.3	2.9	3.7	4.6	5.9	7.5	9.5	12.4	15.4	19.3
a_{max}		1.6		2.5				3.2	4				6.3			
c	最大	1.4	1.8	2.0	2.8	3.6	4.6	5.8	7.4	9.2	11.8	15.0	19.0	24.8	30.8	38.5
	最小	1.2	1.6	1.7	2.4	3.2	4.0	5.1	6.5	8.0	10.3	13.1	16.6	21.7	27.0	33.8
适用的螺栓直径	>	2.5	3.5	4.5	5.5	7	9	11	14	20	27	39	56	80	120	170
	≤	3.5	4.5	5.5	7	9	11	14	20	27	39	56	80	120	170	—
b	≈	2.4	3	3	3.2	4	5	6.4	8	10	12.6	16	20	26	32	40
l（商品规格范围）		5~16	6~20	8~25	8~32	10~40	12~50	14~63	18~80	22~100	32~125	40~160	45~200	71~250	112~280	160~280
l（系列）		4,5,6,8,10,12,14,16,18,20,22,25,28,32,36,40,45,50,56,63,71,80,90,100,112,125,140,160,180,200,224,250,280														

附录 J　紧固件通孔及沉孔尺寸

表 J　紧固件　螺栓和螺钉通孔（GB/T 5277—1985）、沉头螺钉用沉孔（GB/T 152.2—2014）、圆柱头用沉孔（GB/T 152.3—1988）、六角头螺栓和六角螺母用沉孔（GB/T 152.4—1988）

螺纹规格			M3	M3.5	M4	M5	M6	M8	M10	M12	M14	M16	M20	M24	M30	M36	M42	M48
通孔直径 d_h（GB/T 5277—1985）	精装配		3.2	3.7	4.3	5.3	6.4	8.4	10.5	13	15	17	21	25	31	37	43	50
	中等装配		3.4	3.9	4.5	5.5	6.6	9	11	13.5	15.5	17.5	22	26	33	39	45	52
	粗装配		3.6	4.2	4.8	5.8	7	10	12	14.5	16.5	18.5	24	28	35	42	48	56
六角头螺栓和六角螺母用沉孔（GB/T 152.4—1988）		d_2	9	—	10	11	13	18	22	26	30	33	40	48	61	71	82	98
		t	只要能制出与通孔轴线垂直的圆平面即可															

（续）

螺纹规格			M3	M3.5	M4	M5	M6	M8	M10	M12	M14	M16	M20	M24	M30	M36	M42	M48
沉头螺钉用沉孔（GB/T 152.2—2014）		d_2	6.5	8.4	9.6	10.65	12.85	17.55	20.3	—	—	—	—	—	—	—	—	—
圆柱头用沉孔（GB/T 152.3—1988）		d_2	—	—	8	10	11	15	18	20	24	26	33	—	—	—	—	—
		t	—	—	3.2	4	4.7	6	7	8	9	10.5	12.5	—	—	—	—	—

附录 K　滚动轴承常用数据

表 K-1　向心轴承外形尺寸（摘自 GB/T 273.3—2015）

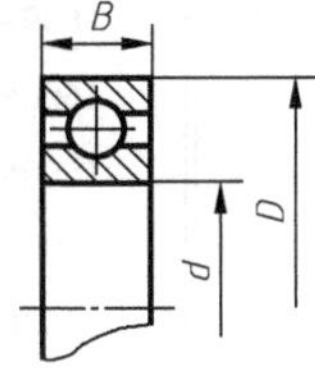

标记示例：

滚动轴承 61806 GB/T 273.3—2015

轴承型号	尺寸/mm			轴承型号	尺寸/mm		
	d	D	B		d	D	B
60000 型　18 系列				61809	45	58	7
61800	10	19	5	61810	50	65	7
61801	12	21	5	61811	55	72	9
61802	15	24	5	61812	60	78	10
61803	17	26	5	61813	65	85	10
61804	20	32	7	61814	70	90	10
61805	25	37	7	61815	75	95	10
61806	30	42	7	61816	80	100	10
61807	35	47	7	61817	85	110	13
61808	40	52	7	61818	90	115	13

表 K-2 推力球轴承外形尺寸（摘自 GB/T 273.2—2018）

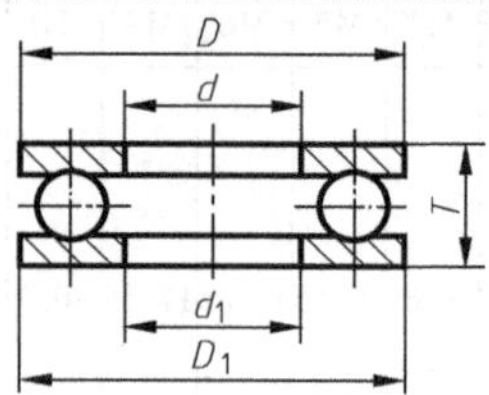

标记示例：

滚动轴承 51107 GB/T 273.2—2018

轴承型号	尺寸/mm			轴承型号	尺寸/mm		
	d	*D*	*B*		*d*	*D*	*B*
60000 型 18 系列				61922	110	150	20
61819	95	120	13	61924	120	165	22
61820	100	125	13	61926	130	180	24
61821	105	130	13	61928	140	190	24
61822	110	140	16	61930	150	210	28
61824	120	150	16	16000 型 00 系列			
61826	130	165	18	16001	12	28	7
61828	140	175	18	16002	15	32	8
61830	150	190	20	16003	17	35	8
60000 型 19 系列				16004	20	42	8
61900	10	22	6	16005	25	47	8
61901	12	24	6	16006	30	55	9
61902	15	28	7	16007	35	62	9
61903	17	30	7	16008	40	68	9
61904	20	37	9	16009	45	75	10
61905	25	42	9	16010	50	80	10
61906	30	47	9	16011	55	90	11
61907	35	55	10	16012	60	95	11
61908	40	62	12	16013	65	100	11
61909	45	68	12	16014	70	110	13
61910	50	72	12	16015	75	115	13
61911	55	80	13	16016	80	125	14
61912	60	85	13	16017	85	130	14
61913	65	95	13	16018	90	140	16
61914	70	100	16	16019	95	145	16
61915	75	105	16	16020	100	150	16
61916	80	110	16	16021	105	160	18
61917	85	120	18	16022	110	170	19
61918	90	125	18	16024	120	180	19
61919	95	130	18	16026	130	200	22
61920	100	140	20	16028	140	210	22
61921	105	145	20	16030	150	225	24

（续）

轴承型号	尺寸/mm				
	d	D	T	$d_{1\min}$	$D_{1\max}$
50000 型 11 系列					
51100	10	24	9	11	24
51101	12	26	9	13	26
51102	15	28	9	16	28
51103	17	30	9	18	30
51104	20	35	10	21	35
51105	25	42	11	26	42
51106	30	47	11	32	47
51107	35	52	12	37	52
51108	40	60	13	42	60
51109	45	65	14	47	65
51110	50	70	14	52	70
51111	55	78	16	57	78
51112	60	85	17	62	85
51113	65	90	18	67	90
51114	70	95	18	72	95
51115	75	100	19	77	100
51116	80	105	19	82	105
51117	85	110	19	87	110
51118	90	120	22	92	120
51120	100	135	25	102	135
51122	110	145	25	112	145
51124	120	155	25	122	155
51126	130	170	30	132	170
51128	140	180	31	142	178
51130	150	190	31	152	188
50000 型 12 系列					
51200	10	26	11	12	26
51201	12	28	11	14	28
51202	15	32	12	17	32
51203	17	35	12	19	35
51204	20	40	14	22	40
51205	25	47	15	27	47
51206	30	52	16	32	52
51207	35	62	18	37	62
51208	40	68	19	42	68
51209	45	73	20	47	73
51210	50	78	22	52	78
51211	55	90	25	57	90
51212	60	95	26	62	95
51213	65	100	27	67	100
51214	70	105	27	72	105
51215	75	110	27	77	110
51216	80	115	28	82	115
51217	85	125	31	88	125
51218	90	135	35	93	135

轴承型号	尺寸/mm				
	d	D	T	$d_{1\min}$	$D_{1\max}$
50000 型 12 系列					
51220	100	150	38	103	150
51222	110	160	38	113	160
51224	120	170	39	123	170
51226	130	190	45	133	187
51228	140	200	46	143	197
51230	150	215	50	153	212
50000 型 13 系列					
51304	20	47	18	22	47
51305	25	52	18	27	52
51306	30	60	21	32	60
51307	35	68	24	37	68
51308	40	78	26	42	78
51309	45	85	28	47	85
51310	50	95	31	52	95
51311	55	105	35	57	105
51312	60	110	35	62	110
51313	65	115	36	67	115
51314	70	125	40	72	125
51315	75	135	44	77	135
51316	80	140	44	82	140
51317	85	150	49	88	150
51318	90	155	50	93	155
51320	100	170	55	103	170
51322	110	190	63	113	187
51324	120	210	70	123	205
51326	130	225	75	134	220
51328	140	240	80	144	235
51330	150	250	80	154	245
50000 型 14 系列					
51405	25	60	24	27	60
51406	30	70	28	32	70
51407	35	80	32	37	80
51408	40	90	36	42	90
51409	45	100	39	47	100
51410	50	110	43	52	110
51411	55	120	48	57	120
51412	60	130	51	62	130
51413	65	140	56	68	140
51414	70	150	60	73	150
51415	75	160	65	78	160

表 K-3　圆锥滚子轴承外形尺寸（摘自 GB/T 273.1—2011）

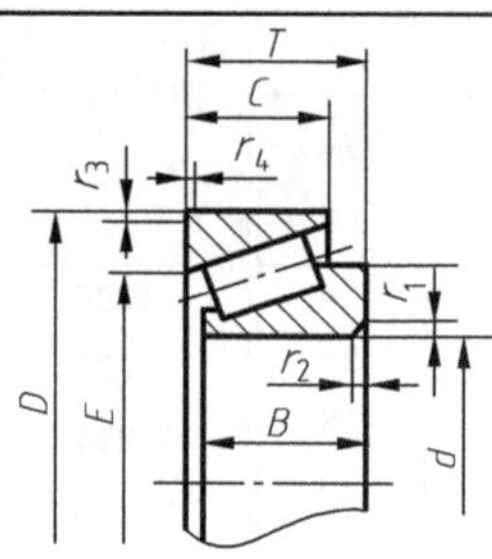

标记示例：

滚动轴承 30207 GB/T 273.1—2011

轴承型号	d	D	T	B	C	α	E
02 系列							
30205	25	52	16.25	15	13	14°02′10″	41.135
30206	30	62	17.25	16	14	14°02′10″	49.990
30232	32	65	18.25	17	15	14°	52.500
30207	35	72	18.25	17	15	14°02′10″	58.884
30208	40	80	19.75	18	16	14°02′10″	65.730
30209	45	85	20.75	19	16	15°06′34″	70.440
30210	50	90	21.75	20	17	15°38′32″	75.078
30211	55	100	22.75	21	18	15°06′34″	84.197
30212	60	110	23.75	22	19	15°06′34″	91.876
30213	65	120	24.25	23	20	15°06′34″	101.934
30214	70	125	26.25	24	21	15°38′32″	105.748
30215	75	130	27.25	25	22	16°10′20″	110.408
03 系列							
30305	25	62	18.25	17	15	11°18′36″	50.637
30306	30	72	20.75	19	16	11°51′35″	58.287
30307	35	80	22.75	21	18	11°51′35″	65.769
30308	40	90	25.25	23	20	12°57′10″	72.703
30309	45	100	27.25	25	22	12°57′10″	81.780

轴承型号	d	D	T	B	C	α	E
03 系列							
30310	50	110	29.25	27	23	12°57′10″	90.633
30311	55	120	31.5	29	25	12°57′10″	99.146
30312	60	130	33.5	31	26	12°57′10″	107.769
30313	65	140	36	33	28	12°57′10″	116.846
30314	70	159	38	25	30	12°57′10″	125.244
30315	75	160	40	37	31	12°57′100″	134.097
13 系列							
31305	25	62	18.25	17	13	28°48′39″	44.130
31306	30	72	20.75	19	14	28°48′39″	51.771
31307	35	80	22.75	21	15	28°48′39″	58.861
31308	40	90	25.25	23	17	28°48′39″	66.984
31309	45	100	27.25	25	18	28°48′39″	75.107
31310	50	110	29.25	27	19	28°48′39″	82.747
31311	55	120	31.5	29	21	28°48′39″	89.563
31312	60	130	33.5	31	22	28°48′39″	98.236
31313	65	140	36	33	23	28°48′39″	106.539
31314	70	150	38	35	25	28°48′39″	113.449
31315	75	160	40	37	26	28°48′39″	122.122

附录 L　常用标准尺寸的符号比例画法

1. 标注尺寸的符号及缩写词（GB/T 18594—2001）

表 L　标注尺寸的常用符号及缩写词

序号	1	2	3	4	5	6	7	8	9	10	11	12	13	14
含义	直径	半径	球直径	球半径	厚度	均布（缩写词）	45°倒角	正方形	深度	沉孔或锪平	埋头孔	弧长	斜度	锥度
符号	ϕ	R	$S\phi$	SR	t	EQS	C	□	↧	⊔	∨	⌒	∠	◁

2. 常用符号的比例画法

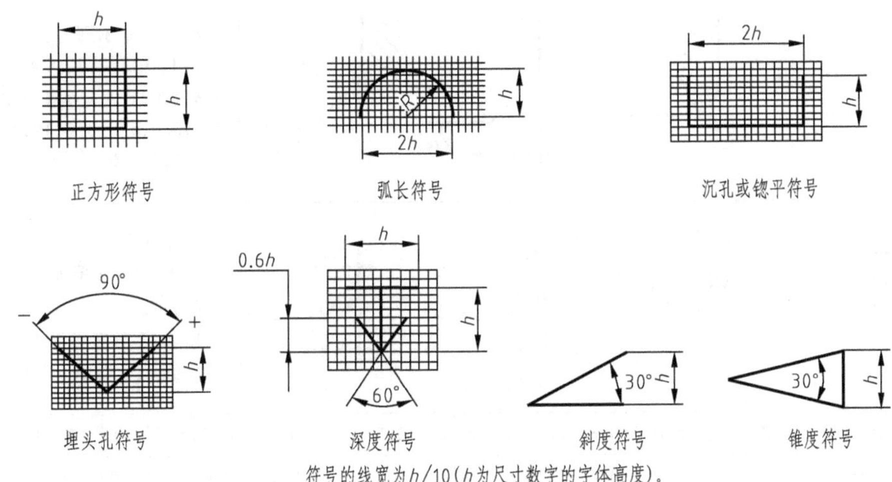

符号的线宽为h/10（h为尺寸数字的字体高度）。

附录 M 常用的机械加工一般规范和零件的结构要求

表 M-1 标准尺寸（GB/T 2822—2005）

R10	1.00,1.25,1.60,2.00,2.50,3.15,4.00,5.00,6.30,8.00,10.0,12.5,16.0,20.0,25.0,31.5,40.0,50.0,63.0,80.0,100,125,160,200,250,315,400,500,630,800,1000
R20	1.12,1.40,1.80,2.24,2.80,3.55,4.50,5.60,7.10,9.00,11.2,14.0,18.0,22.4,28.0,35.5,45.0,56.0,71.0,90.0,112,140,180,224,280,355,450,560,710,900
R40	13.2,15.0,17.0,19.0,21.2,23.6,26.5,30.0,33.5,37.5,42.5,47.5,53.0,60.0,67.0,75.0,85.0,95.0,106,118,132,150,170,190,212,236,265,300,335,375,425,475,530,600,670,750,850,950

注：1. 本表仅摘录 1~1000mm 范围内优先数系 R 系列中的标准尺寸。
2. 使用时按优先顺序（R10、R20、R40）选取标准尺寸。

表 M-2 砂轮越程槽（GB/T 6403.5—2008）

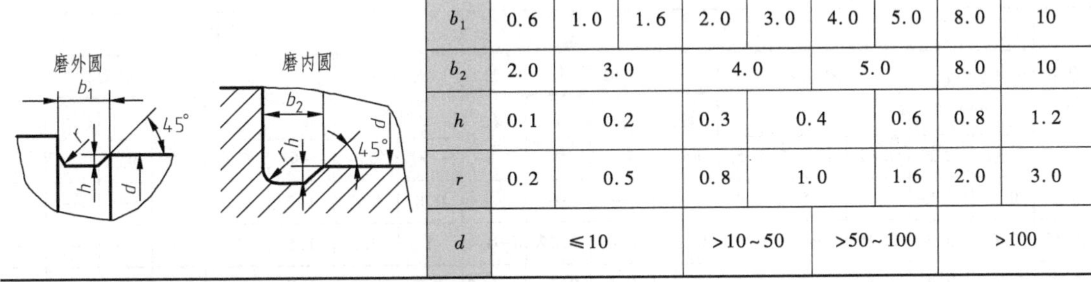

b_1	0.6	1.0	1.6	2.0	3.0	4.0	5.0	8.0	10
b_2	2.0	3.0		4.0		5.0		8.0	10
h	0.1	0.2		0.3	0.4		0.6	0.8	1.2
r	0.2	0.5		0.8	1.0		1.6	2.0	3.0
d	≤10			>10~50		>50~100		>100	

注：1. 越程槽内与直线相交处，不允许产生尖角。
2. 越程槽深度 h 与圆弧半径 r，要满足 $r\leqslant 3h$。
3. 磨削具有数个直径的工件时，可使用同一规格的越程槽。
4. 直径 d 值大的零件，允许选择小规格的砂轮越程槽。
5. 砂轮越程槽的尺寸公差和表面粗糙度根据该零件的结构、性能确定。

表 M-3　零件倒角与圆角（GB/T 6403.4—2008）

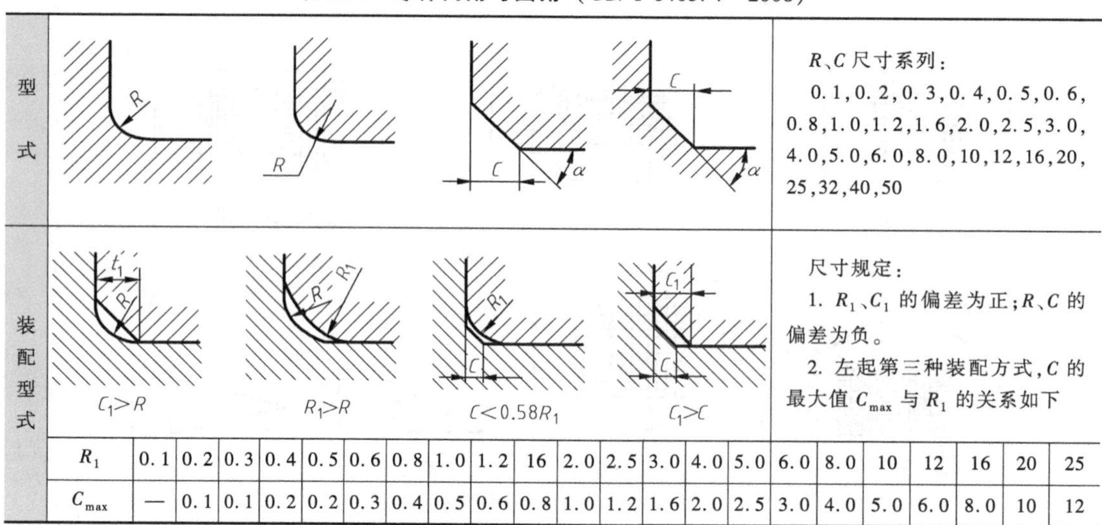

R、C 尺寸系列：

0.1，0.2，0.3，0.4，0.5，0.6，0.8，1.0，1.2，1.6，2.0，2.5，3.0，4.0，5.0，6.0，8.0，10，12，16，20，25，32，40，50

尺寸规定：

1. R_1、C_1 的偏差为正；R、C 的偏差为负。

2. 左起第三种装配方式，C 的最大值 C_{max} 与 R_1 的关系如下

R_1	0.1	0.2	0.3	0.4	0.5	0.6	0.8	1.0	1.2	16	2.0	2.5	3.0	4.0	5.0	6.0	8.0	10	12	16	20	25
C_{max}	—	0.1	0.1	0.2	0.2	0.3	0.4	0.5	0.6	0.8	1.0	1.2	1.6	2.0	2.5	3.0	4.0	5.0	6.0	8.0	10	12

表 M-4　普通螺纹收尾、肩距、退刀槽、倒角（GB/T 3—1997）

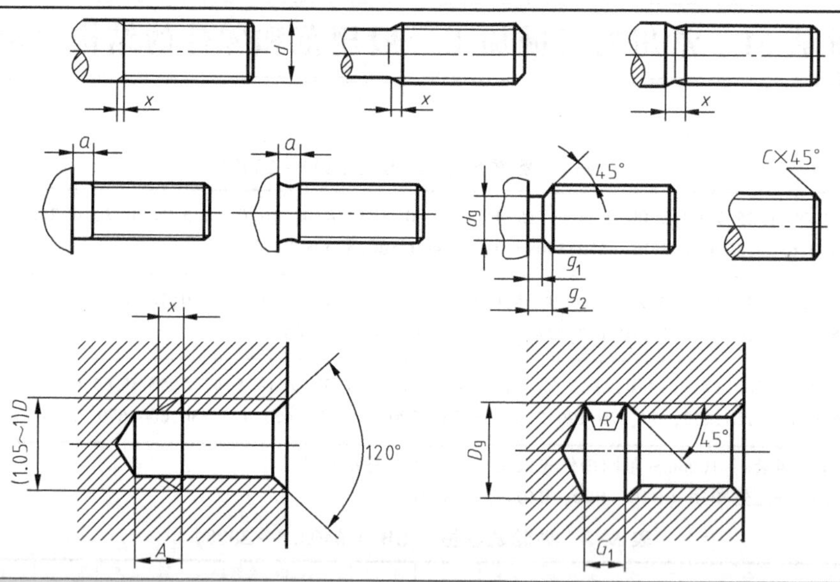

螺距 P	外螺纹									内螺纹							
	收尾 x max		肩距 a max			退刀槽				收尾 X max		肩距 A		退刀槽			
						g_2 max	g_1 min	r ≈	d_g max					G_1		R ≈	D_g
	一般	短的	一般	长的	短的					一般	短的	一般	长的	一般	短的		
0.2	0.5	0.25	0.6	0.8	0.4	—	—	—	—	0.8	0.4	1.2	1.6	—	—	—	—
0.25	0.6	0.3	0.75	1	0.5	0.75	0.4	0.12	$d-0.4$	1	0.5	1.5	2	—	—	—	—
0.3	0.75	0.4	0.9	1.2	0.6	0.9	0.5	0.16	$d-0.5$	1.2	0.6	1.8	2.4	—	—	—	—
0.35	0.9	0.45	1.05	1.4	0.7	1.05	0.6	0.16	$d-0.6$	1.4	0.7	2.2	2.8	—	—	—	—
0.4	1	0.5	1.2	1.6	0.8	1.2	0.6	0.2	$d-0.7$	1.6	0.8	2.5	3.2	—	—	—	—
0.45	1.1	0.6	1.35	1.8	0.9	1.35	0.7	0.2	$d-0.7$	1.8	0.9	2.8	3.6	—	—	—	—

表 M-5 装配示意图中的规定符号

序号	名称	立体图	符号	序号	名称	立体图	符号
1	传动螺杆			10	开口式平带传动		
2	在传动螺杆上的螺母			11	圆带及绳索传动		
3	对开螺母			12	两轴线平行的圆柱齿轮传动		
4	手轮			13	两轴线相交的锥齿轮传动		
5	压缩弹簧			14	两轴线交叉的齿轮传动蜗杆传动		
6	顶尖			15	齿条啮合		
7	电动机（一般表示法）			16	轴与轴的紧固连接		
8	装在支架上的电动机						
9	V 带传动						

（续）

序号	名称	立体图	符号	序号	名称	立体图	符号
17	万向联轴器连接			26	向心滚动轴承		
18	单向啮合式离合器						
19	双向啮合式离合器			27	向心推力滚子轴承		
20	锥体式摩擦离合器			28	单向推力轴承		
21	韧带式制动器						
22	圆盘式平凸轮			29	零件与轴的活动连接		
23	圆柱式滚动凸轮			30	零件与轴的固定连接		
24	轴杆、连杆等						
25	向心滑动轴承			31	花键联结		

参考文献

[1] 高红，张贺，孙振东. 机械零部件测绘［M］. 3版. 北京：中国电力出版社，2017.

[2] 王旭东，周岭. 机械制图零部件测绘［M］. 2版. 广州：暨南大学出版社，2013.

[3] 闻邦椿. 机械设计手册［M］. 6版. 北京：机械工业出版社，2018.

[4] 马慧，孙曙光. 机械制图［M］. 4版. 北京：机械工业出版社，2013.

[5] 李月琴，何培英，殷红杰. 机械零部件测绘［M］. 北京：中国电力出版社，2007.

[6] 孙振东，高红. 电气电子工程制图与CAD［M］. 2版. 北京：中国电力出版社，2015.

[7] 程军，李虹. 画法几何及机械制图［M］. 北京：国防工业出版社，2005.

[8] 华红芳. 孙燕华. 机械制图与零部件测绘［M］. 北京：电子工业出版社，2012.

[9] 郑雪梅. 机械制图与典型零部件测绘［M］. 北京：电子工业出版社，2016.

[10] 余志生. 汽车理论［M］. 3版. 北京：机械工业出版社，2000.

[11] 汽车工程手册编辑委员会. 汽车工程手册：基础篇［M］. 北京：人民交通出版社，2001.

[12] 李正峰. 互换性与测量技术［M］. 2版. 北京：科学出版社，2015.

[13] 郭艳艳. 机械制图及计算机绘图技能实训［M］. 北京：人民邮电出版社，2007.